四川省建筑设计研究院有限公司 70周年院庆科技论文集

四川省建筑设计研究院有限公司 主编

中国建筑工业出版社

图书在版编目（CIP）数据

大观精筑：四川省建筑设计研究院有限公司70周年院庆科技论文集 / 四川省建筑设计研究院有限公司主编． —北京：中国建筑工业出版社，2023.9
　　ISBN 978-7-112-28933-2

Ⅰ. ①大… Ⅱ. ①四… Ⅲ. ①建筑科学-文集 Ⅳ. ①TU-53

中国国家版本馆CIP数据核字（2023）第130527号

责任编辑：王砾瑶
责任校对：张　颖

大观精筑
四川省建筑设计研究院有限公司
70周年院庆科技论文集
四川省建筑设计研究院有限公司　主编
*
中国建筑工业出版社出版、发行（北京海淀三里河路9号）
各地新华书店、建筑书店经销
北京鸿文瀚海文化传媒有限公司制版
北京中科印刷有限公司印刷
*
开本：880毫米×1230毫米　1/16　印张：20¾　字数：688千字
2023年9月第一版　　2023年9月第一次印刷
定价：262.00元
ISBN 978-7-112-28933-2
　　　（41632）

版权所有　翻印必究
如有内容及印装质量问题，请联系本社读者服务中心退换
电话：（010）58337283　QQ：2885381756
（地址：北京海淀三里河路9号中国建筑工业出版社604室　邮政编码：100037）

《大观精筑 四川省建筑设计研究院有限公司70周年院庆科技论文集》编委会

编委会主任： 李　纯

编委会副主任： 柴铁锋　赵仕兴　高　静　王家良

编委会成员： 贺　刚　涂　舸　李欣恺　唐元旭　胡　斌

邹秋生　王继红　薛　晖　赵红蕾　章　耘

龚小兵　李　伟　王希文　肖福林　张　毅

刘锦涛　蔡仁辉　周　练　李光霁　吴银萍

龚克娜　杨姝姮　唐丽娜

序

1953年，四川省建筑设计研究院有限公司（SADI，简称"川建院"）在新中国建设大潮中应运而生；2023年，川建院迎来了建院70周年。

院庆年，我们以学术院庆为核心，对专业和创新孜孜以求。学术院庆，既是对企业70年来精神传统的继承发扬，也是对以"技术"为核心竞争力的不懈追求，更是以70年契机，为未来创新发展积蓄力量。这本科技论文集收集了我院近十年来部分科技成果和工程案例，内容涉及绿色低碳、生态宜居、新型城镇化、乡村振兴、地域文化、复杂结构、数字化转型等诸多领域。为本书作序，让我不禁回忆起与川建院共同成长的点点滴滴，一遍又一遍重温那些美好的时光。

西学东渐，薪火相传。 近代以来，西学东渐，早期留学生将建筑学带回了中国，我们才有了专门的建筑设计和建筑师。新中国成立后，百废待兴，建筑设计被赋予了国计民生和责任担当的时代内涵。一家家设计企业，一代代设计师，从无到有，从小到大，共同筑就了"专家立企、技术报国"的中国设计，川建院便是其中的一份子——专蜀创意。

1953年，顺应国民经济"一五"计划建设需要，川南、川北和川西等设计公司的设计师，汇聚成都北门大桥边，成为川建院的创业先贤，先贤的卓越与艰辛，演绎了中国设计"专家立企，技术报国"的薪火传递。

踉跄起步，与国同行。 创立之初的川建院，自力更生，攻坚克难，面对国家钢铁紧缺等困难，积极助力四川轻工业体系的创建。这期间，川建院不仅负责了川大理化楼、华西坝钟楼重建等设计，还设计了各类食品工业建筑62项，其中内江糖厂设计中，完全摒弃传统糖厂厂房钢结构方案，开创了全国制糖工业厂房建设改革的成功先例。

20世纪80年代的中国，孕育着变革的无限可能。川建院勇立潮头，作为改革开放首批市场化试点行业的企业，在省级设计院中率先开设沿海分院，积极拥抱变革，更用设计激发变革。这一时期，川建院设计完成了省委省政府办公楼、火车北站、金牛宾馆改建和朱德纪念馆等，其中蜀都大厦是当时中国西部的第一高楼，见证了成都发展的一个时代，新中国的第一只股票也因它而诞生。

1998年，全国城镇住房制度进一步改革，商品房蓬勃发展，城镇化快速提升，引发了中国社会变革的蝴蝶效应。川建院迎来了自己的黄金发展周期，以设计回应人们生活的变迁，以作品记录城市发展的轨迹，从功能到体验，从居住到公共，不断创造更加现代与文明的人居环境。

技术报国，为国担当。无论任何时代，只要国家和社会需要，川建院的设计师都会冲在前沿。汶川大地震发生后，川建院在众多紧急设计任务的千头万绪中，努力探索灾后重建的可持续发展策略。卧龙大熊猫研究中心，由中国香港特区政府援建，是川建院的原创设计，更是四川首个设计与运营双三星绿建认证项目，不仅重建了大熊猫的家园，更践行了绿色生态的建造理念，实现了人与自然的和谐共存。

努力前程，致远有新。2018年，已有两千多年建城史的成都，迎来了TOD元年，成为公园城市试验田，开启了城市发展模式的新变革。也是这一年，已有两千多年历史的建筑设计，被确定为国家战略性新兴产业，中国设计赶上了新经济的浪潮。躬逢其盛，恰逢其时。川建院设计了地铁陆肖站，这是成都首个开工建设的TOD示范项目；在公园城市的天府绿道体系中，川建院参与设计了"一轴两山三环七带"的多个示范项目。2019年，企业也迎来了重大变革，正式改制更名为四川省建筑设计研究院有限公司，迈出了体制改革的关键一步，努力构筑"百年名院老字号，百亿国资新经济"。

数字化变革时代趋势下，数字技术赋能专蜀创意，成渝双城经济圈战略背景下的新型城镇化，将沿着绿色低碳和智慧城市的方向转型发展，川建院把握机遇，拥抱变革，开启数字化转型新征程，聚焦数字经济、绿色低碳等新赛道，布局企业第二增长曲线……

回望70年的发展征程，正是川建院的文化基因奠定了"专家立企，技术报国"的精神传统，正是企业在一次次困难和挑战中砥砺前行，铸就了"大观精筑"的核心理念。院庆70周年，我们确定了"专蜀设计，智绘未来"的主题口号，将继续为"中国设计"的品牌构建贡献专"蜀"创意力量，继续探索数字化转型发展新路径，大观内外，智"绘"未来。

四川省建筑设计研究院有限公司董事长、总经理

2023年7月

目 录

地域性重塑助推新型城镇化转型发展	李 纯	001
数字时代下的城市更新+	李 纯	009
一脉相承——浅谈四川地区现代建筑实践中的文脉传承	高 静 熊 唱	016
以客流为导向的 TOD 片区地下空间组织研究	柴铁锋 高 锐 何青松 谭露露	024
川渝地区历史街区戏剧展演场所空间演变研究	李欣恺 熊健吾	029
基于破坏性创新理论的建筑设计企业数字化转型研究	李 纯 张 毅	034
基于循证设计理论的医院体检大厅使用后评价——以四川大学华西第四医院为例	李 硕 郑 喆	041
产业园区 4.0 的设计策略初探	李欣恺 申青鸟 成 枭	049
基于老年人群体特征的老旧小区适老化改造研究	伍颖明 涂 舸 邓 宇	058
乡村振兴背景下新川西林盘空间发展策略研究	王雅倩 吴金龙 吴芋韬	069
以产品思维进行功能型微型建筑的建造——以电信 MEC 机房为例	刘 劼 陈 炜 李 江 李劲松	079
生长的秩序——渝昆高铁宜宾站站前美术馆设计	程 谦 肖 帅 祝学雯 黄浚垚	086
建筑的"磁"与"场"——芯源三期项目设计札记	付雅艺 范宏涛 许义慧	094
谢赫的"六法论"对建筑艺术的启示	张 聪	103
绿色生态园区指标体系的研究——以成都中法生态园为例	李曼凌 吴婷婷 杨燕如	109
外墙主义：一种充满争议的历史建筑保护范式	肖福林	114
Influence of coupling ratio on seismic behavior of hybrid coupled partially encased composite wall system	Zhou Qiaoling Su Mingzhou Shi Yun Jiang Lu Zhang Lili Guan Lingyu Yang Yukun	117
四川泸定 6.8 级地震震中区域建筑震害考察与思考	赵仕兴 杨姝姮 唐元旭 郭 嘉 朱 飞 周巧玲 尧 禹 黄香春	140
成都市锦城广场大跨度钢木组合结构屋盖结构分析与设计	赵仕兴 杨姝姮 郭宇航 阳 升 何 飞 陈良伟	149
西部股权投资基金基地项目超限高层结构设计	张 堃 赖伟强 冉曦阳 刘宇鹏 赖 虹 唐元旭 苏志德 郭宇航	158

标题	作者	页码
足尺毛竹梁长期蠕变性能研究	钟紫勤 赵仕兴 陈 可 周巧玲	167
基于"药方式"的水体生态治理方法构建研究与应用	王家良 龚克娜 曾丽竹 邱 壮	176
宿舍定时集中热水供应系统流量计算与分析	钟于涛 王家良 余 洁	183
住宅生活热水热负荷计算及燃气热水器选型分析	钟于涛 唐先权 周李茜 余 洁	187
四川天府新区成都直管区低影响开发规划指标体系构建	付韵潮 王家良 周 波 杨艳梅 汪正州	191
电气设备落地安装的抗震措施研究	胡 斌 白登辉	198
消防应急照明设计中常见问题解析	程永前	204
编制自动作图软件计算建筑物年预计雷击次数	姚 坤 程永前 胡 斌	208
中美医疗建筑电气设计对比与分析	周 翔	213
已建大楼增加灯光秀变配电系统设计简析	刘 源	221
高寒地区以太阳能利用为主的供暖系统设计探讨	邹秋生 徐永军 王 曦	226
某生物医药阴凉库空调系统检测及诊断分析	甘灵丽 王 曦 吴银萍	232
内遮阳行为调节对办公建筑耗能的影响研究	高 飞 邹秋生 吴银萍 赵新辉	236
空调冷水大温差系统设计方法研究	王懋琪 汪 玺 蒲 隽 邹秋生 刘正清 邹 瑾	243
营造高品质公共空间 促进高质量公园城市建设	高 静	249
公园城市背景下的成都植物造景实践	王继红 李子愚 周 佳	251
Web 3.0时代建筑设计新边界初探元宇宙浪潮下虚拟建筑的涌现机会与可能挑战	吕 锐 夏战战	257
金沙考古遗址公园绿地雨水排蓄一体化改造研究	张 毅 邱 建	265
"碳中和"视角下新城规划的思考与研究——以中德(蒲江)产业新城为例	赵浩宇	271
创新空间与TOD相遇的城市裂变——全球成功案例对成都民乐站TOD地区创新空间营造的启示	薛 晖 侯方堃 张博伟	277
车行视角下城市形态设计方法研究——高新区成自泸高速路以西天际线设计实践	刘美宏 薛 晖 王沐曦 杨志锋	285
公园城市语境下成都地区城市绿地系统规划管控策略初探	袁川乔 卢 旸	294
突发事件下超大城市周边乡村旅游项目的发展规划研究及展望——以成都市实践为例	刘劲松 汪紫菱	305
机械铰的量化准则及其在倒塌分析中的应用	王初翀 魏智辉 陈侠辉 潘 毅	314
一种基于WebAR的BIM轻量化应用研究探讨	常 徽 李 雄	319

Contents

Reshape regionality and promote the transformation and development of New Urbanization

                               Li Chun 001

Urban renewal plus strategy in digital times   Li Chun 009

"Inherit":inheritance of context in the operation of modern architecture in Sichuan

                        Gao Jing Xiong Chang 016

Study on the organization of underground space in TOD area oriented by passenger flow

             Chai Tiefeng Gao Rui He Qingsong Tan Lulu 024

Study on theatre exhibition places in the historic district of Sichuan and Chongqing

                       Li Xinkai Xiong Jianwu 029

Research on digital transformation of architectural design enterprises based on

  disruptive innovation theory   Li Chun Zhang Yi 034

Post-evaluation of outpatient hall utilization in occupational disease prevention and treatment hospital

  based on evidence-based design theory：a case study of West China Hospital，Sichuan University

                          Li Shuo Zheng Zhe 041

The design strategy of industrial park 4.0   Li Xinkai Shen Qingniao Cheng Xiao 049

Study on elderly-oriented renovation of old communities based on the characteristics

  of elderly groups   Wu Yingming Tu Ge Deng Yu 058

Research on the spatial development strategy of forest plate in New Sichuan west under

  the background of rural revitalization   Wang Yaqian Wu Jinlong Wu Yutao 069

Construct functional micro buildings with product thinking：taking China Telecom MEC

  machine room as an example   Liu Jie Chen Wei Li Jiang Li Jinsong 079

The order of growth—— the design of the Art Museum in Yibin High-speed Rail Drstrict

              Cheng Qian Xiao Shuai Zhu Xuewen Huang Junyao 086

The magnetism and field of architecture——design notes on MPS Phase III Production Building

                      Fu Yayi Fan Hongtao Xu Yihui 094

The enlightenment of Xiehe's "Theory of Six Principles of Painting"on architectural art
　　　　　　　　　　　　　　　　　　　　　　　　　　　　　　　　　　　Zhang Cong　103

Study on the index system of green ecological park:Taking Chengdu
　　Sino French ecological park as an example　　　　Li Manling　Wu Tingting　Yang Yanru　109

Facadism：a controversial paradigm for historical building protection
　　　　　　　　　　　　　　　　　　　　　　　　　　　　　　　　　　　Xiao Fulin　114

Influence of coupling ratio on seismic behavior of hybrid coupled partially encased composite wall system
　　　　Zhou Qiaoling　Su Mingzhou　Shi Yun　Jiang Lu　Zhang Lili　Guan Lingyu　Yang Yukun　117

Investigation and consideration of building damage in the epicenter of Luding M6.8 earthquake in Sichuan
　　Zhao Shixing　Yang Shuheng　Tang Yuanxu　Guo Jia　Zhu Fei　Zhou Qiaoling　Yao Yu　Huang Xiangchun　140

Analysis and design of large-span steel-wood composite roof structure for Chengdu Jincheng Plaza
　　　　　　　　Zhao Shixing　Yang Shuheng　Guo Yuhang　Yang Sheng　He Fei　Chen Liangwei　149

Out-of-code high-rise structure design of Western Equity Investment Fund Headquarter Project
　　　Zhang Kun　Lai Weiqiang　Ran Xiyang　Liu Yupeng　Lai Hong　Tang Yuanxu　Su Zhide　Guo Yuhang　158

Study on long-term creep performance of full-culm Moso bamboo beam
　　　　　　　　　　　　　　　　　Zhong Ziqin　Zhao Shixing　Chen Ke　Zhou Qiaoling　167

Construction and application of water ecological treatment method based on
　　"medicine and Prescription"　　　　　　Wang Jialiang　Gong Kena　Zeng Lizhu　Qiu Zhuang　176

Calculation and analysis of the flow of fixed time hot water supply system in dormitory
　　　　　　　　　　　　　　　　　　　　　　　　Zhong Yutao　Wang Jialiang　Yu Jie　183

Thermal load calculation of domestic hot water and analysis of gas water heater selection
　　　　　　　　　　　　　　　　　　　　Zhong Yutao　Tang Xianquan　Zhou Lixi　Yu Jie　187

Planning indices system for low impact development in Chengdu Tianfu new area
　　　　　　　　　　Fu Yunchao　Wang Jialiang　Zhou Bo　Yang Yanmei　Wang Zhengzhou　191

Research on aseismic measures for floor-mounted electrical equipment　　　Hu Bin　Bai Denghui　198

Analysis of common problems regarding the fire emergency lighting design　　　　Cheng Yongqian　204

Calculation method of expected annual number of lightning flash for structures
　　using the software automatic drawing　　　　　　Yao Kun　Cheng Yongqian　Hu Bin　208

Comparison and analysis of electrical design of Chinese and American medical buildings　　Zhou Xiang　213

Brief analysis of the design of a light show transformation and distribution system
　　in an existing building　　　　　　　　　　　　　　　　　　　　　　　　Liu Yuan　221

Research of the designing of solar heating system in high latitude and cold area
　　　　　　　　　　　　　　　　　　　　　　　Zou Qiusheng　Xu Yongjun　Wang Xi　226

Examination and diagnosis of air-conditioning system in a biomedical cool warehouse

　　　　　　　　　　　　　　　　　　　　　　　　　Gan Lingli　Wang Xi　Wu Yinping　232

Study on the influence of internal shading behavior regulation on office building energy consumption

　　　　　　　　　　　　　　　　　　　　Gao Fei　Zou Qiusheng　Wu yinping　Zhao Xinhui　236

Research of the design method of the water system with a large temperature difference in air-condition

　　　　　　　　　　　　　　Wang Maoqi　Wang Xi　Pu Jun　Zou Qiusheng　Liu Zhengqing　Zou Jin　243

Create high quality public spaces, promote park city construction　　　　　　　　　　Gao Jing　249

Plant landscaping practice in Chengdu under the background of park city

　　　　　　　　　　　　　　　　　　　　　　　　　Wang Jihong　Li Ziyu　Zhou Jia　251

The preliminary probe into the new boundary of architectural design of the Web 3.0 Era

　　Emerging opportunities and possible challenges of virtual architectures under the metaverse wave

　　　　　　　　　　　　　　　　　　　　　　　　　　　　　　Lyu Rui　Xia Zhanzhan　257

The green place renewal with the rainwater drainage and storage integrated

　　system in Jinsha Archaeological Ruins Park　　　　　　　　　　　　Zhang Yi　Qiu Jian　265

Thinking and research on new city planning from the perspective of "Carbon Neutrality"

　　- taking the Sino German (Pujiang) Industrial New City as an example　　Simon Zhao　271

The urban fission of innovation space and TOD encounter——the inspirations to

　　creation of innovation space in TOD area of chengdu Minle Station from

　　a global success case study　　　　　　　　　Xue Hui　Hou Fangkun　Zhang Bowei　277

Research on urban form design method from the perspective of vehicle movement: design

　　practice of the skyline to the West of Chengdu-Zigong-Luzhou Expressway in

　　High-Tech Zone　　　　　　　　　Liu Meihong　Xue Hui　Wang Muxi　Yang Zhifeng　285

A preliminary study on urban green space system planning strategy in Chengdu area

　　in the context of park city　　　　　　　　　　　　　　　　Yuan Chuanqiao　Lu Yang　294

Research and prospect of development planning for rural tourism projects

　　around megacities under emergencies: taking Chengdu practice as an example

　　　　　　　　　　　　　　　　　　　　　　　　　　　　　　Liu Jinsong　Wang Ziling　305

A quantitative criterion for mechanical hinge and its application on collapse analysis

　　of reinforced concrete structures　　　　　Wang Chuchong　Wei Zhihui　Chen Xiahui　Pan Yi　314

Research on lightweight application of BIM based on WebAR　　　　　Chang Wei　Li Xiong　319

地域性重塑助推新型城镇化转型发展

李 纯

摘要：经过三十多年快速的城镇化进程，我们进入了新型城镇化的转型发展阶段，对于城市和乡村在文化传承断裂、地域特色消失等方面的问题，从中央到主管部门，从学界到业界，以及社会大众都高度关注，在"立足传统、扎根本土"的基础上，我们呼吁本土设计企业和设计师群体"以重塑地域性的方法助推新型城镇化转型发展"，实现从传统走向未来。

关键词：新型城镇化；地域性重塑；设计企业

Reshape regionality and promote the transformation and development of New Urbanization

Li Chun

Abstract: After more than thirty years of rapid urbanization, we have entered a new phase of transformation and development in urbanization. The issues of disruption of cultural inheritance and the disappearance of regional characteristics in cities and rural areas have received significant attention from the central government, regulatory authorities, academia, industry, and the general public. Based on the principles of "rooted in tradition and local context," we call for local design enterprises and designers to "reshape regionality and promote the transformation and development of new urbanization," thus transiting from tradition to the future.

Keywords: New Urbanization; reshaping regionality; design enterprises

引言

记得被公派赴德国深造的 1999～2000 年，当时正值国内开始启动旧城更新建设，由于已有十余年的工作经历，我关注的内容自然与一般留学生有所不同。除了专业深造，每到节假日，自己总会迫不及待地到欧洲各地旅行考察。所到之处，无论是城市，还是乡村，总会被那里浓浓的文化氛围和浓郁的地方特色深深打动。在处理"建筑与城市整体""建筑与传统文化""建筑与居民生活"等关系中，当地政府、设计师和市民谨慎的发展态度，留给我深刻的印象，并一直影响着我后来的工作。

目前，经过三十多年快速的城镇化进程，我们进入了新型城镇化的转型发展阶段，对于城市和乡村在文化传承断裂、地域特色消失等方面的问题，从中央到主管部门，从学界到业界，以及社会大众都高度关注，面对当前的行业状况，我的第一反应又回到了那段游学的记忆中。

当然，从十多年前的彼时到当下新型城镇化的转型期，从欧洲到现在生活的城市，从学生到本土企业法人，各方面都发生了很大的变化，联想当初的游学感悟，觉得朱光潜先生的座右铭"此时·此地·此身"，与行业当下所面临的境况十分贴切[①]，希望能够把握

本文已发表于《中国勘察设计》，2016

① 朱光潜先生以"此时·此地·此身"作为其进入学术成熟期后的座右铭，其含义是："此时"是指凡此时机应该做而且能够做的事，决不推延到将来；"此地"是指凡此环境应该做而且能够做的事，决不等事过境迁；"此身"是指凡此身份应该做而且能够做的事，决不推诿给他人。对应当下新型城镇化转型发展背景下的行业状况，"此时"是指现在是传承中华文化、重塑地域性的关键期；"此地"是指从中央到学界以及业界急切呼吁弘扬中华建筑文化的社会环境；"此身"是指本土设计企业和设计师群体的担当责无旁贷。

当下发展地域建筑、传承中华文化的关键期，立足传统，扎根本土，承担起本土企业、本土设计师群体的责任。

在"立足传统、扎根本土"的基础上，我们呼吁本土设计企业和设计师群体"以重塑地域性的方法助推新型城镇化转型发展"，实现从传统走向未来。围绕这一主要观点，本文将从三个部分进行阐述：第一部分：为什么要重塑地域性；第二部分：源于系统实践的地域性重塑思考；第三部分：本土设计企业的担当和举措。

1 为什么要重塑地域性

关于地域性这一概念，非常复杂，版本也很多。在此，仅立足建筑设计视角，从城市和乡村两个维度分析为何要重塑地域性。

1.1 城市为何要重塑地域性？

对于城市，无论怎样潮起云涌、岁月更迭，乐享本土始终是人们最本能的诉求。一个文化特色鲜明的社会，就会提升自身的向心力和影响力，一个文化底蕴深厚的城市，就会增加市民的归属感与认同感。

在欧洲的城市建设经验中，巴黎是比较典型的一个案例。最初，巴黎只是塞纳河中间西岱岛上的一个小渔村，公元358年，罗马人在这里建造了宫殿，这一年被视为巴黎建城的元年。此后，经过中世纪、文艺复兴和工业革命等不同时代的演变，城市规模不断发展壮大，在1889年，以埃菲尔铁塔作为地标，基本形成了我们今天熟悉的巴黎印象。在距今的100多年时间里，巴黎甚至经历过城市美化运动，但其城市格局的延续、发展的脉络今天仍然清晰可见（图1）。

而对于成都，我们可以从100多年前一些传教士所拍摄的照片中了解到其城市的历史格局图，古今对比，同样是经过了100多年的发展变化，但是城市格局的延续和发展脉络，已经变得十分模糊（图2）。

仔细对比分析巴黎和成都城市格局的历史演变，自12世纪巴黎中心成形以来，从不同时期的城市格局图，我们可以发现新旧城市之间的有序生长，虽然整体格局不断扩大，但历史城区得到了很好的保护与延续。成都的城市格局从秦代至清代，甚至到民国年间，都有着较好的延续和传承，直到解放后，尤其从20世纪80年代开始，城市格局地域性的延续和演变才被打乱、割裂，形成断代的局面（图3、图4）。

如果将巴黎和成都作为一个分析样本，以此扩展开去，在中外不同地区的城市，无论欧洲、美洲、亚洲，还是中国的一线城市、古都、西南三省的省会城市，

图1 巴黎城市古今对比

图2 成都城市古今对比

都经历过城市发展与旧城保护、延续的矛盾，不同定位认知和不同的应对策略与方法，导致了不同的结果，这一点，在未来新型城镇化进程中，很值得我们借鉴与反思。

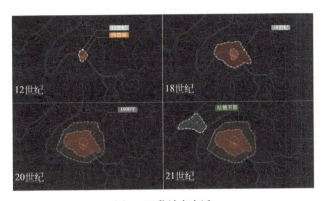

图3　巴黎城市变迁

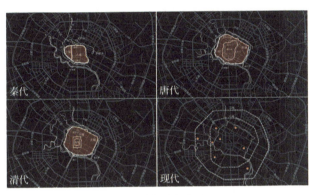

图4　成都城市变迁

图5　中国传统城乡风貌

图6　当代城乡风貌

1.2　乡村为何要重塑地域性？

对于乡村，地域性延续意味着乡愁的寻根，台湾诗人余光中的乡愁是被浅浅的海峡隔开的大陆，对大陆人来说，乡愁是故乡虽在，人和老屋都已不复存在，所有承载历史记忆的空间都慢慢逝去。

今天，在一些传统的古村落中，地域性得到了较好的延续，如山西的谷恋村、贵州的西江苗寨、安徽的红村、四川的福宝古镇等，它们不仅延续着传统村落的空间形态、建造工艺，更重要的是，还延续着传统中国的丰富文化基因，不过这些村落的数量十分有限（图5）。对于大多数村落的现状而言，真实境况却是：传统村落正在衰败，空心化严重；新建村落却又简单地模仿，粗暴地再造，导致地域性延续完全割裂与断代（图6）。

1.3　重塑地域性的关键期

今天，我们之所以呼吁行业同仁关注重塑地域性的话题，是因为无论在城市，还是在乡村，重塑地域性已经刻不容缓。

当下，全国很多城市都在发展新区，其中在西部的国家级新区就有西安的"西咸新区"、贵阳的"贵安新区"、重庆的"两江新区"、成都的"天府新区"。以成都的天府新区为例，明确要求在2025年再造一个成都，时间短、规模大的新城建设，未来是否具有地域特征，带来地域价值，处于建设起步阶段的当下是关键期。同时，大多数城市的旧城也急待更新，未来，更新后的旧城是否还具有其独特性，焕发出新的活力，留下当代的历史，现在也是关键期。而在乡村，正在消失的代表一方水土的村落还能否留住或吸引一方人，重建与复兴已再无延缓的可能。

借用大数据的形式，统计和对比分析世界各国城镇化率，结果显示（图7），当城镇化率处于50%～70%之间时，是城镇化进程和社会发展的关键期、分界点[①]，我们认为，重塑地域性，是这个关键期和分界点中非常重要的内容之一。

因此，无论在城市，还是在乡村，重塑地域性都是新型城镇化转型发展的必然需求，而在中国城镇化率达到了50%～60%的当下，重塑地域性更是到了关键期。

---

① 吴志强先生在2015年（第十届）城市发展与规划大会上的演讲中，用数据的形式，分析了城镇化率与劳动生产率之间的关系，统计数据显示，在城镇化率达到50%～60%期间，不仅会影响社会劳动生产率发生质的分界点，也是影响整个社会转型发展产生质变的关键期。

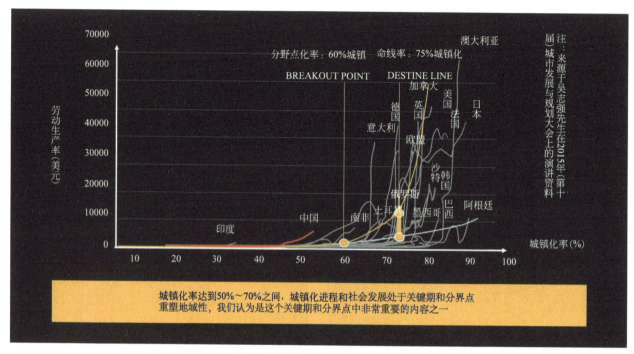

图7 城镇化率与劳动生产率分析图

2 源于系统实践的重塑地域性思考

重塑地域性不是单个的项目设计,而是立足系统实践的思考认识,归纳起来包含三个部分:关于旧城——要深挖旧城、重视更新;关于新城——要突出新城,不忘寻根;关于乡村——要扎根乡村,保护发展。

2.1 旧城:重塑地域性的思考可归纳为"织补"。

2008年,我们设计完成了成都市人民南路综合整治改造,其中一部分是华西坝片段,主要是原华西医科大学校园所在区域。民国初年,来自英国的传教士在这一区域开始修建华西协和大学校园,建筑风格以中西合璧为主,形成了极具特色和地域价值的建筑群。从新中国建立之初的1953年成都总体规划图中,清晰可见校园与老皇城遥相呼应的城市格局图。20世纪60年代,为了修建今天的成都城市中轴线——人民南路,华西医科大学校园被人为地一分为二。此后,到2008年,校园中极具地域价值的建筑群分别被包裹在校园里,与城市中轴线的街道完全隔离。

所以,2008年当我们在进行人民南路综合整治时,针对华西坝片区,重塑其地域性的策略,就是找准关键点,拆除其旧校门,在拆除原址上部分复原历史老校门(图8),以此为链接和媒介,消除校园和街道的割裂状态。2008年之后,遵循"织补"策略,华西坝片区陆续打造了其他关键节点,如华西口腔健康教育博物馆、川大图书馆和临街围墙雕塑等。

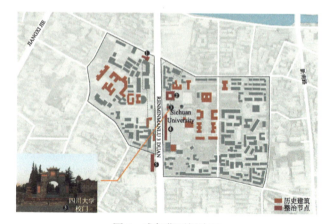

图8 成都华西坝片区

从2010年开始,我们陆续完成了宽窄巷子周边节点整治与配套设施设计,如宽窄巷子大门,通过类似的关键节点设计,使得宽窄巷子作为旅游景区的空间边界发生了延伸与拓展,让景区与社区融合,让游人与市民融合。与此同时,我们还在宽窄巷子参与设计了钓鱼台精品酒店,位于宽窄巷子西端,项目作为片区独一无二的酒店项目、关键节点,两座中式庭院"宽庭、窄苑"的形成,大大提升了片区的地域价值与环境氛围(图9)。

在旧城实践中,另一个成功的案例就是"锦里二期"(图10),关于这个项目不同角度的讨论有很多,我们自己进行总结时认为,作为一个成功的旅游地产

图 9　宽门窄塔和钓鱼台酒店

图 10　锦里二期

项目，最重要的一条就是，项目弥补了武侯祠旅游区体验式文化商业空间的缺失，因此，项目的嵌入，极大地提升了旅游区的文化氛围和地域价值。

上述三个实践案例，从片区到街巷再到项目，都是抓住关键，通过织补，系统更新。因此，旧城中重塑地域性，需要融入街巷，融合社区，融入城市肌理，由节点化、体验式的重塑策略，变为常态化、生活式的重塑策略，影响城市日常生活，影响最大多数市民，才能实现重塑地域性的可持续发展。

2.2　新城：重塑地域性的思考可归纳为"溯源、延展"

最近，我们刚刚完成天府新区的三个城市设计深化项目：秦皇寺中央商务区、锦江生态带和创新科技城。在新城的城市设计中，对于地域性的思考，主要体现在对城市空间立体性、平面协调性、风貌整体性、文脉延续性等方面的规划。因此，经过项目实践的不断总结，对于在新城中塑造期地域性的思考，我们概括起来为"文态规划先行、生态建设匹配、城市设计牵头、专项规划并行。"

另外，在成都天府新区的城市建设中，我们另一个成功延续城市文脉的新城建设项目是2013年才投入运营的铁像寺水街。该项目通过"九街十院，庭院艺坊"的设计理念，来表达川西地域性中的院落空间形态和生活方式。在项目局部的设计中，对于老成都茶馆的生活场景，以及邻水而生的街巷肌理等地域性特色，都进行了现代的延续和演绎（图 11）。

通过上述两个案例，在新城建设中，无论是城市设计，还是街巷打造，重塑地域性，延续城市基因，实现文化、生态和经济的发展，需要因地制宜。

图 11　铁像寺水街

2.3　乡村：重塑地域性的思考可归纳为"激活、转型"

在四川，乡建有其特殊性，当下大多数省份的乡建规模与数量都比较有限，而四川因为汶川地震和芦山地震两次灾后重建，乡建早在2008年就已经大规模地进行。

在汶川大地震的乡村重建中，由于各种主客观原因，当时的乡建几乎是大规模地集中安置村民，简单地复制城市居住模式，村民入住后，出现了一系列的问题，如房屋空置、特色消失、村民无以为生等。此后，政府多次组织学者和设计师对灾后重建的乡建模式进行总结和更新，目前已经梳理出第四代乡建模式。在芦山灾后重建的乡村建设中，基本上就是践行的第四代乡建模式（图 12）。总结起来，第四代乡建模式的关键内容就是：科学选址、有机聚散、延续生活、融合产业。

当然，除了灾后重建的乡建方式以外，顺应乡建的未来趋势，与旅游产业和地域文化融合，我们也创作了一些乡建项目，如峨眉·七里坪项目（图 13）。

项目充分遵循了原有地形、景观等地域性特征，也运用了当地石材、原木等地域性材质。

经过多次的乡建实践，我们初步梳理了在乡村建设中重塑地域性的策略，包含规划策略、建筑策略和运营策略（图14），核心要点就是生态为本，产业为重。

图12 寇家湾乡村灾后重建

图13 峨眉·七里坪

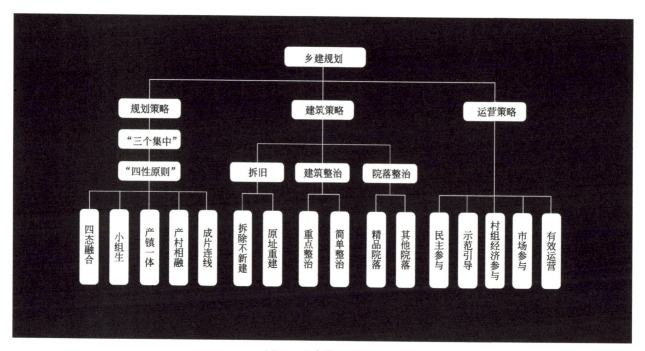

图14 乡建策略框架图

3 本土设计企业的担当和举措

在当前新型城镇化转型发展的背景下，在重塑地域性过程中，本土设计企业，本土设计师群体，应该且扮演怎样的角色担当，应该采取怎样的举措？归纳起来包含两个方面：一点反思、一点探索。

3.1 一点反思

反思主要来自于成都太古里（原大慈寺片区项目）和春熙路两个项目。这两个项目我们都是参与者。在政府最初的国际方案征集中，太古里是由四川省建筑设计研究院与山鼎国际联合中标，但最终却未能全面落地，开发商只得重新设计，这是为什么？春熙路在2002年和2012年的两次改造提升均由我们完成，但为什么十年之后又需要重新设计，而不能持续发展？

仔细思考，无论是太古里，还是春熙路，建筑设计的关注点往往集中在空间和形态上，而忽视了社会与经济等因素。

因此,在当下,我们认为,重塑地域性需要在"物质""空间"和"行为"三个维度上综合思考,才能在地域特征、时代风貌和文化特色整体呈现的同时,保障项目的有效落地和良好运转。

同时,本土设计企业和设计师群体在推动地域性重塑的实践中,需要转变思维。首先,重塑地域性是系统、复杂、持续的过程,设计企业与设计师仅是重塑过程中的一环,我们需要让设计这一环发挥整个过程撬动点作用,而设计产生撬动作用则需依托"多方参与、资源整合"平台支撑,这样才能推动地域性重塑的可持续发展。

3.2 一点探索

未来,立足过去五年开展西南地域建筑文化研究的基础,结合当下地域性重塑的方法实践,我们希望能够建立起我们在地域板块的完整体系(图15),具体包含三个方面的内容:

过去是范式探索。我们称之为"实践性研究范式",主要表现为过去五年的工作,包含多元主体参与,搭建资源整合平台,打造特色品牌活动,以及建立多元传播途径四个方面。

现在是方法探索。我们尝试构建地域性重塑的方法,助推新型城镇化的转型发展。主要包含四个方面:首先认清重塑地域性是一个系统和长期的过程,而设计在过程中仅是一个环节,发挥着撬动作用,并寻求其可持续的良性运转。

未来是路径探索。我们称之为不完全建筑路径,立足建筑,但不局限在建筑领域,具体表现为以设计牵头,整体谋划,资本引入,依托项目最终实现产业再造。

我们希望从范式到方法再到路径,实现我们的探索愿景——建立起我们在地域板块的完整体系。

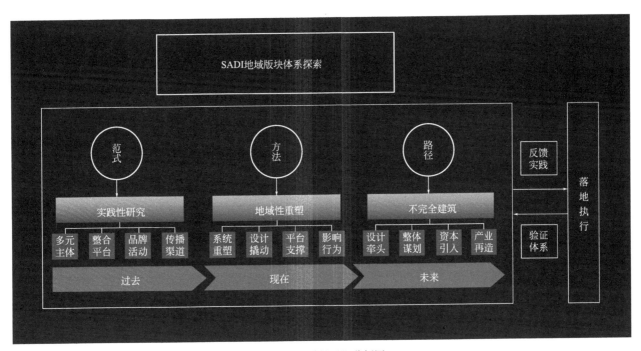

图15 地域性重塑分析图

4 结语

此时、此地,我们共同推动地域性重塑,既是新型城镇化转型发展的一种方法与策略,更是建筑设计行业转型发展必须经历的一次回归,唯有经历这样的回归,方能走得更远,真正从传统走向未来。

参考文献

[1] 戴志中. 西南地域建筑文化研究的意义及趋势 [J]. 建筑与文化, 2011 (7).

[2] 赵万民, 李旭. "因势利导, 天人合一": 西南地区历史建城经验对构建特色城市的启示 [J]. 建筑与文化, 2011 (12).

[3] 单军. 城里人、城外人……——城市地区性的三个人文解读[J]. 建筑学报，2001（11）.

[4] 李纯. 西南地域建筑文化实践性研究探索[J]. 中国勘察设计，2014（11）.

[5] 戴志中，杨宇振. 中国西南地域建筑文化[M]. 武汉：湖北教育出版社，2003.

[6] 单军. 建筑与城市的地区性——一种人居环境概念的地区建筑学研究[M]. 北京：中国建筑工业出版社，2010.

[7] 王育林. 地域性建筑[M]. 天津：天津大学出版社，2008.

[8] Vincent B. Canizaro. Architecture Regionalism: Collect Writings on Places, Identity, Modenity, and tradition. New York: Princeton Architecture Press, 2007.

作者简介

李纯（1964-），女，四川省第十四届人大常委，四川省建筑设计研究院有限公司董事长、总经理，四川省土木建筑学会理事长，四川省学术与技术带头人，享受国务院政府津贴专家，四川省工程设计大师，国家一级注册建筑师，教授级高级工程师。

数字时代下的城市更新+

李 纯

摘要：目前，城市更新成为政府、行业及市场高度关注的热门话题。近年来，在建设公园城市示范区理念的统领下，成都市进行城市更新，涉及的范围更大，种类更多，方式更灵活，成果更丰富。本文立足城市更新认识的"两个维度"，探索成都市城市更新的"两个特征"，结合实践案例，探究讨论未来城市更新的数字化方向。

关键词：城市更新；数字化；社区元宇宙

Urban renewal plus strategy in digital times

Li Chun

Abstract：Urban renewal is a hot topic concerned by the government, industry and market. In recent years, under the guidance of the concept of building a model park city, Chengdu is undergoing urban renewal with greater scope, more varieties, more flexible methods, and more abundant results. Based on the "two dimensions" of urban renewal, this paper explores two features of urban renewal in Chengdu, and combines the practical cases to explore and discuss the digital direction of future urban renewal.

Keywords：urban renewal；digitizing；community metaverse

《中华人民共和国国民经济和社会发展第十四个五年规划和2035年远景目标纲要》提出"加快数字社会建设步伐"。2022年11月16日，国家发展和改革委员会发布《关于数字经济发展情况的报告》，对下一步相关工作进行部署，指出要加快深化产业数字化转型，释放数字对经济发展的放大、叠加、倍增作用。数字化将成为新时代发展的新趋势，也将为建筑设计行业提质增效、转型升级带来新机遇。随着中国城镇化率的不断提高，中国城镇化进程进入后半段，城市发展进入存量时代，城市更新成为城市发展的客观需求。2019年中共中央政治局会议提出，实施城镇老旧小区改造等补短板工程，加快推进信息网络等新型基础设施建设。2020年中国共产党十九届中央委员会第五次全体会议（下文简称"十九届五中全会"）通过的"十四五"战略规划明确提出实施城市更新行动，城市更新的顶层政策不断升级，不仅成为"十四五"政策的新风口，更上升为国家战略。

自党的十九届五中全会对城市更新行动作出决策部署以来，各地不断创新模式：广州市建立起"1+3+N"政策规划体系，强化存量再利用，将三旧改造与微改造相结合；深圳市以"人民城市"的理念推动城市更新，强区放权，注重"1+1+N"政策体系，始终坚持"公益优先"的原则。成都市城市更新更加贴近这座城市的日常生活与有机生长，更能体现"以人为核心"的城市发展理念。例如：以街巷历史文化为本底，打造社区居民生活新场景的北门里·爱情巷；在多业权街区更新背景下，统一运营、实现特色商业街区共同发展的玉林东路；运用数字科技，打造可进入、可感受、可体验的全国首个沉浸式"学习强国"主题街区及五岔子大桥、成仁路马蹄莲桥等人行景观桥。成都市传

本文已发表于《当代建筑》，2023

统的"市井长巷"和初现雏形的"公园社区",既是城市发展的脉络肌理,也是市民生活的基本场所。笔者团队设计的一些城市更新案例,散落在城市的不同区位,承载不同的功能需求,但都体现了城市更新的本质目标:通过城市更新,激发城市的空间、产业、文化和生态活力,重塑社区的社群生态。

1 从"两个维度"探索成都市城市更新的"两个特征"

本文从学术研究的角度出发,在梳理有关城市更新的研究资料和设计实践过程中,发现人们对"城市更新"的概念和认识比较模糊。笔者认为对于城市更新的认识,应该包含两个维度:

第一个维度是城市迭代更替的自然演变。其随着城市的产生和发展持续存在,是城市的一种内在自生方式,可以说,城市发展的历史就是城市更新。以此为标准,成都市的城市更新一直存在于2300多年的城市发展史中,其主要的特征可以概括为城址不改,城名不变。

第二个维度是国家政策驱动的主动求变。当前城市更新已上升为国家战略,住房和城乡建设部指出,实施城市更新行动是适应城市发展新形势、推动城市高质量发展的必然要求。因此,现在人们常说的"城市更新",与城市长期历史演变过程中的自然演化不同,主要是指政府主导、制度驱动的主动求变,即通过城市更新方式,倒逼传统城市的建设方式转型,使城市适应社会经济发展的新要求和新趋势[1]。

国家"十四五"规划指出,要加快转变城市发展方式,统筹城市规划建设管理,实施城市更新行动,推动城市空间结构优化和品质提升。2021年,全国各地都在稳妥实施城市更新行动:实施城市体检评估机制,防止在城市更新中大拆大建,开展城市更新试点,加大历史文化街区划定和历史建筑确定力度等。随着经济社会的发展和城市社会需求的变化,城市建设理念逐渐从单一的"大拆大建""整理修缮""政府主导"向多元化的"综合整治""功能置换""微更新""公众参与"等方向转变。

成都市作为首批入选城市更新试点工作的城市,成渝地区双城经济圈建设、公园城市建设要求,初步形成了城市更新政策体系。在顶层设计方面,成都市以建设全面践行新发展理念的公园城市示范区为统领,构建了"1+N"城市更新政策框架;在技术标准方面,成都市不断探索适应存量改造的城市更新技术标准,构建了以城市更新专项规划、城市更新设计、城市更新实施方案为主导的更新技术体系。

在国家和成都城市更新政策的指导下,成都市围绕建设公园城市示范区和成渝双城经济圈的国家战略,积极推动了一系列城市更新项目,在城市更新领域走在全国前列。成都市将逐步建成并开放天府锦城"八街九坊十景"、街巷游线体系、一环路市井生活圈等多个历史城区更新示范工程项目,创建人文魅力之都①(图1)。统计数据显示,2022年上半年,成都市

图1 北门里·爱情巷

---

① 详见成都市"中优"——高品质高能级生活城区建设领导小组:《成都市"中优"十四五战略规划》(2021年6月). http://mpnr.chengdu.gov.cn/ghhzrzyj/ztgh/2021-07/06/e67c4752beaf43c4af7e18d1709d0346/files/afe553f019c04cfc90d451bd3ff30719.pdf

系统规划推进城市有机更新和老旧小区改造（已开工的老旧院落改造项目有 336 个），推进老旧院落示范项目创建，同时新启动 17 个片区更新项目，统筹实施棚户区改造 3305 户、城中村改造 1134 户[①]。成都市城市更新的特征将遵循未来公园建设这一方案，建设山、水、人、城和谐相融的公园之城和未来美好公园社区（图 2）。统计数据显示，2022 年成都首批启动建设未来公园社区有 25 个，预计实施项目有 372 个，投资总额达 2496 亿元，"十四五"期间，成都市将建设 200 个未来公园社区。

图 2　铁像寺水街

2　成都城市更新的实践案例

考虑城市所处发展阶段和区域背景的差异，各地城市更新行动呈现出与当地发展背景和地方区域特色紧密联系的多种类型与路径：在应对工业城市向后工业城市转型的产业结构调整与经济重组过程中，城市再利用旧工业用地，规划并再投资产业类型；在促进中心城区经济复兴的过程中，城市让被剥夺社区的边缘化弱势人群重返社会主流，再塑造衰败地区的城市形象；在快速城市化过程中，各种旧城、历史遗存进行保护式再开发[2]。结合将成都市城市更新中的具体实践，笔者团队将城市更新具体划分为三种类型。

2.1　中车·共享城——城市工业遗址再活化

在成都市机车车辆厂原址上崛起的中车·共享城，是成华区由老工业基地转型为"文旅成华"的重要标志。该项目的核心部分是崔愷院士对中车车辆厂厂房进行的建筑改造：项目延续工业遗址的原真性，融入新的商业和住宅，四川省建筑设计研究院有限公司（以下简称"川建院"）配合对城市空间进行整体城市设计，让"旧"的部分得到原真性延续，让"新"的部分创新性融入空间，在"旧"与"新"的共存与转化中，结合新时代的发展需求，实现产业调整。

2.2　玉林东路——城市生活街区再激活

项目采用政府主导的社区与市场参与治理模式，调动附近居民和商户参与的积极性，融合新时代中国共建共治共享的理念，成立成都市玉林特色商业街区共发展联盟，建立多业权街区管理规范，探索形成新的街区治理模式，努力实现居民得实惠、商家得实利、城市得发展的"三赢"局面。城市更新盘活了街区存量空间，实现了引人、聚人、留人的目标，推动了空

---

① 蓉城政事.https://mp.weixin.qq.com/s/o7986BGCurOMHlGsIn0r8g. 这两个"老成都"，全新亮相！

间和人的可持续、正循环发展（图3）。

图3 玉林东路

2.3 八街九坊十景——历史遗存的保护式再开发

成都市历经两千多年的空间演变，构成了"八街九坊十景"的锦城格局，寻香道、宽窄巷子、锦里、华西坝、文殊坊，武侯祠、青羊宫、杜甫草堂等不同时期的"文化地标"，从历史中走来，构成成都市的文化底色和价值符号。项目采用"在保护中更新，在传承中创新"的理念，以城市单元更新引领老城历史的活化与复兴，通过空间营造修复城市文脉，延续城市记忆，加强民众的自我认同感（图4~图6）。

通过上述三个案例，不难发现，城市更新的内容演化与不同时期经济建设和城市发展主题密切相关，在多元动力机制的推动下，城市更新将延伸出更广泛的内容，拓展出更多元的"生态圈"。三个案例涉及物质性更新、空间功能结构调整、产业转型升级、公众参与、运营介入等多层维度，其最终目的是复兴城市功能，振兴城市产业经济，实现城市社会、经济、物质环境等各方面可持续、良性发展。

图4 学习强国

图5 交子金融大街

图6 五岔子大桥

3 社区元宇宙是未来城市更新的数字化方向

2021年9月，中国城市规划学会年会在成都市举行，住房和城乡建设部副部长黄艳在大会分享了成都市抚琴街道西南街片区的社区营造案例，希望在城市更新中，更多规划师和建筑师等专业力量可以关注并深入社区。未来，城市更新将在社会各界的广泛关注与多方力量的积极参与下，社区作为城市基本单元，将逐渐成为城市更新的重要载体。2022年2月15日，成都市启动首批未来公园社区建设项目，如瞪羚谷未来公园社区、北湖未来公园社区等。一个个绿色低碳、安全韧性、智慧高效、活力创新的新型城市功能单元开始不断涌现。

随着各行业数字化转型的不断深化，未来城市更新与数字化技术的结合将落实到社区层面。其中，构建未来社区元宇宙是一个重要的创新发展方向。近期，在四川省经信厅、成都市高新区管委会指导下，省土木建筑学会、区块链行业协会的支持下，川建院联合蜀道集团、中国电信、成都交子公园金融商务局区举办了"2022 OPENCITY元宇宙设计公开赛"。该比赛基于数字化技术，关注元宇宙对城市空间带来的拓展性和创新性，聚焦未来社区、未来产业社区、未来乡村、未来文化消费空间四大内容，在一些社区、街区、园区等城市更新项目中，共建"突破传统思维，超越当前范式，营造全新场景"的城市元宇宙。除此之外，项目业主和运营方也十分关注元宇宙对项目商业价值的赋能作用。一些B2C电子商务的合作企业，如文旅企业、银行和电信企业等也十分关注元宇宙空间的营造，他们希望借助元宇宙的虚拟社交，创新商业模式和产品交付（图7、图8）。

近两年，川建院作为一家建筑设计企业，顺应数字经济发展新趋势，进行了一系列探索与尝试，并依托企业办公楼尝试构建一个未来社区元宇宙。在这个正在建设中的探索性元宇宙空间中有以下几个主要场景：

场景一是依托企业文化空间打造的线上虚拟展厅入口——中国建筑学会的科普教育基地。川建院通过与北京宝贵石艺科技有限公司合作，构建了一面合影打卡的背景墙，用于接待行业专家、政府领导和商务合作伙伴等。

场景二是空间展厅入口。在元宇宙空间中，企业

图 7　OPENCITY 共创行动

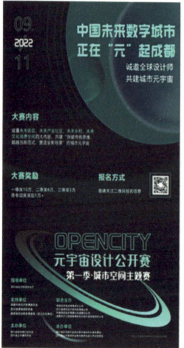

图 8　OPENCITY 元宇宙设计公开赛

文创产品的创意设计、背景信息和使用场景都可以得到更好的展示，也可以与线上文创微店进行连接互动。

场景三是依托物理展厅还原的虚拟空间展厅中央。虚拟空间可以展示企业的宣传片、项目短片和作品模型。该场景通过呈现企业的各类项目作品图片，让到此参观的嘉宾能够依托元宇宙，突破现实物理空间的限制，进入一个更加纯粹、丰富和多元的未来数字空间中，在这里，参观者可以了解企业作品图片背后的项目信息，也可以通过模型进入任何一个项目的现场，亲身感受企业的设计作品，得到超越物理空间、平面图片和三维模型限制的体验（图 9）。

场景四是在元宇宙空间内瞬间实现空间转换，抵达不同项目现场。江姐故里重点展现了各级领导到现场参观的新闻报道，以及江姐影像资料在虚拟空间中的集成展现，突出项目的社会影响力；陆肖站 TOD 突显项目商业新场景在虚拟空间中的呈现，展示出元

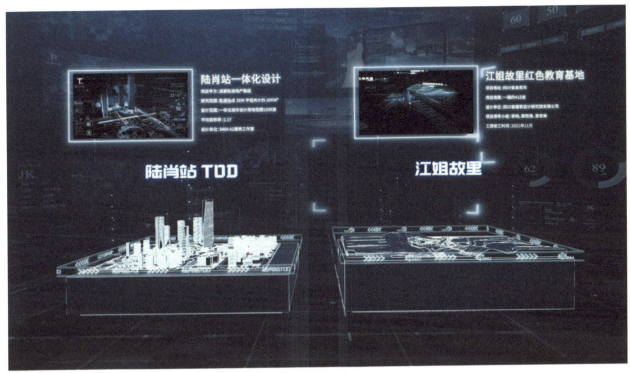

图 9 社区元宇宙

宇宙空间为项目商业价值赋能的作用。

于未来社区营造和城市更新而言,元宇宙引发的城市空间感知会为城市带来一系列拓展性和颠覆性改变,元宇宙空间具有巨大的潜力和可能性,建筑师需要予以高度重视,积极探索、实践,不断去深化人们对城市空间的认知。

4 结语

数字时代,新技术为城市更新提供了更智慧、高效的设计和营建方式,也为城乡建设提供了更广阔的创新空间,以及更加多元的应用场景,为城市提质增效、转型升级带来新机遇、新发展。川建院将紧扣"城市空间产业生态圈综合服务引领者"的战略定位,积极探索住建领域数字化、绿色化协同转型发展,让数字化转型成为城乡建设绿色低碳发展的"加速器",让城市过去留得住,未来看得见。

参考文献

[1] 褚冬竹,LIU Y. 精明·精准·精细:城市更新开卷三题 [J]. 建筑实践,2021(10):14-27.

[2] 严若谷,周素红,闫小培. 城市更新之研究 [J]. 地理科学进展,2011,30(8):947-955.

作者简介

李纯(1964-),女,四川省第十四届人大常委,四川省建筑设计研究院有限公司董事长、总经理,四川省土木建筑学会理事长,四川省学术与技术带头人,享受国务院政府津贴专家,四川省工程设计大师,国家一级注册建筑师,教授级高级工程师。

一脉相承
——浅谈四川地区现代建筑实践中的文脉传承

高 静 熊 唱

摘要：本文基于《中国传统建筑解析与传承》（四川卷）的研究成果，以文脉传承为切入点，分析总结了四川地区现代建筑实践在对传统建筑特征传承中文脉延续、历史文化遗产保护、场所精神塑造等方面的传承手段。

关键词：文脉传承；四川地区；现代建筑实践；地域文化

"Inherit":inheritance of context in the operation of modern architecture in Sichuan

Gao Jing Xiong Chang

Abstract: This article is based on the research results of *The Interpretation And Inheritance Of Traditional Chinese Architecture (Sichuan Volume)*, and takes Context inheritance as the starting point to analyze and summarize the inheritance methods of modern architectural practices in Sichuan in aspects such as cultural continuity, historical and cultural heritage protection, and place spirit shaping.

Keywords: context inheritance；Sichuan；operation of modern architecture；regional culture

为弘扬传统建筑文化，住房和城乡建设部于2014年成立传统民居工作组，并组织各省、自治区、直辖市进行地方传统建筑的特征分析以及传承发展的研究工作，于2016年出版了《中国传统建筑解析与传承》。

在参与《中国传统建筑解析与传承》（四川卷）的工作中，笔者深入挖掘了四川传统建筑的地域特色，以总结传统建筑文化在现代建筑的传承与发展为目标，回顾了社会转型期后四川地区传统建筑文化的发展脉络，结合建筑实践作品，分析和总结了如何对传统建筑特征进行现代传承。

通过对四川地区现代建筑实践的案例分析与剖析，可以发现，四川地区现代建筑通过环境、文脉、形态、符号意象、功能空间和材料建构等方面，对传统建筑特征进行了辩证的传承。本文以其中的文脉传承为题，探讨四川地区现代建筑设计在城市历史文化遗产的保护、文脉的时代延续、场所精神的塑造、传统体验的当代表达、新与旧的肌理协调以及旧建筑更新等方面所作出的努力。

文脉（Context）一词，最早源于语言学范畴，从狭义上解释即"一种文化的脉络"，是局部与整体之间的对话和内在联系，也可以是某元素自身在时间和空间上的特质关联。对于城市而言，文脉是一座城市生命力的表现，是一个城市精神传承的遗存。对于建筑而言，文脉是建筑的灵魂，建筑是文脉的载体。

现代建筑对文脉的传承，相当于为自己追溯到场所意义的本源，通过延续场地历史信息、保留利用原有建筑和遗迹、改造整理用地周边关系、塑造空间场所和再现传统场景等方式，从一切文脉所传达的信息中汲取养分，构建属于自己的时代特征，获取更蓬勃的生命力。

1 城市历史文化遗产的保护

城市历史文化遗产的保护是传承城市文脉的重要内容。在国家和地方颁布的相关法规和条例的严格指引下，对历史文化名城、历史文化街区、文物古迹和历史建筑的保护，是利用可持续发展思想作指导，秉承协调性、延续性、公平性和以人为本的原则，对历史环境、空间格局、整体风貌和建筑外观进行保护，并挖掘蕴藏在其中的非物质形态的文化内容，保存生活格局以形成活态文化延续和传承。

成都的宽窄巷子保护性改造项目，秉承"修旧如旧、保护为主""原址原貌、落架重修"的原则，对成都清朝"少城"鱼脊骨状道路格局（图1）和街区形态进行了完整保留（图2）。整个街道的主调呈现出清代的城市空间特征，也让历史街区重塑出空间的时间厚度。

门管理，通过招商引资和资产经营，形成以旅游、休闲为主、具有鲜明地域特色和浓郁巴蜀文化氛围的复合型文化商业街（图3），并最终打造成具有"老成都底片，新都市客厅"内涵的"天府少城"。

设计再现了宽窄巷子文化内涵和场所精神，从文化感知层面上呼唤城市文脉和精神的回归。新生的宽窄巷子容纳了成都"慢生活"的方式（图4），延续了打麻将、泡茶、摆龙门阵的市井味道，形成一个由民俗生活体验、公益博览、餐饮娱乐等功能形成的"老成都原真生活情景体验街区"。

图1　成都清朝"少城"地区"鱼脊骨状"街区格局
（来源：《成都宽窄巷子历史文化保护区修建性详细规划》，2004）

图3　宽窄巷子区域鸟瞰
（来源：《成都宽窄巷子历史文化保护区修建性详细规划》，2004）

图2　宽窄巷子保护性改造中保留的"鱼脊骨状"街区格局
（来源：《成都宽窄巷子历史文化保护区修建性详细规划》，2004）

宽窄巷子始建于清代，是成都三大历史文化保护区之一。街区完整保留了成都少城"鱼脊骨"形态的城市肌理，是老成都"千年少城"城市格局和百年传统建筑格局的最后遗存，也是北方的胡同文化和建筑风格在南方的"孤本"。宽窄巷子历史街区于20世纪80年代列入《成都历史文化名城保护规划》。

2008年6月，宽窄巷子改造工程竣工。在保护传统建筑风貌的基础上，由市政府成立运营公司进行专

图4　宽窄巷子室外环境
（来源：《成都宽窄巷子历史文化保护区修建性详细规划》，2004）

2 城市文脉的时代延续

2.1 依托资源打造文化坐标

这一类建筑依托城市中重要的历史遗迹或文化资源，通过新建的方式在邻近区域打造以商业、旅游、文化展示及民俗体验于一体的建筑，在呼应协调历史文化资源的同时，通过挖掘地域文化精髓和引入新的文化亮点来强化自身的项目特色，与历史文化资源组合构成空间协调、功能互补、形态多样的城市文化坐标。

锦里之名得于《华阳国志》，是古代成都最负盛名的一条繁华街道，有"西蜀第一街"之称，闻名遐迩。

锦里一期是四川省内首次以"历史文化"为主题进行建设的特色街区，与武侯祠博物馆整体规划，协同运营，以蜀汉三国文化和成都民俗作为文化内涵，明清川西民居建筑风格作为外在形态，融入当下的文化旅游和时尚生活元素，将历史与现代有机融合，创造了人文氛围浓厚，休闲、购物、旅游、体验的特色文化街区。项目延续了传统空间中的街巷空间格局——贯穿南北的连续街道为锦里的主要交通动线和景观轴线，形成变化丰富的线性空间，具有起承转合、开合有致的空间序列（图5、图6）。

锦里二期工程以"西蜀历史文脉的传承延续，传统建筑空间的当代诠释，绿色生态景观的有机植入"为原则，提出"水岸锦里"的设计理念，进一步展现了对成都传统典型街巷空间的深度理解，并继承了西蜀古典园林"文秀清幽"的整体特点。[1] 堪称最市井、最平民、最包容、最典型、原汁原味的成都传统街巷。

锦里二期从尺度、形态和空间肌理上与一期建筑群落保持协调，并与邻近的武侯祠博物馆及南郊公园取得了景观环境上的有机交融。设计引入传统商业街巷与水系的有机关联，连通邻近公园水域形成由溪流、叠泉和水塘组成的景观水系统，规划蜿蜒曲折、富有起承转合韵律的传统尺度街巷空间（图7、图8），以川西院落式建筑为主题，营造亲水、乐水的整体环境。

图5　一条主街构成锦里交通动线
（来源：丁浩摄）

图6　锦里内街边的
（来源：江宏景摄）

图7　锦里二期街巷空间
（来源：四川省建筑设计研究院提供）

图8　锦里二期园林空间
（来源：田耘摄）

设计提出以三国文化为历史脉络，强调四川文化底蕴特色，充分依托本土文化，彰显西蜀古典建筑的园林空间特点，打造具有中国传统建筑和园林神韵的"水岸锦里"，形成具有明晰地方文化特色的建筑园林空间（图9、图10）。

图 9 锦里二期滨水环境
（来源：田耘摄）

图 10 锦里二期开敞水面区域
（来源：马承融摄）

3 场所精神塑造公共空间价值

此类项目通过建筑和建筑群落的规划布局方式与城市文脉相契合，为城市营造富有地域文化特色的开放空间，建筑在其中的作用不仅局限于自身，更是面对城市活力而发挥的合理价值，通过场所精神的表达来展现城市公共空间的价值。

铁像寺水街位于成都市高新南区大源组团，用地中肖家河由北向南流过。项目西侧紧邻的铁像寺，是汉族地区七个金刚道场之中唯一的尼众道场，是高新南区屈指可数的历史遗迹和文化坐标。

富有时代感的区域环境、传统氛围浓郁的周边条件以及特色突出的基地情况，都给铁像寺水街带来了很多机遇挑战与矛盾冲突，项目的规划设计要求中更是明确地体现"很成都、很现代"的设计意向。[2] 因此，对传统街巷肌理和场所精神的继承和创新是设计的核心。设计中提出"乐水新天府"的设计理念，将现代建筑、传统街道空间和景观环境复合串联在肖家河水岸两侧，形成时间与空间交相辉映的体验式街区形态。

设计充分利用肖家河打造滨水景观，增加2600余平方米水域面积，形成整体开合有致的水域形态（图11）。设计运用自然草坡、叠石、石阶、临水木平台、垂直驳岸、栈桥等景观元素（图12），构建多层次、软硬质交错分布的驳岸景观。除了在主河道区域营造水景之外，设计将内街引入浅水系统，形成街旁水圳。一座座石砌拱桥卧于水波之上（图13），沿河漫步，凭栏品茗，使项目成为成都水文化在当下重现鲜活的城市范本。

图 11 肖家河穿越铁像寺水街场地
（来源：马承融摄）

图 12 铁像寺水街丰富的景观体验
（来源：熊唱摄）

图 13 铁像寺水街的滨水公共空间
（来源：马承融摄）

设计从传统空间模式语汇中提取要素，着重体现对传统街巷空间的传承与演绎。街区以一条滨水空间主轴串联起中心节点和各入口节点。中心节点是整体空间节奏的三个高潮，展现三大功能分区的活力意向。入口节点是街区与城市接驳的口岸，发挥着强大的空间引导作用，并成为街区对外展示的窗口。此外，设计延续铁像寺主轴线为街区空间虚轴，通过场地设计达成历史与现代、传统与时尚的呼应之势。设计以模式化的语言对开放空间断面和河道的关系进行研究，构建内街、沿河半边街、两岸双街等街道形态（图14），由河、街、巷、院、室的空间层次，完善了内部空间分级，形成既变化丰富又线性连续的空间。

共空间，铁像寺水街中的戏楼广场延续了原汁原味的建筑风貌和场所精神，戏台前原貌保留了原有的7株香樟树（图16），浓荫下的茶肆成为领略老成都生活情趣的绝佳场所。

图14 铁像寺水街内街空间形态
（来源：熊唱摄）

图16 铁像寺水街戏楼广场
（来源：熊唱摄）

4 传统体验的现代表达

这是一类更偏向于创新的设计思路，建筑和城市空间的营造更多的采用现代设计手法，用现代人接受的空间尺度、造型、材质和感官体验来表达环境，建筑除了适应当下的城市环境和风貌外，还符合现代审美特征和文化价值，在与城市环境的和谐中寻找形式的对比与个性。

成都远洋太古里位于城市中心，毗邻千年古刹大慈寺，是开放式、低密度的街区形态购物中心（图17）。设计者结合现代手法更新传统体验，建筑和城市空间的营造更多采用现代设计手法，用现代人接受的空间尺度、造型、材质和感官体验来表达环境，建筑除了适应当下的城市环境和风貌外，还符合现代审美特征和文化价值，在与城市环境的和谐中寻找形式的对比与个性。

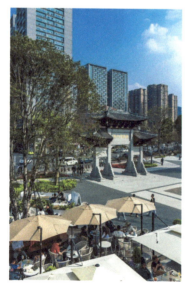

图15 铁像寺水街二期东入口广场
（来源：熊唱摄）

设计提取了四川地区传统城镇中的特色场所，将其迁移至铁像寺水街中进行时空再造、展现地域特色（图15）。戏楼广场是传统城镇中最具活力与特色的公

图17 远洋太古里建筑形态
（来源：存在建筑摄影工作室摄）

项目环绕大慈寺呈 U 型空间布局开放街区，布局"快里"和"慢里"形成纵横交织、收放有致的三级街道网络格局。新建建筑为二到三层，以连廊、退台、坡屋面和深出檐为主要特征（图18），采用钢结构建造，与保留的传统建筑一道构成内低外高的整体空间格局（图19）。建筑立面采用玻璃幕墙展示现代商业建筑属性，立面搭配铝合金与陶土材质的格栅传达四川民居特色，整体色调以灰与浅褐色为主，朴素而亲切。建筑沿街巷布局形成连续的街道界面，再通过骑楼柱廊的转折变化，营造非均质的线性空间（图20）。

图18 远洋太古里建筑群体的屋面形态
（来源：存在建筑摄影工作室摄）

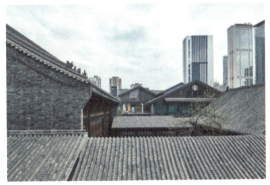

图19 远洋太古里新建建筑与保留传统建筑和谐统一
（来源：存在建筑摄影工作室摄）

图20 远洋太古里营造的街巷空间
（来源：存在建筑摄影工作室摄）

5 新建筑与肌理的协调

我们生活的城市是经历了漫长的岁月逐渐形成的，每一栋建筑每一条街道的生成都与当时的历史环境、社会条件和技术水平等息息相关，也通过物化的建筑形式将这些有价值的信息一一呈现出来，体现出共时性中的历时性。

水井坊博物馆在保留部分传统建筑功能的前提下，融入新的使用功能，使新与旧有机融合。设计将拥有600年历史的酿酒生产功能予以保留，通过建筑空间的建构形成分布于作坊外围的参观流线，通过流线在作坊外围组织陈列、展示和文化交流场所，融入新的博物馆功能（图21、图22）。

图21 水井坊博物馆遗迹展示区
（来源：存在建筑摄影工作室摄）

图22 水井坊博物馆作坊展示区
（来源：存在建筑摄影工作室摄）

建筑设计方面，新建筑采用了与旧建筑一致的民居建筑尺度，通过聚合的小体量与旧建筑一道共同嵌合在水井坊历史街区内。新建筑平面布局上采用了错动退界的手法柔化边界，使之与保护区肌理平滑过渡，融为一体。新老建筑之间通过设置巷道，留出了间距（图23、图24），保护了酒窖中必需的土壤微生物不被破坏，最大程度地保存酒坊综合环境。

图23　水井坊博物馆庭院空间
（来源：存在建筑摄影工作室摄）

图24　水井坊博物馆新旧建筑间的巷道
（来源：存在建筑摄影工作室摄）

水井坊博物馆是一个极好的传承产业文化这一特殊历史文脉的案例，新建筑以"缝补"的策略延续原有街区的尺度和空间特色，以"模仿"和"退让"的方式与旧建筑共融共生，不但记录了酿造历史和技艺，还以发展的态度对文物、文化、文明进行了保护利用和传承。

6　旧建筑改造的人文关怀

在城市有机更新改造开发过程中，设计通过现代结构技术保留尽可能完整的历史信息，创造性地增添新的文化元素，通过设计引导使其重新焕发生命力；站在人的角度，设计赋予建筑更多的精神寄托，使设计理念能自由地表达，使建筑和环境以更接地气的方式与城市文脉取得关联。

崇德里始建于1925年，为川西风格民居群落，大部分建筑于21世纪初被拆除，留存部分于2012年落架重修。该建筑既保留和传承了老成都的历史记忆，具有丰富的历史人文内涵和重要的纪念意义，2013年被成都市政府纳为历史建筑。

崇德里改造更新以"保护性改造"为策略，以修缮代替拆除重建，根据建筑的实际情况实施选择性改造，最大限度保留和修复历史遗存，将历史建筑、文化氛围、空间场所、视觉环境有机结合起来。在更新设计中，坚持秉承"不拆除一根柱子"的理念，对旧建筑的墙、柱、梁和屋架等部件进行了最大程度的保留（图25），采取了基础加固、增加钢结构（图26）、墙体钻孔注胶等方式，直接体现新与旧的冲突和关联。设计巧妙利用了原有院子的天井和巷道空间，对室内外环境进行灵活转换（图27）；对建筑外部环境进行提升，改善了周边城市空间的环境品质（图28），并恰如其分地融入周边城市的肌理和生活氛围中。

图25　崇德里保留的原有穿斗结构
（来源：熊唱摄）

图26　崇德里增加的钢结构
（来源：熊唱摄）

随着时代的前进，科学技术的进步、经济社会的发展和频繁的文化交流，我们的生活变得越来越便捷、高效和人性化，我们生活的人工环境也越来越走向趋同的一面。在全球化的语境下，解决"千城一面"趋同现象的根本是需要在建筑设计与城市发展中不停地从民族和地域中寻找文化的亮点，抓住文脉的精髓。

就像本文中这些"一脉相承"的建筑实践，在未来，四川地区将会有越来越多的优秀实践案例得以呈现。它们融合传统地域文化与时代发展新要求，保持本土文化应有的自信观念，以文化自觉的意识和文化自尊的态度从相关学科的视野、多学科的视域等更宽广的层面来重新深化对地域建筑文化的追溯理解与研究，将新的文化思想与血脉和地缘因子混合交融，迸发出新的闪光点，实现历史文脉和地域文化的创新表达，传达更为丰富的四川地域文化意象。

图27 崇德里对原有建筑天井的利用
（来源：熊唱摄）

图28 崇德里外部街巷环境
（来源：熊唱摄）

参考文献

[1] 白今. 楼阁华窗映灯火清波云山如锦绣——"水岸锦里"成都武侯祠博物馆配套工程锦里延伸段项目 [J]. 建筑与文化，2011（9）.

[2] 王继红，熊唱. 乐水新天府——以成都高新区铁像水街特色街区为例浅谈场所精神的时空再造 [J]. 建筑与文化，2012（1）.

作者简介

高静（1973-），女，四川省建筑设计研究院有限公司副总经理，一级注册建筑师，教授级高级工程师。

熊唱（1981-），男，四川省建筑设计研究院有限公司设计五院（建筑景观）总建筑师，一级注册建筑师，教授级高级工程师。

以客流为导向的TOD片区地下空间组织研究

柴铁锋　高　锐　何青松　谭露露

摘要：随着城市轨道交通的新兴与崛起，多数城市轨道交通正在如火如荼地进行TOD片区的城市设计探索。从地上与地下土地开发与利用情况，以及"公共、生活、产业"等城市功能的并入，均对TOD片区内地下空间的建设提出更高要求。虽然TOD片区的相关研究很多，但主要还是集中在地上的城市交通、土地利用等方面，而从城市空间使用者角度探讨TOD片区所聚集的客流与地下空间之间的关系还较少被独立观察与研究。因此，以城市轨道交通客流为导向，以紧凑城市理论、城市触媒理论为基础，通过定性与定量相结合的方法深入观察并分析客流路径的发生模式。最后总结客流视角下的地下空间设计原则，探索式地提出TOD片区地下空间系统组织模式，以期促进地下空间的开发与利用的立体集约、多元活力，激发地下空间的更大意义与价值。

关键词：城市设计；TOD片区；轨道交通；客流导向；地下空间

Study on the organization of underground space in TOD area oriented by passenger flow

Chai Tiefeng　Gao Rui　He Qingsong　Tan Lulu

Abstract: With the emergence and rise of urban rail transit, most of them are exploring the urban design of TOD zones in full swing. From the development and utilization of land above and below ground, as well as the integration of urban functions such as "public, living, and industry", the construction of underground space in TOD zones is demanding more. Although there are many studies on TOD zones, they are mainly focused on urban traffic and land use above ground, but the relationship between passenger flow and underground space in TOD zones from the perspective of urban space users has not been observed and studied independently. Therefore, based on the compact city theory and urban catalyst theory, the relationship between the passenger flow and the underground space from the perspective of urban space users has not been observed and studied independently. Finally, the design principles of underground space from the perspective of passenger flow are summarized, and the organization mode of underground space system in TOD area is proposed in an exploratory manner, to promote the development and utilization of underground space in a three-dimensional and intensive manner, and to stimulate the greater meaning and value of underground space.

Keywords: urban design; TOD district; rail transit; passenger flow guidance; underground space

0　引言

城镇化率每提高1个百分点，可吸纳1000多万农村人口进入城市，进而带动1000多亿的消费需求，而相应增加的投资需求会更多。而城市土地资源是无法按照城市人口增长率的发展而持续不断增加，必然造成土地资源紧张、交通拥堵、环境恶化、生态失衡等"大城市病"。根据NTT数据经营研究所统计，轨

本文已发表于《城市住宅》，2019

道交通每运输一人每千米消耗的能源约为公共汽车的二分之一、私家车的六分之一。同时,二氧化碳的排放量约为公共汽车的四分之一、私家车的九分之一[1-2]。因此,重视以轨道交通为基础的公共交通城市结构,是实现紧凑城市的必要条件之一。城市在水平方向上的扩展探索已发展到极致,地下空间是城市拓展的重要空间,也是城市空间一体化发展的重要基础。

1 TOD 片区地下空间的触媒效应及其复杂性分析

1.1 TOD 片区地下空间与片区用地之间的城市触媒效应

在TOD片区中,将轨道视为"新元素"与区域内的其他元素之间形成积极的共振、整合,进而形成更大规模的城市触媒点,影响到更大的城市区域,最终产生一种城市发展的联动效应。从现有研究来看,大多数学者探讨的是轨道交通对城市周围区域发展的触媒效应,以及轨道地下空间发展的必然性,仅有少数学者探讨地下空间对城市触媒效应的加强效应。如王成芳等[3]认为通过地下通道及人行天桥、建筑之间的人行通廊等形成立体化、四通八达的步行网络,不但为行人提供便捷而安全的行动路线,也促进了步行系统连接地区的繁荣,提升轨道交通站点周边物业价值。地下空间的发展与片区用地之间的城市触媒效应并非永远是正效应。通常一个元素的注入,对于区域的发展既会出现正效应,也有可能出现负效应,因此,在投入"新元素"之前,需要思考如何才能保持地上与地下的平衡,如同城市发展规模中的均衡规模和最佳规模。

1.2 TOD 片区地下空间体系分析与评估体系建立

任何事物发展到一定阶段,驻足反思是前进最好的动力,城市地下空间的发展进程也是如此。因此,本研究的第2个问题是如何在复杂系统下探索和发展TOD地下空间。2016年在CNKI中文数据库检索研究情况中,我国关于地下空间规划及设计评价的研究论文总占比是9.55%。其中关于地下空间评估体系所涉及的范围有城市地下空间可持续发展评价指标体系、地下空间资源适宜性评价模型、城市地下空间需求度评价、地下空间安全评价方法等,其中从使用者角度出发评估地下空间的研究较少。因此,本研究将从TOD片区的特点出发,结合轨道交通客流探索式提出TOD地下空间品质的评估体系。

美国犹他大学、加利福尼亚大学、哥伦比亚大学和华盛顿大学在2013年联合多个专业团队,综合物理环境、城市设计质量和个人反应机制等方面因素提出5个维度共25个指标的城市街道品质的测量城市设计(Measuring Urban Design)评估体系。本研究认为地上空间与地下空间除却空间本身的特性之外,从人体角度出发,其空间品质标准近乎相同。因此,本研究考虑将沿袭测量城市设计评估体系思路,考虑到TOD地下空间的封闭性等基本特征,删除围合度2维度,增加安全性3维度;删除绿化退界、道路绿化隔离带宽度等指标,增加客流量、客流密度、通道高宽比等地下空间品质指标,制定出适应于TOD片区地下空间的5个维度和25个指标评估体系(表1)。

TOD 片区地下空间品质评估框架　　　表1

序号	要素指标	A 意向性	B 人尺度	C 透明性	D 丰富性	E 安全性
1	与站域的缓冲区(开放空间/通道/无)		Y			
2	步行道宽度		Y			
3	步行网络连通度				Y	
4	可进入的庭院、广场、公园	Y				
5	出入口数				Y	Y
6	地下商业类型				Y	
7	通道高宽比		Y			
8	客流量与客流密度				Y	
9	路边障碍物					Y
10	无障碍(设施、通道、入口)					Y
11	公共家具与标识		Y			
12	自然采光设计			Y		
13	自然通风设计			Y		

续表

序号	要素指标	维度 A 意向性	B 人尺度	C 透明性	D 丰富性	E 安全性
14	导向标识设计	Y				
15	噪声等级	Y				
16	空间照明（＜4m）			Y		
17	空间透明性			Y		
18	空间基本色彩				Y	
19	对立／强调色				Y	
20	公共艺术品数量				Y	
21	边界外轮廓				Y	
22	避难通道导标					Y
23	紧急医疗路线					Y
24	站际之间的距离		Y			
25	寻路系统					Y

注：Y表示以此维度为主。

2 TOD片区中影响地下客流因素的分析

2.1 土地高密度混合与客流量的转化关系

TOD模式本身的特点就是整合土地利用（高密度、土地利用混合）和交通发展（以公共交通为主发展宜人的步行环境）。从现在各大城市发布的TOD片区导则中关于土地利用的章节可知，圈层式发展和高密混合均为其紧凑型、立体化的主要特征之一。本研究则主要探究土地利用密度、混合度与客流量之间的关系。有关学者提出要关注轨道交通使用者密度而非单纯的开发密度，这无疑揭示了现今只关注土地利用率而轻视客流密度的现象，且尚未注意土地的高密度与客流高密度之间并非必然的转换关系[4-6]。

2.2 空间组织与客流路径的协调关系

从TOD的4个特点来看，TOD片区的空间高密度、立体化发展是必然，这样的必然也会导致地下步行空间是一个高度复杂的分层系统。在以站点站域为核心的TOD开发中，地下空间利用早已被激发；对于大部分属于封闭的站际地下公共空间系统而言，客流路径并不是自然形成的，而是通过对站域、通道、地下商业空间、出入口等之间的博弈才形成的站际地下空间。由此而引发的客流组织问题无疑是地下站际公共空间系统成功与否的关键所在。

2.3 片区吸引力与客流活力的关系

住房和城乡建设部对轨道影响区的定义是指距站点500~800m，步行约15min以内可到达站点入口，与轨道功能紧密关联的地区。但考虑到共享单车的应用，TOD片区的吸引力范围可在传统范围适当扩大，城市活力圈也将扩大。

3 构建客流导向的TOD片区地下空间组织设计原则

3.1 "点-轴-网-体"的空间寻路系统

影响人们行为的是社会场合，而提供线索的却是物质环境。2011年有一份对加拿大多伦多的PATH地下空间的访谈记录显示，即使PATH有地图和指示系统的辅助，但使用者在PATH地下空间内还是会出现认知混乱的情况。因此地下空间组织中更应该注重区域划分、边界变化、路径规划、标志物设置与节点打造[7-9]。

3.2 站城一体化规划设计原则

TOD模式推广可确保交通站点与区域发展目标一致。轨道车站建设同时考虑交通节点、交通广场、商业办公等建筑地块，并通过统一规划集聚多种功能，形成多层次的步行空间，并与车站周边城区进行连接，形成广域的网络系统，并且在车站周边穿插多处能起到连接作用的竖向轴线空间，创造能满足人们休息需求的洄游性高的城市空间。客流的集中并不一定会产生具有活力的城市空间，只有客流和活动一起集中，空间活力才会产生。

3.3 空间的场所原则

在特定空间内，通过人们共同的文化背景、空间要素解码等，其行为是可预测的。因此，成功的空间是通过清晰的线索降低空间的不变性，提高其预见性。空间环境的记忆功能相当于集体记忆和舆论，即片区内的文化属性。当空间组织建筑形式、符号系统及可见的活动协调一致时,场所意义会更清晰,且空间、城市都更加易于理解,更加值得记忆。

4 基于客流导向TOD片区地下空间品质设计导则

SOD(Service Oriented Development)通常是互联网等服务业的模式。在搜集大量用户信息及反馈之后,通过分析用户需求进而改善网页或产品。这与TOD的理念并不冲突,两者只不过是从不同角度来看待。因此,本研究认为,从研究客流的角度推导空间组织与基于片区空间性质组织客流在本质上是同一个问题,只不过是从不同角度来看,也正是如此,才可以弥补一个角度所带来的局限。因此,本研究基于地下空间品质评估的基础,结合影响客流的内外因素综合优化,为片区的全面发展提供设计引导(表2)。

TOD片区地下空间品质设计导则 表2

空间组织设计指标元素			导则
空间寻路系统	空间节点	空间形状(a_1)	空间的封闭性、层次性、多样性及文化属性均为权衡空间形状的重点,主要引导地下空间避免单调,给予客流一定的识别度与影响性
		空间色彩(a_2)	空间色彩应基于光线一同考虑,是自然光还是人工照明,灯光的冷暖与色彩之间的搭配是否会造成干扰以及客流视觉上的负担。同时,通道、商业店面等不同空间的色彩可根据性质和当地文化特性,整理色彩搭配表和色彩配比表
		空间尺度(a_3)	考虑到地下空间通常层高受限,对于不同空间的高宽比应考虑与人体之间的比例,并应同时考虑长视线与短视线。城市公共家具、空间字体、导视系统等均应考虑与空间的尺度比例,不应造成视线干扰
		空间材质(a_4)	考虑长期在地下空间对人体会产生五感上的困扰,在空间材质选择方面应在满足公共使用要求的基础上,充分考虑与人体接触的触感
	空间地标(a_5)		在寻路系统中,地标是一个很重要的因素,因此空间地标应兼顾多个方向的实现,同时需考虑与空间体量、比例的关系
	空间边界的围合性(a_6)		应尽量避免传统地下空间的封闭性印象,在围合方面可以适当考虑打开,通过计算视觉疲劳的距离等因素,在适当的空间打破传统的地下与地上空间分界,如下沉广场等
站城一体化	交通效率	疏散路径(β_1)	在地下空间内应有特殊疏散路径引导,不能只考虑地下空间,而应将整个区域的疏散考虑在内,并根据不同的疏散内容建立不同的疏散系统,如紧急就医路径、地震避险路径等
		常规行人路径(β_2)	考虑立体化空间通常会造成的方向感混乱,因此在常规行人路径的设计方面考虑人体的本能特性,如80%的人习惯右转;同时考虑地下空间手机导航设置经常出现偏差问题,因此,在常规行人路径空间考虑方面应考虑立体化导视系统
		空间停留节点(β_3)	传统的交通空间效率体现在客流疏散方面,但在TOD片区的交通效率应更新理念,客流停留时间和节点位置也应该是交通效率的权衡因子
		活动产生率(β_4)	通过对空间的社会性活动和自发性活动统计活动产生率
场所的意义	场所行为规范性(γ_1)		在涉及空间之前应综合客流行为,并赋予不同空间场所不同的行为规范引导性
	场所记忆性(γ_2)		在空间设计之前应考虑不同符号系统、文化元素、色彩寓意等能与主要客流人群发生情感共鸣的因素

注:$E=\frac{1}{3}(\sum_{i=1}^{6}a_i+\sum_{i=1}^{4}\beta_i+\sum_{i=1}^{2}\gamma_i)$,其中,$\sum_{i=1}^{6}a_i\leqslant 1$,$\sum_{i=1}^{4}\beta_i\leqslant 1$,$\sum_{i=1}^{2}\gamma_i\leqslant 1$

5 结论及延伸问题的思考

我国轨道交通经过近几十年的飞速发展,以及TOD模式的引入、推广与实施,技术、艺术或是经济投资等应从第一位问题落下来,更应该思考的是其作为社会的载体该如何发展。本研究以TOD片区地下空间及客流为研究对象,对片区地下空间的城市触媒效应、空间品质和客流等影响因子进行相关探索。并基于以上探索,着眼于人与空间的关系、客流行为如何塑造空间的设计方式等方面。最终研究提出TOD片区地下空间评估体系、设计原则及导则。本研究充分认识到空间的形成并不意味着交流的形成,在解读一些社会现象时,更多的是剖析其背后的空间支配原则。

参考文献

[1] 日建设计站城一体开发研究会. 站城一体开发——新一代公共交通指向型城市建设(6版)[M]. 北京:中国建筑工业出版社,2018.

[2] 亚历山大·加文. 规划博弈:从四座伟大城市理解城市规划[M]. 曹海军,译. 北京:北京时代华文书局,2005.

[3] 王成芳, 孙一民. 以轨道站点为核心的地下空间开发策略探讨[J]. 地下空间与工程学报, 2014, 10 (S1): 1526-1530, 1601.

[4] AHMED M. El-GENEIDY. Montréal's roots: exploring the growth of Montréal's indoor city[J]. The journal of transport and land use, 2011 (2): 33-46.

[5] 袁红, 沈中伟. 地下空间功能演变及设计理论发展过程研究[J]. 建筑学报, 2016 (12): 77-82.

[6] 孔令曦, 沈荣芳. 城市地下空间可持续发展的社会调控因素及其评价模型[J]. 人类工效学, 2007 (2): 26-28.

[7] 柳昆, 彭建, 彭芳乐. 地下空间资源开发利用适宜性评价模型[J]. 地下空间与工程学报, 2011, 7 (2): 219-231.

[8] 起晓星, 李建春. 基于互联网地图POI数据的城市地下空间需求度评价——以济南市为例[J]. 中国土地科学, 2018, 32 (5): 36-44.

[9] 姜涛, 秦斯成, 宋道柱, 等. 地下空间安全评价方法综述[J]. 环境工程, 2015, 33 (S1) 661-668.

作者简介

柴铁锋（1978-），男，四川省建筑设计研究院有限公司总建筑师，一级注册建筑师，教授级高级工程师，四川省勘察设计大师。

高锐（1984-），男，A2建筑工作室主任，一级注册建筑师，高级工程师。

何青松（1986-），男，A2建筑工作室副主任，高级工程师。

谭露露（1988-），女，A2建筑工作室建筑师。

川渝地区历史街区戏剧展演场所空间演变研究

李欣恺　熊健吾

摘要：随着当今资本在历史街区的介入及自媒体发展的影响，戏剧展演场所正面临着新的挑战。本文基于历史文化村镇的传统空间格局对戏剧展演场所进行了解析，阐述了戏剧展演场所在传统格局中所具备的统领性、集聚性等特征；与此同时，本文通过对今昔历史文化村镇及街区的戏剧展演场所对比，结合群众关注热点分析，发现当今戏剧展演场所的空间正逐渐向分散化、小型化的模式发生演变，且与商业最大热点处正在发生分离；因此，本文基于以上特征提出了适宜于当今戏剧发展趋势的空间设计策略。

关键词：历史街区；戏剧展演；空间演变；设计策略

Study on theatre exhibition places in the historic district of Sichuan and Chongqing

Li Xinkai　Xiong Jianwu

Abstract: With the influence of capital and self-media on historical districts, theatrical spaces are facing new challenges. This paper analyzes the characteristics of theatrical exhibition space based on the traditional spatial pattern of historical cultural villages and towns, and explains the characteristics of theatrical space in the traditional pattern, such as unification and agglomeration. At the same time, by comparing the contemporary and traditional patterns of theatrical performance venues in historical and cultural villages and towns, combined with POI analysis, this paper finds that the space of theatrical performance venues is gradually evolving towards a decentralized and miniaturized pattern. Theatre performance venues are being separated from commercial hotspots. Based on the above analysis, this paper proposes a spatial design strategy suitable for the development trend of theater venues.

Keywords: historic district; theatrical exhibition; spatial evolution; design strategy

　　戏剧表演是我国非物质文化中的重要组成部分，而与之相对应的表演场所，则是呈现非物质文化内容的重要空间载体。自古以来，戏台、剧场等空间作为戏剧表演的主要场所，其在城市或乡村的空间格局中往往具有举足轻重的作用。尤其在历史文化村镇及历史街区中，与戏剧表演相关的建筑物与构筑物等场所始终是文化保护的重中之重。正如诺伯舒兹的场所精神理论所言，某些场所由于承载了情景特性或意象特性而被视为特殊的场所，而个人在这类场所中的经验、记忆和意向等则培养出其对场所的附着，构建出个人对场所的"方向感"和"认同感"[1]。近年来，已有大量学者探讨了与表演相关的场所问题，如车文明对我国神庙剧场的建筑结构与演出习俗等进行了阐释[2]；薛林平、王季卿基于山西戏剧文化特征剖析了山西元代戏场的建筑形式、空间特征和艺术成就[3]；李洁基于场景理论对川剧文化的场景营造和活化传承进行了探讨[4]；延保全对宋金元三代北方农村神庙剧场的演进轨迹进行了梳理[5]；同时还有大量学者从戏剧舞台的空间组合[6]、秦腔剧院的空间感知与认同[7]、戏剧虚拟空间设计[8]、川剧空间造景设计[9]、文化与空间的关联及保护等角度[10-12]进行了相关研究。

　　然而，随着近年来历史文化村镇与历史街区商业开发的日益兴盛，戏剧表演正以不同的形式如雨后春

本文已发表于《四川戏剧》，2023

笋般在历史文化村镇与街区中出现增长，而与之相随的则是展演场所的多样化演变，不同场所空间与不同类型戏剧展演的适应性却差异巨大。因此，本研究拟通过对川渝地区历史街区中戏剧表演空间载体的今昔对比，分析当今的空间演变趋势，以期提出适宜于当今历史文化街区中的戏剧展演场所空间设计策略，为戏剧展演提供空间上的支持。

1 历史村镇传统格局下的戏剧展演场所特征梳理

纵观我国乡村社会的发展进程，戏剧展演活动自古以来都是村镇中最核心的文化活动部分，戏剧展演活动承担了社会交往、经济运营、文化传承等多种现代意义上的社会功能。然而，随着城镇化的推进，当今现代化村镇的空间格局已发生了翻天覆地的变化，村镇中曾经占主导地位的戏剧展演空间开始大量消失，社交、经济等功能逐渐向以商场、小型电影院等为代表的场所转移。然而，在我国大量历史文化村镇及历史街区中，传统的村镇空间格局依然得以保留，从中我们依然可以推断出传统格局下的戏剧展演场所空间特征。尤其在川渝地区，受地方文化、经济、交通等影响，历史文化村镇中戏剧活力极强且大量戏剧相关空间保护完整，是开展的传统村镇格局下戏剧展演空间研究的极佳区域。因此，本文主要针对川渝地区具有代表性的历史文化村镇及历史街区开展分析，从村镇与街巷空间格局、场所成因等角度梳理传统格局下戏剧展演场所的空间特征。

1.1 传统空间格局下的统领性特征

通过对川渝地区的走马、偏岩、涞滩、李庄等历史文化村镇及街区的传统空间格局的分析，可以看出无论是以片状布局为主还是以线性布局为主，村镇空间中的戏剧展演场所几乎都表现出对空间的整体统领性特征——即在传统的历史文化村镇及街区中，戏剧展演场所始终位于街巷的交通枢纽、景观节点、交通轴线等空间的核心地带。如以线性布局特征为主的中山古镇，历史村镇由沿河流线性分布的三个场镇合并而成，而整个古镇街区的起点则是由古戏台作为标识，形成了以戏台为起点逐渐发展的空间布局特征（图1）。又如以涞滩古镇为代表的片状格局中，在三面临崖一面瓮城的军事要素主导空间下，戏剧展演场所（文昌宫）坐落于住宅与店面构成的主街尽头，并位于衔接上、下涞滩的交通要冲节点，与瓮城共同构成了确定古镇空间的边界顶点（图2），以上这一系列的传统空间格局都表现出了戏剧展演场所对传统村镇空间格局而言的统领性特点。

图1 中山古镇线状空间格局下展演场所与村镇空间关系

图2 涞滩古镇片状布局戏剧展演场所与村镇空间关系

1.2 传统物流体系下的要素聚集特点

与此同时，由于川渝地区地处丘陵与山地地带，在传统经贸往来中通常需要在某些重要区域进行水运与陆运的运输转换，长此以往形成了基于人流货流集聚的固定场镇，并且随着时间的延续发展成为历史村镇或街区。在这类以物资集散与交易为核心的历史文化村镇街区中，戏剧展演场所的分布依然处于空间格局中的核心区域，表现为与人流物流集聚地点相重叠的空间分布特点。例如以水运码头物资集散为源起的李庄古镇，在以码头为中心向两侧扩展的布局中，西侧为羊街、老场街、席子巷等为街区的核心交易地带，东侧则为禹王宫、慧光寺、南华宫等重要文化活动地带，而古镇的戏剧展演场所则正是处于两个片区的交接地带——在寸土寸金的物资集散地带形成了人流物流要素聚集的控制中心（图3）。而在以陆运为主的偏岩古镇中，其同样体现了这种展演场所与物流集聚空间相重叠的情况，在紧凑的顺应山地地形的空间布局下，唯有戏台所处区域为相对广阔的平坝地带且与寺庙等文化场所及物流集散空间高度重叠（图4）。

1.3 传统业态分布下的功能中心特性

在历史文化村镇及街区的功能区划方面，通过对历史文化村镇各空间的业态分布进行分析可以发现，

图 3　李庄古镇戏剧展演场所与物流集聚地带的空间关系　　　图 4　偏岩古镇戏剧展演场所与物流通道节点的空间关系

戏剧展演场所所处地带通常以祠堂、寺庙等文化活动场所为主，或者以客栈、交易等人气最为旺盛的商业空间为主，并呈现出以戏剧展演场所所处片区为中心，逐渐向外扩散的业态分布状态，表现出戏剧展演场所在功能分区上的功能中心特性。例如从以驿站为源起的走马古镇功能分布中可以看出，古镇为保障夜间商队安全形成以四道闸门为界线的线、片结合的空间分区特征，戏剧展演场所所处区域则大量汇集了密集的文化空间和茶馆、客栈等驿站核心功能空间（图5）。而这一系列的功能分布与戏剧空间对传统村镇的功能中心特性均具有密切关联，因为正是由于戏剧展演空间对人流的在短时间内的特殊凝聚能力，促使了其他核心功能空间向此区域的聚集，从而形成了围绕戏剧展演所处片区的多功能空间的集聚。

图 5　走马古镇戏剧展演场所与周边场所的业态分布

2　商业开发背景下当今历史村镇的表演空间分布研究

基于前文中对历史文化村镇及街区的空间分布与功能业态分析，可以看出在传统格局下以戏剧展演场所具有"统领性""集聚性"以及"功能中心性"的特点。然而，近年来伴随着戏剧展演形式的多样化发展，历史文化村镇及街区中的展演场所也随之发生了演进与变迁，其中最为明显的是核心功能从区域空间内部向外溢出的特点——即当今在商业开发主导的影响下，展演活动不再遵从传统格局的"定点式"演出，多元化表演纷纷入驻商业店铺、街巷公共空间等场所。仅依靠传统单一的大型戏剧展演已不再能满足资本逐利的需求，商业运营逐渐催动戏剧演出从专业表演舞台向商业店铺空间下沉，促成了当今历史文化村镇或街区中戏剧向商业性散点场所的变迁；而展演场所也随之打破了传统的大型集中空间的固有模式，空间变化方面呈现由曾经高度集中的专业性功能空间向当今区域外部分散的商业性空间"反集聚"发展的特点。例如在商业开发较为成熟的宽窄巷子历史街区中，整个历史街区在不超过1km的范围内，现有戏剧展演活动的场所已多达5处以上，且均分散于各商业店铺之中；又如同样商业开发成熟的锦里街区，其相对于历史文化村镇动辄几平方公里的规模而言总体空间规模极小，但依然存在3处以上的戏剧展演场所，同样体现出历史街区受资本影响下的戏剧展演场所的分散化与商业化趋势。

另一方面，随着外来文化的冲击以及自媒体的发展，展演的形式及所需的空间开始呈现多元化发展趋势，传统戏剧展演活动对空间的统领性出现了明显被削弱的现象。尤其在信息爆炸的当今，在资本导向下衍生出的以收割流量及人气为目标的"异化"表演形式，通过线上意见的影响形成了对线下空间人流分布的引导，商业街区人气最高的店铺，经常被星巴克、喜茶、泡泡玛特盲盒店等网络流量大户占领，其他类型商铺无力与之争锋。

通过对宽窄巷子街区与锦里街区的网络热点分析，可以发现整个空间中群众兴趣点聚集的区域与戏剧展演场所呈现出非重叠特性。在宽窄巷子街区中，兴趣点高密度区主要集中于东侧主入口片区、西侧等商业网点片区，其集聚区域并未与戏剧展演场所（图6）所在区域出现重叠。而在锦里街区中，群众兴趣点最为密集的两大区域分别位于西北部和中部靠南区域，与3处戏剧展演场所相互脱离（图7），而次密集的兴趣点则位于戏剧展演场所区域，表现出该戏剧展演对人流分布具有一定的吸引能力。通过上述分析，说明了在当今资本导向冲击下，仅以商业为主导的戏剧展演已出现了较为明显的发展瓶颈。

通过网络数据调研，大部分来川旅游的游客对戏

图6 宽窄巷子街区戏剧场所分布与热点分布△为戏剧展演场所

图7 锦里街区戏剧场所分布与热点分析

剧表演的看法分为三类，第一类认为"来四川不可不看川剧"，来到传统的历史街区会优先选择专业的戏曲表演场所，例如某某剧场、某某戏楼；另有一类被"热闹吸引"，路过表演场所被热闹的吆喝声吸引进入剧场。但随着戏曲空间散点化，表演团队的专业素养难以保证，再加上商业场所表演时间过短，不能完整展现传统戏剧的精髓，反而导致大家对传统戏剧的失望。再随着各类商业活动与自媒体对兴趣点的引流，传统戏剧展演场所具备的空间统领性正逐渐减弱、人流集聚能力也日益降低。带有戏剧展演的消费场所虽不再对街巷空间的具有统领性，渐退化为次一级中心。因此，针对这样的现状，在历史文化村镇及街区的规划与设计中，应适当进行空间层面的引导，避免资本在

逐利过程中劣币驱逐良币，更好地守护住历史街区中的戏剧表演空间。

3 基于戏剧展演空间变迁特点的历史街区空间设计策略

根据上述历史文化村镇及街区的戏剧展演场所的演变趋势分析，本研究得出当今戏剧展演场所在历史文化村镇及街区的商业开发背景下，整体上呈现出由传统的集中性、专业化大型模式向分散化、商业化的小型甚至微型模式逐渐转变的特征。针对这样的现状，在规划与设计中，可以采用"以大点带散点""以数据为导向""以风貌为协调"的三种思路进行空间优化与设计。

（1）"以大点带散点"——针对当前戏剧展演场所因商业性而过度分散的问题，在历史文化村镇及街区的空间规划中需提炼传统村镇的空间格局原型，在现有的分散式小型商业性展演场所基础上，以广场、码头等集散空间中保留传统的戏台等形式的文化空间，维持传统的展演空间统领性特点，形成"1+N"的一个大型专业性戏剧展演场所带动多个小型商业性戏剧展演场所串接的网络结构；

（2）"以数据为导向"——针对当前资本深度介入及自媒体引流导致的兴趣点分布与戏剧展演空间相脱离问题，可充分结合短视频中灵活的线上戏剧展演特征，在线状分布的街巷空间中适当增设拓展空间节点，为线上表演为主的小型化戏剧展演提供灵活性的场所空间，促使传统演出从商业性的室内空间向艺术性的室外公共空间延伸；

（3）"以风貌为协调"——在线上与线下表演相结合方面，戏剧展演不同于普通自媒体的极简化特点，其需要特定氛围环境进行展演，因而在街巷空间设计方面不能完全交由商业自由开发，需充分结合历史文化村镇及街区的传统风貌特点，在街巷截面、视觉通廊、特定节点空间进行风貌处理，实现在现代技术的加持下营造适宜戏剧展演的空间氛围，以此为我国戏剧在与之契合的历史村镇及街区空间中提供生存与发展的空间。

4 结语

本文基于对历史文化村镇及街区中戏剧展演场所的今昔对比，梳理了传统格局下戏剧展演场所的"统领性""集聚性""功能中心性"特征，并对当今戏剧展演场所的演变进行了分析，发现随着资本介入的日益深入以及自媒体表演"异化"的影响，戏剧展演场所正呈现出向分散化、小型化的商业性演变特征，戏剧展演场所在空间格局上的统领性正日渐消失。针对此情况，本文根据上述理论研究结论，结合历史文化村镇及街区的空间设计原则，提出了"以大点带散点""以数据为导向"和"以风貌相协同"的设计策略，以期通过戏剧展演场所的空间规划及设计为传统戏剧的发展提供帮助。与此同时需要注意的是，本研究主要通过空间格局与兴趣点数据作为技术支撑，而戏剧展演场所的发展与变迁还与戏剧自身的演出类型、流派发展、市场选择等诸多因素有关，还需要大量相关学者投入到该领域的研究中，为我国戏剧的传承振兴提供有效的支撑。

基金项目：西南民族大学引进人才科研启动金资助项目"藏彝走廊地区民族村寨生产空间适应性演化研究"（项目编号：RQD2021052）

参考文献

[1] （挪）诺伯舒兹. 场所精神——迈向建筑现象学 [M]. 施植明，译. 武汉：华中科技大学出版社，2010.
[2] 车文明. 中国神庙剧场概说 [J]. 戏剧（中央戏剧学院学报）. 2008（3）：16-35.
[3] 薛林平，王季卿. 山西元代传统戏场建筑研究 [J]. 同济大学学报（社会科学版），2003（4）：31-36.
[4] 李洁. 场景理论视域下川剧文化空间与场景营造研究 [J]. 四川戏剧，2021（9）：64-67.
[5] 延保全. 宋金元时期北方农村神庙剧场的演进 [J]. 文艺研究，2011（5）：89-100.
[6] 张垚. 试析戏曲舞台美术设计中的空间组合——以川剧为例 [J]. 美与时代，2015（8）：38-40.
[7] 张健，卫倩茹，芮旸，李同昇. 文化消费者对秦腔展演空间的感知与地方认同——以"易俗社"与"陕西省戏曲研究院"为例 [J]. 人文地理，2018，33（1）：31-42.
[8] 王妍，胡华华，李晞睿. 虚拟戏剧空间设计：当中国传统戏剧遇上虚拟现实技术 [J]. 文艺评论，2016（12）：103-110.
[9] 顾红男，郑生. 基于可视性图解与视域分析的园林空间造景研究——以重庆市川剧艺术中心为例 [J]. 中国园林，2014，30（9）：37-41.
[10] 傅谨. 祠堂与庙宇：民间演剧的空间阐释 [J]. 民族艺术，2006（2）：34-40，68.
[11] 熊健吾，周铁军. 历史文化名镇名村的空间与文化关联性研究——以川渝地区历史文化名镇名村为例 [J]. 当代建筑，2020（8）：135-138.
[12] 王潞伟，张浩然. 山西传统剧场遗存现状调研报告 [J]. 江苏师范大学学报（哲学社会科学版），2022，48（2）：46-58.

作者简介

李欣恺（1972-），男，四川省建筑设计研究院有限公司执行总建筑师，一级注册建筑师，教授级高级工程师。

熊健吾（1986-），男，西南民族大学建筑学院讲师。

基于破坏性创新理论的建筑设计企业数字化转型研究

李 纯 张 毅

摘要：当今数字科技发展日新月异，企业的数字化转型迫在眉睫。传统建筑设计类企业数字化转型面临技术革新平稳性与未来市场不确定性的问题，本文从破坏性创新理论视角出发，厘清破坏与创新应用机制原理，阐述了内生破坏与外生重构的基本模式，提出建筑设计类企业数字化转型的主要思路：内生方面包括顶层意识更新与组织架构调整；外生方面包括生态圈营建与市场探索，并且理论联系实践案例进行阐述。本研究希望为其他企业在数字经济时代的转型与改革提供借鉴意义。

关键词：破坏性创新；建筑设计企业；数字化转型

Research on digital transformation of architectural design enterprises based on disruptive innovation theory

Li Chun Zhang Yi

Abstract：With the rapid development of digital technology today, the digital transformation of enterprises is imminent. The digital transformation of traditional architectural design enterprises is facing the problems of the stability of technological innovation and the uncertainty of the future market. From the perspective of disruptive innovation theory, this article clarifies the principles of the application mechanism of destruction and innovation, and elaborates the basics of endogenous destruction and exogenous reconstruction mode. Based on this, the main ideas for digital transformation of architectural design enterprises are put forward: the endogenous aspects include top-level awareness updates and organizational structure adjustments; the exogenous aspects include ecosystem construction and market exploration. This research hopes to provide reference for other companies' transformation and reform in the digital economy era.

Keywords：disruptive innovation；architectural design enterprises；digital transformation

我们处于一个巨大变革时代，数字技术正改变旧的商业模式，仅 2016 年数据显示全国每天有超过 15000 家新企业创立。[1]BIM、大数据、云计算、人工智能等前沿技术为建筑行业精细化管理、集约式发展提供了强有力的技术支撑。麦肯锡研究院在研究报告中指出，[2]通常而言数字化程度越高的行业，公司收入通常越高。建筑行业由于其本身的碎片化、复杂性等特点，目前尚处数字化发展的洼地，种种迹象暗示当前既是转型危机亦存在巨大的数字化发展价值潜力。

回溯以往，经历过数次重大转型的建筑设计企业向来具敏锐的洞察力，如 1980 年代 AutoCAD 软件风靡世界，成为工业软件之基础平台；至 1990 年代中叶基本实现手绘图纸向软件绘图的转变；到 21 世纪的头十年，BIM 技术迅猛发展，欧美建筑类企业原有的信息化业务进行了充分的 BIM 化。建筑设计企业此番若主动开启数字化转型的思考，则未雨绸缪，顺势而为，可谓充分应对未来。

本文已发表于《建筑经济》，2021

1 企业转型的思辨

1.1 数字时代的变化

（1）环境发生变化

城市是国家经济增长的"发动机"，新型智慧城市通过体系规划、信息主导、改革创新，推进新一代信息技术与城市现代化深度融合，是经济社会发展的倍增器。建筑设计行业将以城市新空间、新经济、新动能为红利，以产城融合、场景营城为载体，开辟新的价值空间。

（2）产品发生变化

在数字化经济条件下，产品从有明显的产品周期过渡到可持续的商业模式，并通过创新的方式发展出前所未有的产品，只有通过企业自身的数字化转型，改变与客户沟通的方式、对员工的管理方式、企业的运营模式，输出具有创新性数字产品去面对全新市场格局。

（3）技术发生变化

数字技术是新商业模式的核心，一大批如人工智能、区块链、大数据等强大的前沿技术具备云计算资源以及海量的数据能力，将改变城市形态、改变居住生活方式和创造新的经济机遇。科技问题与城市问题相互交织，所有的要素在空间和时间上跨越距离相互联系，演变成一个可计算的复杂巨系统。

1.2 数字化转型的意义

（1）提升效率，增加收入降低成本

数字化时代，企业的系统、政策、组织和结构都发生了重组和优化，建立高效的数据收集与存储机制，高度简化繁琐环节，为进一步人工智能作业打下基础。尤其对设计企业而言，人工智能的介入将极大缩短工作周期，节约大量劳动力。

（2）创新性产品占领新兴市场

随着通信手段的添加，企业的产品可以进一步数字化，设计院的业务拓展为全过程咨询、全流程、全领域服务和工程总承包方向，客户将得到更直接的服务，势必涌现大量新兴价值区间，也需要更智能化精准产品来填补空白。

（3）驱动传统业务板块的更新

企业破坏性创新通过二元性组织来面临复杂且冲突的数字化时代挑战，通过创建拥有全新价值网络和独立自主运营的新生单元与原生组织协同满足传统市场和新兴市场对企业的需求。同时，新生单元会对原生组织的成本结构和技术发展轨迹有促进作用，驱动传统业务板块的更新。

（4）拓展企业边界，降低不确定市场的风险

数字化时代外部环境具有易变性、不确定性、复杂性和模糊性，企业体量的影响力将转变为数字化平台连接的数量以及收集到的数据量，强调企业与合作伙伴或客户的生态建设。建筑设计企业将更加精准化、开放化、服务化、智能化，从而降低在不确定市场中的风险。

1.3 企业转型的挑战

（1）市场的不确定性

管理学者拉姆·查兰认为不确定性有两种情况，一种叫经营性的不确定性，一种叫结构性的不确定性[3]。经营性的不确定性，如行情的变化，供应链的变化会在一定程度上影响整体格局，但并不会对原本格局产生根本性影响。结构性的不确定性，会改变产业格局，带来根本性的影响。通常地，企业在一个熟悉的行业里边，对经营性的不确定性可以很好地把握，但是对于结构的不确定性不具有敏感反应，而颠覆往往源于结构性变化。

（2）技术更新的平稳性

每一次技术革新都会带来社会的进步以及社会规则的改写，企业管理层在新形势下"定战略、做决策"同时务必伴随"保稳定、降风险"，如何实现平稳转型，一方面取决于内部组织科学调整，另一方面又依赖对外部市场理性的判断。

2 破坏性创新理论植入

遵循历史发展规律，顺应时势科学地调整与升级是企业前进的基本逻辑，本研究以破坏性创新理论为指导，理性应对内部变革与外界市场变化的问题，为转型战略厘清思路。

2.1 基本概念

破坏性创新于1995年由美国人Christensen及其合作者提出并定义，应用于指导商业领域改革与发展，指通过创造新的市场和价值格局，打破现有的状态，最终建立起企业在未来市场的主导地位。[4-5]与传统持续性的创新方法相比，破坏性创新通过识别和分析系统可能的干预点，设计出可以造成破坏性干预的更改，[6]一旦将其部署到市场中，它能更快地渗透并获得更高的程度并造成对既有市场的影响。[7]破坏性创新不是"先进技术"，而是现有的现成技术组件的新颖组合与集成，被应用于新兴价值领域的一种产品或服务，具有激进性和革命性。[8]破坏性创新可理解为一种探索理念，勇于在未来不确定的环境中创造新兴价值渠道。

2.2 主要内涵与应用原理

企业破坏性创新转型既是战略调整，又涉及内部

机构的改革，战略是引领和方向，内部组织是基础与保障。从机制上看，企业转型的本质动因在于变革对象的"内生性"和"外生性"的特征变化，内生解决稳增长，数字化赋能技术提高效率的问题；外生解决资源重新配置，再塑外围生态圈，开拓并抢占新兴市场的问题。[9] 从内容上看，内部组织对于数据的吸收能力以及整合内外知识资源的能力有利于企业对于市场和消费群体的信息交换，进而帮助企业能够对外准确定位利基市场，运用能化技术开辟全新的价值领域。

企业内部调整称为"内生破坏"。就意识层面而言，具有数字化意识是推动企业开展和维持创新的重要前提，只有领导层主动思考未来发展之策，才有利于内部各部门各层级对新兴数字化相关知识与技能学习与吸收。[10] 就组织层面而言，企业数字化转型的资源配置过程是确定其破坏性创新成果与否的重要因素，在组织上通常分为从事破坏性创新业务的新生单元和局部调整与升级的原生组织。

企业外部改变称为"外生重构"或"外生创新"。就商业环境层面而言，商业生态系统内的利益相关者存在价值网络关系，而创新的关键在于链内增值。[11-12] 企业间的改变是相互协调的，[13] 新的商业生态系统要确保企业均能够适应后发企业破坏性创新引起的变化。[14] 就产品市场层面而言，破坏性创新可以通过破坏性技术向市场跨越诱发新的利益性创新。[15] 为了避免大动干戈的市场变化出现较高，风险较低风险的创新活动是被鼓励的，[16] 因此往往低端市场开发是前期的普遍措施。

2.3 应对挑战

企业进行破坏性创新往往面临着在资源、组织、技术、市场的不确定性，既保持整体的稳定，又要抵御不确定市场里的风险，企业面临巨大的挑战，因此处理好两组关系是关键：其一，内生破坏中原生组织是转型的基础，新生单元反过来支持原生组织优化升级；其二，构建生态圈要以终端产品市场为出发点，两者紧密结合，高度统一（图1）。

3 建筑企业转型的实践

数字化技术的深度发展对建筑设计企业的生产经营、内部管理以及服务模式带来了全方位的冲击，打破了传统的工作流程，改变了企业的办公形式、生产方式和商业模式。一方面，数字化需求的迫切性促使工程勘察设计企业积极思考与部署数字化建设工作，一定程度上加快了转型的速度；另一方面，新基建、新技术加速推动万物互联，工程勘察设计企业未来的专业应用和合作对象都产生一系列新变化。

3.1 内生方面

3.1.1 顶层意识更新

顶层意识的转型是"谋全局，而非谋一隅"，不会针对解决技术性问题。数字化转型是一个复杂系统的漫长过程，需要先有一个系统性的整体规划，再以"急用先行、循序渐进、扎实推进"的实施策略稳步推进。数字化转型更是一项战略性工作，需要设计院高层领导亲自主导和深度参与，并在过程中逐步优化迭代。在四川省建筑设计研究院有限公司（以下简称SADI）最新的"十四五"战略规划中，明确了数字业务与传统设计业务同等重要的核心地位。

在企业文化建设方面，SADI树立破坏性创新转型思维，指导员工深度学习数字化新技术以及在各行各业数字化转型的成功案例，不断拓展转型视野；培育数字化转型动力源泉和文化，并将企业数字化实践成果转换为理论研究通过多平台和多渠道进行推广。

3.1.2 组织构架调整

（1）原生组织

数字化转型意味着原来组织结构适应性调整，运用数字技术红利，建立数字管理模式。例如，将信息中心的数据服务系统平台柔性化、扁平化改造，升级企业内部的协作机制，使其从原本后台服务机构，转型升级为全新的数字技术中心，通过科技赋能提高业务能力，成为前台机构，具备扩展和布局网络数据，搭建云设计、智慧OA和工程项目管理咨询功能，支

图1 内生破坏与外生重构的关系

撑科学管理，实现降本增效。全新的数字技术中心还结合企业数字技术进行业务创新和拓展，一方面在部门间广泛推广BIM技术，增加其在实际项目中的应用；另一方面建立一套适用于数字业务的生产流程，将大

数据，云计算、区块链技术、物联网、5G等数字技术与行业进行深度融合并运用于规划设计产品输出，拓展企业在新基建、智慧空间、大数据服务等方面的业务，保证生产板块持续增量。

（2）新生单元

探索新兴市场往往伴随新生结构单元的产生，SADI下设"数智公司"，突破原有设计院机构成本结构与盈利模式的束缚，成为高度独立的企业内部自主组织，其能力、结构、文化以及决策价值观与传统设计院具有显著的区别。[17] 该新生单元主要针对各大型新城建基础设施进行数字化全周期咨询设计服务，专注于对基本技术、产品融合、场景应用的研究探索，综合运用好空间规划技术、工程设计技术与新一代信息技术、城市管理多学科知识交叉融合打造数字化示范片区和项目，主要涵盖智慧产业园区和智慧社区等领域。围绕数智公司积极拓展数字业务，力争迅速在该领域取得竞争优势。

3.2 外生方面

3.2.1 生态圈营建

新型生态圈的建设是持续渐进的过程，面向数字化的未来市场，需要重构资源体系，通过有效链接、相互赋能、资源整合形成完整、高效的商业生态系统。从宏观层面看，依托数据建立创新化场景，逐步向其他关联场景渗透并一一进行整合和打通，再向企业未直接参与但是对自身发展具有一定影响的衍生场景拓展，最终形成一个由"核心场景+强关联场景+衍生场景"组成的生态圈体系（图2）。

从实施层面看，设计企业应主动与互联网、通信

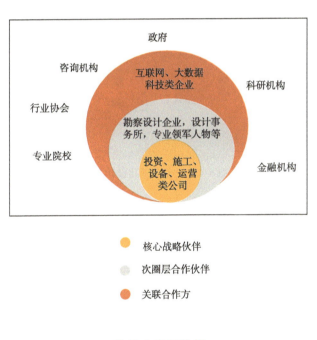
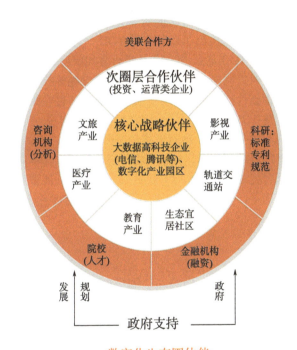

图2　传统生态圈和数字化生态圈对比

产业等企业搭建更紧密合作关系，迅速迈出市场探索的步伐，因此，SADI借成渝双城经济圈上升为国家战略第四极之际，与成都电信签订战略合作协议，成立"新城建联合创新研究中心"，实现有效链接、信息共享、充分协作和资源整合，面向智慧城市建设。该中心依托合作机制优势，开放平台资源，积极探索未来城市空间建设的重要载体抓手，以"推动新一代信息基础设施与城市空间综合服务有机融合，共创科技新场景，共领智慧新未来"为目标，充分发挥协作创新能力，聚焦在以5G、物联网为代表的通讯信息网络设施，实现数字基础技术、产品融合和场景应用方案在城市建设领域的应用，以期成为城市空间产业生态圈综合服务引领者（图3）。

3.2.2 市场探索

（1）创新性产品的输出

数字化技术给传统建筑设计市场带来了与以往截然不同的价值主张[18]，输出的数字化成果将应用于智慧城市、未来场景、智慧建筑等领域，产品将具备创新性、前沿性价值。SADI关注城市空间数字孪生体智慧产品的迭代升级，主要集中打造未来城市空间的

图3 新城建联合创新研究中心发布会

场景应用。宏观层面，场景包含面向政府等公共管理部门对城市治理、空间规划、产业效率的支撑；中观层面，场景包含面向业主、建设方运营管理的支撑；微观层面，场景还包含面向用户的一站式门禁、能耗监控优化、社区活动推送等支持。例如，SADI运用数字化技术输出了以陆肖站TOD一体化设计为代表的智慧TOD场景，通过整体设计叠加新型基础建设层，集成通信网络基础设施、算力基础设施等技术手段突出创新性产品优势，将传统站点开发项目升级为城市智慧TOD。在新华坊公园项目中，SADI致力于将景观与科技融合，协同智能步道慢行系统、人体感应、智能灯杆等数字化技术，将传统公园设计与不同场景结合完成输出产品的升级迭代，并同步开展智慧公园管理平台研发，实现未来公园一站式智慧服务（图4）。

图4 智慧TOD场景与智慧公园场景

（2）低端市场的开发

破坏性创新本质上属于一种不连续的创新，其通过提供与主流产品不同的性能组合与价值曲线，其核心是成本模式的约束[19-20]，以较低的成本价格、提供新的价值主张等吸引新的对价格更为敏感的顾客群，从而占领低端市场。[21]SADI以5G的MEC边缘数据机房为数字业务新兴低端市场，运用创意设计将这种简单、小体量的市政基础设施转变为智慧城市生活场景。智慧化MEC边缘数据机房市场的开发是5G时代的业务下沉的结果，实现了5G时代的公共空间多样化。透过MEC边缘机房设计案例，看出其尽可能提高边缘云的资源利用率的趋势，是未来新城集约化土地开发的缩影（图5）。

图5 MEC边缘机房设计方案

4 结语

建筑设计类企业进行数字化转型是一个精准谋划、循序渐进的过程，转型有三个方面内容需要重点关注：

（1）合理协调内生重构里新生单元与原生组织关系

建筑设计企业的产业数字化具有高洞察力、高应变力和高创新力，通过"互联网+企业"的破坏创新实践，支撑企业顺应新的数字化商业环境，通过与其他产业和技术的互动在区域中产生外部经济，降低企业内部成本，在技术创新、管理升级、市场营销等方面运用数字化技术，创新生产经营方式和商业模式。[22]企业转型的最终目标是在激烈的竞争中赢得利益，而平稳转型是前提，为此企业新生单元应控制适量规模、消耗最小的成本、快速化的建立并运作，与原生组织形成良好互动关系，支持拓展业务板块，优化流程，影响服务意识的转变（图6）。

（2）新生单元应扮演的角色

企业数字化转型期创新性打造的新生单元作为在新的价值网络内拥有独立的运营模式和组织结构的独

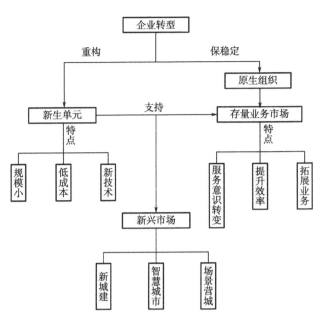

图6 企业转型后各组织关系相互作用的分析

立机构,肩负发展新兴数字化技术与对接新市场的重任。新生单元与原生组织的协同发展有利于消除市场不确定性造成的组织能力诉求差异,在动静之中保持平衡,促进企业运营机制的可持续发展。

(3)理性规划在不确定市场中获利

在数字经济时代,现代技术性知识不断更新,在不确定性市场中获利是对建筑设计企业通过破坏性创新具有反脆弱性能力的考验。企业在市场探索中采取杠铃策略,建立两个不同的发展模式,对于传统的业务领域保持保守策略,维持主流市场的运作,加速变革转型行动力;在新兴领域采取破坏性创新的激进策略,以生态观、系统观和创新观审视市场发展状况,利用风险对冲原理,分散经营,降低风险几率。[23] 未来的勘察设计行业将跨入以需求为指引、价值创造为导向的发展方向,借助破坏性创新理论,重新构筑产业单元和价值,形成可持续发展体系,化危为机正面时代的挑战。

参考文献

[1] 冯国华,尹靖,伍斌. 数字化:引领人工智能时代的商业革命 [M]. 北京:清华大学出版社,1995.

[2] 数字时代的中国:打造具有全球竞争力的新经济 [J]. 领导决策信息,2018(06):12-13.

[3] 拉姆·查兰,RamCharan,查兰,等. 求胜于未知:不确定性变革时代如何主动出击变中求胜 [M]. 机械工业出版社,2015.

[4] Christensen 1997, p. xviii. Christensen describes as "revolutionary" innovations as "discontinuous" "sustaining innovations".

[5] Christensen, Clayton M.(1997). The innovator's dilemma: when new technologies cause great firms to fail. Boston, Massachusetts, USA: Harvard Business School Press. ISBN 978-0-87584-585-2.

[6] Durantin, Arnaud; Fanmuy, Gauthier; Miet, Ségolène; Pegon, Valérie(1 January 2017). Disruptive Innovation in Complex Systems. Complex Systems Design & Management. pp. 41–56.

[7] Assink, Marnix(2006). "Inhibitors of disruptive innovation capability: a conceptual model". European Journal of Innovation Management. 9(2): 215–233.

[8] Christensen, Clayton M.; Raynor, Michael E.; McDonald, Rory(2015-12-01). "What Is Disruptive Innovation?". Harvard Business Review(December 2015). ISSN 0017-8012.

[9] 王吉发,冯晋,李汉铃. 企业转型的内涵研究 [J]. 统计与决策,2006(02):153-157.

[10] 孙启贵,刘世芳. 后发企业的破坏性创新战略研究——以奇瑞汽车为例 [J]. 科技管理研究,2014(15):4-9.

[11] AFUAHAN, BAHRAMN. The Hypercube of Innovation[J]. Research Policy, 1995, 24(1): 51-76.

[12] 吴佩,陈继祥. 颠覆性创新风险规避策略研究 [J]. 科学学与科学技术管理,2010(12):73-77.

[13] ADNERR. Match Your Innovation Strategy to Your Innovation Eco-system[J]. Harvard Business Review, 2006, 84(4): 98-107.

[14] LANGED, BOIVIES, HENDERSONAD. The Parenting Paradox: How Multibusiness Diversifiers Endorse Disruptive TechnologiesWhile Their Corporate Children Struggle[J]. Academy of Management Journal, 2009, 52(1): 179-198.

[15] 冯灵,余翔. 中国高铁破坏性创新路径探析 [J]. 科研管理,2015,36(10):77-84.

[16] 罗珉,马柯航. 后发企业的边缘赶超战略 [J]. 中国工业经济,2013(12):91-103.

[17] 宋建元. 成熟型大企业开展破坏性创新的机理与途径研究 [D]. 杭州:浙江大学,2006.

[18] 克里斯坦森. 创新者的窘境 [M]. 北京:中信出版社,2014.

[19] GOYALA, AKHILESHKB. Interplay among innovativeness, cognitive intelligence, emotional intelligence and social capital of workteams[J]. Team Performance Management, 2007, 13(7): 206-226.

[20] 王志玮,陈劲. 企业破坏性创新概念构建、辨析与

测度研究[J]. 科学学与科学技术管理, 2012 (12): 29-36.

[21] 薛捷, 张振刚. 中国自主品牌轿车的破坏性创新研究——以长城汽车为例[J]. 科学学研究, 2011 (1): 154-160.

[22] 金江军. 数字经济引领高质量发展[M]. 北京: 中信出版社, 2019.

[23] 纳西姆·尼古拉斯·塔勒布. 反脆弱: 从不确定性中受益[M]. 北京: 中信出版社, 2013.

作者简介

李纯(1964-),女,四川省第十四届人大常委,四川省建筑设计研究院有限公司董事长、总经理,四川省土木建筑学会理事长,四川省学术与技术带头人,享受国务院政府津贴专家,四川省工程设计大师,国家一级注册建筑师,教授级高级工程师。

张毅(1980-),男,地域建筑文化研究中心主任,高级工程师。

基于循证设计理论的医院体检大厅使用后评价
——以四川大学华西第四医院为例

李 硕 郑 喆

摘要：职业病防治医院由于其服务对象的特殊性，使得其功能及流线的组织与其他综合性医院有很大不同，因此对此类建筑进行使用后评价尤为重要，本文以四川大学华西第四医院为例，选取体检大厅为研究对象，基于循证设计理论的理论思路，探索职业病防治医院的使用后评价方法。

关键词：循证设计理论；职业病防治医院；使用后评价

Post-evaluation of outpatient hall utilization in occupational disease prevention and treatment hospital based on evidence-based design theory: a case study of West China Hospital, Sichuan University

Li Shuo Zheng Zhe

Abstract: Occupational disease prevention and treatment hospitals, due to the unique nature of their target population, have significant differences in the organization of their functions and workflows compared to comprehensive hospitals. Therefore, it is particularly important to conduct post-evaluations of such buildings. This article takes West China Hospital, Sichuan University as an example and selects the outpatient hall as the research object. Based on the theoretical framework of evidence-based design, it explores the methods for post-evaluating the utilization of occupational disease prevention and treatment hospitals.

Keywords: evidence based design theory; occupational disease prevention and control hospitals; post use evaluation

现如今，使用后评估逐渐被建筑师们所重视，但感性的认知往往不能作出有效的判断，我国目前面临的状况是人口老龄化严重，造成短时间内医疗资源紧张，导致现有公立医院体检中心资源紧缺，急需扩充新的院区，增设医疗设备。在这种背景之下，市场上出现了很多私立的体检机构，一定程度推进了体检中心这一小类医疗体系的发展，环境的迭代也产生了一些优秀的案例值得我们学习。在此背景下，制定科学合理的使用后评价方法成为如何进一步优化目前医疗体系空间的关键。

1 循证设计理论对建筑使用后评价的指导意义

循证设计理论是一种基于证据的设计方法，旨在通过科学的实证研究和数据分析来指导设计决策。它结合了研究和实践，以确保设计过程和结果的可靠性和有效性。循证设计理论的核心思想是将科学方法应用于设计领域，通过收集、分析和解释现有的研究和数据，为设计决策提供有力的支持。这种方法强调基于证据的决策制定，以减少主观偏见和盲目猜测的影响，并提高设计的质量和可持续性。

循证设计理论的基本步骤包括：

问题定义：明确设计中的问题或挑战，并确保问题定义明确、具体和可测量。

文献回顾：对相关领域的现有研究文献进行全面回顾，以了解已有的知识和实践经验。这有助于确定现有证据的不足之处和需要填补的知识空白。

数据收集：收集与设计问题相关的数据，可以是定量数据（如统计数据、调查数据）或定性数据（如访谈记录、观察记录）。

数据分析：对收集的数据进行系统性分析，运用合适的统计方法和研究技术来解释数据和发现潜在的关联和模式。

结果解释：根据数据分析的结果，解释设计问题并提出有根据的建议和决策。这些建议应基于可靠的证据，并与设计目标和需求相一致。

实施和评估：将设计决策付诸实践，并进行评估和监测，以了解其效果和成效。这种循环过程可以提供反馈和改进的机会，以进一步优化设计。

循证设计理论的优势在于它鼓励设计师以科学的方式思考和行动，通过系统性的研究方法和数据分析来指导设计决策。它有助于减少盲目的试错，提高设计的成功率，并促进设计领域的创新和进步。

针对医疗建筑空间设计，可以从以下病人需求与舒适性角度入手，研究已有的医疗建筑设计和病人体验的文献，了解不同设计元素对病人需求和舒适性的影响。收集和分析病人满意度调查数据，以了解他们对不同空间设计特征的反馈。基于这些证据，优化空间布局、采光、空气质量、噪声控制等方面的设计，以提升病人的舒适感和治疗体验。

2 基于循证设计的后评价方法构建

循证设计理论来指导建筑使用后评价方法的构建鼓励建筑师不要凭借个人思维及经验去判断，而是以数据为依据进行研究和判断，通过回访、调查建筑的工作者以及使用者的满意度，把以往建筑设计做得好的和做得不好的归纳总结起来，以供下一次建筑设计参考。其中，循证设计强调最佳证据、客户信息和专业知识三方面的紧密结合[1]。

在《建筑策划与后评估》中，将使用后评估的流程归纳为"确定评估重点—选择调查方法—制定评估流程—反馈评估重点"[2]。在此基础上，循证设计理论提供了更有依据性的设计思路，由此，可以作为POE评价工作的基本思想，来构建更为科学、合理的后评价方法（图1）。

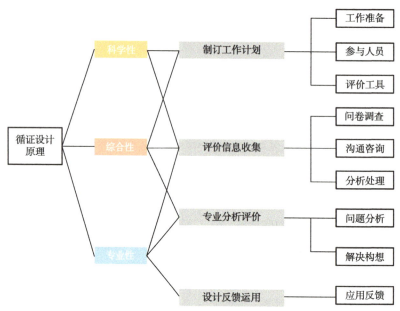

图1 基于循证设计的后评价方法构建

2.1 制定工作计划

在 POE 工作开展前，需要制定清晰、合理的工作计划，明确工作方向、参与人员、调研对象。强调对工作程序的总体把握，为具体的评价工作开展提供广泛全面的信息梳理。[3]

2.2 评价信息收集

这一阶段是后评价的关键一环，是计划实施的核心阶段，要求工作高效，信息尽可能地准确、全面。相应的，参与人员也尽可能多面，通常情况下包括建筑师、使用人群、管理者、运营方、投资方等。

针对不同类型的参与人员可以采取不同的信息收集方法，对建筑师等运用访谈及沟通的方式进行；对使用者则可以通过问卷调查，观察以及行为记录等方式，结合语义分析法，层次分析法等进行量化分析。

2.3 专业分析评价

主要是建筑师运用自己的专业能力，核查数据的准确性及有效性，对所获得的数据进行深层次的分析，找到产生"此结果"的根本原因，进行归纳总结，并构想相应的解决策略。

2.4 设计反馈运用

将使用后评价得到的优势、问题及解决方式反馈到下一次的设计中,实现循环反馈的闭环,形成不断完善的循环反馈,搭建有效的案例库。

3 针对职业病防治医院的使用后评价的适应性调整

体检大厅的设计与综合医院门诊大厅设计存在一些区别,主要基于两种场景的不同需求和功能。体检大厅旨在提供健康体检服务,因此需要准备应对较大的人流量,因为一天内可能有很多人进行体检。因此,体检大厅设计需要考虑人流的流动和分流,以确保顺畅的体检流程。此外,体检大厅的设计还需考虑体检设备的安装和使用,例如,需要提供专用区域用于采集样本或进行检查。为减轻患者在体检过程中的压力和焦虑感,体检大厅的设计着重营造舒适和轻松的氛围。

"系统化的医院设计方法认为,医院的功能系统是整个医院的子系统,功能系统又包含多个层级的子系统。"[4]而职业病防治医院区别于综合医院,是功能特殊具有独立性的专科医院。其服务对象的特殊性决定了其内部的功能、空间、流线组织等都有其独特的需求,因此,其内部空间的设计组织相对而言更为特殊(表1)。

职业病防治医院与综合医院特点对比　　表1

	综合医院特点	职业病防治医院特点
功能需求	医疗服务的入口和接待区域	进行健康体检服务
空间规划	通常需要提供一些私密的区域,用于接待和咨询病人,以及等待就诊的病人	通常需要为较大的人流量做准备
布局与设备	传统的门诊、医技、住院的分布关系	通常需要考虑到体检设备的安装和使用(如采样与检查)
环境氛围	提供一个更专业和正式的氛围,以适应医疗服务的性质	重营造舒适和轻松的氛围,以减轻体检过程中患者的压力和焦虑感

体检人群作为特殊的就诊群体,通常需要陪护,这对应医疗空间需要设休息等候的座椅,甚至需要设置一些洽谈空间,缓解儿童焦虑;妇科体检则需要考虑到隐私问题,体现女性特点和人文关怀。职业病防治医院使用者中有很多健康人群,如何引导他们方便快捷到达目标,提高医疗效率,是一个值得重视的问题。[5]

在参与人员的调研上,针对成年病患、陪同家属、相关医护人员以及院方的调研可以采用问卷与沟通交流结合的形式;同时对于儿童的理解能力的问题,可以以沟通交谈的方式进行简单了解,或设计图文并茂,便于理解的问卷形式结合对陪同家长的沟通获取有效的数据信息。

评价信息处理上,可以借助语义分析法,对调查表进行多因子变量分析,对所有尺度的描述参量进行评定分析,定量地描述出目标空间的概念和构造。[6]此种方法通常以多对相对立的形容词构建评定尺度,既有利于受访者的理解,也有利于数据的定量分析。

在研究对象的选择上,通过将职业病防治医院的各板块面积比例与综合医院进行比对发现,门厅板块相对占比更大,是处理复杂内部功能流线的交通枢纽,而且能够突出反映职业病防治医院在空间上的特点,因此,本次研究分析选取职业病防治医院的体检大厅作为使用后评价的研究对象。

4 医疗类建筑门厅空间设计模式研究

门厅是人流集中、集散的主要场合,一般紧邻主入口或者临近主要的电梯厅,门厅作为体检者首先接触的空间,综合代表着体检中心的定位、形象和风格;门厅空间要满足基本的咨询、疏散、等候等,所以要考虑各个时间段的适用人群,在工作日,主要使用人群是常规的社会工作者,这一时期也是人流量最为密集的时候,也契合公立医院医护工作者的上班时间。相对而言,医院客群主体就是企事业单位这类相对大规模的体检。而在周末,客群相对零散,部分公立医院的体检机构为非工作日,这时人群只能选择私立的体检机构,这种针对客群的可研性研究,是推导出门厅的规模设计的理论支撑。

4.1 空间比例

体检中心的门厅空间作为特殊且重要的空间节点,要考虑其客体的动向关系,医护的动线关系,以及医疗污物的空间关系,遂其空间比例等长宽关系就成为设计工作的重点环节。过去设置医疗门厅空间的经验中,得知医疗空间的长宽比例不能超过2 : 1,狭长门厅会导致更多的功能区域开口汇聚于此,造成分时段性的人流拥堵,削弱门厅的集散功能。如银基体检中心受其建筑结构限制,门厅过于狭长,体检导向性缺乏,整体流线过长。爱康国宾上海总部门厅比例过长,失去了门厅的功能性,消解为通廊。长宽比例也不应小于3 : 2,过于方正的门厅空间将失去其导向性,会使体检者难以选择正确的体检流线,北京慈铭体检月坛分店的门厅和休息区结合,空间长宽比接近1 : 1,整体导向性较混乱,需要体检人员的人为辅助；北京爱康国宾白云路店和上海瑞慈体检中心有较为适宜的门厅比例（表2）。

案例建筑空间比例 表2

名称	平面图	实景	占比	说明
北京爱康国宾白云路店			3/100	门厅结合休息区设置，空间宽阔，视野通畅
北京慈铭体验月坛分店			5/100	异形中庭，空间开阔，功能丰富没有明显的边界感
北京银基体验中心			9/100	结合等候区对称布置，贯通整层，过于空旷
上海瑞慈体验中心			5/100	背靠扶梯厅，采光充足，位置偏于一侧，流线较长
西安普惠体检经开店			3/100	门厅正对电梯厅设置，尺度较小，较拥挤
上海爱康国宾总部			4/100	门厅连接两侧宽阔的主廊设置导检，门厅空间性和功能性都被消减

数据来源：独立型健康体检机构建筑设计研究（张春生）。

4.2 功能分区与流线

（1）门厅承载的功能为医疗导诊、等候，包括一些对于体检套餐费用等咨询空间，一般在门厅一侧，或者在门厅中心设置。某些体检中心在门厅中单独设置取报告处；门厅还可以包含休息区、填单区。

（2）在建筑设计中，门厅是一个重要的空间，用于连接不同功能区域。本文旨在对比门厅设计的功能空间划分方式，并提出一种以顶界面和底界面的设计变化以及家具设置为基础的划分方法。传统上，门厅的功能空间通常不会被单独划分，而是通过顶界面和底界面的设计变化以及家具设置来区分不同区域。这种划分方式使得门厅空间显得开阔，同时提供了良好的流线性。为了满足部分客户对隐私的需求，一些大型医院设有独立的咨询室空间。这些空间通常被单独划分，既保护了客户的隐私，又提供了一个私密交流和咨询的独立空间。作为连接各功能空间的入口，门厅应该明确标注导视信息，以帮助用户清晰地找到目标空间。因此，通过墙面和其他界面的设计来引导用户在门厅中的移动路径也至关重要。

4.3 室内环境设计

（1）医疗建筑门厅空间的设计应该充分考虑通风和采光的需求，以提供舒适、健康的环境。通过知觉现象学的角度，可以从通风、采光、空间布局几个方面来解读：

通风对于医疗建筑门厅空间非常重要，可以保证空气的流通和新鲜空气的供应，减少细菌和病毒的传播。门厅的设计应该考虑自然通风和机械通风系统的结合，以确保空气的流动性和质量。一个通风良好的门厅应该具有开放式设计、高天花板、大型通风窗或天窗等元素，以便自然气流可以自由流动。

良好的采光可以提供自然光线，改善室内环境的舒适度和人们的精神状态。一个有良好采光的门厅应该充分利用自然光线，尽量避免使用过多的人工照明。设计可以包括大型玻璃幕墙、明亮的天窗、光线反射和传导的材料等，以增加室内的自然光线。

知觉现象学还强调人们对于空间的感知和体验。在医疗建筑门厅的设计中，应该考虑到人们的舒适感、方便性和导向性。门厅的空间布局应该尽量开阔，避免拥挤和局促感。同时，人们在门厅内的行动路径应该清晰可见，导向标识和视觉引导可以帮助人们迅速找到目的地。

本文研究现有的体检中心的门厅案例，上海瑞慈体检中心由一层的扶梯引导至二层的体检中心门厅，体检中心的服务台背靠体检扶梯墙，面对上海绿洲中环中心的内部庭院，门厅同时具备良好的通风采光和自然景观；其环境品质使其与周围的体检科室和二次等候区区分开来，满足使用的同时，也提升了使用环境。

总的来说，通过知觉现象学的解读，医疗建筑门厅的设计应该注重通风和采光，创造舒适、健康的环境，同时考虑人们的感知和体验。这将有助于提高患者、访客和医务人员的满意度和健康感。

（2）在医疗建筑门厅空间的设计中，消除噪声对其影响是至关重要的。为此，可以采用主动式设计和被动式设计的方法。

主动式设计通过技术手段主动减少噪声的传播和影响。这包括采用声学隔离措施，如吸声墙面和隔声窗户，将门厅与噪声源分隔开；选择吸声性能良好的材料，如声学天花板和地板，减少噪声的反射和传播；安装噪声控制设备，如噪声吸收器和屏障，以主动降低门厅内的噪声水平。

被动式设计通过空间布局和建筑元素的选择来减少噪声的影响。这涵盖合理规划门厅的功能区域，将噪声源与静声区分开；使用吸声材料，如软包墙面和吸声隔板，以吸收和减少噪声的反射；增加植被和绿化，以吸收噪声并提供自然的减噪效果。

综合运用主动式设计和被动式设计的原则，可以有效消除医疗建筑门厅空间中的噪声影响，为患者、访客和医务人员提供一个安静、舒适的环境。这样的设计不仅有利于人们的健康和体验，也符合医疗建筑的功能需求，实现了对消除噪声的全面考虑。

4.4 人性化设计

医疗建筑等候区的设计应该体现人性化设计的原则，并优化其中的建筑空间，以提供舒适、安静和愉悦的等候环境。为此，可以采取以下措施：

首先，舒适的座椅是关键。提供符合人体工程学的座椅，考虑到等候时间可能较长，座椅应具备足够的宽敞度和良好的支撑性。可增加可调节的扶手、腰靠和足部支撑等设计，以满足不同人群的需求。其次，需要考虑隐私和空间分隔。在等候区内划分不同的区域，如体检者等候区、B超等候区和男女宾等候区，并设置适当的隔断或隐私屏风，以确保私密性和个人空间的尊重，从而减少焦虑和不适感。此外，利用自然光线和景观设计创造宜人的视觉环境也很重要。设计大型窗户或天窗，使阳光充分照射进入等候区，同时提供宜人的景观视野，如花园或绿植墙，以增加舒适感和放松心情。合理的布局和导向是优化等候区空间的关键。确保流线畅通、简洁明了，设置指示标识和导向牌，帮助人们快速找到目的地。同时，合理安排座位之间的距离，避免拥挤和局促感，提供足够的行走空间。噪声控制也应考虑在内。选择吸声材料，如吸声墙壁和吸声天花板，以减少噪声的反射和传播。控制设备噪声，如采用低噪声的空调和照明设备，并设置静声区域。此外，良好的空气质量也是必要的。确保等候区内通风良好，提供新鲜空气。定期进行空气质量监测和维护，使用过滤器和空气净化设备，以确保室内空气的清洁和健康。

4.5 等候区建筑空间

在独立的医疗机构中，有两种主要的方式来划分医疗检查厅的建筑空间。第一种类型是针对公共健康检查机构，它会通过检查通道设置的次级候诊区作为主要候诊区，同时将检查厅与大厅休息区合并。第二种类型是针对高端医疗检查机构，通常不设置次级候诊厅，而是为每个客户提供全程定制服务，使医疗检查厅主要用于家庭候诊。一些医疗机构还选择将次级候诊区设计得更像一个候诊大厅，使其在空间形式上与候诊大厅完全成比例。

5 以华西四医院体检大厅使用后评价为例

四川大学华西第四医院始建于1976年，卫生部部属医院。医院以职业中毒、尘肺、老年骨痛骨质疏松、肿瘤姑息医学、睡眠呼吸疾病、高压氧抢救治疗、职业体检、工伤鉴定等职业病医疗服务为特色。华西四医院所承担的特殊公共卫生安全职能，对医院提出了实力提升的客观需求，本项目应运而生。项目2016年开始建设，2018年完工，目前已经投入使用。在调研时，选取其体检大厅作为使用后评价的研究对象（图2）。

5.1 制订工作计划

为确保评价过程的客观性，我们要求操作人员是专业建筑师，且未参与项目方案设计。调研对象包括病患及家属、医护人员和管理人员等。我们采用问卷调查和面对面交流等多种方式进行调研，收集了不同参与者的意见和反馈。这种综合的调研方法能全面、准确地获取各方的观点，确保评价过程的客观性和可信度。

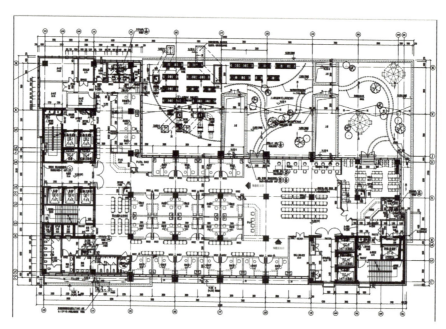

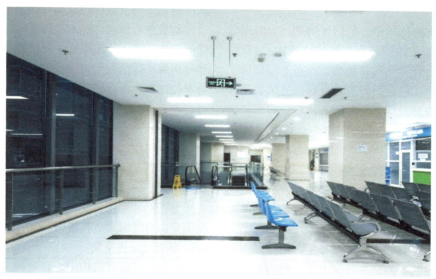

图2 华西四医院门厅平面图与室内照片

5.2 评价信息收集

结合SD语义分析法与体检大厅的需求特点设定10对对立形容词，并根据"二极性"原理设定5级评价尺度（图3），通过赋值量化程度，评价指标问题结果。

调查研究综合问询整理，经过对问卷结果的筛查核验，共收回50份有效问卷，其中病患及家属34份，院方医护人员12份，管理人员4份，运用SPSS统计软件对所得数据进行分析，通过对多因子的相关性进行梳理重组后得到空间便捷因子和综合体验因子，进而得出数据的空间认知点阵图（图4），通过对点阵的分布趋势所呈现的结果进行分析，得到被测者使用后的评价。

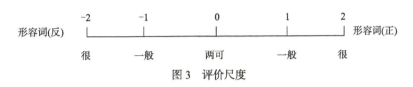

图3 评价尺度

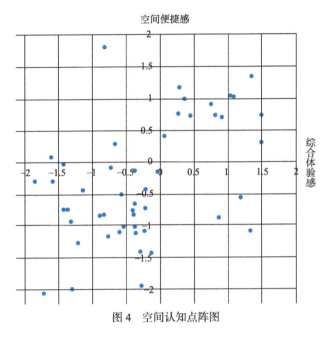

图4 空间认知点阵图

5.3 专业分析评价

从空间认知点阵图等分析图表反映的信息来看，可以发现，华西四医院体检大厅的空间综合体验感及使用便捷度一般，多数反馈的评价是正面的，综合感官体验，问卷调研以及与被测者的沟通交流的结果，从建筑学的角度来看，主要表现在功能及流线的设计较为合理。

首先从平面布局体检大厅可以有效实现就诊的分流，流线相对清晰，造成使用便捷性较好，但在其流线布置上面也有一定问题，如采血科开放布置在门厅中，会对门厅集散功能造成一定程度的影响，对患有晕血症状的患者造成不适。

其次，内部空间布置较为丰富，有一定的特色空间布置及足够的休憩等候空间，使得空间体验丰富，同时门厅一部分空间可以直通室外，且布置足够绿化空间。

综上所述，需要从相关使用者的切身使用进行人性化的设计思考，从流线、布局、空间布置、装饰等多重角度进行综合性优化。

5.4 设计反馈运用

在门诊大厅的使用人群中，医护人数占比最少，主使用空间为咨询空间和集散空间。在繁忙的体检服务中，和谐的工作环境可以保持医护人员的身心健康，保证工作效率。运用橡胶吸声地面、合理排布等候座椅等方法，营造高效、有序的就医环境，有助于维持环境秩序、减少杂声干扰，同时舒缓患者情绪也至关重要，在环境中增加一些鲜艳的颜色，可以缓解医院白色的主色基调对于患者的压迫感。此外，在公共空间内设置吸附性材料，设置绿植花卉，可以吸收环境异味、净化空气、美化环境。

6 结语

建筑使用后评价的过程是设计全过程体系中的重要一环，尤其是在职业病防治医院等专科医院建筑的设计中更为突出，借助循证设计理论的原理可以帮助建筑师在进行这一过程时更为科学、合理，并在不断的反馈中优化完善，但由于地域原因文中出现的建筑案例并不能辐射到全国区位上，数量上也有一定不足，调研结果有一定局限性，但还是在南方区域反映出医疗建筑体检大厅的设计现状。

参考文献

[1] 苏元颖. 循证设计的要点及局限性[J]. 中国医院建筑与装备，2012，13（10）：51-52.

[2] 庄惟敏，张维，梁思思. 建筑策划与后评估[M]. 北京：中国建筑工业出版社，2018.

[3] 白鹏真. 基于PDCA的使用后评估（POE）方法研究[D]. 重庆大学，2018.

[4] 张姗姗，梅季魁. 现代医院公共空间逻辑秩序的建立——辽宁营口市中心医院创作实践[J]. 建筑学报，2008（05）：80-82.

[5] 刘礼平. 现代妇女儿童医院功能布局与空间模式研究[D]. 湖南大学, 2014.

[6] 庄惟敏. SD法与建筑空间环境评价[J]. 清华大学学报(自然科学版), 1996(04): 42-47.

作者简介

李硕（1996-），男，设计一院建筑设计师。

郑喆（1994-），男，设计一院建筑设计师。

产业园区 4.0 的设计策略初探

李欣恺　申青鸟　成　枭

摘要：我国产业园从20世纪70年代发展到今天，经历五十多年的发展，产业园的规划思路不断升级。从初级阶段的单一功能园区，到打破以生产为导向功能复合的产业园，再到产城融合的产业社区，经历4个发展阶段。本文主要通过对产业园发展阶段的梳理和实际案例的分析，总结出适应当下产业园区4.0阶段的五个设计策略，同时梳理应对未来产业园需求的三个设计重点。

关键词：产业园；设计策略

The design strategy of industrial park 4.0

Li Xinkai　Shen Qingniao　Cheng Xiao

Abstract: The development of China's industrial parks start from the 1970s, after more than 50 years of development, the planning strategies of industrial parks have been upgrade through four stages of development, from the primary stage of a single-functional park to production-oriented parks, and then to the multi-functional industrial communities.This paper summarizes the planning and design strategies of industrial park 4.0 stage into five key points through the summary of industrial park design practice, and also sorts out three design key points to cope with the future demand of industrial park.

Keywords: industrial parks; design strategy

1 产业园区的概念

产业园区是指以促进某一产业发展为目标而创立的特殊区位，是城市区域经济发展、产业升级的重要实体空间，担负着聚集创新资源、培育新兴产业、推动城市建设等一系列重要使命。产业园区能够有效创造聚集力，通过共享资源克服外部负面效应，带动关联产业的发展，从而有效地推动产业集群形成。

产业园区最早出现在西方的工业化国家，它是国家为管理和促进工业发展的产物。

19世纪末工业革命爆发，产业园区是西方国家从农业向工业转型的设计探索。此时的产业园主要为工业制造类园区，19世纪20年代英国的特拉福德工业园是世界上第一个工业产业园。

20世纪中期以后，受科技浪潮推进，传统制造业开始被各类新兴产业取代。1950年代，斯坦福研究院在美国创立；1970年代，剑桥科技园在英国创立。传统制造业的产业园开始从城市中心向城郊外迁，城区取而代之的是新兴科技产业园。

1980～1990年，计算机和互联网技术的快速发展，产业园迎来了第三次大转型，主要建设重头以城区的产业园复兴和新建郊区产业园为主。伴随着传统服务业向网络服务业转变，高科技园区的快速发展，开始出现高科技园区。

1990年至今，产业园区处于一个全面开花的状态，各国修建了各类产业园，例如物流园区、科技园区、文化创意园区、总部基地、文化农业园等，这些建设活动成为所在城市转型的重要实体依托。

2 产业园区的发展阶段

我国的产业园区发展从20世纪70年代到今天，经过了五十多年的发展，产业技术在更新迭代，产业园区的规划思路也不断升级。如今的产业园区早已摆脱了初级阶段的单一功能，打破以生产为导向的产业园区发展模式，向着产业要素与城市协同发展的产业社区发展。纵观我国产业园区的发展历程，可大致划分为四个阶段。

2.1 产业园区 1.0

第一阶段，1949年建国至1978年，这段时期以政府主导的工业基地为主。1979年至1991年改革开放时期，深圳作为我国第一个经济特区，蛇口出口加工区的成立，标志着"产业园区"在我国首次出现。此为第一代产业园区，即产业园区1.0（图1）。

产业园区1.0的特征是以产业为主，研发为辅。产业园区功能单一，与城市之间关系较弱，交通联系不便。早期的工业园位于郊区，周边配套功能匮乏，园区缺乏活力，容易形成钟摆效应。

图1　蛇口出口加工区

2.2　产业园区2.0

第二阶段，1992~1996年，这是我国产业园高速发展的时期。此时期以沿海城市为主导，对外的开放政策加大引进外资的力度，产业园区得到迅猛发展。此为第二代产业园区，即产业园区2.0。

此时的产业园除了园区内部的产业、研发功能，开始增加配套服务，注重结合城市资源。此阶段产业园建筑多为行列式布置，外部空间较为单一，环境较差，有很大提升空间（图2）。

图2　20世纪90年代产业园

2.3　产业园区3.0

第三阶段，1997~2007年，是我国产业园区平稳增长和调整巩固的时期。这段时期，发展较快的城市已经开始从传统制造业转向创新型产业。在这个背景下，物流园区、总部基地、文化创意园区开始产生。产业园从传统人力密集转换为技术资金高密度的产业园。此为第三代产业园区，即产业园区3.0。

产业园区3.0时代，产业园开始引入服务功能，例如商务、金融服务、居住等，这些功能也反向促进着产业园区发展。产业园区的建筑也彻底摆脱了工业建筑外观上的束缚，造型多变丰富，建筑尺度也从巨大压迫转变为亲切宜人。园区开始重视外部形象，着力打造富有吸引力的厂区环境（图3）。

图3　2000年苏州工业园

2.4　产业园区4.0

第四阶段，2008至今，在我国经济格局飞速发展的背景下，我国产业园进入转型升级期。伴随着各地城市进入转型期，相应促进着产业园的转型，产业园开始从"产—城—人"到"人—城—产"发展逻辑的转变。

基于产城融合的新一代产业园区产生，产业园区4.0时代开始了。

3　产业园区4.0设计策略

面对城市的快速发展转型，产业园需紧跟城市节奏同步共振，以期与城市整体和谐发展，本文通过对产业园实践的归纳总结，尝试将产业园区4.0的设计策略概括为五个重点。

3.1　园区开放产城融合

产业园项目设计首先应该重视与城市总体规划、城市产业及城市功能的统筹整合，应先从宏观的城市发展背景来定位产业园在城市发展中的作用。产业园区不仅需要解决园区自身的功能诉求，也需解决所在区域面临的城市问题。

瞪羚谷公园社区产业园项目位于四川成都高新区，用地4.1万m²，总体建设规模9.7万m²，东、南、西三面环路，北侧临靠天府长岛一期工程和锦城湖公园（图4、图5）。

产业园区4.0的设计策略初探

图4 瞪羚谷公园社区产业园项目实景

图5 瞪羚谷公园社区产业园项目实景

瞪羚谷公园社区一期已建成区域形象相对封闭，新建的二期肩负着重塑锦城湖公园入口形象的重任。在设计中，总平面布局选择以开放的形态面向一期和城市界面，吸引人群进入。设计方案在一、二期之间着重打造了一条中央绿带，连通锦城湖公园入口，既照顾一、二期的独立性，又利用公共空间将两期建设融合。园区内的公共空间和路径设置均以与锦城湖公园连接为目标，以达到园区、公园、城市相互融合的目标（图6）。

产业园作为城市的重要组成部分，从最开始的封

图6 瞪羚谷公园社区产业园项目实景

闭的产业空间逐渐向生产和生活结合的开放园区发展。金融梦工厂拓展项目选址位于四川成都高新区，位于金融总部商务区三期C04地块。项目用地面积2.7万 m^2，总体建设规模3.7万 m^2，主要聚焦金融科技创新研发与应用，提供新兴金融孵化的全面服务。项目用地四面均有城市道路，可达性高，北侧临靠金融城绿轴以及东侧的锦江生态带，景观资源得天独厚，除满足自身园区的金融产业的孵化功能，更承载了整个高新金融总部商务区的休闲服务需求（图7）。

项目用地容积率仅为1.06，设计放弃传统金融园区压迫感强的高层办公楼，选择了低矮的建筑群形态，如同一片连绵的田野，且重点打造两条绿色景观轴线，吸引周边人流进入园区。产业园通过两个景观主轴线划分为三个办公组团，其中金融办公和休闲服务功能散落在三条主轴两侧。为了更好地将场地北侧和东侧的景观资源引入地块，产业园北侧界面松散布置，呈现开放的姿态（图8）。

其中建筑采用 $4m×8m$ 的基本模块，以对应金融小微企8~10人的工作团队需求，在模块单元的组合中自然形成的围合空间既是产业园的"内部空间"，又是社区的"外部空间"。开放的产业园中的廊道、庭院、小广场，激活园区的内部交流同时，也扩展了城市街道的活力界面，更好地服务于高新商务片区，达到产城融合。

3.2 功能复合保留弹性

产业园区的运营从来不是静止的，它是动态的、

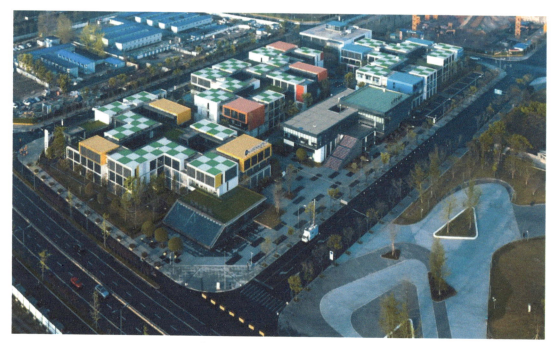

图7 金融梦工厂拓展项目实景

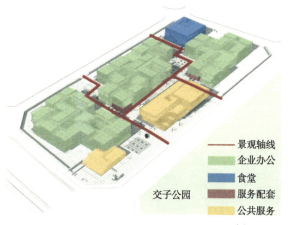

图8 金融梦工厂拓展项目实景

变化的，必须根据不同时期需求叠加各种资源才能构建可持续发展的园区。在经济高速发展的大背景下，大部分以工业制造为主要功能的产业园区逐步迁移至城市郊区，城区产业园主要以研发、办公为主，兼顾商务、展览、居住等服务性功能（图9）。

西部文化产业园项目位于成都温江光华新城CBD区域，项目用地于城市主干道光华大道和凤凰大道旁。项目占地200亩，总体建设规模35万 m²，项目将文化产业、现代商务、居住生活功能融合在一起，综合打造。园区里既有满足大型文化类企业办公需求的高层集中式写字楼，又有贴合中小型文创类公司需求的独立型办公产品，更将产业板块与居住板块联合设计，共同形成环境优美的复合型园区。

产业园区是服务企业全周期的园区，需满足不同阶段的企业不同的空间需求，在业态布局上应预留远期发展可能性，以满足未来所需。瞪羚谷公园社区产业园的办公区平面以模块化组合的思路来回应企业不同发展阶段的需求。办公平面被划分为500～700m²的弹性工作单元，以一梯两户的模式配置交通空间，空间可灵活组合成1000m²、2000m²的办公单元，还可以通过跨楼层获得更大的面积，方便企业不同阶段按需使用（图10）。

图9 西部文化产业园实景

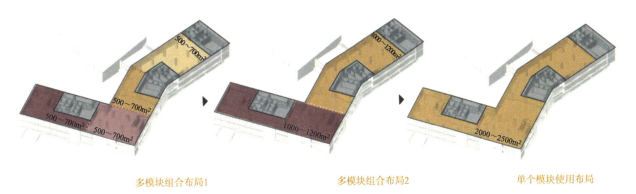

图10 瞪羚谷公园社区产业园实景

3.3 城园一体园绿交融

良好的环境是城市建设的基石，更是产业园运营的基础。产业园4.0不仅提高建筑内部空间的标准，对外部环境也有更高要求。瞪羚谷公园社区产业园项目将本身与锦城湖自然公园一体打造，形成全新"城园一体"产业园公园。项目通过多条休闲流线将原有的一期与本项目新建的二期串联，采用了渗透性的空间策略，将产业园和锦城湖公园形成一个完整的公园社区（图11）。

产业园区内部通过建筑的出挑阳台、公共露台和首层公共广场，三层开放空间让室内外有更多交融，以满足各类活动的需求。在空间节点方面，也融入了高科技的互动装置，例如设置动数位水帘，实现APP触控屏幕互动；增设了互动早喷，音乐喷泉在电脑控制下，声、光、水、色同步协调变化。力争将产业园外部环境升级，给社区带来更多的活力与人气（图12）。

3.4 绿建设计节能减碳

2020年9月，我国政府明确提出了2030年"碳达峰"与2060年"碳中和"的目标，从政策层面、组织层面，产品层面都作出双碳目标的明确要求。在

图 11 瞪羚谷公园社区产业园景观结构

图 12 瞪羚谷公园社区产业园开放空间

双碳目标下，产业园建设是减碳达成的重要一环，将节能减碳的理念融入整个设计周期，才能落实"双碳"目标。

西部文化产业园项目首先从日照、风速、温度三方面来确定总平面布置。从日照角度出发，高层建筑靠场地北侧设置，空间布局南低北高，保证日照需求；从风环境角度出发，场地东侧和北侧建筑布局采用点式布局，办公高层旋转顺应风的流向，留出风的通道，调节场地微气候。通过总图布局的优化，让场地日照充足、通风流畅、温度适宜，可以降低建筑日间照明、空调等各方面能源消耗（图13）。

规划阶段优化完成，需进一步完成单体的绿建设计。通过绿建软件动态模拟，优化建筑形态。例如在建筑底层适当位置预留出架空空间，帮助建筑群组构建自然通风廊道，带走夏季热量。根据园区风速计算，将室外活动场所安排在风舒适区，提高室外活动区域舒适度（图14）。

建筑节能减碳需要产业园设计从多方面综合考虑，再结合科学的管理手段共同努力将经济效益和生态效益统一，最终实现双碳目标。

3.5 数字运营智慧园区

产业园不只是一种实体空间，更是多组织密切关联的一种有机体。政府想通过产业区促进产业发展、人才就业；产业园管理方想便捷、安全地运营园区；入驻企业想降低租金成本，增加收益。产业园区4.0不仅是实体空间的比拼，更是各类科技、信息处理、资源对接的软实力较量。

在数字化方面，早期产业园区大多处于单点建设

产业园区4.0的设计策略初探

图 13 西部文化产业园日照、风速、温度分析图

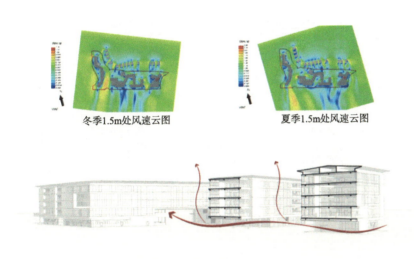

图 14 建筑架空层设计

或工业应用主导的阶段,随着科技发展,先进产业园区开始进入数据服务主导的阶段。产业园4.0开始逐步进入数字运营主导阶段,运营主导不仅服务于产业园,更促进着产业园发展(图15)。

AI数字创智元项目位于四川成都市金牛区与郫都区交界处,是成都市主城区西北门户位置,占地约79亩,总体建设规模约19.3万 m^2。项目包含总部办公、展示中心、商业、人才公寓及休闲廊道等多种功

图 15 产业园智能管理发展阶段

能，项目设计中配合华为技术公司提供的智慧化运营方案，为业主提供了一套包含智能营销、智能运维、智能生态、智能服务的数字化方案（图16）。

项目通过办公和访客动线的梳理，通过各种科技手段，设计一整套满足24h工作生活的智慧场景。园区使用者可以通过APP预约车位，根据停车引导找到合适的车位；外来访客可以通过APP自助预约通行进入园区；工作中可以预定会议室，智慧系统会根据会议规格匹配音频视频系统，会议进行中自动生成会议纪要；租借场所的活动结束后，系统通知保洁进行清理工作等。通过实体空间维护和智慧系统运营才能共同构建真正的智慧产业园，支撑和促进产业发展（图17）。

图16 AI数字创智元项目智能化管理

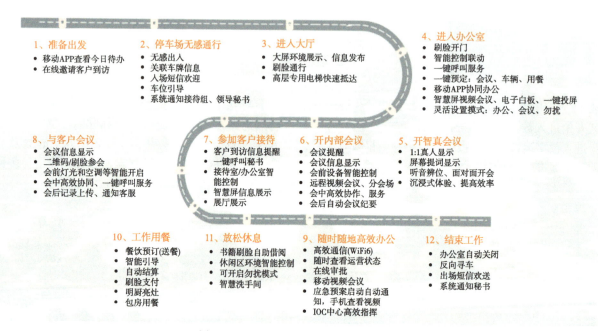

图17 AI数字创智元项目智能化管理

4 产业园未来趋势与结语

4.1 未来趋势

我国城市发展快速，需要产业园区与城市同步优化升级。以固化的思维去进行设计，很难应对未来的需求，尝试梳理未来产业园需求的三个设计重点。

1. 立体连接

随着城市人口密度攀升、产业园聚集加剧，城市都呈现土地稀缺的状态，未来产业园区会更多向立体化发展。设计应从重点关注平面上与城市融合，转化为与城市立体连接。产业园区应与城市建立多层级连接，包括且不限于城市地下枢纽层、城市地面街道层、裙楼架空层、空间连接层等，实现立体多维的融合（图18）。

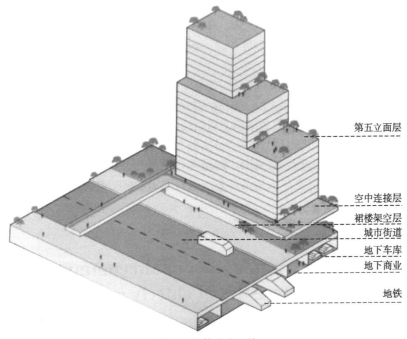

图18 立体多维连接

2. 弹性空间

产业园区是需要服务企业全周期的园区，以园区办公研发产业园区为例，按照企业的成长阶段和规模可分为小微企业办公、中型企业、总部办公等。其中小微企业处于成长阶段，建筑单体平面应灵活可变，预留远期发展可能性；总部企业为提升品质和打造品牌效应，应策划预留特定区域量身打造。未来的园区设计应保持足够弹性，以应对更多变化。

3. 科技赋能

科技提升速度，创新彰显高度，科技创新是永远的增长点。要多借鉴世界先进地区经验，强化"数据驱动"的园区模式，构建强大的接入，处理、利用各类数据信息的能力。加强整个园区的各个系统能智能交互，确保园区高效运营。

4.2 结语

产业园是促进城市发展和科技发展的实际载体，与城市发展密切相关，各地设计师都在不断积极探索适合我国国情的产业园区设计策略。本文主要通过对产业园发展阶段的梳理和实际案例的分析，总结出适应当下产业园区4.0阶段的设计策略。期待此文能给其他设计师提供一定启示与借鉴，大家集思广益共同成长。

参考文献

[1] 杨旭. 高密度科创产业园区立体化实践[M]. 北京：中国建筑工业出版社，2021.

[2] 顾中华. 科技产业园规划设计初探[D]. 西安：西安建筑科技大学，2009.

[3] 彭孝乾. 产业园区4.0背景下的科技产业园公共空间[D]. 广州：广州大学，2019.

[4] 甄珍，任浩，唐开翼. 中国产业园区持续发展：历程、形态与逻辑[J]. 城市规划学刊，2022（1）：66-73.

[5] 张翼峰，郑金. 文化创意产业园规划设计探讨[J]. 规划设计，2008.

[6] 王慧，吴晓，孙世界. 科技产业园设计策略初探——以苏州太湖科技产业园城市设计为例[J]. 华中建筑，2013，31（8）：100-105.

作者简介

李欣恺（1972-），男，四川省建筑设计研究院有限公司执行总建筑师，一级注册建筑师，教授级高级工程师。

申青鸟（1986-），女，四川省建筑设计研究院高级工程师，一级注册建筑师。

成泉（1993-），男，四川省建筑设计研究院有限公司助理工程师。

基于老年人群体特征的老旧小区适老化改造研究

伍颖明　涂　舸　邓　宇

摘要：针对我国老龄化程度持续加深的现状，老龄化人口居住的老旧小区不再适老的现实问题日趋明显，在政府举措要求与实际需求的双重制约下，改善老龄人口居住的老旧小区成为当下亟待解决的热点问题。

　　本文以四川省成都市的老旧小区适老化改造项目实践为例，结合老年人的生理心理、行为活动特征，痛点和需求对老旧小区现状问题进行分析，对老旧小区适老化更新提出系统的改造策略，以期老旧小区在改善老旧小区整体面貌的同时，也能提高老年人生活质量。通过老旧小区适老化改造，实现对社区养老切实有益的推动作用。

关键词：适老化；老旧小区更新；无障碍设计

Study on elderly-oriented renovation of old communities based on the characteristics of elderly groups

Wu Yingming　Tu Ge　Deng Yu

Abstract: Aiming at the current situation of the continuous deepening of the aging in China, the realistic problem that old community of the aging population cannot reach expectation of the elderly has become more prominent. Under the dual constraints of requirements of government measures and actual needs, improving the condition of the old community where the elderly lives has become the hot issue that needs to be urgently solved.

Taking the practice of elderly-oriented renovation project in Chengdu, Sichuan Province as an example, this paper analyzes the current situation of the old community space with combination of the physiological, psychological and behavioral characteristics of the elderly as well as the needs of pain points. At the same time, effective transformation strategies for the elderly-oriented renewal of the community have been proposed, so as to improve the overall appearance of the old community after transformation, meet needs of the elderly and boost quality of life of the elderly. Elderly-oriented renovation of the old community has become the promotion to achieve community-based elderly care.

Keywords: elderly-oriented; renewal of old communities; barrier-free design

1　研究背景：老去的人口

1.1　中国进入老龄社会

据国家统计局显示，2021年5月11日发布的第七次全国人口普查报告显示：我国60岁及以上人口为2.64亿，占人口总数的18.70%，其中，65岁及以上人口为1.91亿，占人口总数的13.50%。2010~2022年，我国65岁及以上人口比重上升5.44%，预计到21世纪中叶，老年人口数量将达到峰值，届时每3人中就会有一个老年人。

按照联合国标准，65岁以上人口的占比超过7%即为"老龄化社会"，14%以上为"老龄社会"，超过20%为"超老龄社会"。这标志着中国正式进入"老龄社会"。人口老龄化，对家庭、社会和政府养老规划都带来了巨大的挑战。

1.2　成都市老龄化情况

根据成都市卫健委公开的成都市《2021年老年人口信息和老龄事业发展状况报告》。截至2021年底，成都市户籍人口1556.18万人，其中老年人口（60岁及以上）320.80万人，占户籍总人口20.61%。老龄化比例还在逐年上升（图1、图2）。

时间	2017年	2018年	2019年	2020年	2021年
老年人口数	303.98万人	315.06万人	316.04万人	315.27万人	320.80万人
增长数	—	11.08万人	0.98万人	−0.77万人	5.53万人
增长率	—	3.64%	0.31%	−0.24%	1.75%
占比数	21.18%	21.34%	21.07%	20.75%	20.61%
全国老年人口平均占比	17.30%	17.90%	18.10%	18.70%	18.90%
全省老年人口平均占比	21.09%	20.40%	21.22%	21.71%	21.51%

图1 2017~2021年成都市老年人口数

图2 2017~2021年成都市各年龄段老年人口占比（%）

1.3 人口老龄化所引发的社会问题

1.3.1 社会保障体系结构变化

老龄化带来的首要问题是社会保障体系结构变化，按目前的老龄化趋势，2030年后，供养一个老年人所用的成年人劳动力将由目前的近5个演变成3个。到2050年需要由2个在职工作人员供养一个退休人员。社会保障体系将面临空前挑战。

1.3.2 家庭结构变化

其次是家庭结构的变化，由原来的4：2：1变为4：2：2，2021年后，随着20世纪60~70年代人口高峰期出生人口相继进入老年，独生子女时代"四二一"家庭结构，需要赡养老人，同时又要照料一个或多个后代，未来的家庭结构可能由独生子女时代的"四二一"家庭结构变为更加艰难的"四二二"家庭结构，成年人家庭不堪重负。

1.3.3 供需矛盾显化

其三，为养老需求与供给不匹配矛盾逐渐突出，根据成都市卫健委公开的成都市《2021年老年人口信息和老龄事业发展状况报告》。截至2021年底，成都市有养老机构558个，社区养老服务综合体22个，社区日间照料中心2748个，社区养老院234个，老年助餐服务点508个，新建家庭照护床位460张。虽然养老服务供给不断增加，但是面对320.80万的老龄化人口，需求与供给之间缺口仍然巨大。

1.4 我国的养老政策

由于供需矛盾缺口的巨大，目前成熟养老机构费用对于大多数家庭仍然过高，通过对老年人生活环境的适老化改造，达到自主、安全的居家养老才是对于大多数家庭更合适的途径。

我国提出基本养老模式是"9073"，即90%由家庭自我照顾，7%享受社区居家养老服务，3%由机构代为照顾养。据统计显示7%和3%的养老体系部分，设施和服务都在近年逐步完善和推进，但占据养老体系重要位置的90%发展却相对缓慢（图3）。

1.5 依托社区的养老模式

根据《关于推进养老服务发展的意见》（国办发〔2019〕5号）中形成的以"居家、社区和机构养老融合"的发展模式，持续完善以居家为基础、社区为依托、机构为补充、医养相结合的养老服务体系；《促进养老托育服务健康发展的意见》（国办发〔2020〕52号）中以满足老年人生活需求为导向普及公共基础设施无障碍建设，指导各地加快推进老年人居家适老化改造

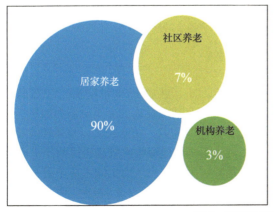
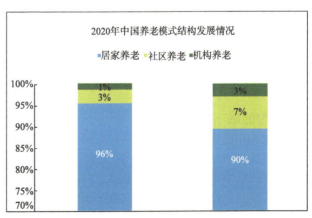

图3 我国的规划养老体系占比和实际占比

的相关内容，社区养老正成为我国探索养老体系中形成和快速发展的一种新型养老模式。

2 老年人特征分析

老旧小区作为老年人群体日常生活的空间，已成为除家庭之外对老年人而言最重要的行为场所，其适老化更新也成为亟待考虑和解决的问题。适老化改造的核心应以老年人的生理需求、心理需求、行为习惯出发点，行空间设施改造，最大程度上保证老年住户生活的安全舒适。

2.1 老年人生理特征

从人的整个身心发展规律来看，老年人的身体器官和感知觉进入衰退阶段，主要表现为感官系统退化，听视觉逐渐减弱；呼吸功能心肺功能发生改变，运动机能减弱，反应速度减缓，肢体灵活度和骨骼韧度下降，和中青年人相比更容易疲劳。

生理状态：

1. 视听障碍

视觉障碍表现为老年人对形状、颜色的辨识能力下降，弱光识别能力差。听力障碍的表现是听不清声音，难以及时避让后方车辆。

2. 肢体功能障碍

表现为肢体灵活性降低，力量下降，容易摔倒。

2.2 老年人心理特征

2.2.1 社交需求增强

60～75岁的老年群体基本为退休后进入养老生活，社会角色的转换会让老年人心理带来很大变化，随之而来的是心理上的自卑感、适应力降低和安全感下降等，老年人渴望在退休之后可重新实现社会价值。笔者通过调研发现，当前老旧小区中很多老年人处于"空巢"状态，他们的社交、娱乐和精神慰藉的需求愈发强烈。

2.2.2 认知能力减弱

表现为记忆力减弱，认知力、判断力、行为能力退化，对新环境适应能力差，反应迟钝。

2.3 老年人活动习惯分析

60～75岁老年人群体的活动范围一般是在社区内或周边具备生活服务功能的场所，活动除日常买菜遛弯外多选择既能锻炼身体又强度适中的休闲活动。在本次研究中，近8成受访者在社区内或附近活动的频率较高。老年人对公共服务设施有多元化需求，户外活动占比最高，69.4%的老年群体曾在社区及附近散步或户外锻炼，有59.6%的老年人选择去公园/小区公共绿地或广场进行娱乐活动，其次是老年活动室，占比55.1%（图4）。

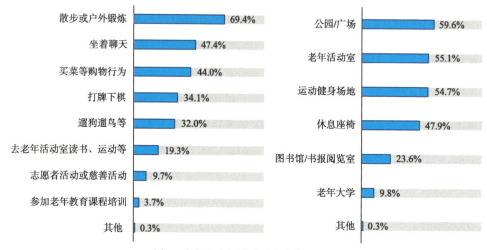

图4 老年人高频活动需求及使用设施

3 老去的社区

3.1 国内老旧小区问题现状

本次研究涉及的成都市老旧小区大多建成于20世纪80-90年代，集中于成都市中心城区，二环路以内，当年的主要目的是解决城市居民的居住问题，典型特征为7层砖混结构、无电梯、条形板式住宅、容积率2.0左右、社区住宅建筑密度28%～30%绿地率25%左右，这些老旧小区建成于20世纪80、90年代，小区长期缺乏对原有基础设施的必要更新和维护，老旧小区设施主体老化陈旧，功能缺失，整体环境质量下降，落后的生活环境使得收入较高居民外迁，低收入者、外来租户成为老旧小区的主体人员（图5）。

常见的"四老一差"（街老、院老、房老、设施老、生活环境差），是这类小区更新要面对的"心病"。

本次研究中按照《成都市城镇老旧院落改造

"十四五"实施方案》对这些小区的安全类、基础类、完善类和提升类四个方面并结合适老化的要点首先进行评估。

3.2 规划空间结构

多为条形建筑行列式排布、空间均质、无组团布局。

3.3 安全类设施

安全隐患的最多的问题是消防通道不满足现行规范要求的问题（图6）。

序号	街道	社区	名称	地址	计划年份	建成年代	居民户数	建筑面积(m²)
1	芳草街	沙子堰	江南苑	芳草街2号	2022	1995	146	10220
2	芳草街	沙子堰	倍特科技苑	芳草西一街2号	2022	1995	276	22000
3	芳草街	沙子堰	玉林西路31号	玉林西路31号	2022	1994	234	16380
4	芳草街	蓓蕾	玉林西路6号院	玉林西路6号	2022	1994	38	3040
5	芳草街	蓓蕾	蓓蕾西巷5号	蓓蕾西巷5号	2022	1996	48	2952
6	芳草街	蓓蕾	蓓蕾西巷6号	蓓蕾西巷6号	2022	1990	72	7070
7	芳草街	蓓蕾	沁芳苑	芳草东街105号	2022	1997	110	8500
8	芳草街	蓓蕾	芳草东街1号	芳草东街1号	2022	1994	371	22350
9	芳草街	蓓蕾	玉林南路36号	玉林南路36号	2022	1997	250	8300
10	芳草街	蓓蕾	长信公寓	芳华街24号	2022	1996	364	36000
11	芳草街	蓓蕾	芳华街26号2-3栋	芳华街26号	2022	1996	72	8000
12	芳草街	紫荆	630大院	创业路9号	2022	1999	904	72000
13	芳草街	蓓蕾	玉南苑	芳华东街78号	2022	1996	69	7000
14	芳草街	紫竹	新光路60号	新光路60号	2022	1998	1115	79950
15	芳草街	紫竹	紫竹北街65号	紫竹北街65号	2022	1997	672	43680
16	芳草街	紫薇	翔宇花园	紫荆东路9号	2022	2000	322	25760
17	芳草街	紫薇	四季家园	紫荆南路23号	2023	1999	798	83404

图5 成都市二环路内芳草片区老旧小区分布情况

小区入口不满足消防车通行尺寸

消防通道拥堵

消防设施缺失

图6 成都市芳草片区老旧小区安全类问题

3.4 基础设施

基础设施老旧、污水管网淤堵、返味、水泥道路路面破损、弱电、通信线缆杂乱（图7）。

3.5 停车场地

小区内无地下机动车车库，有搭建非机动车车棚。道路较窄且停车区域不足，私家车停放占用了社区内的公共空间和通行道路，居民的活动空间受到挤压，车辆停放于道路两边也压缩了通行宽度，导致道路拥堵，居民日常出行受阻，使用轮椅的老年人出行困难（图8）。

污水管道堵塞不通，化粪池、　　楼梯间及公共走道需清扫修缮，　　部分电线杂乱、裸露，影响小区风貌
污水井急需更换、清掏　　　　　楼道照明需更换

图 7　成都市芳草片区老旧小区基础设施问题

尚未规划标准、合理的停车位　　居民机动车停放时常占用消防通道　　小区内无停车位画线

图 8　成都市芳草片区老旧小区交通设施问题

3.6　绿化景观

无景观设计、现状绿地乔木利用空地多种植小叶榕，乔木植被郁闭度高，灌木与地被植物缺乏管理植物杂乱，部分住宅前绿地被占用为杂物堆放场地。

3.7　建筑单元

建筑外立面破损，阳台外多防盗笼搭建、楼道墙面破损、扶手损坏、单元入口有高差、照明损坏、楼道昏暗（图 9）。

3.8　物业管理

物业管理仅为门卫室，无公共卫生间或物业管理用房。由于缺乏物业管理，社区的环境秩序后期的管理维护不当，居民违章搭建、占道堆放的现象普遍存在，空间秩序变得混乱不堪（图 10）。

物业管理缺失；公共设施缺乏必要的更新维护，尤其存在私搭线路的问题，蕴藏着极大的安全隐患……

建筑外墙老旧破损严重　　　　　建筑外部雨棚及护栏损坏严重

图 9　成都市芳草片区老旧小区建筑外观问题

3.9 公共设施

部分公共空间由于其位置偏僻,可达路径和视野性差,且功能单一,对居民没有足够的吸引力。公共设施区域与路面有高差、局部有健身活动设施、休息设施为砖石砌筑的条凳与桌面,边缘锐利;垃圾收集点堆放严重有异味、缺乏公共导视指示与导视标识,缺乏夜间照明(图11)。

小区大门墙面贴砖藏污纳垢

小区入口未进行人车分流,安全隐患

图10 成都市芳草片区老旧小区物业管理问题

缺乏居民活动场地,缺乏健身场所

小区垃圾环卫设施不足

图11 成都市芳草片区老旧小区公共设施问题

4 老旧小区适老化环境需求和痛点分析

4.1 通行便利需求

老旧小区普遍没有电梯及无障碍通道,为肢体功能障碍或者退化的老年人上下楼和出行带来很大不便。车辆占用人行道停放严重影响使用轮椅通行的老人。

4.2 应急通行需求

由于缺乏停车车位,私家车停放占用了社区内的公共空间和通行道路,缩小了通行宽度,道路拥堵,突发的疾病需要急救车进入时通行缓慢受阻。

4.3 服务设施的需求

社区内生活有不能完全自理、日常生活需要一定照料的半失能老年人,他们需要能够提供膳食供应、个人照顾、基础医疗、保健康复、休闲娱乐等日间托养服务的设施。

4.4 公共交往需求

老年人对公共服务设施有多元化需求,户外活动占比最高 安全高品质的户外公共活动空间也对老年居民有足够的吸引力。目前部分老旧小区,缺乏无障碍设施,有行动障碍的老年人出行困难。

4.5 导视标示需求

由于老旧小区空间均质,楼栋识别度差,老年人在需要获得医疗帮助的时候,常有因难以及时定位达到而耽误救治时机。

在对成都老旧小区的调研中,社区公共设施的配置情况和居民对社区环境的满意度的情况调查如下:其中作为最不满意的方面集中在公共卫生间、公共设施、健身场地、和标识导视系统几方面(图12)。

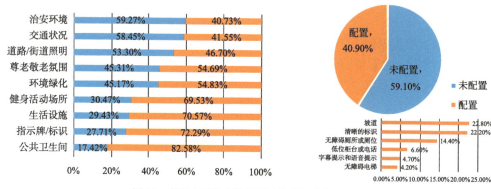

图12 老旧小区公共设施配置情况和满意度调查

5 老旧小区适老化更新策略

老旧小区更新大多都是以政府部门为主导推进，随着工作的深入推进已经从"穿鞋戴帽"的形象工程，向着以人为本的从根本上改善民生的方向开始转变。

而老旧小区的改造，也更多对老年人群体的需求进行回应。在对成都17个老旧小区工程实践的基础上，本次研究认为适老化更新策略除物质空间层面的工作以外，还有更多社会治理层面和公共参与层面的因素应一并纳入考量。

5.1 公私物业和空间的物权划分形成基础

老旧小区的"四老一差"除了基础设施的老化以外，生活环境差很大原因是公共物业和权利以及私人物业和权利边界的模糊，缺乏有效的物业监控管理和运营维护，导致了老旧小区的公共环境维护差、环境差、临时搭建和占用公共空间和资源。

由于缺乏管理，老旧小区普遍存在被闲置，废弃的绿地、非机动车车棚，划清公共空间和私有空间的界限，对空间进行整合，是对老旧小区的整治的第一步工作，当小区内的空间能被清晰集约地利用，并持续产生价值，改造的效果和意义才能持久。

对老旧小区的改造首先是需要明确物权、对公共物业、私人物业边界进行界定，对侵犯边界的私人物业通过社区进行协调拆除、对物业的管理和运营维护赋予权限。适老化设施的增设，无论是坡道、老年人通道、公共电梯、日间照料等服务点都需要由公共空间来支撑，通过物权的划分和物业管理的建立是老旧小区更新的开始也是适老化更新的基础。

5.2 分级分类整治清单公众参与形成共识

根据成都老旧小区改造整治导则，小区环境的建设分为基础类、完善类和提升类基本措施，其中为满足居民安全需要和基本生活需求的内容，如老旧管网、安防、消防设施等基础类应改必改，完善类为满足居民生活便利需要和改善型生活需求的内容，提升类是为丰富社区服务供给、提升居民生活品质、立足小区及周边实际条件积极推进的内容。

除基础类必应改必改外，设计将完善类、提升类做成整治选择清单，把选择权交给群众，实现公共参与，而适老化的设施更多属于完善类和提升类让群众全程参与"菜单式"选择改造项目，凝聚老旧小区适老化改造的共识才能顺利实施。

5.3 基层治理和物业组织层面规范管理

在此之前的老旧小区改造后，经常出现"一年新、两年旧，三年恢复原状"的尴尬状况。为避免出现这种状况，本次研究建议的做法是：突出建管并重，加强物业管理和基层治理。可通过引进物业服务企业、组建社区物业服务中心、居民自治物业管理等模式，对改造后的小区实施分类物业管理，细化管理提升标准，才能实现改造的效果持久。例如，通过"党建+物业"管理模式，构建社区党委领导下的居委会、业委会、社区物业服务中心联动机制，成立社区物业服务中心，实现老旧小区物业管理全覆盖。

5.4 引入机构提高有效供给

通过物业为主导引入社会资本增设为老服务机构与设施，包括养老机构、医疗机构、餐饮机构、生活便利机构等，强化设施功能完备，提升为老服务效能。推动和支持物业服务企业、养老服务机构等采用"物业服务＋养老服务"模式，专门提供助餐、助浴、助洁、助急、助行、助医、照料看护等定制养老服务。

5.5 物质空间层面的适老化改造

5.5.1 机动车行系统确保通达

应先梳理小区内的交通流线，对占用道路空间的违建物、杂物、搭建和植被进行清理，确保消防通道顺利通达建筑，且应设置明显的楼栋标识导向系统，方便消防车、救护车进出和紧急情况发生时的消防车辆作业和到达单元出入口的应急救援。

5.5.2 人车分流和慢行系统明确划分

在对老旧小区的调研中发现，老旧小区的入门门区未实施人车分流，经常发生碰撞和擦剐事故，门区的人车分流十分有必要，条件许可的小区通过与车行道有高差的人行步道形成人车分流，起止点设置无障碍坡道、在条件受限的小区通过彩色混凝土色彩和材质区分明显的慢行道路，设计利于老年人分辨与记忆的路线，无障碍设计满足老年人出行安全。路面平整易行且排水畅通，应采用粗糙防滑材质。

5.5.3 照明和导视加强安全引导

补充照度足够和户外路灯照明和标识系统。道路两侧应配备足够且稳定的照明，保证老年人在夜间能看清道路形式和路面状况，防止事故发生。

标识导向系统的设置一是为老年人提供导视信息，二是方便消防车、救护车进出和紧急情况发生时导视、人群疏散和应急救援。

图13　成都市芳草片区老旧小区整治——门区人车分流优化

5.6 绿化景观设施

5.6.1 公共景观设施

适老化景观设计需考虑老年人的身心特点。休憩区需考虑交往和独处两种模式，利用户外桌椅和植物遮挡形成开敞、半围合、围合空间，满足老年人交往或独处需求。健身区老年人的健身需求与其他人群存在差异，其健身强度较小、时间较长，健身区可考虑增设桌椅，便于休憩。

消除公共景观场地口处高差，在公共景观出入口设计无障碍专用通道，无障碍坡道坡度变坡点位置需设置提示，并在坡度较大处设置扶手（图14）。

图14　成都市芳草片区老旧小区整治——公共景观场地优化

5.6.2 植物配置

老旧小区中的植物，大多疏于修剪和管理，维护不良的植被带来的凋敝和杂乱荒芜的视觉效果也会反作用于老人的心理健康和精神状态。

调研中发现地被植物和灌木由于需要大量的维护和管理，在老旧小区中能维续良好状态的地被植物和灌木较少，凋敝和杂乱荒芜的状态也阻止了进入和使用的意愿，老年人更加愿于乔木下聚集。适老化的景观配置中可以减少地被类植物，适当增加乔木类植物。移除有毒植被、凋敝和杂乱的植物，选择有益于老年人身心健康、具有保健功能和拥有吉祥寓意的植物，结合季相设计及感官环境设置，增加嗅觉体验，实现缓解压力、安抚情绪（图15）。

5.6.3 公共家具

老年人对休息区、公共卫生间、照明装置等公共设施的需求度应相应增加。适当增加休息亭、休息廊休闲座椅并配备助力扶手，满足老年人疲劳时随时可坐下来休息的需求。

为方便老年人暗光环境下安全使用，可将夜灯嵌入座椅和休息廊设计中，社区内的公共设施应避免边角锐利和突出物（图16）。

图 15　成都市芳草片区老旧小区整治——适老健身场地优化

图 16　成都市芳草片区老旧小区整治——适老化公共家具和休息设施优化

5.6.4 文化植入

充分考虑老年人的心理，注意提供视觉、听觉，甚至是触觉上的刺激，让老年人充分感受到环境所带来的领域感，在社区空间上寻找文化、历史的记忆，将当地特色传统文化融入景观设施设计，一定程度上为老年人带来安全感和归属感。

5.7 建筑楼道设施

5.7.1 楼道设施

保证楼道出入口通畅无高差，楼道照明充足，楼梯踏步防滑。扶手便于抓握和在转角处增加临时休息座椅和助力扶手的方式能一定程度上缓解老年人"上下楼难"的问题。

5.7.2 加装电梯

老旧小区中住宅最初设计中没有预留电梯的位置，加装电梯时要在有限的小区空间内合理安排电梯位置，目前，加装电梯采用较多的是错层入户方案，即加装后的电梯停靠层站与楼梯间转角处休息平台处于同一水平面，乘坐电梯达到相应楼层的休息平台后，乘客需向上或向下走半层步行楼梯入户。另一种是通过对阳台区域设置通道，在阳台区域增设连接电梯平台的通道，对户型平面实施改造实现平层入户（图17）。

图17 成都市芳草片区老旧小区整治——加装公共电梯

6 多元化主体参与共治

老旧小区物质空间暴露出的问题源物权的未能清晰划分也因为社区组织和无法通过提供物业管理提供持续的价值输出。

适老化为主题的老旧小区改造除了基本的安全和无障碍要求外，需要通过提供更多老年人服务设施，为社区日常生活需要一定照料的老年人提供膳食供应、个人照顾、基础医疗、保健康复、休闲娱乐等日间托养服务的设施，这类设施能极大地提供老年人生活的便利性和幸福感和精神慰藉。能真正才能实现老年人以社区为依托养老。

而在物质空间改善的基础上，引入"物业服务+养老服务"鼓励物业服务企业加强与社区居民委员会、业主委员会（物业管理委员会）的沟通合作，养老服务社会企业机构以市场资本介入，保证其服务符合市场运营规律，也可根据居民的动态需求，增设相应的养老便民配套服务，盈利部分可补偿社会资本在社区更新改造过程中所投入的改造成本；同以往单纯依靠政府投资的局面相比，引入社会资本和物业服务的模式，能形成可持续发展的社区适老化服务运营机制，在多方共同协助下完成社区适老化深度更新。

7 结语

老旧小区适老化更新过程中不能仅停留于改善社区外观效果，更要从老年人群体特性出发，深入挖掘老年人群体的真实需求，迫切需要从社会参与、社区运营等多个层面进行探索。以市场运营的理念来进行社区适老化改造，更需要居民、社区、政府各部门与设计方之间不断磨合、共建才能完成。

参考文献

[1] 杜成威,张葳. 城市老旧社区公共空间微更新策略探究[J]. 建设科技, 2023（5）.

[2] 姚建. 人口老龄化背景下城镇老旧小区改造的困境与路径[J]. 中国住宅设施, 2023 (4).

[3] 林婧怡. 老龄社会下居住区规划建设的适老问题与对策[J]. 建筑学报, 2015 (6)

[4] 周燕珉, 刘佳燕. 居住区户外环境的适老化设计[J]. 建筑学报, 2013 (3).

作者简介

伍颖明（1979- ），男，高级工程师，A5建筑工作室建筑设计总监。

涂舸（1970- ），男，四川省勘察设计大师，国家一级注册建筑师，教授级高级工程师，四川省建筑设计研究院执行总建筑师。

邓宇（1978- ），男，国家一级注册建筑师，高级工程师，A5工作室副主任。

乡村振兴背景下新川西林盘空间发展策略研究

王雅倩　吴金龙　吴芋韬

摘要：川西林盘是成都地区独有的农村居住环境形态，作为地域文化的载体，在各方面表现出极大的研究价值。本文以乡村振兴为背景，采用实证研究和理论研究相结合的方法，从空间格局、建筑风貌、平面布局、营造技艺四个方面入手，分析总结了新时代下延续传统风貌与格局、促进新川西林盘保护与发展的具体方法。

关键词：乡村振兴；传统建筑；新川西林盘民居；空间发展

Research on the spatial development strategy of forest plate in New Sichuan west under the background of rural revitalization

Wang Yaqian　Wu Jinlong　Wu Yutao

Abstract：West Sichuan Linpan is a unique rural living environment form in Chengdu area. As the carrier of regional culture, it shows great research value in all aspects. Taking rural revitalization as the background, using the method of combining empirical research and theoretical research, from the four aspects of spatial pattern, architectural pattern, plane layout and construction skills, this paper analyzes and summarizes the specific methods to continue the traditional style and pattern in the new era and promote the protection and development of the western forest pan in the new Sichuan.

Keywords：rural revitalization；traditional architecture；Linpan dwellings in Xinchuan；space development

0　引言

自2017年10月，习近平总书记在党的十九大报告中提出乡村振兴战略到2022年中央一号文件《中共中央　国务院关于做好2022年全面推进乡村振兴重点工作的意见》发布，中央陆续发布多项重要文件，逐步完善乡村振兴战略顶层设计。为深入贯彻党的十九大精神，努力探索成都特色的城乡融合发展之路，成都市委、市政府出台《成都市实施乡村振兴战略若干政策措施（试行）》《成都市实施乡村振兴战略推进城乡融合发展"十大重点工程"和"五项重点改革"总体方案》等政策文件。文件中强调，把乡村绿道和川西林盘建设作为推动乡村振兴的关键举措，并将川西林盘聚落保护和修复工程列为全市的"十大重点工程"之一。因此，推进川西林盘保护修复是乡村振兴的重要抓手，促进新川西林盘发展是构建城乡融合发展新格局的必然之举，也是促进生态价值转换的现实

路径。研究传统川西林盘的内涵和所面临的现状问题，探索乡村振兴背景下新川西林盘的发展策略具有十分重要的意义。

1　川西林盘的空间特征

川西林盘是指成都平原及丘陵地区农家院落和周边高大乔木、竹林、河流及外围耕地等自然环境有机融合，形成以田、林、水、宅为主要要素的农村居住环境形态，是蜀地固有的一种生存居住模式，也是蜀地先民与自然和谐共存的产物，是蜀文化的重要载体。

川西林盘发源于古蜀文明时期，成型于漫长的移民时期，延续至今已有几千年历史。它广泛分布于都江堰灌区，尤以川西扇形冲积平原的林盘为典型。这些星罗棋布的乡村院落在长期社会历史发展过程中，构成了成都平原特有的、全国具有唯一性的川西田园风光。其空间格局有以下特征：

（1）整体空间格局——田大林小，田疏林密

川西林盘群落镶嵌在川西平原广阔的田园肌理上，整体呈现出田大林小、田疏林密的空间格局。《成都市川西林盘保护修复利用总体规划（2018—2035）》中，根据林盘规模将林盘分为大型、中型、小型林盘。其中，大型林盘占地20亩及以上；中型林盘10～20亩，数量最多；小型林盘为5～10亩。大型林盘半径一般大于100m，不超过300m；中型林盘半径为60～100m；小型林盘半径为30～60m。农户离自家土地都较近，便于农家耕种（图1）。

（2）水平空间格局——四大要素，三大圈层

田、林、水、宅四大要素共同构成了林盘聚落，将林盘抽象为同心圆模式，由内向外分为宅、林、田三大圈层，水系蜿蜒穿越而过。内圈是林盘院落，为散居村民的核心生活空间，依据林盘大小院落可分为独居和聚居两种形式；中圈是茂林修竹形成的天然屏障，将宅院掩映其中形成合围之势；外圈则是广袤的大田肌理，构成了林盘底色，是承载林盘生存发展的重要基础（图2）。

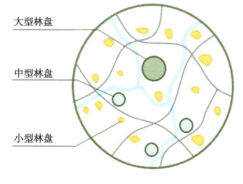

图1 林盘整体空间格局示意图

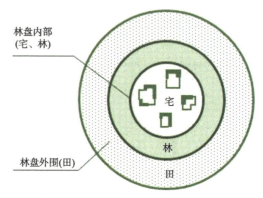

图2 林盘水平空间典型格局及水平空间模式图

（3）垂直空间格局——树高院低，上密下疏

林盘垂直空间形态主要体现在院坝、建筑和林木三个层次上，各要素交织融合，形成了林盘上密下疏、周高中低、内部通透的空间形态。高大乔竹在为林盘遮挡太阳光线的同时，乔木下部可形成通风廊道，起到降温增湿、调节微气候的作用（图3）。

2 乡村振兴背景下川西林盘发展的阻碍

（1）空间发展无序，传统林盘肌理遭到破坏

随着经济的发展，林盘在迅速建设发展的同时也在一定程度上破坏了田、林、水、宅的传统空间格局。林盘内竹木砍伐、水体污染，建筑越修越高、尺度增大，不再讲求与自然环境的和谐关系，这些做法使得林盘的传统空间肌理和完整性遭到破坏。

（2）建筑风貌杂乱，缺乏地域特色

由于缺乏引导管控和人口迁移，林盘内传统建筑正逐步减少，部分现状建筑年久失修，新建和改造建筑未充分考虑传统川西民居特点和要素的传承，装饰风格各异、搭建普遍等问题使得建筑风貌较为杂乱，缺乏地域特色，建筑品质普遍较低。

图 3　林盘垂直空间形态示意图

（3）传统营造技艺逐渐消失，新旧技术难以平衡发展

在科学技术高速发展的时代背景下，新材料、新技术、新工艺不断涌现，传统的营造工艺没有足够的竞争力，逐渐被人们淘汰。新的营造技术在降低成本、提高效率的同时，也带来了工艺粗糙、特色丧失、文化断代等问题，这极大地冲击了传统川西林盘文化。

以上问题严重阻碍了传统川西林盘的发展。在大力实施乡村振兴战略的背景下，探索新川西林盘的发展策略已迫在眉睫。

3　新川西林盘概念与分类

3.1　新川西林盘的基本概念

新川西林盘指在遵循传统川西林盘空间格局和传统风貌情况下，强化"可游、可观、可居、可业"的规划理念，提升环境品质，拓展林盘经济，植入新产业，构建的新型林盘聚落。

3.2　新川西林盘的分类

（1）按功能定位划分

按照功能定位，新林盘民居主要可分为传统居住型、居旅融合型和特色产业型三大类型。

传统居住型林盘，如崇州元通镇季家林盘（图4），主要以田园耕种、经济林木种植等农业生产为主，是川西平原农耕文化乡愁记忆的重要载体。

图 4　崇州元通镇季家林盘

居旅融合型林盘，如都江堰川西音乐林盘（图5），依托农业园区、景区等原有资源条件较好的区域。通过发展乡村民宿及农家乐餐饮服务，既满足当地群众生产生活需要，又为城市人口提供了观光旅游、休闲度假的乡村旅游场所。

图 5　都江堰川西音乐林盘

特色产业型林盘，如崇州道明竹艺村（图6），依托良好的生态环境和优美的山水田园景观，通过资源置换，拓展林盘经济，植入休闲观光、会议博览、康养度假、社团组织等现代复合型功能业态，构建现代特色林盘。

图 6　崇州道明竹艺村

（2）按地形地貌划分

按照地形地貌，林盘主要可分为平坝林盘和山丘

林盘两大类型。

平坝林盘多分布在川西平原平坝地区，由于地形开阔平整，耕作条件相似，林盘在此区域分布较均匀，以团形或类团形为主，部分沿河流及道路的林盘受地形限制呈带形发展。

山丘林盘通常有以下几种分布形式：在平坝向丘陵的过渡地带，林盘多聚居于山脚面向田坝呈带形分布，并适度向山坡延伸；在丘陵分散的小块冲积地带，林盘多位于冲沟两侧山坡或小块台地上，面向冲积地带的梯田分散布置。

3.3 新川西林盘民居的特征

（1）文化传承——本土化

传承林盘农耕和民俗文化，保留"田、林、水、院"的空间形态格局，体现川西民居建筑特征，凸显特色的乡村特征和场所记忆。

（2）功能植入——现代化

以"农商文旅体"融合模式为特点，推进林盘乡村旅游发展，鼓励新型业态培育，优化提升林盘空间和配套品质。

（3）特色彰显——特色化

结合林盘自身的气质和特点，因地制宜打造不同功能定位的林盘，通过功能、文化、建筑布局、景观营造等体现林盘的个性和特色。

4 新川西林盘空间发展策略

4.1 新川西林盘空间格局发展策略

（1）整体空间格局发展策略

新川西林盘根据所处地势可分为平坝林盘和山地及丘陵林盘，其整体空间布局应协调与地势、道路、林木水系等之间的关系，因地制宜、有机发展，充分利用植被、水系、阳光、气流等自然要素，形成环境优美、空间舒适的宜居环境（表1）。

新川西林盘整体空间布局策略　　　表1

类别	策略	模式图	意向图
地势	顺应地形地势、错落布局。不宜大规模平整土地、切削山体		
河流道路	顺应河流及道路的走向，曲直相宜，不宜截弯取直、破坏河流的原有走势	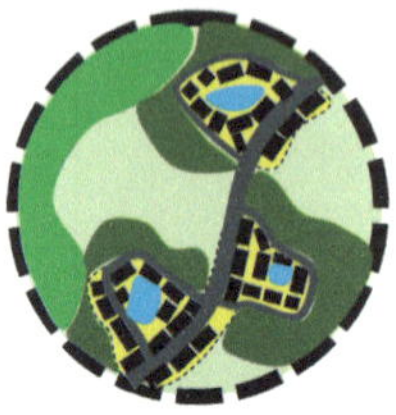	
田林水系	结合环境自由布局，做到不填塘、不改渠、少砍树、不占基本农田		
视线通廊	留出视线通廊，避免临水不见水、近山不见山	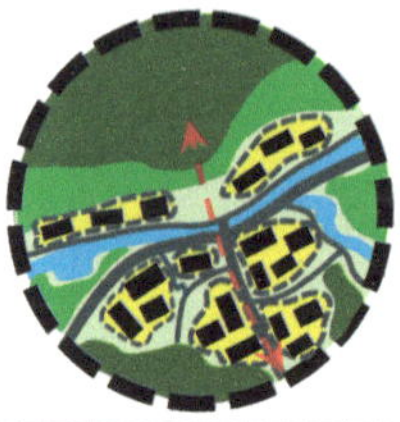	

（2）微气候营造策略

在林盘的总体布局中，可利用建筑、植被、水体等要素的分布来改善林盘内的小气候，营造出气候舒适的宜居环境。

建筑：林盘内应保持较低的建筑密度，建筑布局考虑风向的影响，留出通风廊道，院落开口应朝向当地的夏季主导风向（图7、图8）。

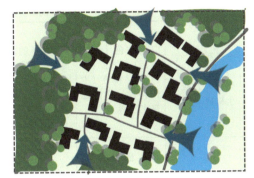

图7 林盘通风廊道示意图

图8 林盘通风立面示意图

植物：林盘南侧宜散植落叶乔木，夏季以高大的冠幅为林盘遮挡太阳光线，乔木下部可形成通风廊道，起到降温增湿的作用；冬季落叶后可使林盘接收更多的太阳辐射。林盘北侧宜密植常绿乔木与灌木，形成天然屏障，对林盘形成围合之势，冬季为林盘抵挡寒风，减少热量的散失（图9、图10）。

林木植物在林盘外围的分布符合"以林仿山"的风水观，便于构建"背山面水"的人居环境，形成"藏风聚气"的风水格局。外围林木与内部院落构建起外实内虚、外高中低的空间格局，有利于形成拔风效应，改善林盘内的自然通风（图11）。

图9 植物分布平面示意图

图10 植物分布立面示意图

图11 林盘拔风效应示意图

水体：林盘附近的水体可以有效调节温度与湿度。林盘内建筑开口宜面向水体，使水体居于夏季主导风向的上风口。夏季风经水面冷却后吹向建筑，可有效降低温度。

4.2 新川西林盘的建筑风貌营造策略

（1）风貌引导

新川西林盘的风貌可分为传统川西风貌、近代川西风貌、现代川西风貌、乡土川西风貌四种，风格各异，特色鲜明。林盘的发展应结合地域特色与文化特征，选择合适的风貌类型，遵循一定的风貌指引，根植传统、积极创新，营造美观、和谐的林盘风貌（表2）。

（2）分类整治

对于林盘内已有的建筑，可根据建筑的功能性质、风貌质量等方面分类进行保护修复及整治，使老旧建筑得到新的发展，焕发新的生机。对于具有一定价值的文保建筑、历史建筑、一般建筑等进行重点保护，科学修缮、维持原样，不得擅自迁移拆除。对于与林盘整体风貌不协调、质量差、需要功能更新的建筑针对屋顶形式、建筑高度、色彩、立面装饰、搭建等方面进行整治。对于严重影响风貌、建筑质量差，以及违章搭建的危棚简屋予以拆除。

新川西林盘风貌分类引导　　表2

风貌分类	意向图	总体风格	建筑细部	建筑材质	建筑色彩	适宜地域及民居类型
传统川西风貌		延续川西民居"青瓦出檐长、穿斗粉白墙"的基本特征，保持清淡素雅、简洁大方的风格	悬山双坡顶、穿斗、粉白墙、花格窗、雕梁画栋、飞檐斗角等	小青瓦、青砖、白墙、木材、竹材等传统乡土材料	以青灰色（青砖青瓦）、白色（粉白墙）、褐色（木作构件）作为建筑主色调	平坝地区的散居与集中居住民居以及特色产业型民居、林盘内的文保建筑与历史建筑等
近代川西风貌		高门合院、青砖勾白线，中西合璧，外洋内土	牌坊式、门楼式的入口，青砖厚砌、勾白线的墙体，格子或几何图形分隔的门窗、兼有悬山硬山的屋顶	小青瓦、青砖、石材、水刷石等	整体色彩沉稳，以青、白、灰作为主色调，小面积点缀彩色玻璃与红色窗框等鲜艳色彩	安仁等具有近代公馆遗存的地区
现代川西风貌		延续传统川西民居风格，并在此基础上结合现代材料与造型手法，进行简化与演绎	在传统的门窗、装饰构件等的基础上进行简化演绎与创新，形式简洁	青瓦、青砖、木材等传统材料与现代材料相结合	以青灰色、白色、木褐色为主色调，灵活加入饱和度较低的辅助色彩	平坝地区的散居与集中居住民居以及特色产业型民居
乡土川西风貌		延续传统川西建筑特点，结合丘区的乡土材料，形成地域特征突出的山地民居	延续传统川西民居的细部风格，但形式相对简洁、不拘于繁复精致的细节刻画	木材、石材等山地丘区易获取的乡土材料	宜采用暖色系，与雪山形成对比关系，营造良好的景观效果	靠近雪山的山地丘区，适合于散居型民居以及特色民宿等

（3）建筑细部引导

川西林盘民居的建筑细部包括屋顶、门窗、墙身、栏杆、装饰性构件等方面。建筑细部的引导有利于新川西林盘民居在延续传统文化的基础上进行创新性发展。

林盘民居的屋顶宜采用传统的坡屋顶形式，可在坡屋顶基础上发展出灵活的单双坡结合、平坡结合、错坡等多种坡屋面形式，丰富建筑造型。门窗可采用传统的木板门、花格门与花格窗，也可提取传统元素进行简化处理，形成简洁大方、延续传统韵味的门窗新样式。墙身可延续传统工法，也可使用砖木、砖混等现代工艺，采用木材、石材、面砖、涂料等手法丰富墙面，山墙面可采用贴木条等方法仿穿斗形式，突出"穿斗粉白墙"的传统建筑特征。装饰构件方面，新川西林盘民居可传承悬鱼、垂花柱、雀替、挂落等传统装饰做法，也可在此基础上进行简化演绎与创新，形成适应新民居的细部装饰形式（表3）。

川西林盘民居建筑细部引导示意图　　表3

建筑细部	传统川西林盘民居示意图	新川西林盘民居示意图
屋顶		

续表

建筑细部	传统川西林盘民居示意图	新川西林盘民居示意图
门窗		
墙身		
装饰构件		

4.3 新川西林盘的建筑平面布局发展策略

新川西林盘民居的平面布局应继承传统空间布局特点，在传统平面的基础上进行发展与更新。

传统川西民居的典型平面布局形式主要有"一"字形、"L"形、"凹"字形、四合院形等（图12）。新川西林盘民居可在传统布局基础上进行改进创新、灵活组合，平面布局保持开放性，不宜形成封闭的建筑格局（图13）。

在大力发展乡村振兴的时代背景下，传统的林盘民居平面功能布局已逐渐不能满足现代生活水平的提高与新时代下川西林盘的发展。因此，新川西林盘民居的平面布局应根据需求进行更新，以满足新川西林盘建设发展的多元化需求。

（1）基于生产生活需求的更新

传统的林盘民居在平面功能分布上常常将堂屋设于中间，两侧分布卧房，厨房、厕所、储藏、圈舍等功能置于端部，房间均单独向室外开门。随着建筑技术的发展，林盘民居在进深方向尺度加大，可形成更适应现代化生活的复合型平面，在传统功能格局的基础上增加现代化厨房、餐厅、卫生间、会客厅等功能，使林盘民居的发展更加适应现代化的生产生活需求（图14、图15）。

（2）基于产业发展需求的更新

川西林盘是成都公园城市乡村表达的重要载体，促进农商文旅融合发展是川西林盘实现蓬勃发展的重

图12 传统川西林盘建筑平面布局示意图

图13 新川西林盘建筑平面布局示意图

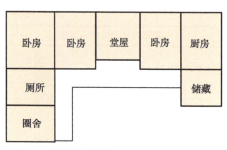
图14 传统川西林盘民居平面功能示意图

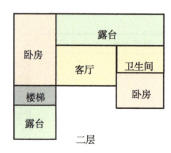
图15 新川西林盘民居平面功能示意图

要举措。传统的林盘民居以居住功能为主，缺乏现代服务功能，为满足产业发展的需求，需对传统林盘民居进行改造，形成适应林盘发展的新布局。

根据川西林盘民居发展产业的需求，林盘民居可采用下店上居、前店后院、店居分离等功能布局模式（图16）。新川西林盘民居应根据发展民宿、餐厅、音乐厅、工作室、会议室、展览厅等的具体需求，在民居平面尺度的基础上适度扩大规模，增大体量，增加层数，加大开窗面积，以满足现代化功能的需求（图17）。院落空间也可灵活划分为休闲娱乐、生产劳作、晾晒、停车等功能区域，并有效扩大绿化面积，提升庭院景观效果。

4.4 新川西林盘的营造技术工艺发展策略

川西林盘民居是劳动者智慧的结晶，凝结了优秀的传统营造工艺。在新材料、新技术、新工艺不断涌现的今天，传统营造工艺不断受到冲击，我们应该重新思考新与旧之间的理性关系，思考未来发展的方向。对于新川西林盘民居的发展来说，我们不仅要传承记忆、延续传统，也要鼓励创新、灵活运用新旧材料，使林盘民居激发新的生命力。

（1）传统营造工艺的延续与改进

传统川西林盘民居采用穿斗式木结构、土木（砖木）混合结构与竹木绑扎结构等传统建筑结构。新建林盘民居可根据实际需要采用传统结构，可在重点部位或部分节点因地制宜采用夯土墙、土坯砖、编竹墙、竹编夹泥墙、毛石砌墙、卵石墙裙等传统营造技艺，延续"穿斗粉白墙"的传统建筑风貌特征，在建筑中还原乡土特质。

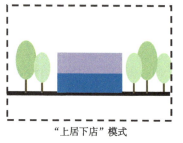 

图16 新川西林盘民居商业布局模式图

 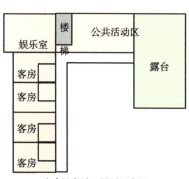

图17 新川西林盘民宿平面更新示意图

利用现代技术，可对传统工法进行改进，使其更加适应现代建筑发展的需求。如改进后的生土工法不仅施工方便，还具有良好的热工性能，能够创造独具特色的建筑景观。材料配比方面，在生土中混合土砂石与稻秆、麦秆等材料，提升夯土墙的强度与耐水性；施工方式方面，用电动夯锤代替传统手动夯锤，省时、省力，提升夯击力度。改良后夯土墙导热系数更低、热惰性更好，冬暖夏凉，达到低碳节能的效果（图18）。

图18　改进生土工法实例：大邑稻乡渔歌大地之眼

（2）新技术新材料的运用

在技术的快速发展下涌现出的新材料、新技术、新工艺往往具有施工方便、工期短、抗震性能强等优点。新川西林盘民居可采用混凝土框架结构、轻钢结构与钢木结构等现代结构形式，也可因地制宜地选择装配式木结构、装配式钢结构、装配式混凝土结构等装配式结构技术。同时，鼓励在林盘民居建设中使用节能玻璃、太阳能光伏、新型保温隔热材料、防水材料等节能材料，提高民居的绿色节能效果。

（3）新旧材料结合运用

新川西林盘民居的发展过程中应鼓励旧材新用与新材旧用，不断创新。

旧材新用：将传统乡土材料与现代技术结合，创新出适应于现代建筑的新工艺与新材料，如现代夯土材料、竹基纤维复合材料、塑木复合材料等。川西林盘民居在改造新建的过程中产生的废旧材料和具有乡土人文特色的生产生活用具等，可进行重新利用，赋予其新的功能与艺术价值，如用废弃瓦片垒墙或铺地、用废弃陶瓷与石磨盘做成景观小品等，展现乡土地域特色与人文情怀。

新材旧用：采用在色彩与形式上接近传统材料、但性能质量更佳的新型材料，在延续地域特色的同时提升建筑品质。如仿木、仿石材料与合成树脂瓦、沥青瓦、水泥瓦等仿青瓦新型屋面材料。

5　结语

本文通过对乡村振兴背景下川西林盘空间特征和建筑形态的深入研究与探讨，结合实际案例的研究，针对新时代背景下林盘发展的需求，提出了新川西林盘的概念与分类，从空间格局、建筑风貌、平面布局、营造技艺四个方面为新川西林盘民居的建设和发展提供了有益的思路与具体的发展策略。这些策略将有助于推动新川西林盘民居的建设和发展，增强其地域特色和文化内涵，进一步提升其价值和吸引力。未来，我们仍需持续推进和完善新川西林盘民居的发展方案，实现可持续发展打造具有地域特色和文化精神的现代川西林盘。

参考文献

[1] 蒋蓉，李帆萍，刘亚舟，等. 公园城市背景下成都川西林盘保护与利用规划探索与实践[J]. 城乡规划，2021(5)：72-80.

[2] 陈美燕. 乡村振兴下的川西林盘公共空间更新设计研究[D]. 西安：西南交通大学，2020.

[3] 李瑜婷. 川西林盘冬夏微气候特征研究[D]. 成都：四川农业大学，2019.

[4] 刘美伶. 川西林盘尺度和乔木覆盖率对周边环境微气候的辐射影响研究[D]. 西安：西南交通大学，2018.

[5] 陈秋渝. 川西林盘文化景观基因识别与图谱构建[D]. 成都：四川农业大学，2019.

[6] 徐萌. 基于社会重塑目标下的川西林盘社区营造研究[D]. 西安：西南交通大学，2016.

[7] 方志戎. 川西林盘文化要义[D]. 重庆大学，2012.

[8] 曹颖聪. 乡土社会转型下川西林盘空间营建策略研究[D]. 西安：西南交通大学，2018.

[9] 刘晶，刘勇. 成都市川西林盘建筑风貌类型研究[J]. 四川建筑，2021，41(5)：20-22.

[10] 张妍. 乡土建筑遗产视角下川西林盘的空间价值与活

化利用[J].成都大学学报(自然科学版),2022,41(01):97-102.

[11] 温军.乡村振兴思想下川西林盘保护规划——以成都市黄甲镇八角林盘为例[J].《规划师》论丛,2022(00):362-368.

作者简介

王雅倩（1994- ），女，A8建筑工作室建筑设计师。
吴金龙（1994- ），男，A8建筑工作室建筑设计师。
吴芋韬（1989- ），男，A8建筑工作室建筑设计师。

以产品思维进行功能型微型建筑的建造
——以电信 MEC 机房为例

刘 劼　陈 炜　李 江　李劲松

摘要：在扩大内需战略，加强新型基础设施和新型城镇化建设决策部署的宏观需求下，由设计行业内、外发起的"功能型微型建筑"的建设需求越发增多。现行传统的设计、建造工程模式对于"新智造""新基建"模式上的实践，存在诸多问题。本文以电信MEC机房为例，提出打造产品的思维模式，提出绿色、智能、模块化的设计方法，对于探讨如何能"多快好省"地生产"功能型微型"建筑无疑具有十分重要的意义和作用。

关键词：产品；功能型建筑；建造；MEC机房

Construct functional micro buildings with product thinking：taking China Telecom MEC machine room as an example

Liu Jie　Chen Wei　Li Jiang　Li Jinsong

Abstract：Under the macro demand of expanding domestic demand strategy, strengthening the decision-making and deployment of new infrastructure and new urbanization construction, the construction demand for "functional micro buildings" initiated by both domestic and foreign designers in the design industry is increasing. The current traditional design and construction engineering mode has many problems in the practice of "new intelligent manufacturing" and "New Infrastructure" modes. This article takes the telecommunications MEC computer room as an example to propose a thinking mode for creating products, and proposes green, intelligent, and modular design methods. It is undoubtedly of great significance and role in exploring how to produce "functional micro" buildings in a "fast, efficient, and efficient" manner.

Keywords：product；functional buildings；construction；MEC machine room

0　引言

随着国家对于建筑业持续健康发展的重视，及对推进建筑行业信息化、数字化、智能化的要求，《国务院办公厅关于促进建筑业持续健康发展的意见》(国办发〔2017〕19号）中明确"推进建筑产业现代化"的主要工作为"推广智能和装配式建筑"。坚持标准化设计、工厂化生产、装配化施工、一体化装修、信息化管理、智能化应用，推动建造方式创新。

成都市城市体检和新城建试点工作领导小组发布了《成都市新型城市基础设施建设试点工作推进方案》，"贯彻落实党中央、国务院关于实施扩大内需战略、加强新型基础设施和新型城镇化建设的决策部署，加快推进基于信息化、数字化、智能化的新型城市基础设施建设试点。"明确六项试点任务，"推动智能建造和建筑工业化协同发展"是其中一项。

基于以上加快推进要求，应着力从新的设计建设流程、绿色智能技艺、模块建构组价三个主要方面

项目名称：四川省建筑设计研究院有限公司科技项目"中国电信MEC边缘数据中心载体装配式研究"（项目编号：KYYN202122）
本文已发表于《居业》，2023

入手。

1 新型的设计流程、批复、试点及实施

1.1 传统模式

传统的设计流程主要可以概括为如图1所示的8个主要步骤。其中从立项可研到竣工验收，历经行政审批流程、公司决策流程、可研设计流程、造价采购招标流程、施工验收流程。压缩流程与步骤，是亟待解决的首要问题，故提出基于产品的新型的设计开发流程。

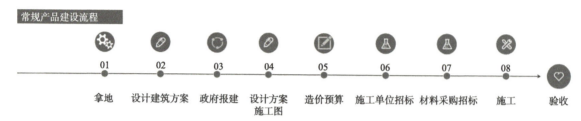

图1 常规产品建设流程

1.2 新型模式的特征

（1）增加产品设计步骤。整合传统方式中可研立项、政府备案、造价预算、设计方案施工图（产品）、材料采购招标五个主要流程（图2）。

（2）采用产品说明书的形式替代图纸用于实施报审，并由业主、设计、造价、施工四方进行确认。

（3）在后期增加产品样式选择的流程，用于满足不同需求的适应性，但仍需保留产品手册中基本的架构。

对于批量化的微型建筑工程，采用传统的建造流程，新型装配式产品将比传统建造方式和普通装配式建造节约10%~30%的造价，工期缩短200%~350%。

该项新型产品的推出，将改变原市政配套和基建的固化模式，为智慧社区、城市建设提供新的思路，从而形成系统上下游的产品创新和提升，促进行业的新材料、新技术发展，并补足现有城市风貌中市政设施构筑物的短板。

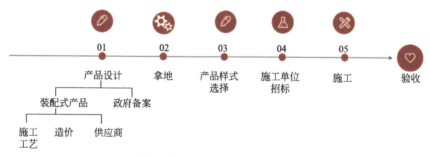

图2 新型装配式产品建设流程

1.3 绿色、智能制造的技艺

技艺服务于目标。近年来，国内外建筑师将自维持理论和技术运用于构思或实践，有了诸多微型自维持建筑的概念模型或实践案例。如Jose Manuel Pequeno设计的"可搬运的游客塔"、伦佐·皮亚诺设计的"第欧根尼"小屋。

首要目标即为根据微型建筑的具体用途计算年耗能 E_1，根据"可持续发展建筑"或"低碳建筑"的概念，通过控制太阳辐射，风环境，实际产品年消耗 E_2，折算产品的全周期碳排放或碳值 E_0，得到 $N=E_0/(E_1-E_2)$。控制 N 值为10，作为本电信 MEC 机房的绿色控制性指标。

在制造中，用工厂生产替代现场施工，用产品零部件的组装代替现场的制作，避免湿作业。

1.4 绿色建筑在新模式中的应用

产品采用绿色建筑材料和建造工艺，并通过被动式技术降低建筑运行能耗，推动行业低碳技术的应用，对降低碳排放，达到碳中和起到积极作用。并基于 MEC 机房的特性提出对于微建筑绿色评价体系的关键性指标：

（1）基于对传统机房特性的围护结构 K 值提升，追求围护结构保温保冷性能（表1）；

新型与传统K值对比		表1
类别	MEC机房（本次研究项目）	成华区新华坊项目（传统建造工艺案例）
外墙构造	第1层：外饰面层 第2层：龙骨通风空气层 第3层：隔汽膜 第4层：外饰面基层 第5层：钢龙骨 第6层：内饰面层	第1层：镀锌钢板(2.5mm) 第2层：丁基自粘TPO高分子防水卷材(1.6mm) 第3层：钢檩条 第4层：保温一体板(100.0mm)
外墙平均传热系数 [W/(m^2·K)]	0.34	0.62
屋面构造	第1层：高反射屋面层 第2层：龙骨通风空气层 第3层：防水层 第4层：外饰面基层 第5层：钢龙骨 第6层：内饰面层	第1层：丁基自粘TPO高分子防水卷材(1.6mm) 第2层：镀锌钢板(2.5mm) 第3层：钢檩条 第4层：保温一体板(100.0mm) 第5层：防水石膏板(12.0mm)
屋面平均传热系数 [W/(m^2·K)]	0.27	0.63

其中通风木龙骨为空气流通提供条件，大大降低外围护结构传热系数（图3）。

（2）通过高侧窗与低侧窗的组合，形成被动式自然通风系统或机械排风与自然进风组合形成的主动式通风系统两种可选方式，使室内达到气流组织良好的通风效果。

上述两种通风系统均采用温湿度传感器及现场手动控制相结合的方式，通过温湿度传感器反馈信号至电动窗，同时采用物联网传输模式，将温湿度信号上传至监控室，可实施监测机房温湿度情况及电动窗开启情况，实现远程无人值守状态的机房环境监控。其电控信号预设入口温度为18～27℃，露点温度5.5～15℃，相对湿度<60%。

屋面预制板设置$1m^2$有效通风窗洞口，达到预设启动数值后，开启电动窗进行被动或主动通风。如选配上述主动式通风系统，可稳定提供$4000m^3/h$的换气量，换气次数不小于20次/h。

（3）通过安装遮阳构架、围护结构采用浅色涂装等措施，进一步降低夏季太阳辐射对室内环境的影响（图4）。

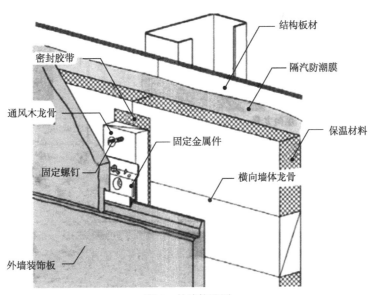

图3 外墙构造图

1.5 智能制造工艺的使用

运用BIM技术手段，将产品信息整合在数字模型之中，并基于模数将项目拆解为符合生产、运输、安装工艺的产品零件。

MEC机房以OSB结构板的尺寸将水平模数确定为2440及1220，减少不同场景下不同尺寸、不同搭建方式的模块数量。并通过对以上的切分后将零件放在工厂中进行生产，通过机械的辅助，改变传统建筑现场人工修筑的方式，有利于快速、准确地生产（图5）。

2 新型模块化建构体系、组价模式

2.1 新型模块的特点

新型的模块应具有标准化、工厂预制、现场快速安装三个特点，适宜的工业化技术模块，可以使建设

02.模型拆解
被动式节能

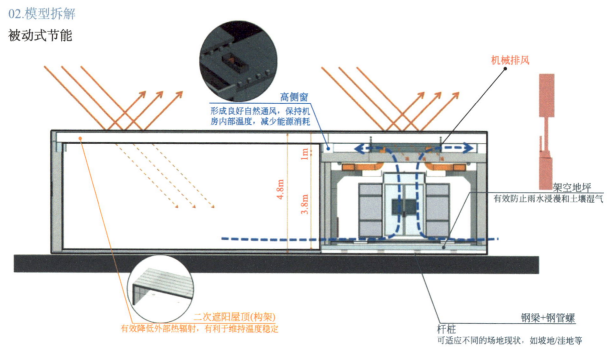

图4 屋顶架构、通风口示意图

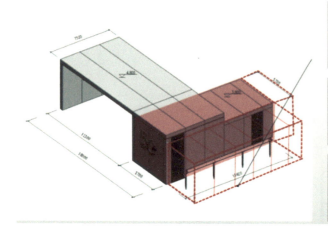

图5 产品尺寸及模块可变示意图

项目质量达到精准的工业化产品标准，造价在批量生产采购的控制下最节省，现场施工周期大幅度减少，能灵活适应不同的建设条件。

工业化建造模块分为两种形式，一种为在工厂高度集合的成品"盒子"，现场接入市政管线即可立即使用，适合于临时应急和移动性较强的需求。另一种是有一定应变能力的现场安装模块，在工厂预制组装构件，现场快速拼装，适合于有较高使用频率和较长使用年限，且城市风貌要求较高的项目。两种形式都能满足在城市建设中，快速建设且建设条件又比较受限的情况（图6）。

MEC机房采用第二种方式，以适应紧凑场地、开阔场地、拓展场地三种不同的用地条件，并增加了同一模块与主体的不同形式连接以得到更多样的造型样式。

对于主体模块提出关键的控制性指标：标准化。其涉及模数、标准化连接件，并在MEC中分为基础模块、墙体模块、屋顶模块、连接模块四大部分。

2.2 模块的建构体系的建立

（1）工业化建筑需要按照生产的合理尺寸及运输尺寸进行模块的设计，通常采用建筑模数，本机房以冷弯薄壁轻钢体系为骨架，用Revit软件制作的产品构造炸开图，展示各功能模块的组合关系（图7）。

图 6 不同产品的组合可行性方案

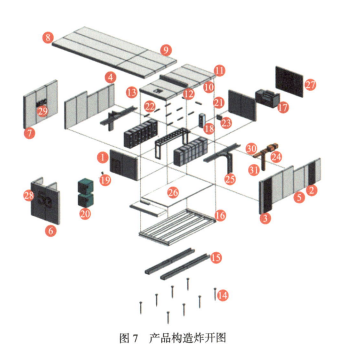

图 7 产品构造炸开图

（2）提出的建构模式为三个控制性拆解要求：1）便于货车运输。预制构件在储存、运输、吊装等环节发生的损坏将很难修补，耽误工期造成经济损失。便于国内主流装配式运输货车的运输，鉴于 MEC 的安装范围，将控制值定为轻型货车（小于 6m 且小于 4500kg）；2）便于现场吊装。吊装作为预制构件施工过程的中心环节，包括了物资准备、劳动力准备、场地布置、施工组织、测量放线、吊装作业。对产品严格控制尺寸及重量，便于现场的实施。

2.3 组价模式的运用

（1）放弃传统的施工图清单模式，以适应产品快速安装、快速实施的新型建造方式。同时去除冗余的部品部件的清单以优化产品整体。

（2）分别对钢结构、轻钢复核墙板结构、预制混凝土墙板结构进行造价比对。以扩大单价套用到产品部件的方式确定采用轻钢复核墙板结构，并采用冷弯薄壁的龙骨体系 + 钢地螺钉的基础形式实施。

3 MEC 机房的实践

3.1 MEC 的介绍

中国电信自主研发的 MEC 边缘云是在靠近人、物或数据源头的网络边缘侧部署云资源池和云平台，实现了在更靠近数据源所在的本地网内运算，尽可能地不用将数据回传到云端，减少数据往返云端的等待时间和网络成本，大幅度降低了对运营商核心网和传输网的拥塞与负担，减缓网络带宽压力。它作为一个能力开放平台，不仅提供基本的云资源，同时提供丰富的平台能力。通过开放网络能力与大数据、云计算平台结合，使得第三方应用部署到网络边缘，提升用户业务体验和指标。

平台已在全国进行试点商用。成都是全国两个试点城市之一，50 ～ 80 个节点建设，全面支撑工业、园区、能源、教育、车联网、新媒体、公共卫生设施，以及 4/8K 直播业务、AR/VR 和机器人等 5G 业务。

3.2 项目的新型工程实践

为了快速、高效、高品质、有特色地开展 MEC 节点建设，建设模块的设计需突破传统建造模式和行业领域壁垒，符合绿色建筑思想，匹配国家和地方的装配式建筑政策规定，同时满足 MEC 机房运行的工艺要求和城市建设的环保、安全、公众服务、风貌匹配的要求，产品设计技术可行、生产先进、建造快捷、造价经济、智能应用，满足不同使用场景建设需求。

标准化模块要应用于实际项目，每种模式的标准化模块除设计图纸外，还需要配套应用手册，包括模块的功能介绍、使用场景模拟展示、关键技术说明、标准选配菜单、工程造价清单，可用于用户和相关建设管理部门快速了解和比较几种模块产品，选择最适宜建设模式，快速组织项目报批报建和施工招标投标。

3.3 实践成果

（1）产品样例：按照产品手册的研究成果，以1∶2的比例在工厂试样了轻钢复合墙板结构的MEC机房生产和拼装流程。通过实践证明，装配式的设计及生产方式将大大提高产品的生产效率和建设精度，并且能够实现现场干作业，避免扬尘，是一种环境友好的高效的建设方式（图8）。

（2）龙泉东安湖项目：本次实践部分采用研究成果，其主要实践内容为运用工厂预制的模块化装配式墙体进行现场组装，实践了集承载力、隔热性、防水、装饰等多性能合一的装配式墙体从生产、运输到现场吊装的全过程，大大缩短了工期，节约了时间成本（图9）。

（3）东部新区医学城项目：该项目实践了在材质和装饰LOGO上的工厂预制方法。由此印证了本研究的装配式思路有助于建设方根据不同的场景需求，快速定制适宜的外立面效果，使MEC产品更好地融入周边环境（图10）。

图8　产品试样

图9　龙泉东安湖项目

图10　东部新区医学城项目

4　结语

研究采用绿色建筑设计思想和装配式建造的技术手段，为电信MEC机房量身定制满足其安全运营、快速建造、灵活应用的工业化产品；协助成都市城乡建设委员会和规划管理部门制定新市政配套服务的管理法则；为工业化制造的建筑、装饰、机电生产探索一体化发展路径。项目为应用性研究，在创新设计、生产、管理方法的同时，重点落实新产品的设计、建设和推广应用，并以此项目形成外部合作机制，为设计院今后发展类似新业务类型探索经验，积累资源。

参考文献

[1] 任刚. 装配式模块化建筑的生产技术研究与应用[J]. 山西建筑，2020，46（18）：95-97.

[2] 彭劲源. 浅谈模块化建筑[J]. 智能建筑与智慧城市，2020（01）：123-124.

[3] 吕华章, 张忠皓, 李福昌. 5G MEC 边缘云组网方案与业务案例分析 [J]. 移动通信, 2019, 43（09）: 28-33.

[4] 吕华章, 张忠皓, 李福昌, 等. 5G MEC 边缘云组网研究与业务使能 [J]. 邮电设计技术, 2019（08）: 20-25.

[5] 颜思敏, 赵偲圻, 凌雯倩. 节能环保型自维持技术在微型建筑中的应用 [J]. 能源与节能, 2015（03）: 74-76.

作者简介

刘劼（1988-），男，设计二院副总建筑师，一级注册建筑师。

陈炜、李江、李劲松，男，中国电信股份有限公司成都分公司，技术工程师。

生长的秩序
——渝昆高铁宜宾站站前美术馆设计

程 谦　肖 帅　祝学雯　黄浚垚

摘要：文化建筑作为一座城市人文、历史、精神的物质体现，不仅应承载其特有的功能，还应体现独特的精神内涵和城市体验。其设计应遵循怎样的生长秩序，是一个需要探究的课题。本文以站前美术馆为例，从在地性出发，以"竹颂"为引，从形体、空间、流线、表皮及结构等多维度对文化建筑的生长性、体验性、秩序性进行了诠释，来剖析建筑的"生长秩序"，增进人与自然的对话，促进时间与空间的碰撞，实现人、建筑、城市的和谐共生。

关键词：生长秩序；在地性；流动；体验；空间；表皮；结构

The order of growth
—— the design of the Art Museum in Yibin High-speed Rail Drstrict

Cheng Qian　Xiao Shuai　Zhu Xuewen　Huang Junyao

Abstract：As the physical presence of a city's culture、history and spirit, a cultural architecture should not only carry its exhibition function, but also embody its spiritual and urban experiential characteristics. What kind of order should be followed in the design is a topic that needs to be explored. The article takes the Art Museum in Yibin High-speed Rail District for example, starts from the location, takes "Bamboo Ode" as the concept, and interprets the growth, sense of experience and order of cultural architecture from multiple dimensions such as shape, space, streamline, skin and structure etc.. It analyzes the "growth order" of museum, hopes to enhance dialogue between human and nature, promotes the collision of time and space, and realizes the harmonious coexistence of human, architecture and city.

Keywords：growth order；regional；spatial flow；experience；space；architectural skin；structure

0 引言

城市的建立是基于原始而混沌的自然环境，创造一套人为的秩序，通过规划与建造，形成人工与自然相互协调的环境共同体。建筑形成的过程同样不是在真空中的肆意想象，而是基于所在场所、技术水平、空间属性、使用需求等多种元素协同作用下的秩序表达，它适用于当下，同时向未来兼容。从根本上说，建筑在物质上的表现是顺应人类活动的。然而，空间和形式要素的安排和组合，则决定建筑物如何激发人们的积极性，引起反响以及表达某种含义。当这些要素和体系，作为整体的各个局部业已形成明显的相互关系时，建筑秩序才得以产生。[1]

文化建筑作为公共建筑的重要类型之一，不仅要承担城市公共空间的功能属性，同时也需要和场所环境充分融合，成为城市公共体系之中不可或缺同时又遵循场所秩序逻辑的组成部分。勒·柯布西耶曾说：建筑师通过造型，实现了一种源自精神的纯创造的秩序，并通过这些形式，强烈地影响了我们的意识、激发了塑造的热情。通过一种由他创造的关联，在我们心里唤起深刻的共鸣。他使我们感知到世界的秩序，决定了我们思想和心灵的各种运动；我们由此感觉到了美。

一个建筑应该如何落地、生根、发芽，成型？

应该体现怎样的生长秩序？这成为本文探讨的重要切入点。

1 在地生根——时间、空间、场所的多位一体

1911年5月，夏尔-爱德华·让纳雷-格里斯（Charles-Édouard Jeanneret-Gris，即青年勒·柯布西耶）开始了他为期五个月的东方旅行，当他来到雅典，遇见卫城，感慨道："雅典卫城一直是我的一个梦想，虽说我们没想过怎样实现它。我也不大明白，这个小山冈为何就体现了艺术思想的精粹。我承认其他任何地方的神庙都没有这样独特非凡，这里的一切都有逻辑，都是按照最简洁、最不能省略的数学公式设计出来的。"他通过速写去描述整体环境氛围（图1）。这个建筑如此方正朴实，却又具有独特的魅力，成为一颗耀眼的明珠，引得无数人前来膜拜。

图1 让纳雷自吕卡维多斯山（Lycabette）远眺雅典卫城（来源：《时代建筑》，2020）

雅典卫城之所以在经历漫长岁月的洗礼后，依然能够让不远千里前来的人们感受到美与感动，除了历史的沉淀外，建筑的在地性表达起到了至关重要的作用。"在地性"强调建筑同其所处场域的自然环境、历史文化、风土人情等的相互协调，它有别于地域性、本土性，更加偏重体现建筑与场所环境的互动和文化认同，强调建筑基于场所本身的个性化表达，使得建筑成为独一无二的，融合时间、空间、场所的融合体。

渝昆高铁宜宾站站前片区位于宜宾城区中部，东面七星山，西望金沙江，是未来的城市TOD核心区域。在这样一片充满着无限可能的城市新区，美术馆如何落子，以怎样的形态去呈现美术馆这样一座面向公众的文化建筑，是项目面临的首个难点。

2 破土而出——自然生长，"锚固"场地

这片重重丘陵的基地，建筑如何与之链接锚固？
宜宾产竹，蜀南竹海，极目之处，尽皆竹浪。在黄庭坚笔下，宜宾的竹"壮哉,竹波万里""深根藏器时，寸寸抱奇节"。成片的竹林地下根系盘根错节、连接紧密，地上翠竹修直挺拔、亭亭玉立，这恰巧与TOD的特质不谋而合——地下是纵横交错的交通网络，地上是高低有致的建筑群落。抽象的力量形成了秩序，然后发展到外向的设计阶段。[2] "竹"元素无疑为美术馆的形态落位找到了一个恰如其分的切入点，它坐落于绿芯公园之中，周围是随着地形起伏的建筑群落，美术馆就像公园里破土而出的春笋，彰显出蓬勃生长的生命力（图2）。

图2 建筑与城市关系

与塔楼高耸笔挺的形象不同，美术馆作为一个多层建筑，若只用"一个竹笋"作为形体的锚点，显得些许单薄。所以在形体的组织上，由一生三，拟合三个竹笋相互环抱的形态，三个体量由下到上进行向心性收分、高低错落、交相呼应，最高点分别朝向城市的三个方向；建筑自身成为一个系统，扎根于竹林掩映的公园之中（图3～图6）。

图3 竹与竹笋

图4 竹笋环抱意向

图5 体量生成逻辑

图6 鸟瞰图

图7 整体空间关系

(a) 公园通往建筑

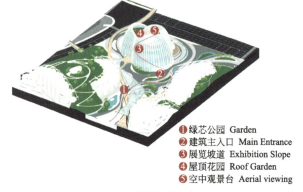

❶ 绿芯公园 Garden
❷ 建筑主入口 Main Entrance
❸ 展览坡道 Exhibition Slope
❹ 屋顶花园 Roof Garden
❺ 空中观景台 Aerial viewing

(b) 建筑与城市
图8 建筑外部流线与城市周边空间

3 流动生长——始于城市，归于城市

回归到建筑本身，作为一个文化建筑，公共性不仅表现在建筑内部，也表现在建筑与其环境形成的场所空间，是文化建筑向城市的延伸，也是建筑的文化内涵向城市的延伸。[3]美术馆在与场地协同共生之外，还需要有能够立足文化属性所必须坚持的东西，以形成其独有的空间气质及记忆点。用怎样的形式去与场地建立连接，同时又营造艺术性的空间属性，是在设计阶段面临的第二个难点。

3.1 始于城市

美术馆位于绿芯公园内，临城市道路，作为高铁TOD的一部分（图7），通过精心的外部流线组织与城市周边空间形成联动。同样在绿芯公园内，经过步移景异的空间体验到达建筑主入口（图8a），下沉广场与景观的设置让建筑与场地的空间层次更加立体，建立更为紧密的联系。在二层同样通过平面动线的流动，与室外的天桥体系相连，形成与城市立体的空间互动（图8b）。

3.2 动线生长

对于这样一个展览空间作为主要功能属性的建筑，动线的组织是核心特性。有别于常规建筑多以平面动线结合垂直动线的二维正交组织方式，美术馆的观览动线采用连续的、贯通整个建筑体量的三维组织方式，是将空间与时间串联起来的脉络。结合形体生成的逻辑，圆形和曲线这两个元素，是建筑形态几何抽象后的基本秩序。我们可以看到许多以圆形体量组织空间的文化建筑案例，其中最为经典的当属赖特的纽约古根海姆博物馆。在流线的组织上，赖特通过环形坡道的方式，围绕主展厅打造了一条从底部向空中盘旋扩展的观览动线，游览者不再是通过水平动线垂直叠加的方式进行参观，而是先乘电梯到达顶层，再沿坡道顺时针回旋而下，最后到达首层大厅，参观完整个展览。圆形展厅顶部的天光给了空间强烈的视觉向心导向性，与环形坡道的形式相辅相成；坡道的形式也缓解了游览者参观的疲劳感，模糊了水平与垂直动线的边界。在此之后，也陆续出现了以立体环形动线来组织空间的观览建筑，BIG 建筑事务所的上海世博会丹麦馆——通过一条螺旋的坡道串联室外与室内的空间，安藤忠雄的佛山和美术馆——从一个圆心呈水波纹向外扩散、螺旋上升的踏步把主要的展览空间串联起来。

结合美术馆形体的生长秩序，环形的动线组织方式，可以与形体实现最优化的组合；而坡道作为交通空间的表现手法，可以自然地衔接不同标高的水平空间，实现整个建筑空间的线性串联。观览的路径如同一缕飘带在三个体量之间穿梭舞动，打破传统建筑受制于楼层的桎梏，创造一个不同寻常的流动的内部空间，实现真正的整体与连续（图9、图10）。游览者伴随着行进的脚步，在建筑中流动环绕，产生丰富的空间体验。

一大两小"竹笋"的形态组合方式，使得大的体量自然而然成为空间组织的引导者。围绕大圆外围组织垂直交通，作为建筑主要的"骨架"；大圆的中心连接建筑的主入口，是游览者进入到建筑的第一感受——两层通高的圆形中央大堂（图12），上部的讲厅通过外形的筒体向内偏移，与外层壳体脱开形成一道弧形的空腔，光线顺着天窗沿着弧形的墙面倾泻下来，在讲厅弧形的底面晕染出渐变的光晕，站在中央大堂向上望去，建筑与自然通过光影巧妙地交织在一起，将游览者迅速带入属于美术馆的空间氛围之中（图13、图14）。顺着中央大堂内侧坡道漫步向上，每一步都能感受到阳光在室内留下的印记，自然光线的导向性很自然地把游览者引入展览空间之中。沿着二层顺时针平面向前游览，可以依次到达各个展厅。环行一圈后又来到了通往三层坡道的起点，而此时流线巧妙地转换为逆时针前行，坡道环绕通高的3D展厅组织，与一层内向型的坡道不同，通往三层的过程是观览动线上的小插曲，靠近建筑外立面的坡道朝向城市景观，给游览

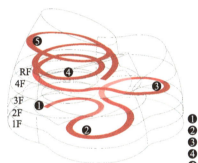

图9　整体动线关系 1

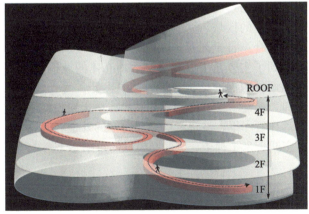

图10　整体动线关系 2

3.3 空间依附

阿道夫·卢斯（Asolf Loos）声称建筑的本质是创造空间[4]。形式蕴含着空间，而空间催生了活动，没有空间基础的形式是虚无缥缈的。

依托形体和流线的秩序，功能的落位和内部空间的组织也有迹可循了起来（图11）。

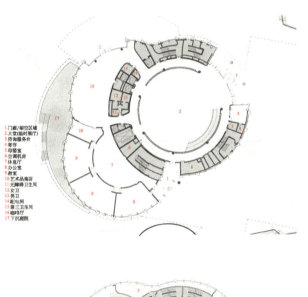

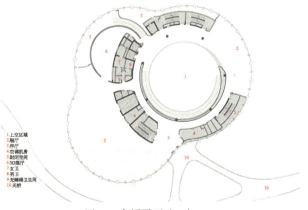

图11　各层平面（一）

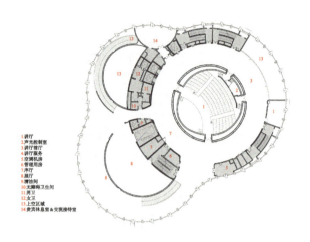

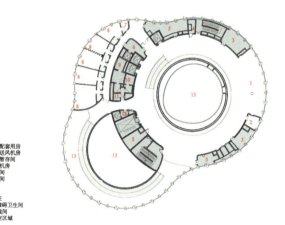

图 11 各层平面（二）

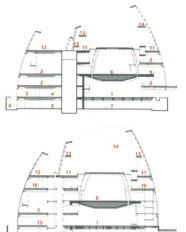

1. 大堂
2. 展厅
3. 教室
4. 休息区
5. 藏品库
6. 下沉广场
7. 地下大堂
8. 讲厅
9. 讲厅前厅
10. 餐厅
11. 屋顶花园
12. 设备屋顶
13. 空中走廊
14. 观景平台
15. 咖啡厅

图 13 剖面

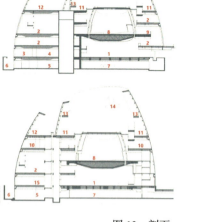

图 14 漂浮讲厅

图 12 入口大堂

者带来一种"豁然开朗"的惊喜感。三层的观览动线靠近南侧的体量组织，一个朝内的半封闭通高展厅和一个朝外的弧形展厅，来满足不同的展陈需求；而大圆内部环绕讲厅组织空间，避免了不同人群动线的干扰。与三层观览动线的终点衔接的是通往四层坡道的起点，流线的组织又回到了顺时针的方式，坡道围绕三层通高展厅的外壁设置，上升的过程中既可以欣赏三层的展品，也可以观览城市的风景，提供了丰富的视觉游览体验，完成了从展览空间到

休闲空间的过渡。四层的餐厅为游览者提供了一个休闲停留的区域，同时也和屋顶花园及空中吧台更好地结合。行至四层，观览动线在穿梭三个体量后又回到了主体量中，围绕讲厅外壳体的坡道向上行至屋面；四层的楼板与外壳体脱离开，为光线留出一圈"嬉戏"的空间，自然光从第二圈天窗投射下来，洒落在餐厅里、坡道上、三层讲厅的外壁和游廊上，给空间带来了神圣、宁静而柔软的氛围感（图15）。

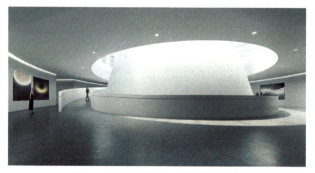

图 15 悬浮的讲厅与洒落的自然光

3.4 归于城市

动线没有止于室内,而是向屋顶和空中延伸,顺应着形体的轮廓盘旋上升,至最高点后又螺旋下行回归到屋面,仿佛一个莫比乌斯环,游览者随着步道缓步而行,360°欣赏着城市的风景,在最高点的观景平台上回望城市后,移步向下,再次回到起点那一刻,时间和空间都已经悄然发生了变化。屋顶的空间不再只是单纯的第五立面,而是一个三维的城市舞台,为游览者提供观览城市风光的全新体验(图16、图17)。

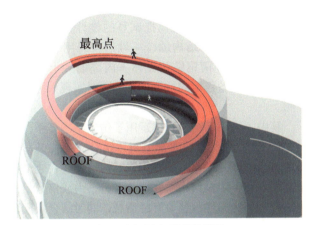

图16 屋顶交织的螺旋坡道

图17 回望城市的空间

4 表皮附着——内外统一的逻辑关系

形生于城市空间,色发于文化历史。美术馆作为体现城市文化艺术气息的建筑载体,除了形体、空间上与城市脉络的关联,立面形式如何与城市文化承接契合,是本项目设计的又一难点。

对于土生土长的宜宾市民而言,本地建筑的样式早已不只是一种独特的建筑形式或艺术表现,而是童年的气息,植根于日常生活的方方面面,能够勾起他们儿时的记忆,引发情感的共鸣。[5] 从场地到形体的设计,竹元素一直贯穿其中,在立面元素上也沿用这

一设计要素,将竹的形式抽象成线与面的结合,强化形体的同时展现宜宾特有的竹文化历史,引发城市的共鸣(图18)。

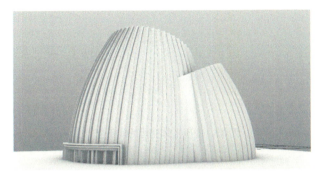

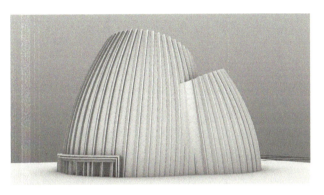

图18 表皮线条推敲

表皮的"线":美术馆的形体向上逐渐收分与转动,表皮设计契合形体的变化逻辑,采用竖向渐变线条间隔布置的方式,从地面生长而出,顺着形体扭动与尺度渐变,通过参数化技术的运用精准控制变量,整个立面线条的编排与塑造是感性生长与理性参数化的完美统一。线条的截面选用了三角形倒圆角的形式,结合尺寸的渐变,进一步强化了建筑形体螺旋向上的挺拔感。线条仿佛在微风中摇曳,是属于这座城市的特有文化符号(图19)。

表皮的"面":立面线条之间的玻璃幕墙选用彩釉玻璃——既具有玻璃的各种性能,又具有艺术品的精致优雅。彩釉的形式呼应了竹文化符号的展现——

图 19 呼应形体变化的线条逻辑

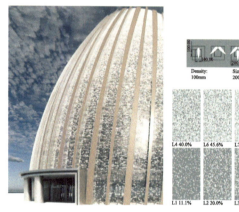

图 20 彩釉肌理

立面线条如同摇曳的竹林，而玻璃面则是竹叶生长的基床（图 20）。竹叶图案下密上疏均匀变化，强化了建筑生长而出的趋势，富有自然生长的内在逻辑；疏密的变化同时也契合了美术馆室内自然光需求较少、屋顶开放空间自然光需求多的功能属性。在竹叶单元的细节处理上，为避免文化符号的过分具象性，采用了像素点阵的方式，使立面图案若隐若现，形象而不具象，感性而不俗套（图 21）。通过建筑表皮线与面的结合，美术馆的竹元素进一步呈现，一幅竹颂画卷浮现于七星山脚。

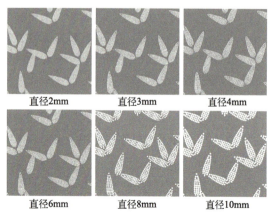

图 21 釉面研究

5 结构一体——建筑与结构是数理生长逻辑的交互与统一

结构如何实现形态、功能、结构的三位一体，西班牙著名结构工程师爱德华·托罗哈及近代结构技术先锋弗雷·奥托等均从自然界之美获得结构形态的启示，以有机的结构图将形式拓展。[6] 向大自然学习，研究其原理和内在规律，最终形成工程学的表达。

本项目结构设计从设计概念——竹笋作为立意出发点，研究其空心受力原理，巧妙地将仿生体系运用到结构设计中。结构工程师利用参数化平台，在建筑设计阶段引入结构模拟试算的设计方法，充分考虑建筑、装饰与结构的统一性后，采用了创新的结构形式——外筒钢结构壳体＋内部混凝土核心筒结构体系，具备稳定的抗侧体系的同时实现大跨无柱空间。

其中，外筒钢结构壳体运用了仿生结构体系，将"竹笋"体量轮廓进行剥离分解，结合立面线条落位布置，通过"分形化"的方式将结构柱隐藏在装饰线条之中，利用多根结构立柱拆分受力，由成倍数量的更小尺度结构构件承担原有的荷载，同时结合层间环梁的设置，共同形成刚度强大的外筒网格壳（图 22）。值得一提的是，层间环梁在通高空间处，创新地采用了化整为零的设计方案，将大尺度的环梁分解为多根小尺度钢梁隐藏于室内装饰百叶之中，实现空间的纯粹完整（图 23）。

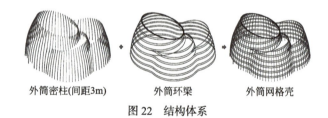

图 22 结构体系

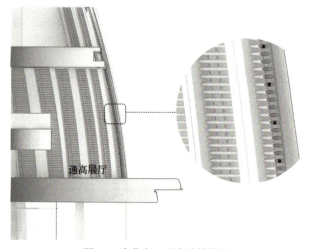

图 23 隐藏在百叶中的结构梁

除了建筑外部壳体结构外，室内讲厅及坡道的结构同样充满了挑战。美术馆内部讲厅呈圆台形，往上逐渐收分。为实现其造型及采光顶的设计要求，结构将其作为一个单独的体系与四周连接，圆台下部在三层设置大跨转换鱼腹式桁架，桁架被环绕中央大堂的七颗柱子架在空中，稳定而极限。讲厅顶部则采用同外立面类似的壳体结构形成空间网格，与空间形式契合（图24）。

1. 7颗主结构承重柱
2. 大跨转换鱼腹式桁架
3. 壳体结构
4. 顶部网架体系

图24 空间结构一体化

该项目结构在满足合理受力的条件下，巧妙地与建筑融为一体，对结构形式、节点均进行改良创新。把合适的尺度带入结构构件的设计中，呈现建筑与结构一体化的精致效果。

6 结语

从在地生根到破土而出的形体初定，从动线组织到空间生成，从表皮附着到结构一体化呈现，一个基于场所生长秩序的作品便诞生了。

在地性的体现是生长秩序的根基，提升了美术馆的公共文化属性，以融合的姿态回应城市人文和自然环境。向外与场地环境的有机协调，对地域文化的在地性表达；向内对内在空间秩序的探索，动线的组织。

我们希望美术馆是人们日常生活中愿意前往并停留的城市空间。人们穿越喧嚣的城市，漫步在自然与人文交融的绿芯公园，穿越光影婆娑的重重竹林，体验热闹的商业与科创空间，缓缓步入美术馆，沐浴在大堂洒下的自然光里，循着缓缓爬升的螺旋坡道，沉浸在艺术与光影交汇的空间，来到屋顶沿着坡道漫步而上，遥望高铁站与城市。夕阳下，建筑与自然交相辉映，这里曾是一片沃土，现在仍是一片生机之地，未来也孕育着无限可能。建筑、艺术、人文和自然在这里相遇，它们将开启人们的想象之旅，探索、欣赏不同的美带给人们生活的意义，给参观者留下一段美好的记忆。

"我感到了回忆的快乐。这一切就像我身体的一个新部分，我要带着他们，永不分离。"[7]

参考文献

[1] [美国] 程大锦（Francis D.K.Ching）. 建筑：形式、空间和秩序 [M]. 刘丛红, 译. 天津：天津大学出版社, 2008.

[2] [瑞士] 克劳斯-彼得·加斯特. 路易斯·I·康：秩序的理念 [M]. 马琴, 译. 北京：中国建筑工业出版社, 2020.

[3] 祁斌. 文化建筑场所营造的"公共性"与"人文性"思考 [J]. 当代建筑, 2020, 09：31-34.

[4] [奥地利] 阿道夫·卢斯. 装饰与罪恶 [M]. 熊庠楠, 梁楹成, 译. 武汉：华中科技大学出版社, 2018.

[5] 韩林林. 地域情感在建筑表皮设计中的融合与表达 [J]. 城市建筑, 2022, 29(07)：193-195.

[6] [日] 内藤广. 结构设计讲义 [M]. 张光玮, 崔轩, 译. 北京：清华大学出版社, 2018.

[7] [法] 勒·柯布西耶. Le Voyage d'Orient 东方游记 [M]. 管筱明, 译. 北京：北京联合出版公司, 2018.

作者简介

程谦（1974-），男，设计三院总建筑师，一级注册建筑师，教授级高级工程师。

肖帅（1987-），男，设计三院副总建筑师，高级工程师。

祝学雯（1990-），女，设计三院建筑设计师，一级注册建筑师，工程师。

黄浚垚（1994-），男，设计三院建筑设计师，工程师。

建筑的"磁"与"场"
——芯源三期项目设计札记

付雅艺　范宏涛　许义慧

摘要：本文以芯源三期生产研发大楼建筑设计为例，通过"磁极"概念与建筑特质空间"场所"的构建与融合，延续企业科技特征与文化脉络，关注功能空间在空间场所中的流动与秩序，与自然环境的共享与互动，形成建筑"磁"与"场"。探索新时代科技型生产研发空间的设计策略和创新手法，引领进行一次关注自然、场所与秩序的系统性探索实践，从而引发对场所建筑更广泛、更系统的思考。
关键词：研发空间；磁场效应；立体生态；表皮特征；持续共生

The magnetism and field of architecture
——design notes on MPS Phase III Production Building

Fu Yayi　Fan Hongtao　Xu Yihui

Abstract: This article takes the architectural design of the MPS Phase III production (and R&D) building as an example, through the construction and integration of the concept of "magnetic pole" and the concept of the architectural space with qualities——"place", it continues the enterprise's scientific and technological characteristics and cultural context, pays attention to the flow and order of the functional space in the place, and shares and interacts with the natural environment to form the architectural "magnetism" and "field". It explores the design strategy and innovative approach of the new era of technology-based production and R&D space and promotes a systematic exploration and practice focusing on nature, place, and order, so as to provoke a wider and more systematic reflection on place architecture.
Keywords: building magnetic field; R&D space; place attraction; three-dimensional courtyard; spatial order; ecological integration; shared space

1　缘起

新时代的科技生产研发空间应该是什么样子呢？不同的设计师曾给过不同的答案。如诺曼·福斯特（Norman Foster）为苹果公司设计的Apple-Park总部成为一座体现协作并彰显企业文化和科技特质的圆环建筑；而弗兰克·盖里（Frank Gehry）的作品——Facebook美国硅谷总部则创造集办公、休闲等功能于一体的"全世界最大的开放式办公空间"。近期由OMA设计完成的腾讯北京总部大楼以一座单体建筑构建了一系列城市生活体验……放眼这些研发空间的优秀答案，我们发现其中的共同趋势：多元复合需求下，生产研发空间已不再单单理解为办公建筑，而是强化企业文化和知识交互来不断革新思维和技术的空间场所。与传统的办公室不同，研发的工作模式更加注重创造性和探索性以及舒适性，从而通过激发即时想法和创新概念来提供给他人交流共享。正如Alan Philips在 *The Best in Science*，*Office and Business Park Design* 一书中提到的"第四代科技空间"更为注重创新体系和企业特质的构建，信息在建筑中的交流和互动，成为研发综合体。所以在本次的芯源三期生产研发大楼的实践中，我们便希望全新的科技生产研发理念能在空间设计中全面呈现，成为企业研发的重要孵化载体。

设计之初，当步入芯源公司厂区现有的一期、二

建筑的"磁"与"场"——芯源三期项目设计札记

期形成的园区,我们发现研发办公工作自然而有序地进行着,时不时会看到员工们在办公室内交流的场景——芯片科技公司特有的理性与高效气息扑面而来。现有的一二期建筑均建成于2010年以前,其中一期为政府建好后再直接交付企业使用的两层小楼,毫无科技企业的特征与气质;芯源二期在规模上进行了扩建,场地位于一期以北,是以室内大中庭为核心的"方盒型"建筑,石材与玻璃的对比营造了庄重朴实的建筑格调,颇有设计感。但业主也提出了会议空间非常不足,建筑室内外截然划分的空间形态让空间难以流动,中庭空间存在能耗大、冬冷夏热等问题。就未来的三期而言,业主对新的科技型研发空间有许多新的需求和企盼,却不能提出具体的设计要求。而我们的想法是在满足规划条件的同时,充分了解转化业主的显性与隐性需求,让建筑成为整个园区和场所的磁场和创新源泉,共筑更舒适、更人性化的研发空间(图1)。

作为重要的芯片研发企业,芯源公司(MPS)创

图1 三期生产大楼外景

立于1997年左右,并于2004年在美国纳斯达克上市。这是一家拥有自主创新工艺技术,专注于新设计和定义高性能电源管理方案的模拟和混合信号半导体公司,目前自主研发电源管理产品已超过4000种。经过24年的全球市场拓展,目前公司在美国、中国、韩国、日本、新加坡及欧洲等地建立了20余家分支机构,全球雇员近4000人,目前成都公司拥有1500人规模。庞大的业务和市场的飞速拓展让成都总部的研发空间变得捉襟见肘起来,三期的建设变得尤为重要。

芯片科技公司与研发空间,应该碰出怎样的设计火花?此问题一直萦绕在我们的前期构思之中。电子信息技术一直是推动现代科技发展的重要力量,它让我们的联系与沟通变得如此紧密,电子元件中磁的力量也让系统的效率变得更加高效。"磁"的概念吸引着我们,或许可以成为构筑企业特质和建筑空间特征的桥梁。目前园区内的一期、二期建筑将会予以保留,而三期研发中心必将承载着联动一二期并代表企业蒸蒸日上吸引力的希冀。吸引—联动—交融,设计概念随着研究的深入变得越来越清晰。构筑磁极,因磁生场,令三期研发大楼成为聚集企业效能和员工活力的新型研发空间,成为整个场所秩序的焦点(图2)。

图 2 三期生产大楼外景

2 磁与场

回归到三期基地本身，120~130m 见方的方正场地，平整规整得如同任何一块标准的城市用地，外在的风景也乏善可陈，对于创造性研发空间而言似乎难以寻找特定的设计限制条件或有利要素。通常的做法是界定好道路和建筑退线的边界，然后将场地完全铺满，追求用地效率的最大化——在项目所在地综合保税区内的工业研发建筑基本都遵循着此类设计方式：方正而直接，体现着功能至上的第一特征；形象标准化而模糊，仅仅满足了同类用地建筑密度的高要求和生产的基本需求。然而我们认为，即使处于这样一个标准化、整齐划一的工业园区，对新型研发建筑而言，在形态、空间、内核上应有新的设计手法和语汇去创造和表达。通过与甲方多次研讨的对接和沟通，确定将双面布置研发空间的平面布局进深控制在 25m 以内，以保证空间的使用效率、基本尺度和物理环境品质。这样的尺度在满足规划用地指标的前提下，如何避免出现完整的"方盒子"，怎样避免二期的短板，我们从 L 型、回字型、侧面 U 型、正面 U 型四个对比方案中进行了对比研究（图 3）。

在初始方案的选择中，我们希望它不单单回应的是企业理念和功能诉求，更应该体现的是建筑在地性，尤其是本地气候和文化上的特质与传承。成都所在的川西平原历来是蜀汉文化重要地区，和中原文化一样，院落式布局在川西古建筑中亦广泛应用。然而四川盆地气候温暖潮湿，常年静风频率较高，雨水较多；传统建筑在气候适应性上着重考量了空气的流通性以利导风，减少湿聚来提高人体舒适性；多构架轻薄，且

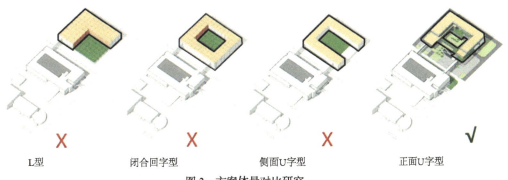

| L型 | 闭合回字型 | 侧面U字型 | 正面U字型 |

图3 方案体量对比研究

呈现通透的建筑特征。这种"围而不合，通而不透"的在地性特色给了我们很多的引导和启发方向。在综合考量了建筑功能和地域文化后，因L型的想法单层面积有限，要达到总面积要求需修建高层建筑方能实现，而业主方希望高度控制在24m内以达到竖向交通的便捷并有利于造价控制，因此在经过方案比较后这两个思路被放弃。而"回字型"虽然具有院落的优点，但却由于过于封闭、相互干扰、不利于空气和环境引导等，也被认为不佳。最终，基于构筑场地磁极的想法，正面U字型体量被选中作为深化方向，与我们在概念分析中"构筑磁极，因磁生场"的理念双向奔赴，不谋而合。

构筑磁极：U型磁场的"磁极"一端向南，形成场所吸纳，联动一二期的态势；内聚而开敞的空间也为入口和二期形成了绿色的风景。当然"磁极"的概念并非仅限于建筑形态的塑造——在建筑功能的分布上，我们将会议、展示、报告、运动等公共使用功能设置于"磁极"南向端部，同时将研发等其他专用功能设置于"磁体"部分，使公共使用功能不单服务于三期，更是满足一二期整个园区需求的综合研发服务中心，创造园区科技重心的集合特征。在后期即将架设的连接二期、三期的空中连廊，让公共使用区域更加便捷而高效。由此，无论是具象化意义的磁铁构型，还是抽象化意义的场所吸引，磁极让芯源厂区的研发空间有了核心，并将彼此融为了一体（图4）。

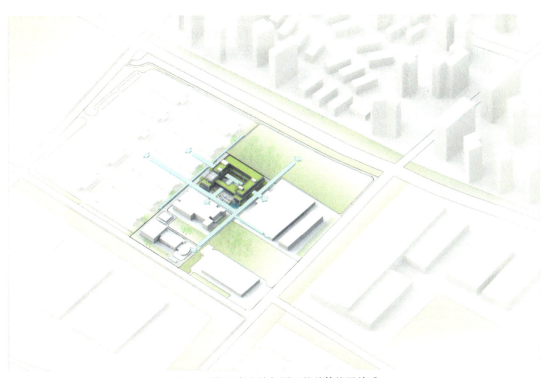

图4 三期生产大楼与园区的总体格局关系

因磁生场：磁场的形成则利用 U 型体量形成的半围合室外院落空间，使之成为场地的核心。我们在 U 型体量首层的南、西、东三个方向掏空，形成不同方向的出入口，避免了完整体量对场地的侵入感和割裂；架空的理念来源于传统建筑通透底层的启发，并为绿色内核提供了良好的通风；三个不同功能的建筑单元如三个独立的群落布置组合在抬高的底座之上，融合了景观并打破了建筑和内庭的僵硬界线，也为使用者提供了明晰的功能和动线指引。我们希望这样一个绿色内核空间不但能为由多方向吸引到达的员工和客户提供赏心悦目且有层次的空间感受，更希望它成为与周围完美融合而向外辐射的"场"，成为室外活力和景观最有价值的区域。这样的方式可以进一步提高环境的可达性和融合性，也体现了庭院的开放包容，加强了内部景观互融、空气流通（图 5）。

当然，磁场概念的体现不光在建筑形体上，我们

图 5 "U 型磁极"设计概念

希望它融于建筑场所的多个方面。譬如在主入口前区环境的设计中，尤其是主入口高差的处理方面，我们将其形态赋予了磁场、电路板的形态。功能上，将无障碍坡道同主入口台阶相结合，建筑体量和景观环境在概念上一气呵成，进一步隐喻了企业的电子科技风格。

有了磁与场，功能空间便可以按需求有序布置。其中最主要的研发功能在标准层沿 U 型体量依次布置，保证了每个房间的采光通风优良性。电子检测实验室设于建筑二、三层，货运电梯直接通向车库层，方便物流的快速可达。

同时在人性化需求方面，在 5～6 层设置了健身房、室内外运动区、室外球场等，与空中花园相结合，使研发环境更宜人，满足新时代研发空间的多种需求。

除了研发相关功能以外，还有诸如设备用房、车库、餐厅、厨房等辅助空间。由于甲方希望在首层体现科研功能与形象，为避免对科研办公的影响和动线组织，餐饮功能适合下沉。在设计中，我们希望员工餐厅虽处地下，但这一同样重要的场所也可以借助"磁场"空间拥有良好的就餐环境。于是我们将首层及院落空间整体抬高 1.7m，这样不但满足用地条件对建筑密度的要求，也使地下一层拥有高侧窗；餐厅位于此层，员工上班时和加班后进入的动线非常便捷快速；设计时在餐厅两侧设置下沉庭院，通风和景观俱佳；地下二层通过设置采光筒也实现了直接采光。由此，从餐厅到达院落的景观台阶成为序列性和趣味性极强的动线价值点（图 6～图 9）。

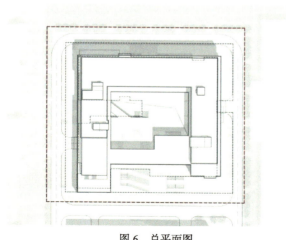

图 6 总平面图

一层平面图
1 食堂
2 厨房
3 下沉庭院
4 停车库
5 设备用房
6 消防控制室

图 7 一层平面图

建筑的"磁"与"场"——芯源三期项目设计札记

图8 二层平面图

二层平面图
1 门厅
2 次门厅
3 实验室
4 生产车间
5 内庭
6 生态水景

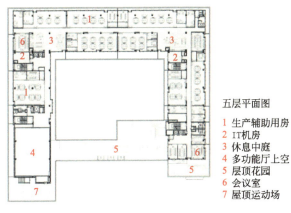

图9 五层平面图

五层平面图
1 生产辅助用房
2 IT机房
3 休息中庭
4 多功能厅上空
5 层顶花园
6 会议室
7 屋顶运动场

3 交织与叠院

通过磁场的构型，建筑的集散核心已不在建筑内部，而是在核心庭院，这让整个空间流线的组织更加有趣味性。在设计中，我们期望各方向引入的人流通过庭院的转换进入各自的功能区，使空间呈现出室内室外不断交织转换的序列效果。当然建筑的正面需要门厅空间，我们将门厅设置在U型体量的南部偏右的位置，靠近主要人流和形象展示方向，并三面环景，形成了内外交融的空间感受（图10）。

为了满足交通及疏散的要求，U型体量沿东西两侧布置四个交通核，并分别服务不同人群和功能。在首层交通核交织于庭院中，方便快速可达。在建筑各层，为了出电梯后有更好的视觉观感和沟通联系，通过围绕交通核设置不同类型的室内中庭来打破空间的单调，营造人性化愉悦的工作氛围。这样在每一个动线的交点和末端都不再是偶然的路过和鲜少问津的浪费空间，而是研发之余休闲共享的场所，而这样的工作方式和状态正是高强度高效率科研办公场所必不可缺的。

层层退台的空中庭院，在空间维度上竖向延伸、自然堆叠，与自然最大限度的接触，使人获得某种共生的"整体感"，也为建筑增加了自然的属性。立体庭院的设计，也使人们的活动空间在水平延伸的同时也获得了竖向延展；自然在竖向堆叠的同时，人在其中的活动也在竖向发生。立体庭院不仅是对自然环境形态的模拟，同时也会丰富建筑空间及人们的活动方式。

基于这样的想法，我们在磁极的基本概念上对体量进行了错叠退台的处理（图11）。建筑前区利用台阶、坡道和景观的艺术结合，消化了场地与建筑主体之间的高差，同时提供了优秀的企业形象展示面；因就场地高差蜿蜒布置的树阵寓示着内外空间无声的延伸，令自然与人工和谐交融；前区建筑门厅一侧的叠

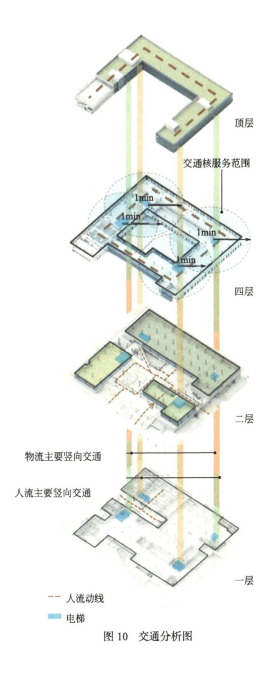

图10 交通分析图

图 11 立体景观层次

水景观动静相融，把流水的宁静、清新悦耳的水声融为一体。在这里，你完全可以置身于都市嘈杂环境之外，在拾级而上的每日清晨，蓬勃朝气的场所氛围带来崭新的工作活力（图12）。

半围合形成的中央庭院是立体景园的总引领，新中式的设计风格为高科技企业增添了一抹传统的底蕴。中央庭院通过景观游线的设计，引导员工进入不

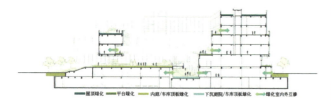

图 12 室内外空间景观共融

图 13 前区入口景观

同的功能空间，茶歇午后也是员工休憩、娱乐与交流的主要场所；通过中央庭院拾级而下的下沉庭院，为餐厅、停车库等地下空间提供了良好的采光与通风，模糊了地上与地下的生硬边界；三至五层的退台花园，沿建筑立面层叠展开，为枯燥的办公生活增添亲近自然、放松休憩的场所（图13）。

连续的庭院连接室内外，也创造了空间的延续，生活与自然生态相融；屋顶的花园融合运动区设计，结合生态屋顶设计，在保证室内舒适环境的同时，创造与亲地自然不一样的空中景色。屋顶运动区有效缓解地面用地紧张的情况，为员工提供健身放松的场所。

立体庭院创造了多样的室内外空间，激发出新的工作模式与合作模式，为人们带来愉悦的舒适工作体验。多维度的景观空间，在立体空间层面构建空间联系，成为沟通上与下、内与外的活动场所，为原本相对封闭的办公空间提供了另一种空间的延展，为枯燥的办公环境注入活力，实现人与环境的生态共融体验（图14）。

图 14 立体庭院

4 代码转译

在建筑设计创作中，建筑内涵与性格的具象表现尤为重要。作为高科技芯片公司，科技与创新的体验氛围无处不在，我们想将这种科技与芯片的企业特质融入建筑各处，创造出一种独特的符号语言，充分展现企业与建筑内涵，营造出显性展现特征的风格。

韵律感的暖灰色花岗石立面正是这种建筑性格符号的直接体现，采用不同尺度斜面拼接的石材，在大楼立面上呈现出"条形码"状的独特形式，呼应企业科技内涵。在不同天气的光照下，也赋予建筑与庭院不同的光影效果，生动有趣。"条形码"立面的形成也为企业生产研发空间提供了均匀和良好的光环境；在立面上针对室内功能、面积不同的房间，推演生成了差异化的开窗模数和开窗数量，将直射阳光转化为柔和的光线后再引入室内，创造了舒适宜人的研发办公光环境和视觉环境（图15、图16）。

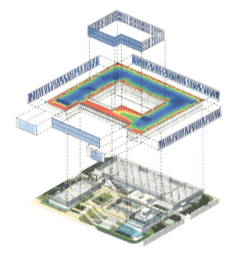

图15 采光环境推演表皮构成

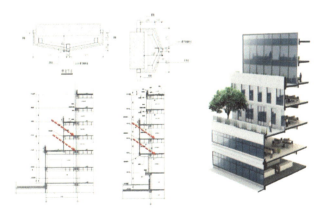

图16 采光与功能决定开窗形式

我们在建筑下部采用厚重石材立面形成坚实基座，并与二期风格适当呼应；在建筑上部则采用通透的玻璃材质，从视觉上削弱建筑体量与高度，使建筑消隐于天际之中。石材与玻璃的组合形成特殊的视觉效果，反差而又和谐，虚实相间又富有韵律（图17）。在中庭、边庭等需要对外开敞的部位考虑到融合渗透的要求，采用较细的金属构件和通透的玻璃幕墙实现内外景观的互动。南向端部的大面积玻璃幕墙设计，又向人们展示着建筑不断求索与展望未来的性格特征（图18）。

图17 建筑立面表皮细节

图18 端部景窗实现内外互动

建筑立面的独特纹理，通过底层建筑石材基座与庭院相接，并在庭院元素中继续绘制。模拟电路型的流线纹理、类似精巧元件设计的景观小品，与层叠形体的建筑体量组合成一个特殊的"芯片"，完美契合企业特质。庭院中的流线纹理铺地，也为员工提供功能使用的指引，将处于内庭中的各个模块串联起来，提高通行认知和效率。夜间的庭院也在流线景观灯的映照下更为生动有趣。

建筑与景观都通过提炼的科技符号语言衍生而来，所有的功能模块都被这种符号语言编织整合，石材、玻璃、混凝土、金属、植被等多种元素融为一体，和谐共存并互为作用，产生了富于力量和创新的建筑形态。

5 持续生长

"磁"与"场"的对话关系是本方案的核心理念，我们想构建一个像磁力般具有聚集吸引力的空间，构建一个能融合工作与自然的聚集场所，释放能量和吸引力的场所，为使用者提供一个成长高效又兼具美感放松的工作环境。本项目希望使办公建筑和景观的可持续能历经时间的考验，为企业提供一个形式创新、充满活力与生机的工作场所范本。

"持续生长"正是我们希望塑造的一种"磁"的场所精神，它代表着追求卓越的企业精神和关怀个体的人文精神。在使用空间上，我们预留了很多"机会空间"。考虑到企业未来的规模扩增、部门结构发生变化等情况，我们将部分非节点公共空间也做了预留办公设计，空中廊道、前厅休息区都可作为规模扩增的补充生产办公空间；部门办公空间的划分我们也做了弹性分区设计，可根据部门结构变化重新划分工作区域。一些独立功能空间我们也充分考虑了可变的可持续预留，在会议区、讨论区、休憩区、健身房等部位，都可根据后续需要进行功能改变，满足使用需求。随着时间的推移，坚实又细致的建筑外观伴随着"立体叠院"中植物的生长，会展现出越来越多不一样的面貌。虽然有"最终效果图"，但却永远不会有"最终的影像"，人的活动将跟随企业的蓬勃发展而一直生长并延续，在不同的时间呈现不同的场景。

三期生产研发大楼已于2021年春竣工，落成后立即成为园区企业地标，大楼简洁的建筑形态，灵活的空间以及丰富的景观环境为企业增添了更多活力，迅速提升了企业形象与人气，获得了甲方与业内的广泛好评。延续企业园区空间格局与产业脉络的三期生产研发大楼，是以企业文化引领的关注自然、场所与秩序呈现的一次系统性实践，希望激发更多业内及社会对场所建筑更广泛、更系统的创新与思考（图19）。

图19 城市中的企业地标

参考文献

[1] 刘文标. 创新型高科技园区研发办公建筑设计研究 [D]. 南京：南京工业大学，2012.

[2] 王笑天. 创新型企业研发办公楼建筑设计研究 [D]. 南京：东南大学，2019

[3] 张万斌，葛骏，潘放正. 未来社区场景在办公建筑中的应用——以双箭科技大楼为例 [J]. 建筑技艺，2023(S1)：88-91.

[4] 吴泽勋，林志森. 基于生态理念的办公建筑设计研究——以奥速科技办公楼方案设计为例 [J]. 建筑与文化，2022（08）：66-67.

[5] 孙茜. 浅谈生态型高科技园区办公建筑设计——以神州数码成都科技园二期办公楼设计为例 [J]. 中外建筑，2014（05）：91-93.

作者简介

付雅艺（1974-），女，建筑规划一所总建筑师，一级注册建筑师，注册城乡规划师，教授级高级工程师。

范宏涛（1987-），男，建筑规划一所总监，一级注册建筑师，注册城乡规划师，高级工程师。

许义慧（1987-），女，建筑规划一所工程师。

谢赫的"六法论"对建筑艺术的启示

张 聪

摘要：南齐绘画理论家谢赫的"六法论"是关于绘画的品评鉴赏的论述，也成为中国古代美术品评作品的标准和重要美学原则。本文试图寻找气韵生动、骨法用笔、应物象形、随类赋彩、经营位置及传移模写六法与建筑学习、实践与批评之间的关联，以及探讨"六法论"对于建筑设计的指导意义。

关键词：六法论；建筑设计；绘画；关联；建筑艺术

The enlightenment of Xiehe's "Theory of Six Principles of Painting" on architectural art

Zhang Cong

Abstract：The "Theory of Six Principles of Painting" of the Southern Qi painting theorist Xie He is a discussion on the evaluation and appreciation of painting, and has also become the standard and important aesthetic principle of ancient Chinese art appraisal works. This paper attempts to find the relationship between the six laws of vivid charm, bone method brush, object pictography, color according to class, business location and transfer molding, and architectural learning, practice and criticism, and discusses the guiding significance of the "Theory of Six Principles of Painting" for architectural design.

Keywords：Six Laws Theory；architectural design；painting；relevancy；architectural art

0 引言

"六法论"是由南齐画家、绘画理论家谢赫在《古画品录》一书中提出的对于绘画创作与评论鉴赏的标准。"六法"的具体内容是：(1) 气韵生动；(2) 骨法用笔；(3) 应物象形；(4) 随类赋彩；(5) 经营位置；(6) 传移模写。谢赫认为最为重要的是气韵，其余五法次之。"六法"一直被奉为中国绘画批评原则与创作理论的金科玉律，但其中六条法则的排列次序历朝历代则各持己见。清朝邹一桂在《小山画谱》中认为："六法"，"当以经营为第一，用笔次之，傅彩又次之，传模应不在画内，而气韵则画成后得之"。笔者参观国内外诸多画展，对中国古代画作欣赏具有浓厚兴趣，由于艺术之间的相通性，笔者试图寻求和分析"六法"在建筑学科的学习、设计、批评中的指导价值。

1 中国绘画中"六法论"与建筑艺术相通的理论基础

1.1 艺术范畴

建筑与绘画相通，都追求美的表述，有着艺术范畴的要求。不同的是建筑的工程属性，它有着结构、材料、场地等各种条件的束缚。但正是种种条件的制约，使得建筑设计不同于绘画的天马行空，而如同戴着锁链的舞蹈，有着独特的美学价值。

1.2 点、线、面

不同于文字给人以纯粹的想象，绘画与建筑都是由点、线、面组成的实体。建筑展现的是立体空间，绘画则试图通过二维的平面去展现三维的视野。中国画最强调的是线条，其次是大面积的墨法，而建筑的冲击力也在于线面。如古代大屋顶冲入云天的脊角。古代绘画常常采用散点透视将景物丰富的层次展现，而人观建筑本身也即是一张广角的图片。南宋李嵩的名作《水殿招凉图》中的廊桥和十字脊水殿便为今人展示了南宋高超的建筑技艺（图1）。

图1　南宋李嵩《水殿招凉图》

图2　元代胡廷晖的《春山泛舟图》局部

1.3　绘画中的建筑、建筑中的绘画

中国古代绘画作品中的建筑的作用多为点缀，但正是这点缀使得远离俗世、羽化登仙的山水画中人物得以进入。同样，在建筑中绘画起到的也是装饰效果，但这些装饰却使我们生活居住的空间增添了艺术气息。元代胡廷晖的《春山泛舟图》整幅画面构图繁密，洋溢着一派春和景明的气象。画面描绘崇山峻岭间，松木葱郁，屋宇台阁精工富丽，连廊、楼阁、溪桥、湖亭跃然纸上，画工精细，檐下斗拱、栏杆雕饰均清晰可见（图2）。宋徽宗的《瑞鹤图》中，运用界画技巧，清楚描绘出皇城城门宣德门的灰瓦、瑞兽与斗拱的紧凑节奏。正是如此，建筑与绘画相互交融，有了相互连通的评论基础。

2　"六法论"与"建筑论"

笔者赞同骨法用笔、应物象形、随类赋彩、经营位置这四法是气韵生动的基础，而传移模写则是学习方法，故将这六法总结为传移模写、积累实践、气韵生动三个过程，但仍依六法顺序将其解读。

2.1　气韵生动

"气韵生动"是中国绘画"六法论"第一法。谢赫认为气韵的真正含义，应是指人物画中人物形象所体现出来的"神情风采""风气韵度"。由于中国绘画的发展，使得气韵生动一词有了更为广阔的用意，如果把"气韵生动"用之于山水画，便是要求对山水、树石、台阁以及人物活动等景物的描绘，创造出优美的意境。如果把"气韵生动"用之于花鸟画，则要求花鸟的形态的描绘，创造出生动优美的情趣。总的来说就是对对象"神"的捕获与升华，以达到氛围的生动感知。

建筑的气韵也是建筑设计者们一直追求的最高要求。古代统治者的宫殿建筑极度对称的中轴处理手法，夸张的建筑尺度和浓重的色彩，无一不是为了体现天地之中的王者之气。明清两朝，由前门到皇城南面城门（明朝称大明门，清朝称大清门，新中国成立后改为天安门）的这段近2000m的石板路，两侧配以整齐的廊庑，称为千步廊，通过狭长通道，以欲扬先抑的

图3　天安门广场改造前

图4 改造后的天安门广场

图6 南宋马远的《踏歌图》

手法衬托皇城的雄大威严。新中国成立后天安门广场建成，可容纳100万人的人民活动广场，打破东西阻隔的多车道道路，两侧可供人们参观的巨型建筑，这些一改之前压抑的氛围，展示出包容接纳自信的气场。天安门广场改造前后（图3、图4）呈现的气韵转变正是气韵生动的典型案例。

气韵也是地域与众不同的标签属性，在新建地域建筑中，通过达到神似也是现代技术与传统指挥结合的追求。峨眉山戏剧幻城，取材于峨眉与云海，传达出云之上的建筑形象，紧扣住峨眉云雾缭绕、群山叠嶂的气韵（图5）。而这种似真似幻的情景正是传统画作中追求的意向表达的一种，南宋马远的《踏歌图》，描绘的正是人们对于影影绰绰的山间建筑的向往（图6）。传统绘画中并不局限于超然于世的场所，也热衷表达城市居住集市的烟火气。与之相似的是，成都西村大院尝试将这种带有集体主义理想色彩的社区空间模式转化到西村大院当下的建筑模式与设计语言中，展现出集体喧闹生活的烟火气，这种将居住、商业、活动积极融为一体的处理手法，也正是对于生活气韵的表达。

"天挺生知，非学所及"这是谢赫在《古画品录》中对姚昙度的评价，可见气韵生动的难得，六法中其余五法是通过学习得到的，然而气韵却需要一个人不断修养品性，在漫长的岁月实践与不同常人的悟性中得到。"气韵"与对象的神情、意境、情趣，同学识修养、人品以及笔墨等形式因素又有密切的关系，所以很难向老师学到一套表现气韵的方法，即便可以指导，学生没有实践也不能理解。这些在建筑设计的过程中也同样适用，但与偏重"天挺生知"绘画不同，对于建筑设计而言，学习和经验则起到更重要的作用。

2.2 积累实践

2.2.1 经营位置

绘画中也特别讲究"开"与"合"、"实"与"虚"、"整"与"破"这些构图的做法，"疏可走马"是说"疏"是中国画画面构图总的倾向。但是如果画面处处皆疏就会散乱。就要把某个地方加密，可以起到破的作用。与之相反，如果画面太密，就要用疏去破，像是在黑暗的房间里开了一扇明窗。北宋李成的《茂林远岫图》就是展现了"虚者实之，实者虚之"的道理。与此相同，建筑空间的转承开合也是设计最初的重要步骤（图7）。

设计过程中所做的推敲素模，往往是用时最长的阶段，需要反复经营场地与建筑之间的关系，建筑自身的开合、虚实。绘画时要在下笔前就想好经营位置，建筑设计则是在前期细细推敲经营位置，而且在后期的处理加工时，不能破坏原有的关系。

秦皇岛独白美术馆场地空间宽裕，但并没有加大建筑体量，而是采用大量留白，洁白的建筑如画卷般在草地上徐徐展开，将建筑作为美术展示的重要部分，更加重视人们在其中的活动空间（图8）。草坪、水面与建筑长廊交相辉映，点映出几个形状各异的活动空间，传达出经营位置阶段的精细打磨。郑州美术馆位于城市中轴线上，看似拥有绝佳的位置与充裕的用地，

图5 峨眉山戏剧幻城

图7 北宋李成的《茂林远岫图》

实际上，对于周边建筑场地的关系处理并不简单，强烈的规划轴线以及与周边建筑的对话关系却又为建筑的尺度和形体塑造提出了挑战（图9）。通过利用对街区的回应，在建筑东南主入口处灰空间，设计打造了一个标志性的大扭面，对外引导来自博物馆方向的公共人流，对内塑造了一个不同角度富有微妙变化的建筑入口形象，打通大型公建封闭的孤岛，成为连缀城市空间与历史记忆的桥梁，并利用在面向城市广场的建筑东立面，设计塑造了一个通透巨大的索网玻璃幕墙，在中庭中形成巨大的框景，展现东侧城市广场中熙来攘往的空间景观。

2.2.2 骨法用笔

"骨"指的是骨力。"骨法"就是"用笔"的要求。就是说，画轻的东西，用笔要流利轻快，画重的东西，用笔则要沉着稳重。比如山是凝重的，如果用轻快流畅的笔法去表现，就会使人有不稳定的动摇感觉，妨碍山的稳重感。苏东坡称赞吴道子"当其下手风雨快，笔所未到气已吞"，说的就是激情在用笔过程中的流露。在建筑设计中，构架的骨法、用笔的快慢的确影响最终呈现的效果。

卡拉特拉瓦的建筑骨架是力学的完美呈现，是有力的动感，是力透纸背的一笔，这得益于他建筑师和工程师的双重身份，其设计的密尔沃基美术馆新馆彰显出动感有力又灵动浪漫的气质（图10）。同样，张大千经多年钻研积累，在晚年所独创的"泼墨"画风，发挥墨自身溶与非溶于水的关系和效果，施行渲染、流动，营造出了姿态万千的烟云效果、山势气韵，将抽象造型与客观上大自然的山岚云雾、云水飞动的具体形象有机地、完美地结合在一起（图11）。扎哈的

图8 秦皇岛独白美术馆

图9 郑州美术馆

图10 密尔沃基美术馆

建筑骨力轻巧的同时用笔也更为轻浮，只能算是飞白。不同的建筑性质决定了构架的轻重面积，但建筑的性格仍是由建筑师决定。

图11　张大千作品局部

图12　北宋宋徽宗《瑞鹤图》

2.2.3　应物象形

绘画中应物象形是指模仿对象形体的相近，这里指的是形态而并非外形。中国绘画并不像西方那样追求与所画物体完全的相似，而是在于形态是否惟妙惟肖。这一点与仿生建筑学异曲同工。中国古代建筑大屋顶"如鸟斯革，如翚斯飞"追求的也并不是模仿真正的翅膀，而是一种有力的动态。由于古代技术的限制，建筑物并不能像现在一样高耸入云，但是中国古代建筑的大屋顶并不像古埃及方尖碑用刺破天空来表达崇高，而是采取了一种与天空相互融合的方式。方尖碑与飞檐都有着自己应物象形的方式。现代建筑中，形体的意向常常作为立意的切入点：河北廊坊市丝绸之路文化交流中心在内装上表达出世界联通的内核；广州南沙国际邮轮码头综合体用巨构建筑去表达扬帆起航的愿景。但这些应物象形的表述一定是抽象的形式，如宋徽宗的《瑞鹤图》中，白鹤与建筑都向上腾飞，相互映衬，但又不是简单的模仿。年年在互联网上掀起热议的"最丑建筑榜单"中，简单具象地用建筑去模仿其他的建筑占了多数位置，这些建筑的出现也反映出美学的缺失。应物象形从来都不是一比一的复刻，而是抓住传达出所追求意向的内核与神韵（图12、图13）。

2.2.4　随类赋彩

随类赋彩很容易从字面意思理解，依照类别添加色彩，当然这个色彩也包括中国画中最常用的黑与白。建筑中的色彩与材质有着很深的关联。色调有冷暖之

图13　丝绸之路文化交流中心内部

分，材质也有着冰冷与温暖的区别。但同一种材质的表现在不同建筑师的手中有着完全不同的性格。象征着工业时代的混凝土经过细化加工变成了清水混凝土，曾经粗糙的材质到了一位技法高超的画家手里成为画中的点睛之笔。"类"可分为以物为类与以情为类。物的分类简单也明了，以情为类就要加入设计者与业主的情感，冷暖也不尽相同。

苏州御窑遗址公园旨在展示御窑金砖的历练过程，博物馆在各部位的选材凸显出金砖的生产过程，用传统青砖与现代的混凝土和钢，打造出自然荒野感的遗址公园。用现代材料进行传统演绎，打造出兼具官窑与宫殿两种感觉的当代公共建筑。在搭建方式上，不局限于简单的用砖堆砌，而是层层递进，身处其中，能从材料的构筑方式中，感受到千年前工匠的劳作与荣耀（图14、图15）。

2.3　传移模写

模写是学习中国画的必经之路。关于中国画的临摹，古人不主张专临一家，而要遍临各家，汇各家之

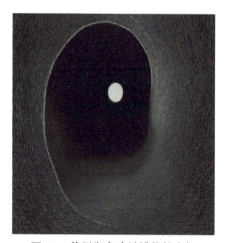

图 14 苏州御窑遗址博物馆内部

图 15 苏州御窑遗址博物馆

长而为己有。建筑学习也是如此,今天的信息发达,在电脑前就可以了解到世界各地的建筑,但是泛泛的了解是远远不够的,并不能从中学习到优秀建筑的精髓。

在绘画中有"背临"一说,是指细心观察一幅画到能将画作抄背下来。明代画家陈老莲,小时候曾临摹杭州李公麟七十二贤石刻画,闭门临摹十天,完全临完后,出来把临的给人看,人们都说真像。他很高兴,又去闭门临摹十天,出来又把所临的给人们看,人们说这回不像李公麟画了,他更高兴。因为他通过多次临摹,"易圆以方,易整以散",完全改变了李公麟的表现方法,使人看不到李公麟的东西。如果把"传移模写"解释为临摹,那么就只能是"述而不作,非画所先"了,这是谢赫不认可的行为。从《古画品录》中我们可以看到谢赫提出的"传移模写"是要求有"作"的行为的,即绘画的创作。

由此我们可见,把"传移模写"完全地解读为"临摹"是解释不通的。这也是建筑学习的初期状态,需要在学习与实践中,找到自己的方向所在,并且转化为自己的理念。

3 结语

《四库全书总目提要》中评价:"所言六法,画家宗之,至今千载不易也。"从南朝到现代,六法被运用着、充实着、发展着,从而成为中国古代美术理论最具稳定性、最有涵括力的原则之一。"六法论"为建筑的学习、实践与进阶提供了思路与方法,从布局、空间、形态、材料等方面着手,通过骨法用笔、经营位置、应物象形、随类赋彩营造出符合功能需求、历史文化、地域特征与时代风貌的建筑,最终达到气韵生动的构想,创造出更符合当代需求的精神文化与生活场所。

但"六法论"已经推出 1500 多年,今天的时代早已不比往昔,绘画如此,建筑也如是,美术界一直都对"六法论"有新的解读。我们自然不能局限于南齐那个时代的论断,而是在它的启发下思考关于建筑新的评判准则。立足于现代社会,学到各家之长,才能使建筑理论与实践都进步提升。

参考文献

[1] 潘运告. 中国历代画论选 [M]. 长沙:湖南美术出版社,2005.

[2] 郭宪. 中国传统山水画心法技法与实践 [M]. 北京:地质出版社,2005.

作者简介

张聪(1990-),男,设计四院建筑设计师。

绿色生态园区指标体系的研究
——以成都中法生态园为例

李曼凌　吴婷婷　杨燕如

摘要：成都中法生态园是国家级经济技术开发区中西部地区首个国际合作生态园。在生态园区建设过程中，如何借鉴法国可持续城市实践经验，结合自身发展条件及产业发展需求，构建系统性、前瞻性、可实践和可推广的城市可持续发展指标体系，以此引导绿色生态园区统筹发展至关重要。成都中法生态园项目在研究国内外绿色生态园区指标体系基础上，结合本区域发展战略，制订成都中法生态园生态城市可持续发展指标体系。同时，为政府制定政策、编制规划、管理园区提供决策依据。

关键词：指标体系；绿色生态园区；成都中法生态园；可持续发展

Study on the index system of green ecological park:Taking Chengdu Sino French ecological park as an example

Li Manling　Wu Tingting　Yang Yanru

Abstract：Chengdu Sino French ecological park is the first international cooperation ecological park in the central and western regions of the national economic and Technological Development Zone. In the process of Eco Park construction, it is very important to build an indicator system of urban sustainable development which is systematic, forward-looking, practical and popularized, in order to guide the overall development of Green Eco Park.Chengdu Sino French Eco Park project, based on the study of the index system of Green Eco Park at home and abroad and combined with the regional development strategy, has formulated the index system of sustainable development of Chengdu Sino French Eco Park eco city. At the same time, it provides decision-making basis for the government to make policy, plan and manage the park.

Keywords：index system；green ecological park；Chengdu Sino French ecological park；sustainable development

0 引言

生态工业园区概念来源于循环经济理论与工业生态学，美国EmstLowe教授将其定义为一个制造和服务业企业组成的群落，实现生态环境与经济的双重优化和协调发展，使企业群落的群体效益远大于优化个体效益的总和[1]。我国对生态工业园区的定义为：生态工业园区是依据清洁生产要求、循环经济理念和工业生态学原理而设计建立的一种新型工业园区[2]。工业园区作为城市重要组成部分，是推进城市绿色生态可持续发展的重要实施单元和重要动力。随着生态工业园的迅速发展，对绿色生态园区规划建设、运营管理的引导和约束工作尤为重要，对绿色生态园区指标体系的构建更加迫切。

工业园区的建设是一种政府主导的建设形式，应从不同规划层面引导和约束园区的规划建设与管理运营。在规划建设之初，融入低碳生态的观念，建立绿色生态园区指标体系，对不同层面规划、绿色交通、绿色建筑、能源利用等不同领域提出具体的管控要求，

本文已发表于《四川建筑》，2020

势必能够更有效地引导园区可持续发展、便于高效管理与实现生态低碳理念。

1 国内外相关研究概况

国外的低碳生态园建设的出发点在于节能减排，主要通过调整能源结构、可再生能源利用、建筑节能改造升级、绿色交通等方式达到降低碳排放的目的。而国内的生态城建设借鉴和参考了国际前沿的低碳理念和低碳技术，但未完全照搬国外生态城建设经验，而是均结合各自区域资源生态环境特点而建设有区域自身特点的生态城，诸如有突出绿色交通、非传统水资源利用的中新生态城；有突出德国可持续建筑体系的青岛中德生态园和突出绿色建筑建设的苏州工业园等。

国外关于绿色生态评价标准与指标体系的研究已取得一定进展，目前比较成熟的评价标准体系多为建筑、社区层面，主要包括 LEED-ND、Well、BREEAM 等。区域层面以可持续发展体系为基础，以欧盟可持续发展地区合作项目 RSC 低碳指标体系为代表。该指标体系旨在共同推进低碳经济的发展，总结了不同国际机构、国家行业和企业等共 50 个低碳技术指标与制度指标。

国内的绿色生态评价标准与指标体系的研究，在区域层面的合作生态城、生态园区较为领先。中新天津生态城总体规划指标体系作为起步较早的国内生态总体规划指标体系，分为生态环境健康、社会和谐进步、经济蓬勃高效、区域协调融合四类，现已进阶 2.0 版[3]。中德青岛生态园指标体系基于中德合作，实现优势互补，包括 34 项控制性指标和 6 项引导性指标[4]。中国城市科学研究会生态城市指标是基于我国国情制定的生态城市指标，指标门类分为生态环境、绿色交通、建筑能源、市政工程与资源节约利用五类，对相应的指标提出具体的量化控制要求。同时，也出台了国家生态工业示范园区标准，指标包括必选指标和可选指标。分为经济发展、产业共生、资源节约、环境保护和信息公开五类。

以上研究均对低碳生态工业园区规划指标体系的构建进行了有益的探索，整体思路都是选择与绿色生态园区碳排放相关的几个主要部分，如对能源利用、绿化环境保护、产业体系构建、园区管理等进行的指标细化，在明确规划重点和具体指标选取上有一定的参考价值；但是也不难发现，这些指标体系缺少与我国现行规划体系中各规划层次的对应，造成指标体系内容与各规划层次编制内容贴合度不高，在规划层次上缺少区分度，不能直接应用于各规划层次中进行规划控制，而现有的规划控制指标的决策定量分析不足，以依据经验积累为主导的控制指标仍占很大比例，削弱了低碳工业园区规划控制指标确定的科学性。

2 龙泉驿中法生态园指标体系研究项目

2014 年中法两国元首见证签署《关于生态园区经贸合作的谅解备忘录》，确定在成都经济技术开发区建设"中法成都生态园"。成都中法生态园是国家级经济技术开发区中西部地区首个国际合作生态园。在生态园区建设过程中，如何借鉴法国可持续城市实践经验，结合自身发展条件及产业发展需求，构建系统性、前瞻性、可实践和可推广的城市可持续发展指标体系，以此引导绿色生态园区统筹发展至关重要。

成都中法生态园项目在研究国内外绿色生态园区指标体系基础上，结合本区域发展战略，制订成都中法生态园生态城市可持续发展指标体系。同时，为政府制定政策、编制规划、管理园区提供决策依据。

2.1 指标体系构建

2.1.1 指标体系构建目标

借鉴法国可持续城市实践经验，结合自身发展条件及产业发展需求，构建系统性、前瞻性、可实践和可推广的城市可持续发展指标体系。生态方面，加强生态保护，降低建设影响。经济方面，发展低碳经济，强调高效集约。社会方面，平衡宜居宜业，优化设施系统。管理方面，建立监管制度，推进持续发展。

2.1.2 《中法生态园城市可持续发展研究项目报告》研究

2017 年法方出资并编制《中法生态园城市可持续发展研究项目报告》，该报告遵循的是欧洲惯例与标准，形成总体目标—分目标—技术建议及具体指标的三级体系，所含内容涉及城市规划、交通、水资源管理、固体废物等七大领域，形成 35 个分目标（图1）。

该指标体系存在以下情况：部分指标描述与我国习惯不符、指标空间层级不明确，与我国规划层级对接比较含糊。目标与指标之间没有必然联系，指标指向性不明晰，这种表达方式很大程度降低了成果的实际应用价值。领域板块之间的内在指标存在重叠掺杂。指标没有落实对应到相应管理部门，不利于指标的落地实施。与现行新发布的政策或更新后的相关规范、规定存在不一致。

2.1.3 指标体系重构思路

在《中法生态园城市可持续发展研究项目报告》的基础上，结合成都中法生态园区发展情况，定制了如图 2 所示的指标体系重构思路。

绿色生态园区指标体系的研究——以成都中法生态园为例

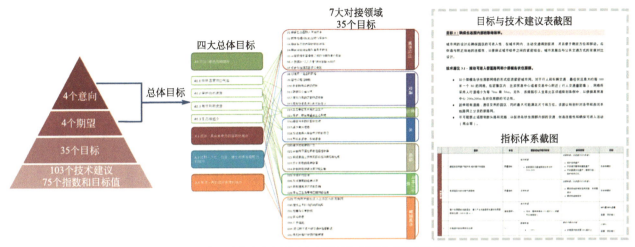

图1 《中法生态园城市可持续发展研究项目报告》

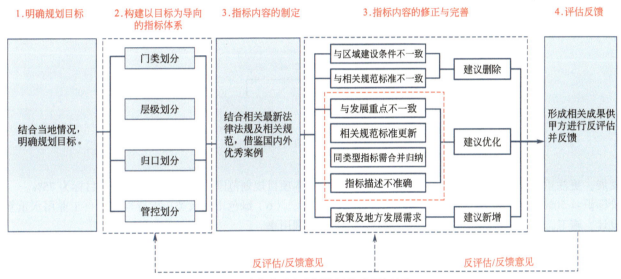

图2 成都中法生态园指标体系重构思路

2.2 指标框架

指标体系框架分为城市空间规划、绿色交通、绿色建筑、建筑节能、生态保护与利用、绿色市政、能源利用、智慧城市8个门类，形成28个分目标，共计118个具体指标。指标体系分为区域、建筑层级2个管理层级，区域层级与总体规划、详细规划、专项规划等规划类对接，建筑层级与建筑工程类对接。指标管控力度分为约束性指标与引导性指标2类。根据实际情况、规划发展要求，将指标分为近期、远期的量化指标。最后对每个领域的绿色技术措施提供详解，加强指标体系的落地性（图3）。

2.3 重点指标解读

（1）城市空间规划大类—约束性指标—TOD站点周边建设用地容积率

随着TOD发展模式在成都的落地生根，龙泉驿未来城市街区的拓展与开发也将以轨道交通车站为中心延伸。《成都市规划技术管理规定（2017）》分别对TOD站点周边商业服务业设施用地高层区、多层的用地的核心区、一般地区、特别地区的容积率提出了不同的控制要求。

（2）绿色交通大类—约束性指标—节能与新能源公交车比例

为了突出节能环保，绿色出行，同时新能源公交车的使用便于操作，新增节能与新能源公交车比例，并确定节能与新能源公交车比例不小于30%的要求。

（3）绿色建筑大类—约束性指标—绿色建筑评价标识

绿色建筑作为生态园区中实现可持续发展的重要组成部分，绿色建筑的发展趋势偏向规范化、高质量

111

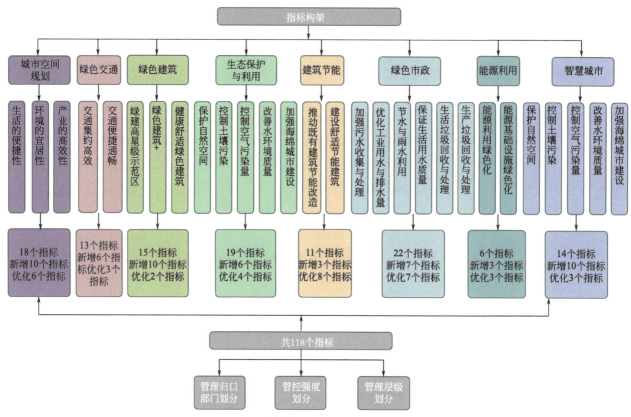

图 3　成都中法生态园指标体系框架

发展，更注重后期运营。"新建建筑取得绿色建筑评价标识≥50%"这一指标，能有效地控制绿色建筑从设计、施工、运营全过程高标准要求。同时，为了全面提升区域绿色建筑质量，对区域整体绿色建筑星级提出控制比例要求："高星级（二、三星）绿色建筑占新建建筑比例≥50%"。

（4）建筑节能大类—引导性指标—既有居住建筑中满足当期建筑节能标准的比例

建筑节能是建筑生态低碳发展的重点，推动既有建筑改造是控制建筑节能的有效手段。参考《民用建筑能耗标准》及相关政策文件的要求，依据前期的调研数据，将既有居住建筑中满足当期建筑节能标准的满足比例定为"近期2025年达到10%、远期2035年达到30%"。

（5）生态保护与利用大类—约束性指标—年径流总量控制率

海绵城市建设提倡推广和应用低影响开发建设模式，年径流总量控制率指标作为海绵城市建设的核心指标，是指通过自然和人工强化的渗透、集蓄、利用、蒸发、蒸腾等方式，场地内累计全年得到控制的雨量占全年总降雨量的比例。根据《成都市海绵城市专项规划》《龙泉驿区海绵城市专项规划》的要求，确定本项目规划范围内年径流总量控制率目标为75%。

（6）绿色市政大类—引导性指标—工业用水重复利用率

合理配置资源，提高用水效率；调整产业结构，培育节水产业；增强节水意识，建设节约用水及节水型社会。根据《国家生态工业示范园区标准》《龙泉驿区水资源综合规划》提出的规划要求，工业用水重复利用率：近期2025年达到92%；远期2035年达到95%。

（7）能源利用大类—约束性指标—综合能耗弹性系数

综合能耗弹性系数是指园区内工业企业综合能耗总量建设期年均增长率与工业增加值建设期年均增长率的比值，可用于表征能源与国民经济发展关系。根据《国家生态示范园区标准》要求，当园区工业增加值建设期年均增长率＞0时，综合能耗弹性系数≤0.6；当园区工业增加值建设期年均增长率＜0时，综合能耗弹性系数≥0.6。

（8）智慧城市大类—引导性指标—生态工业信息平台的完善度

《国家生态工业示范园区标准》中规定，生态工业信息平台的完善度是指园区在园区管委会网站创建生态工业园区信息专栏或建立园区专门生态工业信息网站，以及该信息平台建设的完善程度。标准指出，生态工业信息平台的完善度应为100%。

3 结论与展望

成都中法生态园指标体系加入绿色产业内容，体现区域性发展特色，以目标为导向构建指标，并将指标进行分门类、分管控空间层级、分近远期、分约束强度的定性和定量控制，从而达到能够有效引导园区可持续发展的目的。从管理层面上看分类归口，有利于各部门对园区进行高效管理，使指标体系为成都经济技术开发区内生态园的规划、建设管理部门提供管理依据，为当地设计研究院提供科学合理的建议。从实施层面上看，指标适度超前，确保指标的落地实施。

参考文献

[1] Lowe E. Creating by-product Resource exchange: strategies for Eco-industrial park[J]. Cleaner Prod1997, 5（02）: 58.

[2] 吴松毅. 中国生态工业园区研究 [D]. 南京：南京农业大学，2005.

[3] 马晓虹，吕红亮，苗楠，等. 生态城市指标体系的优化升级与动态更新——以中新天津生态城指标体系 2.0 版为例 [J]. 规划师，2019（11）.

[4] 孟凡奇，陈鹏，王佳成，等. 指标体系引导下的绿色生态建设——青岛中德生态园标准化实践 [J]. 生态城市与绿色建筑，2018（2）.

作者简介

李曼凌（1992-），女，四川省建筑设计研究院有限公司绿色建筑设计研究中心工程师。

吴婷婷（1987-），女，四川省建筑设计研究院有限公司绿色建筑设计研究中心高级工程师，一级注册建筑师，注册城乡规划师。

杨燕如（1990-），女，四川省建筑设计研究院有限公司工程师。

外墙主义：一种充满争议的历史建筑保护范式

肖福林

摘要：在城市更新对历史建筑的保护范式中，外墙主义是一种具有争议的保护范式，本文将结合内地和港澳地区采取这一范式进行改造保护的案例，分析阐释其定义与争议的焦点。

关键词：外墙主义；历史建筑；保护范式

Facadism: a controversial paradigm for historical building protection

Xiao Fulin

Abstract: Compared with the historical building protection paradigms, facadism is a controversial paradigm, this paper will analyze the definition and controversial focus of facadism by combining the practice and cases which adopted this kind paradigm in mainland, Hongkong and Macao.

Keywords: facadism; historical building; protection paradigm

城市发展所需的功能提升和扩充使得城市更新与历史建筑保护之间的矛盾不断刺激着公众的文化神经。

历史建筑因其在时代变迁中的遭遇和经历，以及与建筑相关的人物和故事的不可复制性，铸就了其独特的历史内涵和文化价值，因此，很多历史建筑虽不是城市的地标，却是这座城市的文化名片，代表着这座城市的集体记忆；但从实用功能角度审视，历史建筑因年久失修，内部的功能设施和装备陈旧，以及灾害损害，远远不能满足现代生活的需要，给其中的居民生活带来诸多不便。如何在满足现代生活需求的基础上又满足人们对历史建筑所承载的文化价值的保护？目前国内外形成了诸多系统成型的理论范式，外墙主义算是其中之一，但也是一种备受争议的保护范式，在此，笔者将结合内地和港澳地区采用外墙主义保护范式的案例来阐述分析其定义和争议的焦点。

1 定义与经典案例

国外称之为外墙主义（facadism）的范式是一种保护古建筑与现代发展主义之间的折中处理办法。对于这种做法，社会大众和文化人士的态度往往是一种无奈的接受并加以嘲讽的描述。2006年11月23日，有人拍摄下了美国华盛顿街头旧建筑改造的一幕，在照片的说明中，这位无名氏写道"每当华盛顿的古建筑被破坏时，保护者就会祈求发展者保留下外墙，从而制造出一幕非常有趣和怪异的街景。图片右边的外墙看起来保护得不是太差，但是我很乐意看见当外墙后面的新建筑在修建的时候到底需要多少脚手架才能将其支撑住。"[①]正是社会大众的这种态度，为外墙主义范式在实际运用中饱受争议埋下了舆论基础。

对于外墙主义（facadism）的概念定义，目前国外国内无论是在学术界，还是在实践中，尚无统一的定论。笔者翻阅字典发现，facadism作为一个特有名词，目前尚未被一般的英文字典收录。《美国传统英语字典》对其的词语释义是"保护著名旧建筑的前面并拆除其后面，经常在旧外墙的后面修建现代内部的实践。"[②]而通过检索中文期刊网等中文学术资源库，笔者发现，目前国内尚无专门针对外墙主义的论述和专著。在笔者掌握的外文文献中，最早一篇关于外墙

---

① 具体图片和原文描述参见：http://www.flickr.com/photos/sandcastlematt/311689398/。
② The American Heritage Dictionary of the English Language, Fourth Edition, 2000, Houghton Mifflin Company.

主义的论述见诸1985年的《纽约时报》，但作者在这篇文章中也未对其进行概念式的定义，而是对其在实际运用过程中对古建筑的保护效果进行讨论[1]。进入2000之后，又有一些国外学者撰文质疑外墙主义这种历史建筑保护范式的功效，他们有的认为外墙主义保护范式与其说是保护，不如说是对历史建筑的侮辱[2]，也有人认为这种保护范式好比是对建筑物进行剥皮处理，并未发挥多少保护的功效[3]。在外文专著方面，目前最广为人知的一本书为1994年在英国伦敦出版的《外墙主义》，八年之后，这本书又在美国和加拿大再版。在这本书中的第二章中，作者专门拿出一章的篇幅来讨论什么是外墙主义，但最终也只得说"什么组成了外墙主义，没有一个广泛获得认可的，这表明了要在对其达成一种理解方面存在巨大困难。对于这个术语最普遍的运用与保护历史外墙或建造一个复制品并在其后建造几乎全新的建筑的实践有关。"[4]

作者还在这本书中提及了他的写作初衷和过程，对于外墙主义理论的最初研究开始于他1986年在英国布里斯托尔大学的规划学士学位论文，此后作为一名城市规划师在布里斯托尔工作的十年期间，城市内部大量古建筑物的彻底拆除使其感到痛心，加深了他对外墙主义保护范式的兴趣和研究，最终在访谈了多位城市规划官员对外墙主义的意见之后，同时在收集美国相关信息的基础上写作而成。由此推测外墙主义理论发展的粗略脉络，其应该兴起于1970年代前后英美等西方国家大规模进行城市更新从而对内部古建筑破坏严重的时代背景下，最初是规划界在实践过程中的应用，继而在人们的讨论中逐渐形成一种对历史建筑的保护理论。

两岸三地范围内，对外墙主义范式阐释得最为直观具体的历史建筑要数澳门的大三巴牌坊，但这并不是人为改造的杰作，而是火灾之后歪打正着的历史遗存。大三巴牌坊原为圣保禄大教堂的前壁，这座教堂由明朝晚期来华传教的意大利耶稣会神父设计建造，1602年奠基动工，耗时35年建成，整座教堂揉合了欧洲文艺复兴时期的建筑风格和东方传统建筑特征，是当时誉满东亚的天主教教堂，据说现存的前壁遗迹——大三巴牌坊在当时的造价就达到了三万两白银。

教堂建成后，前后遭遇了三次大火，最严重的火灾发生在1835年1月26日黄昏，大火几乎将整幢教堂付诸一炬，幸好教堂最珍贵的前壁仍能保存屹立，后来经过多次修葺，成了我们今天看见的大三巴牌坊。

澳门当局最近一次对大三巴牌坊的修缮工程始于1991年，1995年结束，期间在昔日圣堂的地点进行了维修工程，建成了一个天主教艺术博物馆。如此一来，大三巴牌坊建筑本身，加之在原圣保禄教堂遗址上修建的博物馆，以及四周改造的历史街区，使得大三巴的观赏价值从建筑本身延伸到周边的空间，营造出无法复制、不可抽离的历史现场氛围，从而使得外墙主义保护范式的功效发挥到极致，也成为外墙主义的经典案例。

2 毁坏历史现场感的争议

在古建保护实践中，外墙主义保护范式的运用经常受到争议，与澳门大三巴临海相隔的香港高街"鬼屋"改造工程就是其中比较典型的案例之一。

香港俗称的高街"鬼屋"原是位于港岛西营盘的旧精神病院。据香港特区政府古物古迹办事处的官方资料显示："高街旧精神病院建于1892年，原是国家医院外籍护士的宿舍，1941年扩建完成后，改为精神病院，1971年闲置，直到20世纪90年代港府当局保留其外墙，将其改建成一座九层的社区综合大楼。"[5]

精神病院闲置之后，建筑物被火灾烧得破破烂烂，而人去楼空之后的萧瑟景象，使得这里成为各种灵异事件盛传的地方，加之各种坊间的传闻附会，人们便将这里称之为高街"鬼屋"。

除去各种灵异传闻，高街精神病院之所以成为香港最著名的古建筑之一，也因为其本身的建筑特色，尤其是现在仍然可见的外墙和走廊，更是香港独一无二的历史建筑。"外墙属于维多利亚时期的建筑风格，采用花岗石建成，极富质感，而外墙后面的走廊则采用红砖砌成，是香港现存的唯一麻石外墙古建，极具历史价值。"[1]因此港府当局在20世纪90年代的改建

---

① Goldberger, Paul. Facadism on the Rise: Preservation or Illusion, The New York Times, 1985-07-15.
② King, John. Insulting Historic Preservation, San Francisco Chronicle, 2005-02-22.
③ Heffern, Sarah. When History Is Only Skin Deep, Preservation Online, 2002-08-16.
④ Richards, Jonathan. Facadism, Second Edition, 2002, Routledge.
⑤ 香港特区政府古物古迹办事处官方网站。

过程中，拆除了原建筑物的其他部分，仅保留了外墙和走廊，然后紧挨外墙之后建立起一幢九层的现代化的综合社区大楼。

从目前高街"鬼屋"改建之后的社会效应来看，算是外墙主义运用的一个成功案例。但是香港的一些文化人士指出，这样人为的采用外墙主义之后，毁坏了原建筑物的历史现场空间感和氛围感。2001年，香港《明报》援引参与高街"鬼屋"外墙修复工程的建筑署高级物业事务经理林社玲的话指出"高街'鬼屋'外墙的保存，并在后面加建新建筑物的方法，不能算是绝对的成功，严格来说，这也不算是文物保存，仅是一个平衡、一个折中的方法。"②

3 拆留难定的争议

外墙主义保护范式在运用中的另一个争议焦点和实践难点，便是如何保持新旧建筑的风格融合，以及原建筑物哪一部分应该保留，哪一部分可以拆除。

2008年，澳门文化局发起将澳门旧法院大楼改建为新中央图书馆的建筑概念设计邀请赛，希望最终的获奖方案能够运用外墙主义的手法，在保留旧法院大楼门面和楼梯的基础上，通过新旧结合将旧法院大楼改建成中央图书馆。但是最后当获奖设计方案公布之后，却遭到了社会公众的一片质疑，人们不仅质疑设计方案评选过程，更质疑获得一等奖的设计方案本身。认为该设计方案没有达到新旧建筑之间的风格融合，保留的外墙背后新修建的建筑物过于庞大，压低了旧法院原建筑物的气势。当年8月，澳门《华侨报》刊发评论文章措辞严厉地批评道"'外墙主义'虽是一种处理历史建筑保护与开发之间的折中方法，但问题是现在对重整旧法院的设计，在新旧之间并不融合，后面新建筑设计既未能与旧法院风格融合而在景观上显得突兀外，亦未能体现作为图书馆应有的气质。"

而对于澳门文化局在比赛规则中要求仅保留旧法院大楼门面和里面楼梯的做法，文章也指出"旧法院大楼值得保留的价值不仅是门面和楼梯，还有里面的法庭尤其是大审庭、法官办公室、疑犯室、走廊等都很有味道，所以法院大楼内部不应随便拆掉，应基本保留。"这是因为"旧法院大楼是作为澳门司法发展历程的印记，亦就是集体回忆，在日后这里成为澳门的一个文化新坐标，亦可兼顾另一个功能就是展示澳门司法发展史的地方。"③

最终，在社会舆论的压力之下，澳门官方只得暂缓确定新中央图书馆的设计方案，并将所有参赛方案公开展览，让市民参与讨论和最后的选择。

4 延伸变通中的争议

由于外墙主义保护范式在运用过程中难以平衡掌握社会各方的诉求临界点，在实践过程中，聪明智慧的设计师们开始对这一理论进行灵活变通的运用，扩建之后的北京大学图书馆就是这一手法变通运用的成功案例。

从外观上看，扩建后的北大图书馆新旧一体，无论是建筑风格、材质的选择以及色泽搭配上都很好地实现了新旧融合，如果没有熟知内情的人士从旁提醒，外人很难从外观上区分出现在的北大图书馆是新旧两幢建筑物的拼接。在处理手法上，设计者绕开了如何拆留原建筑物的争议焦点，而是保留原建筑物的完整性，通过新旧拼接的方法来实现新旧建筑的风格融合。

对于这样的处理手法，既可以看成是对外墙主义范式的变通运用，也可以看成是对理论本身的一种延伸和拓展，但由于这种手法多运用于年代不太久远的旧建筑功能扩建，因此也很难将其视为严格意义上的对古建保护的外墙主义范式。这也算是对外墙主义各种争议延伸出来的一种争议。

作者简介

肖福林（1983-），男，四川省建筑设计研究院有限公司品牌文化部部长，高级经济师，《建筑设计管理》编委。

---

① 叶一知：《香港集体回忆》，嘉出版有限公司2008年版。
② 《明报》，2001年1月28日第5版。
③ 《华侨报》，2008年8月26日专栏特稿。

Influence of coupling ratio on seismic behavior of hybrid coupled partially encased composite wall system

Zhou Qiaoling   Su Mingzhou   Shi Yun   Jiang Lu   Zhang Lili   Guan Lingyu   Yang Yukun

Abstract: Partially encased composite (PEC) members are novel composite members that efficiently exploit the advantages of mechanical properties of concrete and steel. However, the application of PEC members is limited to low and mid-rise buildings. To overcome this limitation, a study was conducted to assess the seismic performance of a newly proposed steel-concrete hybrid coupled wall consisting of PEC wall piers coupled by means of steel beams. Parametric analysis was conducted to investigate the elastic coupling ratio ($CR_{elastic}$) and the way of changing $CR_{elastic}$ on the seismic behavior of the hybrid coupled PEC wall. The results showed that the $CR_{elastic}$ was the main parameter that affected the seismic performance of the wall. The way of changing $CR_{elastic}$ had little influence on the trend of the energy dissipation capacity and strength reservation of the wall. The failure mode and the development of plastic hinges of the wall were also not affected by the way of changing $CR_{elastic}$. Both too large and too small $CR_{elastic}$ were detrimental to the seismic performance of the wall. To form an ideal plastic hinge development mode and experience good seismic performance, it is suggested that the reasonable range of $CR_{elastic}$ for the wall was 60%–70%.

Keywords: steel–concrete hybrid coupled wall; partially encased composite member; seismic behavior; elastic coupling ratio; numerical simulation

1 INTRODUCTION

Partially encased composite (PEC) members is a new type of composite structural member with high efficiency and extensive utilization of the advantages offered by concrete and steel. PEC members not only have the merits of high load capacity, good deformation capacity, excellent seismic performance, and fire resistance, but also the advantage of simplified connection details between concrete and steel members; thereby, they fully realize an industrialized mode of construction and assembly[1-4]. So far, numerous studies have been conducted on PEC beams and columns[5-13]. Mucedero et al.[5] reported that the pushdown curve of the structure with PEC beams showed the feature of monotonically increasing due to apparent catenary action. Piquer et al.[13] found that the PEC column had good fire resistance and economy compared with the steel column with or without protection. However, because of the limitations imposed by the rigidity of frame structures, the scope of application of existing PEC structures is limited to mid-rise and low-rise buildings in seismic regions. Therefore, in order to broaden the applications of PEC structures and meet the requirements of high-rise buildings in terms of their seismic performance, research on PEC shear walls is gradually being conducted. The preliminary results have showed that PEC shear wall have a full and stable hysteresis curve, excellent energy dissipation capacity, and good seismic performance[14-16].

The hybrid coupled wall (HCW) system, which is made from reinforced concrete (RC) wall piers coupled by means of steel or steel–concrete beams at the stories, is a suitable system for resisting lateral loads in high-rise buildings[17-25]. The seismic performance of the HCW system is significantly affected by the mechanical properties of the wall piers and coupling beams. To achieve the expected lateral force-resisting design mechanism, the wall piers and coupling beams in the HCW system should have sufficient ductility and strength under seismic action. The earthquake damage results have showed that the shear walls are in a complex stress state under seismic action, withstanding large axial force, bending moment and shear force. The bottom of the RC wall pier is prone to brittle shear failure, boundary concrete crushing and so on, leading to the reduction of its ductility and seismic performance[26-29].

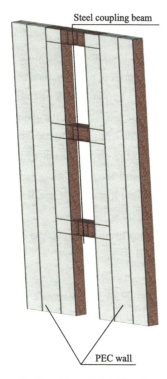

Figure 1　Hybrid coupled PEC wall system

To overcome this challenge, this study combines the advantages of the PEC shear wall with excellent seismic behavior and the concept of the HCW system to propose a new steel–concrete hybrid structure system. The newly proposed HCW system is formed by replacing the traditional RC wall piers with PEC wall piers, as shown in Figure 1. The steel coupling beams are connected to the PEC wall piers through complete-joint penetration (CJP) groove weld.

To investigate the seismic performance of the proposed hybrid coupled PEC wall system, theoretical analysis and numerical simulations were performed. The expression of the elastic coupling ratio ($CR_{elastic}$) for the hybrid coupled PEC wall system was derived using the continuous medium method. Eight models of three series for the hybrid coupled PEC wall with different steel coupling beam cross-sections, PEC wall pier width-thickness ratios, and number of stories were analyzed. Through a detailed analysis of load-displacement curves, energy dissipation capacity, story displacement and inter-story drift ratio, and distribution and development of plastic hinges, the impact of $CR_{elastic}$ on the seismic behavior of the hybrid coupled PEC wall was investigated and the reasonable range of $CR_{elastic}$ for the wall was sought. And the effect of the way of changing $CR_{elastic}$ on the overall performance of hybrid coupled PEC wall was studied.

2　ELASTIC COUPLING RATIO OF THE HYBRID COUPLED PEC WALL

The deformation of a coupled wall system under a lateral load is shown in Figure 2. The overturning moment caused by the lateral load is resisted by a combination of the flexural action of the wall piers and the frame action developed by the beams. The value of the coupling ratio (CR) for a coupled wall is defined as the proportion of the total overturning moment resisted by the frame action. El-Tawil et al.[20, 21] designed HCWs with plastic coupling ratios (the CR when the coupled wall reached the target displacement, $CR_{plastic}$) of 0%, 30%, 45% and 60% for pushover analysis and reported that the $CR_{plastic}$ was an important factor affecting the seismic behavior of the wall and that the structural response was optimal when the $CR_{plastic}$ was between 30% and 45%. Harries et al.[19, 22] derived the $CR_{elastic}$ of reinforced concrete coupled wall by the continuous medium method and found that the behavior of the wall was mainly influenced by the parameters related to $CR_{elastic}$ through extensive parameter analysis. Eljadei et al.[30, 31] conducted nonlinear static and dynamic analysis on five 12-story reinforced concrete coupled core walls with varying $CR_{elastic}$ and same wall piers to investigate the influences of the change of $CR_{elastic}$. The results showed that the yield load of the wall increased with increasing $CR_{elastic}$. All the aforementioned studies have shown that the CR (including $CR_{elastic}$ and $CR_{plastic}$) is an important parameter in determining the economic and seismic performance of a coupled wall system. It is used to quantify the contribution of the frame action in resisting the lateral load. For a two-wall system, the CR is described by Equation (1):

$$CR = \frac{NL}{NL + \sum_{i=1}^{2} M_i} = \frac{NL}{M} \quad (1)$$

where N is the axial force in the wall piers because of the frame action, which is equal to the accumulation of shear forces in the coupling beams ($N = N_1 = N_2 = \sum V_{b,i}$); L represents the lever arm between the centroid axis of two wall piers; M_i denotes the overturning moment resisted by each wall pier; and M is the total overturning moment caused by the lateral load.

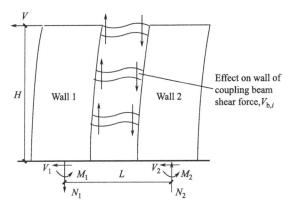

Figure 2 Definition of CR

The continuous medium method is widely used as a simplified elastic analysis method for studying coupled wall systems. Its biggest advantage is that it allows a broad assessment of the system performance and provides a quantitative and qualitative analysis of the relative effect of the wall piers and coupling beams in resisting lateral loads[32]. To analyze the hybrid coupled PEC wall system, the continuous medium method was used to derive the $CR_{elastic}$ of the wall. The $CR_{elastic}$ of a symmetrical two-hybrid coupled PEC wall system with a top concentrated lateral load is expressed as

$$CR_{elastic} = \frac{1}{k^2}(1 - \frac{1}{k\alpha H \cosh k\alpha H}\sinh k\alpha H) \quad (2a)$$

$$k = \sqrt{1 + \frac{E_c I_c + E_s I_s}{L^2(E_c A_c + E_s A_s)}} \quad (2b)$$

$$\alpha = \sqrt{\frac{6 E_s \tilde{I}_b L^2}{h b^3 (E_c I_c + E_s I_s)}} \quad (2c)$$

$$\tilde{I}_b = \frac{I_b}{1 + \frac{12\lambda E_s I_b}{G_s A_b b^2}} \quad (2d)$$

where k is a measure of the relative bending to axial stiffness of the PEC wall piers; α is a measure of the relative stiffness between the steel coupling beam and the PEC wall pier; $\tilde{I}_b$ denotes the effective moment of inertia of the steel coupling beam considering the shearing deformation; H is the overall height of the wall; h is the story height; b represents the clear span of the steel coupling beam; E_c is the modulus of elasticity for concrete; E_s and G_s are the elastic modulus and shear modulus of steel, respectively; I_c and A_c are the moment of inertia and area of concrete in an individual PEC wall pier, respectively; I_s and A_s represent the moment of inertia and area of steel in an individual PEC wall pier, respectively; I_b and A_b are the moment of inertia and area of the steel coupling beam, respectively; and λ denotes the cross-sectional shape correction factor of the steel coupling beam considering the shearing deformation.

3 DESIGN OF PARAMETRIC MODELS

It can be seen from Equation (2) that the $CR_{elastic}$ of the hybrid coupled PEC wall is mainly related to parameters α, k, and H, which are closely related to the steel coupling beam cross-section, PEC wall pier width-thickness ratio, and number of stories. Therefore, in this section, the base (BS) model was designed first. Then, based on the BS model, only one parameter of the steel coupling beam cross-section, PEC wall pier width-thickness ratio, and number of stories was changed at a time forming eight models of three series.

3.1 Design of BS model

Considering that the hybrid coupled PEC wall is usually used in high-rise buildings, the BS model was derived from a 10-story hybrid coupled PEC wall prototype structure. A symmetrical two-hybrid coupled PEC wall was selected as the BS model. The story height of the structure was 3 m, and the overall height was 30 m. The prototype structure was located in the Chinese seismic region with an intensity of 7 (peak ground acceleration (PGA) of 0.1 g) and site soil class III[33]. The thickness of the wall piers was 0.25 m. The concrete of the wall piers was C40 (f_{ck} = 40 MPa). The steel plates in the PEC wall piers and steel coupling beams were Q345B (f_y = 345 MPa). The U-shaped stirrup was $\Phi 8$ HRB400 (f_{yk} = 400 MPa). The spacing of the U-shaped stirrups, thickness of the steel plates in PEC wall piers, cross-section of the steel coupling beam, and arrangement of stiffeners satisfied the relevant requirements of the Chinese code for seismic design of buildings (GB 50011-2010)[33], Chinese technical specification for steel plate shear walls (JGJ/T 380-2015)[34], Chinese code for design of composite structures (JGJ 138-2016)[35], Chinese technical specification for steel structure of tall building (JGJ 99-2015)[36], and Chinese standard for design of steel structures (GB 50017-2017)[37]. The CR_elastic of the BS model was 65%. The specific dimensions of the BS model are shown in Figure 3 and listed in Table 1.

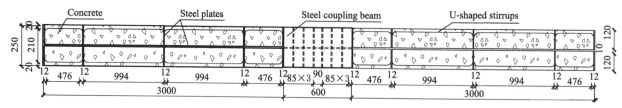

Figure 3 Planar view of BS model (unit: mm)

Specific dimensions of BS model Table 1

PEC wall piers			Steel coupling beam		
Cross-section	t_pf/mm	t_pw/mm	Cross-section	b/mm	$b/(M_\text{p}/V_\text{p})$
3000×250	12	10	H450×250×6×14	600	0.49

Note: t_pf and t_pw are the thicknesses of the steel flanges and webs in the PEC wall piers, respectively; b is the clear length of the steel coupling beams; and M_p and V_p represent the flexural strength and shear strength of the steel coupling beams, respectively.

3.2 Effect of steel coupling beam cross-section (CR-A series)

The CR-A series models focused on the impact of the steel coupling beam cross-section on the seismic behavior of the hybrid coupled PEC wall. Under the condition of constant PEC wall pier width-thickness ratio and number of stories, the change in CR_elastic was realized by changing the steel coupling beam cross-section. Its essence was to change the relative relationship between the bending stiffness of the steel coupling beam and the PEC wall pier (i.e., parameter α). The design parameters of the CR-A series models are listed in Table 2.

Design parameters of CR-A series models Table 2

Series	Model	CR_elastic/%	Steel coupling beam	
			Cross-section/mm	$b/(M_\text{p}/V_\text{p})$
CR-A	CR-A-55	55	H200×250×6×14	0.52
	CR-A-65 (BS)	65	H450×250×6×14	0.49
	CR-A-70	70	H660×250×8×14	0.57
	CR-A-75	75	H1000×250×18×30	0.52

3.3 Effect of PEC wall pier width–thickness ratio (CR–B series)

The CR-B series models focused on the influence of the PEC wall pier width-thickness ratio on the seismic behavior of the hybrid coupled PEC wall. Under the condition of constant steel coupling beam cross-section and number of stories, the change in CR_elastic was realized by changing the PEC wall pier width-thickness ratio. Its essence was to change the relative relationship between the bending stiffness of the steel coupling beam and the PEC wall pier (i.e., parameter α), and the relative relationship between the axial stiffness and bending stiffness of the PEC wall piers (i.e., parameter k). The design parameters of the CR-B series models are listed in Table 3.

Design parameters of CR-B series models Table 3

Series	Model	CR_elastic/%	PEC wall pier	
			Cross-section/mm	Width-thickness ratio
CR-B	CR-B-61	61	4000×250	16
	CR-B-65 (BS)	65	3000×250	12
	CR-B-70	70	2000×250	8

3.4 Effect of number of stories (CR–C series)

The CR-C series models focused on the effect of the number of stories on the seismic behavior of the hybrid coupled PEC wall. Under the condition of constant steel coupling beam cross-section and PEC wall pier width-thickness ratio, the change in CR_elastic was realized by changing the number of stories. Its essence was to change the overall height of the structure (i.e., parameter *H*). The design parameters of the CR-C series models are listed in Table 4.

Design parameters of CR-C series models Table 4

Series	Model	$CR_{elastic}$/%	Number of stories	Overall height/m
CR-C	CR-C-50	50	5	15
	CR-C-65 (BS)	65	10	30
	CR-C-70	70	15	45

4 FINITE ELEMENT MODEL

In order to investigate the seismic behavior of the hybrid coupled PEC wall, the authors[38] carried out quasi-static tests on two 2/3-scaled three-story specimens (PEC-1 and PEC-2, refer to Figure 4) and established the refined finite element model in ABAQUS. The simulation adopted ABAQUS Explicit without the problem of convergence for quasi-static analysis. Figure 5 and Table 5 show the construction details and dimensions of the two specimens. The PEC wall piers of the two specimens were the same, but the steel coupling beam cross-sections were different. The concrete material was C40, the steel plate material was Q345B, and the U-shaped stirrup material was Φ8 HRB400. For the concrete, the average compressive strength ($f_{cu,100}$) of cubic samples of 100 mm was 41.63 MPa, and the corresponding compressive strength (f_c) of equivalent standard cylindrical was 30.06 MPa. The mechanical properties of steel plates and U-shaped stirrup are listed in Table 6.

The experimental setup is shown in Figure 6. To ensure out-of-plane stability, a lateral bracing system was set around the specimens. The foundation beam of the specimens was connected to the rigid pedestal anchored on the strong floor by two steel beams and 12 prestressed rods with a 38 mm diameter. An additional gravity load of 845 kN was applied on top of each wall pier of the specimens before applying the lateral load, which led to a design axial compression ratio of each wall pier being 0.2. Two MTS hydraulic actuators were used to apply a lateral cyclic load to the specimens through the loading beam. The lateral load was controlled by displacement during the entire process. The loading protocol is shown in Figure 7.

The results showed that the shapes of the hysteretic curves, which are obtained using the finite element models, were similar to those of the tests, as shown in Figure 8. The ultimate loads according to the test for PEC-1 were 17.78% and 15.99% higher than those in simulation results in positive and negative directions, respectively. However, for PEC-2, the ultimate loads according to the test were 6.74% and 2.20% higher than those in simulation results in positive and negative directions, respectively. The error of PEC-1 was larger than that of PEC-2. The reason is that the polytetrafluoroethylene plates used to reduce the friction between the test specimen and the lateral supports fell off during loading of PEC-1, leading to its test results being slightly greater than the true values. The characteristics of the experimental hysteretic curves could be captured by the finite element models. Figure 9 shows a comparison of the failure modes between the experimental and finite element model results. The failure modes of the two were highly consistent, and the damage was concentrated on the steel coupling beams along the wall height and the bottom of the PEC wall piers. The finite element modeling method was accurate and reliable, and the established model could be used to simulate and analyze the mechanical properties of the hybrid coupled PEC wall. Therefore, the models of the wall used in this paper were established using the above-mentioned modeling method and carried out parameter analysis.

Figure 4 Full picture of the specimens

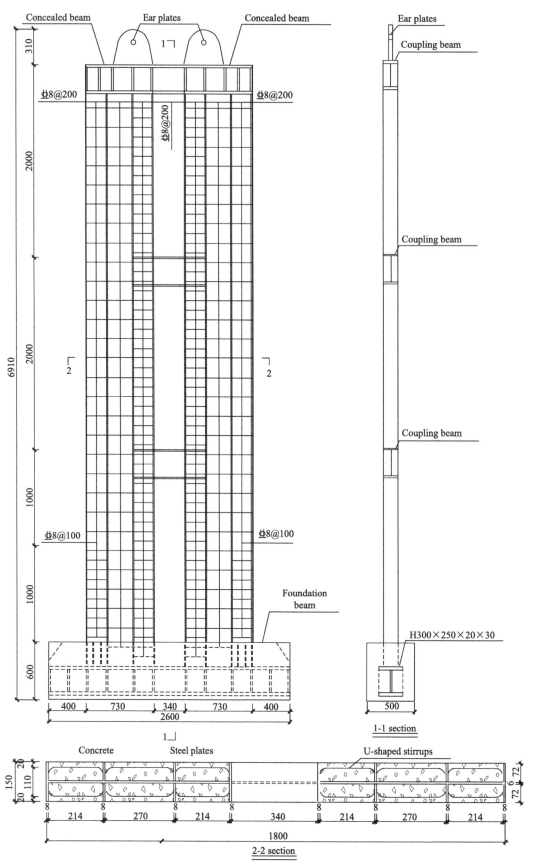

Figure 5　Construction details and dimensions of the specimens (unit: mm)

Table 5 Specific sizes of the specimens

Spec.	Coupling beam		PEC wall pier			$CR_{elastic}$ /%
	Cross section	Span /mm	Cross section	Web thickness /mm	Flange thickness /mm	
PEC-1	H 300×150 ×4×12(30)	340	730×150	6	8	60
PEC-2	H 340×150 ×6×12(30)	340	730×150	6	8	65

Note: The values in parentheses are the flange thicknesses of the third-story steel coupling beams.

Table 6 Mechanical properties of steel plates and U-shaped stirrup

Type	Thickness /mm	Elastic modulus E_s/MPa	Yield stress f_y/MPa	Ultimate stress f_u/MPa	Elongation δ/%
Steel plate	4	2.10×10⁵	436	610	20.2
	6	2.08×10⁵	425	595	22.1
	8	2.13×10⁵	417	535	26.1
	10	2.09×10⁵	382	527	29.5
	12	2.03×10⁵	390	533	29.2
U-shaped stirrup	Φ8	1.79×10⁵	453	653	9.6

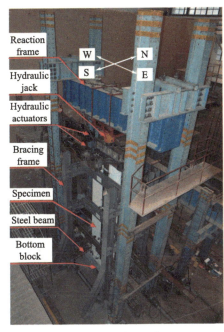

Figure 6 Experimental setup

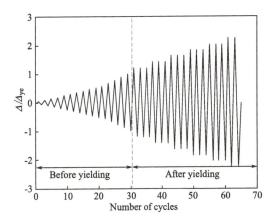

Figure 7 Loading protocol

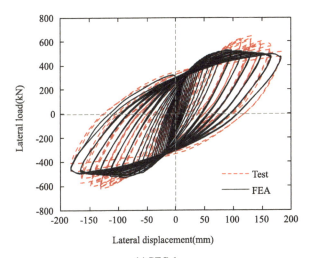

(a) PEC-1

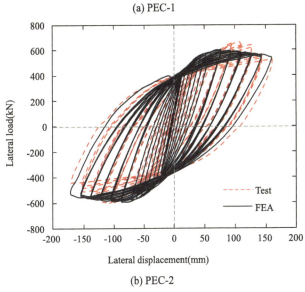

(b) PEC-2

Figure 8 Comparison of hysteretic curves between experimental and finite element model results

Details of the test specimen and the corresponding finite element modeling process can be found in reference[38]. But for the convenience of reading and understanding, the process of establishing the model was briefly introduced in this section. C3D8R, S4R, and B31 were used to simulate concrete, steel plates, and U-shaped

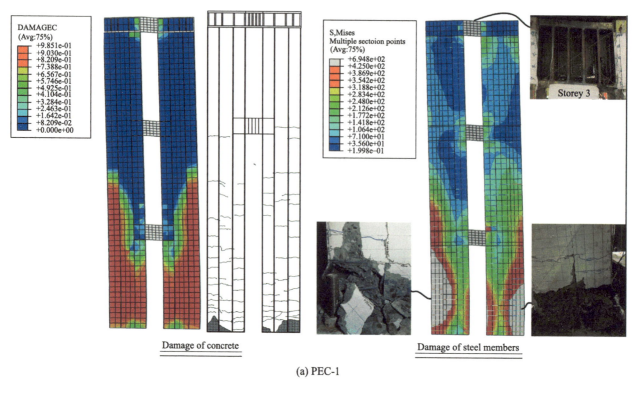

(a) PEC-1

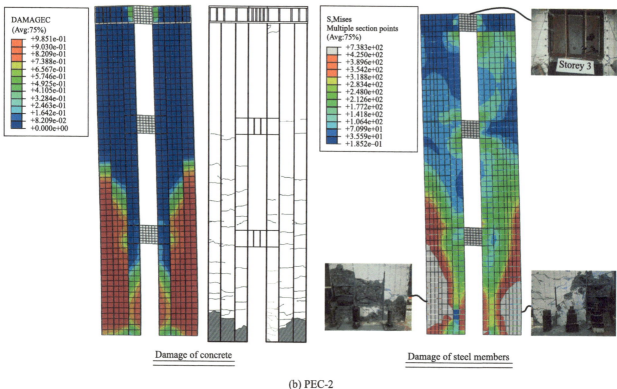

(b) PEC-2

Figure 9 Comparison of failure modes between experimental and finite element model results

stirrups, respectively, in the hybrid coupled PEC wall. The behavior of steel plates and U-shaped stirrups was simulated via the bilinear kinematic hardening model, with a hardening ratio of 0.01 and mechanical property data recommended in GB 50017-2017 and GB 50010-2010. The behavior of concrete was modeled by the concrete damage plasticity (CDP) model, with the mechanical property data recommended in GB 50010-2010 and the damage factors computed by the energy method. The five plastic parameters of the CDP model are listed in Table 7. The weld seam between the steel coupling beams and the steel flanges in the PEC wall piers was modeled using the "Tie" option. The "Merge" option was employed to simulate the weld seam between the steel plates and the U-shaped stirrup in the PEC wall piers, as well as the weld seam between the stiffeners and steel plates in the steel coupling beams. The "Embedded" option was adopted to model the interaction between the concrete and the U-shaped stirrup. According to references[7, 14, 39], the interaction between the concrete and steel plates in the PEC wall piers was simulated using the "General contact" option, in which the tangent direction was a "Penalty" function with friction coefficient of 0.4[40] and the normal direction was a "Hard" contact. The adhesion between steel and concrete was no longer considered.

The fixed constraint at the bottom of the model was realized by coupling the bottom of the PEC wall piers to their respective central points and restraining the six degrees of freedom of these points. In order to prevent out-of-plane instability and torsion, the x-direction freedom of the steel flanges of the PEC wall piers within a vertical range of 300 mm at the 2/3 height of even number of stories was constrained. Both horizontal and vertical loads were applied through the reference points coupling the top of PEC wall piers. Considering that the hybrid coupled PEC wall mainly bore the horizontal load, the vertical load calculated with the design axial compression ratio of 0.2 was applied to the top of wall piers. The horizontal load was controlled by displacement. The boundary conditions and meshing of the BS model is shown in Figure 10. The structured mesh generation technology was adopted to mesh the model. After sensitivity analysis and accounting for the calculation efficiency and accuracy, the global mesh density of the PEC wall piers was 200 mm, that of the key parts (the first-story of the wall piers and the connection area between upper and lower stories) was 100 mm, and that of the steel coupling beams was 50 mm.

The cyclic load was controlled by horizontal displacement. Before reaching the yield displacement,

Table 7 Plastic parameters of the CDP model

Dilation angle	Eccentricity	f_{b0}/f_{c0}	K	Viscosity Parameter
38°	0.1	1.16	0.667	0.005

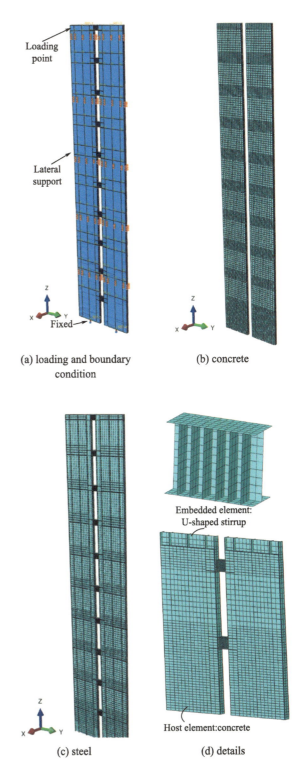

(a) loading and boundary condition (b) concrete

(c) steel (d) details

Figure 10 BS model

$0.25\Delta_y$ was used as an increment with one cycle per level, where the yield displacement Δ_y of the model was determined under monotonic loading. After the yield displacement Δ_y was reached, $1\Delta_y$ was used as an increment with three cycles for each level[41].

5 RESULTS AND DISCUSSION
5.1 CR–A series models
5.1.1 Load-displacement curve

The hysteretic curves and skeleton curves of the CR-A series models under cyclic loading are shown in Figure 11, where P and Δ represent the base shear and top displacement, respectively. The hysteretic curves of the CR-A series models were full and stable without apparent pinching phenomena, indicating an excellent energy dissipation capacity. There was little difference between the positive and negative directions of the curves, showing good symmetry. As shown in Figure 11(e), with

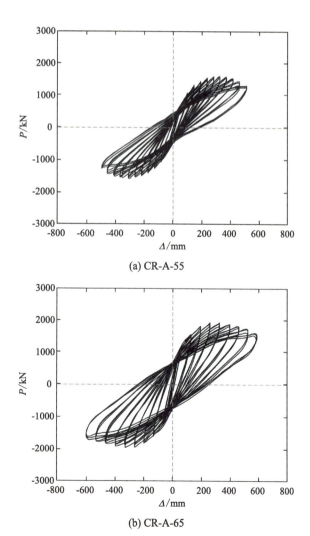
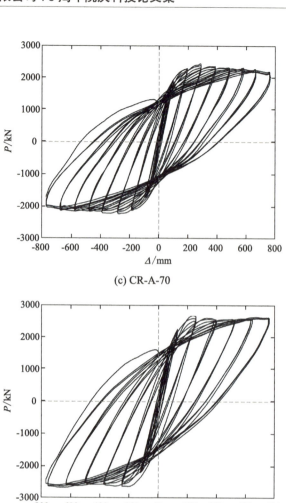
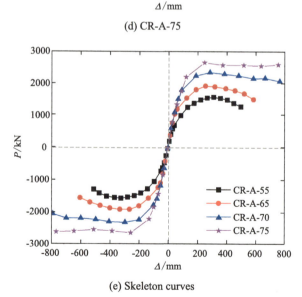

Figure 11 Load-displacement curves of CR-A series models

an increase in $CR_{elastic}$, the initial stiffness and strength of the models increased. However, the post-yield stiffness decreased, meaning that the redundancy of strength decreased with increasing $CR_{elastic}$.

Different methods are used to determine the characteristic points on the skeleton curves, such as the equivalent energy method[42] and the farthest point method[43]. The farthest point method was used in the paper. The characteristic points at each stage of the CR-A series models are listed in Table 8. First, in comparison with CR-A-55, the ultimate load of CR-A-65 increased by 22%, while the yield load was reduced by 3%. This is because the two models corresponded to different states when yielding occurred. For CR-A-55 with a smaller $CR_{elastic}$, the yielding of the model occurred after the shear yielding of all steel coupling beams. However, CR-A-65 began to yield after the shear yielding of most steel coupling beams. When the yield point was reached, the plastic development of CR-A-55 was fuller, so the yield load was higher. Secondly, when $CR_{elastic} \geq 65\%$, the loads at each stage of the models increased with the increase in $CR_{elastic}$, but the extent of the increase was smaller and smaller. In comparison with CR-A-65, the yield load and ultimate load of CR-A-70 increased by 47% and 21%, respectively, while when the $CR_{elastic}$ increased from 70% to 75%, the yield load and ultimate load of the model increased by only 23% and 14%, respectively. Third, with the increase in $CR_{elastic}$, the yield displacement first decreased, and then, increased. The yield displacement of CR-A-65 was 52% lower than that of CR-A-55, while the yield displacement of CR-A-70 and CR-A-75 was 48% and 94% higher than that of CR-A-65, respectively. Additionally, the ultimate displacement of CR-A-75 was the smallest among the four models. This is because the failure mode of CR-A-75 changed. When CR-A-75 reached the ultimate limit state, the model only formed bending plastic hinges at the bottom of the PEC wall piers, and the steel coupling beams along the height of the wall did not undergo shear yielding. Moreover, with an increase in $CR_{elastic}$, the ultimate load to yield load ratio P_u/P_y showed a trend of increasing first, and then, decreasing. When the $CR_{elastic}$ was too small (for example, CR-A-55), all steel coupling beams along the wall height yielded prematurely, resulting in the decline in the frame action of the steel coupling beams, weakening of the cooperative working ability between the PEC wall piers, and reduction of structural integrity. The model reached the ultimate limit state soon after yielding. Thus, the strength reservation was insufficient. When the $CR_{elastic}$ was too large (for example, CR-A-75), the failure mode of the model was changed from a dual lateral force resisting structural system to a single lateral force resisting structural system, leading to a decrease in strength reservation. Too small or too large $CR_{elastic}$ was bad for the seismic behavior of the hybrid coupled PEC wall, and should be avoided.

5.1.2 Energy dissipation capacity

The equivalent viscous damping coefficient of the CR-A series models varies with displacement, as shown in Figure 12. With the exception of CR-A-55, as the displacement increased, the equivalent viscous damping coefficient of the CR-A series models experienced three stages: slow increase, rapid increase, and slow growth. For CR-A-55, the equivalent viscous damping coefficient first decreased and then increased after the displacement exceeded the yield point. This was because the $CR_{elastic}$ of

Main results of CR-A series models Table 8

Model	Loading direction	Yield point		Ultimate point			Failure point	
		P_y/kN	Δ_y/mm	P_u/kN	Δ_u/mm	P_u/P_y	P_f/kN	Δ_f/mm
CR-A-55	+	1279.5	137.5	1599.9	318.8	1.25	1306.9	505.4
	−	−1270.5	−137.6	−1568.4	−320.3	1.23	−1289.5	−505.4
CR-A-65	+	1219.8	65.8	1951.0	262.3	1.60	1529.6	592.4
	−	−1233.6	−65.8	−1921.8	−262.3	1.56	−1559.8	−600.1
CR-A-70	+	1817.7	97.7	2372.5	292.5	1.31	2120.6	750.0
	−	−1784.1	−97.7	−2319.8	−291.9	1.30	−2120.6	−750.0
CR-A-75	+	2230.8	127.7	2680.5	255.3	1.20	2613.1	750.0
	−	−2215.1	−127.4	−2646.0	−253.8	1.19	−2618.1	−750.0

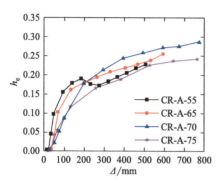

Figure 12　Equivalent viscous damping coefficients of CR-A series models

CR-A-55 was too small; all steel coupling beams yielded prematurely and fully developed plasticity, and the equivalent viscous damping coefficient increased rapidly at the initial stage of loading. When the yield point of the model was reached, the energy dissipation capacity of the steel coupling beams was fully exerted and could not be further increased. Meanwhile, the bottom of the PEC wall piers had not yet formed bending plastic hinges to dissipate energy. Thus, the equivalent viscous damping coefficient of CR-A-55 decreased. Continue loading, the plastic hinges were formed at the bottom of the wall piers, and the energy dissipation capacity of the model gradually increased again. When $CR_{elastic} \leqslant 70\%$, the relationships of the equivalent viscous damping coefficients of the CR-A series models were CR-A-55 > CR-A-65 > CR-A-70 at the beginning of loading. However, during loading, the relationships of the equivalent viscous damping coefficients became CR-A-70 > CR-A-65 > CR-A-55 when the displacement was up to approximately 200 mm, and then they remained constant. This happens because although the integrity and cooperative workability were enhanced with the increase in $CR_{elastic}$, at the initial stage of loading, the steel coupling beams of the model with smaller $CR_{elastic}$ underwent shear yielding earlier because of the smaller cross-section, showing better energy dissipation capacity. Nevertheless, as the loading, the advantage of good overall performance gradually appeared for the models with larger $CR_{elastic}$, so the equivalent viscous damping coefficient of CR-A-70 was the largest at the later stage of loading. When the $CR_{elastic}$ increased from 70% to 75%, the change in the equivalent viscous damping coefficient showed an opposite trend, that is, CR-A-75 exhibited a better energy dissipation capacity at the initial stage of loading, and CR-A-70 exhibited a better energy dissipation capacity at the later stage. This is because the failure mode of CR-A-75 changed, and it no longer met the design requirements of "strong wall piers and weak coupling beams." Among the four models of the CR-A series, CR-A-55 and CR-A-70 showed the greatest energy dissipation capacity at the early and late stages of loading, respectively. CR-A-75, which cannot form a reasonable failure mode, demonstrated the worst energy dissipation capacity during the entire loading process.

5.1.3　Story displacement and inter-story drift ratio

Figure 13 shows the variation in story displacement and inter-story drift ratio with the wall height at the ultimate point of the CR-A series models. The story displacement and inter-story drift ratio at the ultimate point of the CR-A series models increased with the increase in the wall height and the maximum value appeared in the 10th story, showing apparent bending deformation characteristics. As the $CR_{elastic}$ was too small, the frame action of the steel coupling beams was weak, and the structural integrity was poor. The story displacement and inter-story drift ratio of CR-A-55 were the largest among the four models.

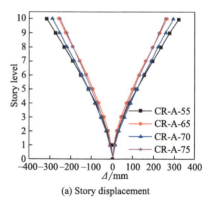

(a) Story displacement

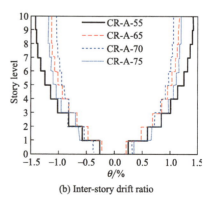

(b) Inter-story drift ratio

Figure 13　Story displacement and inter-story drift ratio at the ultimate point of CR-A series models

5.1.4 Distribution and development of plastic hinges

Figure 14 to Figure 17 show the distribution and development of the plastic hinges for the CR-A series models. $CR_{elastic}$ had a direct impact on the distribution and development of the plastic hinges of the hybrid coupled PEC wall. Along the height of the wall, the shear force distribution in the steel coupling beams was uneven, showing a tendency to be large in the middle and small on both sides. With the increase in $CR_{elastic}$, the non-uniform distribution of the shear force became increasingly severe. First, in CR-A-55, the first batch of plastic hinges was formed by the shear yielding of 4th-to-10th stories steel coupling beams. For CR-A-65, the shear yielding of the 5th-to-8th stories steel coupling beams occurred simultaneously, forming the first batch of plastic hinges. In CR-A-70, only the 5th-to-7th stories steel coupling beams experienced shear yielding when the first batch of plastic hinges was formed. Secondly, the yielding of CR-A-55 occurred after the formation of the third batch of plastic hinges, whereas CR-A-65 and CR-A-70 reached the yield point before the formation of the third batch of plastic hinges, indicating that the

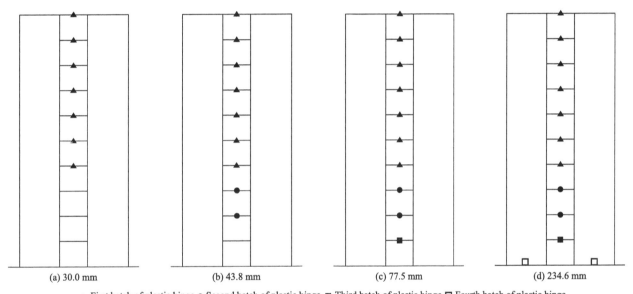

▲ First batch of plastic hinge ● Second batch of plastic hinge ■ Third batch of plastic hinge □ Fourth batch of plastic hinge

Figure 14　Distribution and development of plastic hinges for CR-A-55

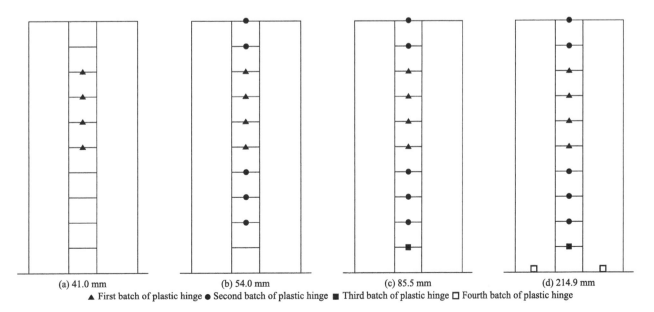

▲ First batch of plastic hinge ● Second batch of plastic hinge ■ Third batch of plastic hinge □ Fourth batch of plastic hinge

Figure 15　Distribution and development of plastic hinges for CR-A-65

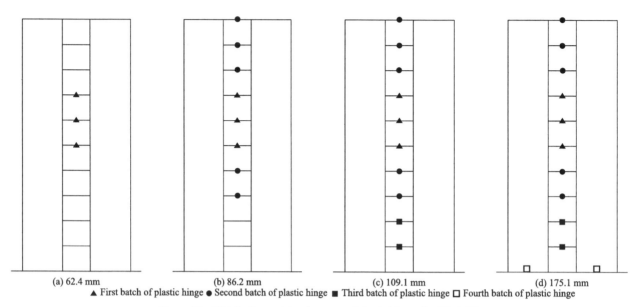

(a) 62.4 mm　　(b) 86.2 mm　　(c) 109.1 mm　　(d) 175.1 mm

▲ First batch of plastic hinge ● Second batch of plastic hinge ■ Third batch of plastic hinge □ Fourth batch of plastic hinge

Figure 16　Distribution and development of plastic hinges for CR-A-70

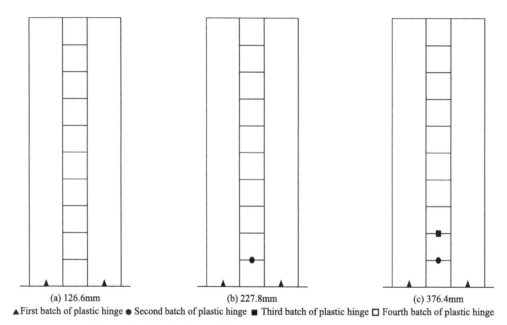

(a) 126.6mm　　(b) 227.8mm　　(c) 376.4mm

▲First batch of plastic hinge ● Second batch of plastic hinge ■ Third batch of plastic hinge □ Fourth batch of plastic hinge

Figure 17　Distribution and development of plastic hinges for CR-A-75

yielding of CR-A-55 was caused by the shear yielding of all steel coupling beams, and the yielding of CR-A-65 and CR-A-70 was caused by the shear yielding of most steel coupling beams. Third, when the ultimate limit state was reached, all steel coupling beams of CR-A-55, CR-A-65, and CR-A-70 suffered from shear yielding, and bending plastic hinges were formed at the bottom of the PEC wall piers. The failure mode of three models was reasonable and satisfied with the design goal of "two-stage energy dissipation system." However, for CR-A-55, all steel coupling beams yielded prematurely owing to the small $CR_{elastic}$, which led to a reduction in the frame action between the PEC wall piers, and the decline of structural integrity and cooperative workability. The model reached the ultimate limit state quickly after yielding, which caused insufficient strength reservation and was adverse to the seismic behavior of the wall. Further, for CR-A-75, before the yielding of the model, all steel coupling beams did not undergo shear yielding, and only the bending plastic hinges formed at the bottom of the PEC wall piers.

The plastic hinges that were formed at the bottom of the PEC wall piers caused the yielding of CR-A-75. All steel coupling beams were still in an elastic state and did not play a role in dissipating energy. Therefore, the equivalent viscous damping coefficient of CR-A-75 was the smallest among the four models of the CR-A series, showing the worst energy dissipation capacity. Until the model reached the ultimate point, the steel coupling beams of CR-A-75 still maintained elasticity. This implies that it did not meet the design requirements of "strong wall piers and weak coupling beams" and could not form an ideal failure mode.

5.2　CR–B series models

5.2.1　Load-displacement curve

The load-displacement curves of the CR-B series models are shown in Figure 18. With the decrease in the PEC wall pier width-thickness ratio, although the CR_elastic of the model increased, the overall stiffness and strength decreased rapidly. This happens because the stiffness and strength of the hybrid coupled PEC wall are directly related to sectional dimensions. Under the premise that the other dimensions were the same, the structural stiffness and strength of the model with a small wall pier width-thickness ratio were small. The increase in CR_elastic was not sufficient to change this trend. However, after combining the skeleton curves of the CR-A and CR-B series models, it can be seen that the trend of the load-displacement curves was similar for the models with the same CR_elastic but different wall pier width-thickness ratios and steel coupling beam cross-sections.

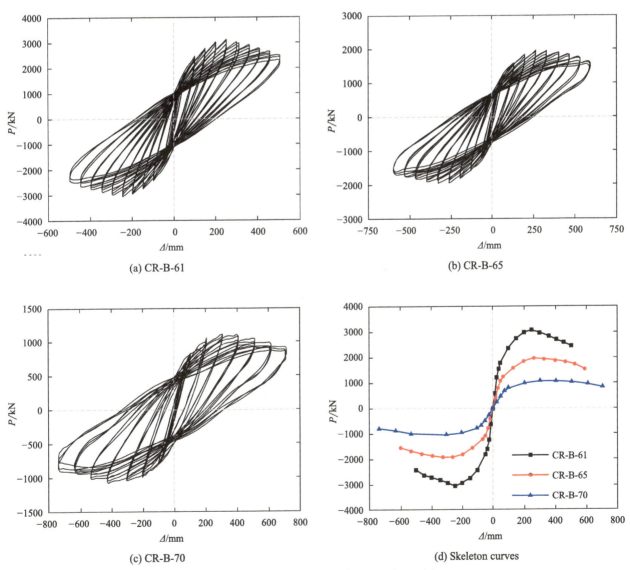

Figure 18　Load-displacement curves of CR-B series models

Table 9 lists the characteristic points of CR-B series models at each stage. Given that all CR-B series models formed a reasonable failure mode and steel coupling beams did not yield prematurely, the ultimate load to yield load ratio P_u/P_y for the models decreased with the increase of $CR_{elastic}$. In addition, the P_u/P_y of CR-B-70 was close to that of CR-A-70, which were 1.33 and 1.31, respectively. All these results showed that the way of changing $CR_{elastic}$ had little effect on the strength reservation of the hybrid coupled PEC wall and the $CR_{elastic}$ determined the changing trend of the strength reservation.

5.2.2 Energy dissipation capacity

The variation in the equivalent viscous damping coefficient of the CR-B series models with displacement is shown in Figure 19. At the early stage of loading, the equivalent viscous damping coefficient of the models gradually decreased with an increase in $CR_{elastic}$. However, the relative relationships of the energy dissipation capacity of the three models in the CR-B series changed with the loading process. At the medium

Main results of CR-B series models Table 9

Model	Loading direction	Yield point		Ultimate point			Failure point	
		P_y/kN	Δ_y/mm	P_u/kN	Δ_u/mm	P_u/P_y	P_f/kN	Δ_f/mm
CR-B-61	+	1785.3	49.8	3088.9	250.4	1.73	2463.7	505.0
	−	−1803.7	−49.9	−3047.8	−246.4	1.69	−2426.8	−497.4
CR-B-65	+	1219.8	65.8	1951.0	262.3	1.60	1529.6	592.4
	−	−1233.6	−65.8	−1921.8	−262.3	1.56	−1559.8	−600.1
CR-B-70	+	803.9	102.3	1080.8	306.2	1.34	835.6	709.7
	−	−798.4	−102.3	−1044.8	−305.5	1.31	−819.9	−738.6

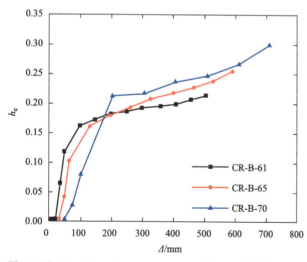

Figure 19 Equivalent viscous damping coefficient of CR-B series models

load, that is, all steel coupling beams first suffered from shear yielding, and then, the bottom of the PEC wall piers formed bending plastic hinges. At the initial stage of loading, the shear yielding of steel coupling beams for the model with a small $CR_{elastic}$ was earlier owing to the small cross-section (especially the thin web), showing a better energy dissipation capacity. As the loading, the excellent energy dissipation capacity of the model with large $CR_{elastic}$ gradually appeared. In addition, the variation in the equivalent viscous damping coefficient of the CR-B series models with $CR_{elastic}$ was consistent with that of the CR-A series models, indicating that the way of changing $CR_{elastic}$ had little influence on the change laws of the energy dissipation capacity of the hybrid coupled PEC wall.

5.2.3 Story displacement and inter-story drift ratio

Figure 20 shows the variation in the story displacement and inter-story drift ratio with the wall height at the ultimate point of the CR-B series models. As shown, with the decrease in the PEC wall pier width-thickness ratio, the story displacement and inter-story

and late stages of loading, the equivalent viscous damping coefficient increased with an increase in $CR_{elastic}$. This was determined by the failure mode of the hybrid coupled PEC wall. Because the $CR_{elastic}$ of the CR-B series models were less than or equal to 70%, a reasonable failure mode was formed under the lateral drift ratio increased. This is because the lateral stiffness of the model decreased with a decrease in the PEC wall pier width-thickness ratio, leading to an increase in the story displacement and inter-story drift ratio of the hybrid coupled PEC wall. The story displacement and inter-story drift ratio of the CR-B series models increased as the number of stories increased. The maximum value still appeared in the 10th story, showing the characteristics of bending deformation. This indicates that the change in the PEC wall pier width-thickness ratio would not cause a change in the deformation form of the hybrid coupled PEC wall.

5.2.4 Distribution and development of plastic hinges

Figure 21 to Figure 23 present the distribution and development of plastic hinges for the CR-B series models. The $CR_{elastic}$ of the CR-B series models was less than or equal to 70%. Before reaching the ultimate limit state, all steel coupling beams along the wall height for the three models suffered from shear yielding and fully developed, and the bottom of the PEC wall piers formed bending plastic hinges with a reasonable failure mode, which was in line with the design goal of "two-stage energy dissipation system."

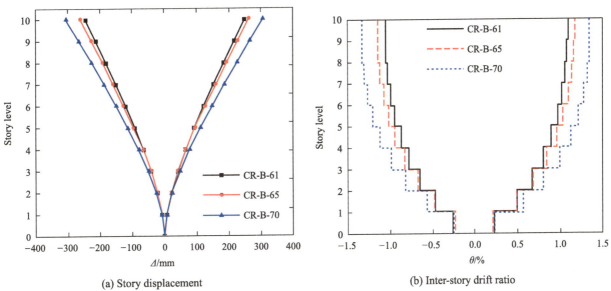

(a) Story displacement

(b) Inter-story drift ratio

Figure 20 Story displacement and inter-story drift ratio at the ultimate point of CR-B series models

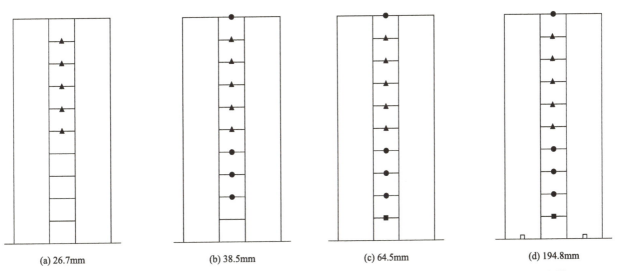

(a) 26.7mm   (b) 38.5mm   (c) 64.5mm   (d) 194.8mm

▲ First batch of plastic hinge ● Second batch of plastic hinge ■ Third batch of plastic hinge □ Fourth batch of plastic hinge

Figure 21 Distribution and development of plastic hinges for CR-B-61

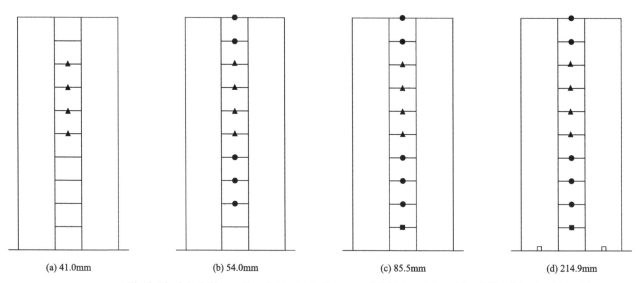

(a) 41.0mm (b) 54.0mm (c) 85.5mm (d) 214.9mm

▲ First batch of plastic hinge ● Second batch of plastic hinge ■ Third batch of plastic hinge □ Fourth batch of plastic hinge

Figure 22 Distribution and development of plastic hinges for CR-B-65

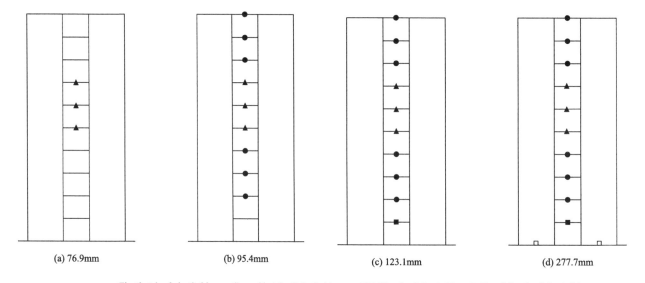

(a) 76.9mm (b) 95.4mm (c) 123.1mm (d) 277.7mm

▲ First batch of plastic hinge ● Second batch of plastic hinge ■ Third batch of plastic hinge □ Fourth batch of plastic hinge

Figure 23 Distribution and development of plastic hinges for CR-B-70

5.3 CR–C series models

5.3.1 Load-displacement curve

Figure 24 presents the load-displacement curves of the CR-C series models. Similar to the CR-B series models, the $CR_{elastic}$ increased with an increase in the numbers of stories, but the lateral stiffness and strength of the models were reduced significantly. The main reason is that the wall height is closely related to its overall stiffness and strength. It is of little significance to compare the stiffness and strength of the models with different number of stories. The analysis should focus on the influence of the way of change $CR_{elastic}$ on the trend of the seismic performance of the hybrid coupled PEC wall.

Table 10 lists the characteristic points of the CR-C series models at each stage. For the CR-C series models, the ultimate load to yield load ratio P_u/P_y increased at first and then decreased as the $CR_{elastic}$ increased, which was the same as in the CR-A series models. CR-C-50 was similar to CR-A-55 in that all steel coupling beams along the wall height yielded prematurely owing to a small $CR_{elastic}$, leading to a decrease in the frame action between the two PEC wall piers, the weakening of the cooperative working performance, and the decline of the structural integrity. The model reached the ultimate limit state soon

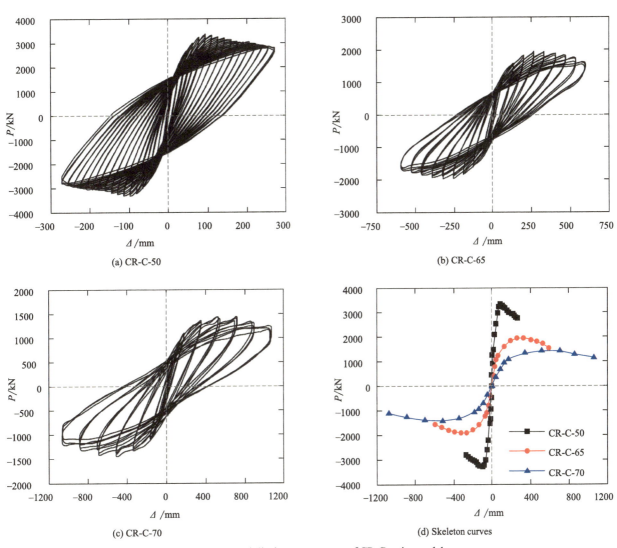

Figure 24　Load-displacement curves of CR-C series models

Main results of CR-C series models　　　　Table 10

Model	Loading direction	Yield point		Ultimate point			Failure point	
		P_y/kN	Δ_y/mm	P_u/kN	Δ_u/mm	P_u/P_y	P_f/kN	Δ_f/mm
CR−C−50	+	2680.3	48.2	3351.8	96.4	1.25	2796.7	271.9
	−	−2688.1	−48.2	−3299.8	−96.3	1.23	−2781.6	−270.8
CR−C−65	+	1219.8	65.8	1951.0	262.3	1.60	1529.6	592.4
	−	−1233.6	−65.8	−1921.8	−262.3	1.56	−1559.8	−600.1
CR−C−70	+	1093.7	174.4	1423.7	521.1	1.30	1149.4	1062.6
	−	−1084.6	−174.3	−1419.4	−519.9	1.31	−1075.9	−1073.8

after yielding, so its strength reservation was insufficient and the P_u/P_y was only 1.24, which was bad for the seismic performance of the hybrid coupled PEC wall and should be avoided.

5.3.2　Energy dissipation capacity

Considering that the displacements at the characteristic points of the CR-C series models were quite different, it was not easy to obtain the variation in the energy dissipation capacity of the hybrid coupled PEC wall at each stage with the $CR_{elastic}$ by taking the displacements as x-coordinate. Therefore, the variation in the equivalent viscous damping coefficient of the CR-C series models with the top displacement drift ratio is shown in Figure 25. Similar to the above two series models, since the $CR_{elastic}$ of the CR-C series models was less than or equal to 70% at the beginning of loading, the model with smaller $CR_{elastic}$ showed stronger energy dissipation capacity. During loading, the excellent energy dissipation capacity of the model with larger $CR_{elastic}$ gradually appeared. Because the $CR_{elastic}$ was too small, the equivalent viscous damping coefficient of CR-C-50 decreased first and then increased, after exceeding the yield point.

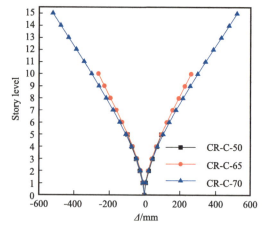

(a) Story displacement

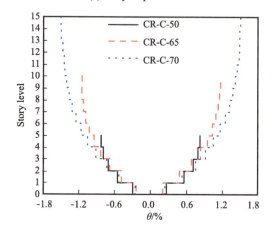

(b) Inter-story drift ratio

Figure 26 Story displacement and inter-story drift ratio at the ultimate point of CR-C series models

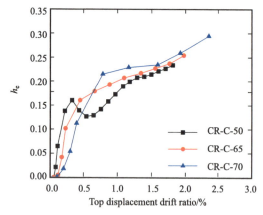

Figure 25 Equivalent viscous damping coefficient of CR-C series models

5.3.3 Story displacement and inter-story drift ratio

The variation in the story displacement and inter-story drift ratio at the ultimate point for the CR-C series models with the height of the wall is presented in Figure 26. Similar to the other two series models, the story displacement and inter-story drift ratio of the CR-C series models increased with an increase in wall height, and the maximum value still appeared at the top of the wall. These results showed that the way of changing $CR_{elastic}$ affected neither the change trend of the story displacement and inter-story drift ratio of the hybrid coupled PEC wall, nor the deformation characteristics of the wall.

5.3.4 Distribution and development of plastic hinges

Figure 27 to Figure 29 show the distribution and development of the plastic hinges of the CR-C series models. Similar to CR-A-55, owing to the small $CR_{elastic}$,

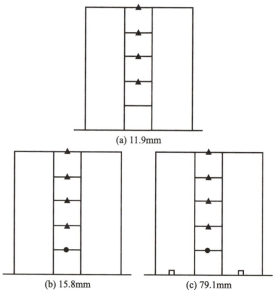

Figure 27 Distribution and development of plastic hinges for CR-C-50

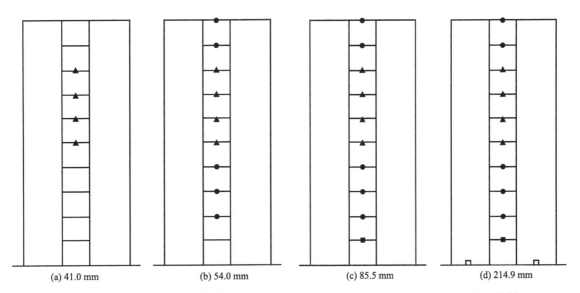

(a) 41.0 mm (b) 54.0 mm (c) 85.5 mm (d) 214.9 mm

▲ First batch of plastic hinge ● Second batch of plastic hinge ■ Third batch of plastic hinge □ Fourth batch of plastic hinge

Figure 28 Distribution and development of plastic hinges for CR-C-65

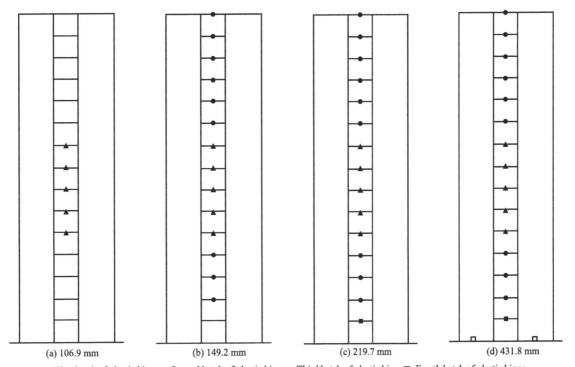

(a) 106.9 mm (b) 149.2 mm (c) 219.7 mm (d) 431.8 mm

▲ First batch of plastic hinge ● Second batch of plastic hinge ■ Third batch of plastic hinge □ Fourth batch of plastic hinge

Figure 29 Distribution and development of plastic hinges for CR-C-70

when the loading displacement was far less than the yield displacement of 48.2 mm, all steel coupling beams of CR-C-50 experienced shear yielding, resulting in the decline of frame action of steel coupling beams, the weakening of cooperative working ability between PEC wall piers, and the reduction of structural integrity. Although a reasonable failure mode was formed, the model reached the ultimate limit state soon after yielding. Therefore, the strength reservation of CR-C-50 was insufficient.

6 CONCLUSIONS

To broaden the scope of the applicability of PEC members in seismic regions, combining the advantages of PEC shear walls with excellent seismic behavior and the concept of the HCW system, an innovative hybrid coupled wall system consisting of PEC shear walls coupled by a series of steel beams was proposed in this study. To investigate the seismic behavior of this innovative system, theoretical analysis and numerical simulations were performed. The main conclusions of the study are summarized as follows:

(1) The hysteretic curves of the eight models in three series were plump without significant pinch phenomena, showing that the proposed innovative hybrid coupled PEC wall system had stable seismic behavior and good energy dissipation capacity, which was suitable for high-intensity seismic fortification areas.

(2) The elastic coupling ratio ($CR_{elastic}$) was an important parameter affecting the overall performance of the hybrid coupled PEC wall, which was consistent with previous findings on coupled walls. With increasing $CR_{elastic}$, the energy dissipation capacity and strength reservation of the hybrid coupled PEC wall first increased and then decreased. Considering these two factors, the structural performance of the wall was the best when the $CR_{elastic}$ was equal to 65%.

(3) Comparative analysis of CR-A, CR-B, and CR-C series models revealed that although the $CR_{elastic}$ changed in different ways, the distribution and development of plastic hinges for the hybrid coupled PEC wall were essentially the same when the $CR_{elastic}$ was the same. $CR_{elastic}$ was the decisive factor influencing the distribution and development of plastic hinges on the wall was.

(4) Both too large and too small $CR_{elastic}$ were detrimental to the seismic performance of the hybrid coupled PEC wall. To form an ideal plastic hinge development mode and experience good seismic performance, it is suggested that the reasonable range of $CR_{elastic}$ for the wall in the high-intensity seismic fortification area was 60%–70%.

Declaration of interest

None.

Acknowledgements

This work was supported by the National Natural Science Foundation of China (grant number 51908461) and the Youth Talent Lift Program of Shaanxi University Association for Science and Technology (grant number 20200426).

Data availability statement

The data that support the findings of this study are available from the corresponding author upon reasonable request.

References

[1] T. Chicoine, Short-term and long-term experimental response and finite element modelling of partially encased composite columns, Canada, Ecole Polytechnique, 2001.

[2] Y. Chen, T. Wang, Y. Jing, X. Zhao, Int. J. Steel. Struct. 2010, 10, 385-93. https://doi.org/10.1007/BF03215846.

[3] AJP. Moura Correia, JPC. Rodrigues, J. Constr. Steel. Res. 2011, 67, 593-601. https://doi.org/10.1016/j.jcsr.2010.12.002.

[4] M. Begum, RG. Driver, AE. Elwi, Eng. Struct. 2013, 56, 1718-27. https://doi.org/10.1016/j.engstruct.2013.07.040.

[5] G. Mucedero, F. Parisi, E. Brunesi, J. Build. Eng. 2021, 38, 102228.

[6] PAG. Piloto, ABR. Gavilán, M. Zipponi, A. Marini, LMR. Mesquita, G. Plizzari, J. Constr. Steel Res. 2013, 80, 121-37. https://doi.org/10.1016/j.jcsr.2012.09.013.

[7] YC. Song, RP. Wang, J. Li, Thin. Wall. Struct. 2016, 108, 93-108. https://doi.org/10.1016/j.tws.2016.08.003.

[8] Y. Chen, L. Wei, F. Cheng, Structures. 2016, 9, 29-40. https://doi.org/10.1016/j.istruc.2016.09.004.

[9] Y. Jiang, X. Hu, H. Wan, M. Gu, W. Sun, Adv. Struct. Eng. 2016, 20, 461-70. https://doi.org/10.1177/1369433216654148.

[10] S. Ahmad, A. Masri, ZA. Saleh, Alex. Eng. J. 2017, 57, 1693-712. https://doi.org/10.1016/j.aej.2017.03.035.

[11] ME. Jamkhaneh, MA. Kafi, A. Kheyroddin, Adv. Struct. Eng. 2018, 22, 94-111. https://doi.org/10.1177/1369433218778725.

[12] CC. Chen, T. Sudibyo, Adv. Civ. Eng. 2018, 2018, 1-15. https://doi.org/10.1155/2018/8672357.

[13] A. Piquer, D. Hernández-Figueirido, J. Constr. Steel Res, 2016, 124, 47-56.

[14] YN. Zhou, YN. Huang, GJ. Xu, L. Jiang, J. Jiamusi Univ. (Nat. Sci. Ed.) 2018, 36, 843-8+75 (in Chinese).

[15] QL. Zhang, YN. Huang, J. Wu, YN. Zhou, GJ. Xu, L. Jiang, Constr. Tech. 2019; 48, 100-6+25. https://doi.org/10.7672/sgjs2019020100 (in Chinese).

[16] YN. Zhou, YN. Huang, QL. Zhang, GJ. Xu, L. Jiang,

[17] KA. Harries, D. Mitchell, WD. Cook, RG. Redwood, J. Struct. Eng. 1993, 119, 3611-29. https://doi.org/10.1061/(ASCE)0733-9445(1993)119:12(3611).

[18] BM. Shahrooz, ME. Remmetter, F.Qin, J. Struct. Eng. 1993, 119, 3291-309. https://doi.org/10.1061/(ASCE)0733-9445(1993)119:11(3291).

[19] KA. Harries, Earthq. Spectra. 2000, 16, 775-99. https://doi.org/10.1193/1.1586139.

[20] S. El-Tawil, CM. Kuenzli, M. Hassan J. Struct. Eng. 2002, 128, 1272-81. https://doi.org/10.1061/(ASCE)0733-9445(2002)128:10(1272).

[21] S. El-Tawil, CM. Kuenzli, J. Struct. Eng. 2002, 128, 1282-9. https://doi.org/10.1061/(ASCE)0733-9445(2002)128:10(1282).

[22] KA. Harries, JDL. Moulton, RL. Clemson, J. Struct. Eng. 2004, 130, 480-8. https://doi.org/10.1061/(ASCE)0733-9445(2004)130:3(480).

[23] S. El-Tawil, P. Fortney, K. Harries, B. Shahrooz, Y. Kurama, M. Hassan, X. Tong, Recommendations for seismic design of hybrid coupled wall systems. American Society of Civil Engineers, Reston, VA, USA, 2009.

[24] M-Y. Cheng, R. Fikri, C-C. Chen, Eng. Struct. 2015, 82, 214-25. https://doi.org/10.1016/j.engstruct.2014.10.039.

[25] GQ. Li, YW. Li, HJ. Wang, MD. Pang, LL. Li, JY. Sun, Eng. Struct. 2019, 199, 109684. https://doi.org/10.1016/j.engstruct.2019.109684.

[26] Y. Zhou, XL. Lu, J. Build. Struct. 2011, 32, 17-23. https://doi.org/10.14006/j.jzjgxb.2011.05.003 (in Chinese).

[27] LM. Massone, P. Bonelli, R. Lagos, C. Luders, J. Moehle, JW. Wallace, Earthq. Spectra. 2012, 28, 245-56. https://doi.org/10.1193/1.4000046.

[28] JW. Wallace, Int. J. Concr. Struct. M. 2012, 6, 3-18. https://doi.org/10.1007/s40069-012-0001-4.

[29] HJ. Jiang, B. Wang, XL. Lu, J. Tongji Univ. (Nat. Sci. Ed.) 2014, 42, 167-74. https://doi.org/10.3969/j.issn.0253-374x.2014.02.001 (in Chinese).

[30] AA. Eljadei, Performance based design of coupled wall structures, University of Pittsburgh, Northeast Pennsylvania, 2012.

[31] AA. Eljadei, KA. Harries, Eng. Struct. 2014, 73, 100-13. https://doi.org/10.1016/j.engstruct.2014.05.002.

[32] BS. Smith, A. Coull, Tall building structures: Analysis and design, John Wiley & Sons, 1991.

[33] Code for Seismic Design of Buildings (GB 50011-2010), China Architecture & Building Press, Beijing China, 2010 (in Chinese).

[34] Technical Specification for Steel Plate Shear Walls (JGJ/T 380-2015), China Architecture & Building Press, Beijing China, 2015 (in Chinese).

[35] Code for Design of Composite Structures (JGJ 138-2016), China Architecture & Building Press, Beijing China, 2016 (in Chinese)

[36] Technical Specification for Steel Structure of Tall Building (JGJ 99-2015), China Architecture & Building Press, Beijing China, 2015 (in Chinese).

[37] Standard for Design of Steel Structures (GB 50017-2017), China Architecture & Building Press, Beijing China, 2017 (in Chinese).

[38] QL. Zhou, MZ. Su, Y. Shi, LY. Guan, M. Lian, L. Jiang, et al, Structures. 2021, 34, 4216-36. https://doi.org/10.1016/j.istruc.2021.10.030.

[39] M. Asgarpoor, A. Gharavi, S. Epackachi, SR. Mirghaderi, Struct. Des. Tall. Spec. Build. 2021,30, e1863. https://doi.org/https://doi.org/10.1002/tal.1863.

[40] Y.Yang. Study on the basic theroy and its application of bond-slip between steel shape and concrete in SRC structures, Xi'an University of Architecture & Technplogy, Xi'an China; 2003 (in Chinese).

[41] Specification for seismic test of buildings (JGJ/T 101-2015), China Architecture & Building Press, Beijing China, 2015 (in Chinese).

[42] Y. Zhou, SS. Zheng, LZ. Chen, L. Long, B. Wan, J. Build. Eng. 2021, 44, 102899. https://doi.org/10.1016/j.jobe.2021.102899.

[43] P. Feng, S. Cheng, Y. Bai, L. Ye, Compos. Struct. 2015, 123, 312-24. https://doi.org/10.1016/j.compstruct.2014.12.053.

作者简介

周巧玲（1994-），女，四川省建筑设计研究院有限公司博士后。

四川泸定6.8级地震震中区域建筑震害考察与思考

赵仕兴　杨姝姮　唐元旭　郭　嘉　朱　飞　周巧玲　尧　禹　黄香春

摘要：四川省甘孜州泸定县发生6.8级地震后，对震中磨西镇及附近的房屋建筑震害情况进行多次考察。根据考察结果分析，现行规范关于场地地震作用放大系数的规定较为简单，建议进行进一步细致研究；较多底框结构底层发生严重破坏，甚至倒塌，建议对底部的刚度和承载力进一步提高；合理设计与施工的砌体结构在地震中表现良好；钢筋混凝土结构施工缝易发生滑移破坏，从而加重整体结构的破坏，建议对整体结构性能目标进行施工缝验算；填充墙、装饰构件、吊顶和机电设备等非结构构件震害较多，建议从设计、施工和验收全过程控制，保证非结构构件的抗震性能。

关键词：四川泸定6.8级地震；现场震害；地震作用放大系数；结构刚度；砌体结构抗震；施工缝；非结构构件抗震

Investigation and consideration of building damage in the epicenter of Luding M6.8 earthquake in Sichuan

Zhao Shixing　Yang Shuheng　Tang Yuanxu　Guo Jia　Zhu Fei
Zhou Qiaoling　Yao Yu　Huang Xiangchun

Abstract: After the 6.8 magnitude earthquake occurred in Luding County, Ganzi Prefecture, Sichuan Province, the damage of buildings in and around Moxi Town was investigated. According to the analysis of the investigation results, the provisions of the current code on the amplification coefficient of site seismic action are relatively simple, and it is suggested that further detailed research should be carried out. The first floor of many bottom frame structures is seriously damaged or even collapsed, it is recommended to further improve the stiffness and bearing capacity of the bottom. The reasonably designed and constructed masonry structure performs well in earthquake. The construction joints of reinforced concrete structures are prone to slip failure, which aggravates the damage of the overall structure. It is recommended to check the construction joint corresponding to the overall structure performance target. Non structural components, such as infilled walls, decorative components, suspended ceilings and electromechanical equipments are subject to more seismic damage. It is recommended to control the whole process of design, construction and acceptance to ensure the seismic performance of non structural components

Keywords: Sichuan Luding M6.8 earthquake; earthquake damage; amplification coefficient of seismic action; structural stiffness; seismic of masonry structure; construction joint; seismic resistance of non structural component

0 引言

四川省是我国地震频发、震害最为严重的地区之一。2008~2021年间，四川省就先后发生了26次5.0级及以上的地震[1]。仅2022年到10月为止，四川省就已经发生了三次6级以上地震，分别是6月1日芦山县6.1级地震、6月10日马尔康市6.0级地震、9月5日泸定县6.8级地震，其中，"9·5"泸定地震震

本文已发表于《建筑结构》，2023

级最高,损失也最大,建筑的震害也最丰富。

泸定 6.8 级地震发生后,笔者和所在单位抗震专家多次赶赴抗震救灾一线,开展大量地震应急评估和震害考察工作。震中磨西地区,因受灾最严重,建筑类型最多样,震害典型、丰富,极具研究价值,笔者三次到场调研,并对相关震害资料进行梳理和思考,以期为今后的建筑抗震设计提供参考。

1 地震概况

2022 年 9 月 5 日 12 时 52 分,四川省甘孜藏族自治州泸定县(北纬 29.59 度,东经 102.08 度)发生 6.8 级地震,震源深度 16km,地震持续时间长达 20s。其中,SC.T2471 台站记录到本次地震的加速度峰值,于 18.29s 在东西向达到 634.05745cm/s²,记录到的东西向地震波如图 1 所示,而南北向则于 18.27s 达到峰值加速度 482.55cm/s²,竖直方向于 18.34s 达到峰值加速度 255.37cm/s²。位于震中的 SC.V2204 台站(北纬 29.637 度,东经 102.126 度)记录的泸定地震加速度峰值为 443.85cm/s²,于 13.32s 在东西向达到,地震波如图 2 所示,南北向于 12.5s 达到峰值加速度 306.462cm/s²,竖直方向于 12.73s 达到峰值加速度 402.409cm/s²。

泸定 6.8 级地震后,还伴随着多次余震。2022 年 10 月 22 日 13 时 17 分在四川省泸定县发生 5.0 级地震,震源深度 12km,系泸定 6.8 级地震的一次强余震。截至 10 月 22 日,泸定 6.8 级地震共记录到 3.0 级及以上余震 18 次,其中 5.0 ~ 5.9 级地震 1 次,4.0 ~ 4.9 级地震 2 次,3.0 ~ 3.9 级地震 15 次[2]。

泸定 6.8 级地震等震线长轴呈北西走向,长轴 195km,短轴 112km,Ⅵ度(6 度)区及以上面积 19089km²,最高烈度为Ⅸ度(9 度),共涉及四川省 3 个市州 12 个县(市、区),82 个乡镇(街道)。此次地震共造成 66 人遇难,其中甘孜州遇难 38 人,雅安市遇难 28 人,另有 15 人失联。

泸定 6.8 级地震造成的破坏主要表现在:1)地质灾害,如山体滑坡、泥石流等[3],如图 3 所示;2)道路、基础设施损坏,如路基路面损坏,河堤损坏等,如图 4 所示;3)房屋建筑损坏。其中,房屋建筑损坏数量最多,震害表现形式丰富。考察组在震中磨西镇共调查了约 301 栋建筑,其中禁止使用建筑为 79 栋,占比约 26%,暂停使用为 91 栋,占比约 30%,可以使用为 131 栋,占比约 44%。笔者结合考察过程中收集的震中区域大量震害资料,就房屋建筑抗震防灾的若干问题进行探讨。

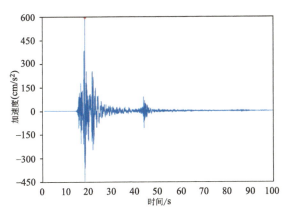

图 1 SC.T2471 台站记录的泸定地震加速度峰值(东西向)

图 3 地质灾害(山体滑坡)

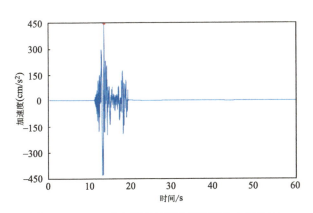

图 2 SC.V2204 台记录的泸定地震地震波(东西向)

图 4 路基路面损坏

2 若干问题的思考

2.1 场地地震作用放大系数

磨西镇（图 5）坐落在磨西台地上，台地宽约 200～500m，厚度约 50～200m，延伸约 20km，两侧为雅家梗河和摩西河，台地两侧陡峭，坡度约 60°～80°，台地纵向坡度较缓，约 1°～5°。

图 5 磨西镇卫星云图

作为此次地震的震中区域，磨西镇的震害较为严重。根据现场调查发现，台地边缘区域（临陡坡区域）比河谷平坝区或台地内区域，建筑破坏率明显更高。以中国科学院贡嘎山试验站（记为 D1）和实验楼（记为 D2）为例，D1 距离台地边缘约 25m，D2 距离台地边缘约 75m，两者间距约 50m（图 6a），但震害情况却差异巨大。其中 D1 为 3 层的砖混结构，一层发生脆性垮塌，见图 6（b）。紧邻 D1 的 1 层砖混房屋屋面垮塌，墙体严重开裂，在圈梁的约束下没有出现墙体倒塌，见图 6（c）。而 D2 为 2 层的框架结构，仅填充墙体出现少量轻微裂缝（图 6e），梁柱节点未见明显损伤痕迹[4]。

(a) 台地建筑位置示意图

(b) D1一层发生脆性垮塌　　(c) 紧邻D1的1层砖混房屋屋面垮塌

(d) D2俯瞰图　　(e) D2仅填充墙有少量轻微裂缝

图 6 台地边缘建筑破坏情况

此外，磨西博物馆的震害情况也呈现出相同的规律。如图 7 所示，磨西博物馆平面呈"廿"字形，为 2 层钢筋混凝土框架结构，将其分区标示为 B1、B2、B3，其中 B1 距台地边缘约 25m，B3 与 B1 相距约 80m。

图 7 磨西博物馆航拍分区示意图

距离台地边缘较近的 B1 震害非常严重，填充墙倒塌，楼梯严重损坏，多数框架柱柱顶及柱底均发生破坏，甚至直接剪断，柱明显错动，整体建筑明显倾斜，最大倾斜角度达约 9°，处于半倒塌状态，如图 8 所示。但与 B1 结构几乎完全相同的 B3 结构破坏却轻微得多，表现为柱顶混凝土保护层脱落、局部混凝土压碎、钢筋压曲，少量填充墙破坏形成 X 形裂缝，如图 9 所示。

根据《建筑抗震设计规范》GB 50011—2010[5]（简称抗规）第 4.1.8 条及条文说明，应考虑局部突出地

(a) 填充墙倒塌　　　(b) 楼梯严重损坏

(c) 柱端破坏　　　(d) 整体建筑倾斜
　　　　　　　　（梁、柱夹角呈锐角）

图 8　磨西博物馆 B1 区域震害情况

(a) 柱顶混凝土保护层脱落　(b) 填充墙表层剥落、有X形裂缝

图 9　磨西博物馆 B3 区域震害情况

形对地震动参数的放大作用。因台地两侧陡峭，坡降角度的正切值 $H/L > 1.0$，且高差 H 均大于60m，台地地形地震动参数的增大幅度应取 0.6。D1 和 D2 离突出台地边缘的距离 L_1 与相对高差 H 的比值均满足 $L_1/H < 2.5$，因此按照抗规规定，D1 和 D2 的水平地震影响系数最大值均应乘以增大系数 1.6。同样地，B1、B2 和 B3 的水平地震影响系数最大值应乘以增大系数 1.6。但从震害情况来看，D1、B1 比 D2、B3 严重很多，特别是 B1、B3 结构几乎完全一样，可以推断所受地震作用差异很大。

抗规虽对建筑物离边坡顶部边缘的距离做了一定程度的区分，地震影响系数增大幅度也有所不同，但从此次磨西台地的建筑震害来看，目前《抗规》中的规定较为粗略、简单，不能准确体现不同情况下建筑

结构地震作用的放大效应。此外，增大系数最大值 1.6 可能也并不能够涵盖最不利的情况。如果 D2、B2、B3 设计时取水平地震影响系数增大 1.6 倍，那么 D1、B1 则应放大更多才合理。同时，磨西台地的建筑地震作用都已按规范要求取最大值放大 1.6 倍，那么对于两侧更高、更陡峭的山地，距离山边缘更近的结构，地震作用放大系数也应该取更大值才能保证对地震作用的充分考虑。因此关于地震作用放大系数建议进一步深入研究。

2.2　结构底层刚度

磨西镇的震害调查过程中，大量建筑呈现出底层破坏的情况。如中国科学院贡嘎山试验站（图 6b），大西映画度假酒店（图 10）等，均出现底层坍塌的情况。

(a) 建筑整体倾斜　　　(b) 底层倒塌

图 10　大西映画酒店震害情况

此外，有些建筑底层虽未倒塌，却发生严重破坏，并产生较大倾斜，而这些建筑上部楼层都基本完好。通过对晓拾客栈底层柱位移的实测算得，其底层位移角约 1/30（图 11）。燕子沟某民房（图 12）底层位移角达 16/100，5.0 级余震后，笔者于 10 月 28 日测得位移进一步增大，达 18/100（如图 13 所示，线坠长 1m，线坠端部距柱边 0.18m）。

图 11　晓拾客栈底层柱发生明显位移

通过调查发现，震中附近有大量类似建筑，层数

图12 某民房底层发生明显偏移

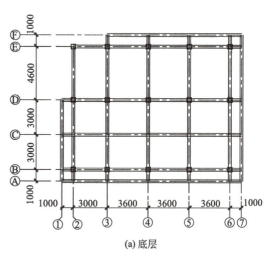

(a) 底层

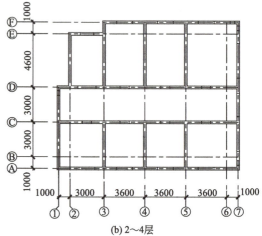

(b) 2~4层

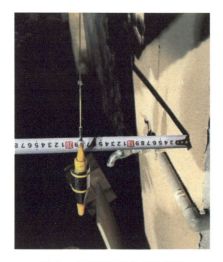

图13 民房底层柱位移角实测

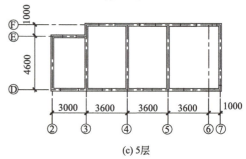

(c) 5层

图14 晓拾客栈结构平面布置图

3~6层（以3层的最多），底层为商业，开间一般为3.6m，进深一般为4~8m，上部为自住或者酒店客房。底层开敞处一般设置框架柱，有分隔处则是不设框架柱而采用砖墙承重，和框架梁相交处设置构造柱，基本上未见钢筋混凝土抗震墙，为框架和砖墙混合承重的结构体系。2层以上均为砌体结构，在房间分隔处均设置承重砖墙，最外侧的砖墙置于挑梁和边梁上。因此，这种结构称之为伪底部框架-砌体结构，如晓拾客栈，其平面图见图14。

该类建筑底层刚度明显低于上部，且底层平面刚度分布往往也极不均匀，底层为明显的薄弱层[6-7]。震中区域大量类似的建筑破坏非常严重，甚至倒塌。即使未倒塌，结构底层也都几乎产生向开敞一侧明显的倾斜，框架柱端出现明显的塑性铰[8]。

通过对部分底层框架柱的检测发现，框架柱截面一般为400mm×400mm~500mm×500mm，混凝土强度等级一般为C30，框架柱纵筋数量一般为每侧3~4根，直径为20~25mm，配筋率为1.6%~3.7%，底层柱的含钢量并不低。四川近年来多次发生大地震，老百姓的安全意识有了很大的提高，在自建房的安全上愿意投入精力和财力。此次调研时了解到，当地居民舍得花钱买钢筋。但试想若这些房屋的底层柱钢筋进一步加大，也未必不会产生这样明显的破坏。将晓拾客栈底层柱配筋率加大1%后进行弹塑性分析，发现底层仍然会产生严重破坏。

由此可知，刚度分布的合理性可能比强度更为重要，解决先天不足比后天弥补更重要。当下部刚度明显小于上部时，地震剪力乘以1.15的放大系数可能根本解决不了问题。另外，若把建筑和大地看成一个整体，那么建筑底部则存在刚度突变和应力集中，薄弱层几乎天然存在。因此建议建筑底层无论是刚度和承载能力都要再提高。

2.3 钢筋混凝土框架结构和砌体结构抗震能力

一般来说公众认为钢筋混凝土框架结构抗震能力好，砌体结构抗震能力差。但通过近年来多次地震中砌体结构和钢筋混凝土框架结构震害情况对比，结果却不尽然。图 15 为泸定 6.8 级地震震中磨西镇的海螺沟中学，教学楼为钢筋混凝土框架结构，教师公寓与学生宿舍为砌体结构。从现场实拍图可以看出，经历地震后，中学教学楼结构震害严重：底层柱端出现塑性铰，填充墙严重破坏，教室门严重变形，无法打开；教师公寓与学生宿舍则基本完好无损：墙体无裂纹或损坏，连门、窗框都形状完整，可以随意开关，玻璃未损坏。同在磨西镇的海螺沟管理局住宅，为 6~7 层的钢筋混凝土框架结构，开间 3~4m，进深 4~6m，开间、进深均与学校宿舍接近。地震后，该建筑底部出现严重破坏，如图 16 所示。汶川地震时的漩口中学与北川中学，教学楼同样采用钢筋混凝土框架结构，地震后完全倒塌，如图 17、图 18 所示；而漩口中学宿舍楼为 5 层砌体结构，地震后仅底层垮塌（实际地震烈度达 11 度），北川中学宿舍楼也为 5 层砌体结构，未见严重破坏（图 17、图 18 中未完全倒塌的建筑为宿舍楼）。

虽然砌体的强度和延性相较于钢筋混凝土低，但砌体结构的抗震能力却不一定比钢筋混凝土框架结构差，合理设计、合理施工、合理构造，其抗震能力甚至可能更好，在农房、乡村建筑中更能发挥优势。

2.4 钢筋混凝土结构施工缝

施工缝指在混凝土浇筑过程中，因设计要求或施工需要分段浇筑，而在先、后浇筑的混凝土之间所形成的接缝。施工缝宜留设于结构受剪力较小且便于施工的部位[9]，《混凝土结构工程施工规范》GB 50666—2011 对施工缝的留置作了详细的规定，其中对柱而言，可留设于基础的顶面或梁的下面；楼梯梯段施工缝宜设置在梯段板跨度端部 1/3 范围内。但施工缝留置在梯段中间时，理论上剪力最小，施工质量却不易控制，二次支模时易造成已浇筑部位的短时"悬挑"，反而不利于楼梯的质量控制。因此传统施工时，则往往将施工缝留置在梯段向上或向下 3 步处。

然而，施工缝是混凝土结构的天然薄弱环节，如留置位置不当、施工控制不佳等导致新旧混凝土结合不牢，或者后浇部分混凝土质量较差，均易引发施工缝破坏，或使结构存在薄弱点，进而导致结构的损坏。如各类梁柱节点破坏，可能由施工缝破坏引起，也可能由包含施工缝破坏在内的各种因素综合引起。施工

(a) 海螺沟中学教学楼外观

(b) 教学楼底层柱端出现塑性铰

(c) 教学楼填充墙严重破坏

(d) 教师公寓外观基本完好

(e) 学生宿舍完好无损

(f) 教师公寓窗框形状完整、玻璃完好

图 15 泸定地震后的海螺沟中学

缝处理不当，均会显著降低结构抗震性能。历次大地震中，在结构破坏中也都可以看到施工缝破坏的影子。如图 19~图 25 所示，此次泸定地震以及汶川地震中，均可见由于施工缝破坏引起的构件严重破坏甚至倒塌。

抗规第 3.9.6 条规定，"混凝土墙体、构造柱的水

图16 海螺沟管理局底部出现严重破坏

图17 汶川地震后的漩口中学

图18 汶川地震后的北川中学

图19 海螺沟中学楼梯施工缝破坏（泸定6.8级地震）　　图20 摩西博物馆楼梯施工缝破坏（泸定6.8级地震）

条规定，应对抗震等级一级的墙体进行水平施工缝的抗滑移验算。在施工缝留置位置恰当、施工控制满足相关规范要求、新旧混凝土结合牢固的情况下，可以认为构件受力和力的传递与未设施工缝的构件几乎一致。基于这样的前提，现行规范仅要求一级剪力墙进行施工缝验算，且仅要求进行多遇地震下的受剪承载力验算。但事实上，施工缝的质量控制良莠不齐，且对于有中震、大震性能要求的结构或构件，若施工缝发生滑移破坏，那么构件关于中震、大震的性能要求势必受到影响。在这种情况下，钢筋和混凝土无法共同工作，钢筋从受拉可能变为受剪、受弯，甚至受压、处于复合受力状态，那么构件损坏将无法避免。

图21 摩西博物馆框架节点破坏（泸定6.8级地震）

图22 某返迁房框架柱顶破坏（泸定6.8级地震）　　图23 西南科技大学教学楼框架节点破坏（汶川地震）

图24 都江堰玉华宾馆框架节点破坏（汶川地震）　　图25 都江堰烟草公司楼梯施工缝破坏（汶川地震）

平施工缝，应采取措施加强混凝土的结合性能"，《高层建筑混凝土结构技术规程》JGJ 3—2010[10]第7.2.12

因此，对于重要建筑、重要构件，建议扩大施工缝验算的范围，而不是仅仅局限于一级剪力墙，并在多遇地震作用下的验算基础上，依据结构或构件的性能目标，相应地进行中震、大震的验算。

2.5 非结构构件抗震

非结构构件包括建筑非结构构件和建筑附属机电设备。《抗规》规定非结构构件自身及其与结构主体的连接应进行抗震设计，并由相关专业人员分别负责进行。《抗规》同时也对非结构构件的基本计算要求、基本抗震措施做出了规定。《非结构构件抗震设计规范》JGJ 339—2015[11]按照非结构构件所属建筑抗震设防类别及其地震破坏的后果、对整个建筑结构影响的范围，将其划分为一级到三级共3个功能级别，并对非结构构件的地震作用、抗震验算、抗震构造等提出了明确的方法与要求。

实际工程项目中，设计人员往往关注主体结构的设计而没有对非结构构件抗震设计引起重视，非结构构件特别是建筑附属机电设备的抗震设计究竟由谁完成在行业内也一度存在争议；施工和验收时因为不是主体结构也往往未引起足够的重视，因此非结构构件相较于主体结构，抗震性能往往更不易达到要求。但从以往地震震害情况来看，非结构构件的损坏，也极易造成人员伤亡和财产损失。

此次地震中，也不乏吊顶、围墙、女儿墙、栏杆等垮塌、填充墙严重破坏、建筑外装饰剥落、机电设备垮塌、管线破坏等非结构构件震害（图26）。因此笔者认为，应充分重视非结构构件抗震问题，设计、施工、验收，缺一不可。

(a) 吊顶垮塌

(b) 女儿墙垮塌

(c) 填充墙严重破坏

(d) 建筑外装饰垮塌

(e) 机电设备垮塌

(f) 管线破坏

图26 泸定地震中的非结构构件震害

3 结论

地震中建筑的破坏常常带来人员伤亡和财产的严重损失。虽然地震无法阻止，但人类却可以提高建筑的抗震能力，防患于未然，从而降低灾害损失。建筑在地震中的破坏特征，可为建筑抗震设计提供宝贵的经验与研究基础。因此基于泸定6.8级地震考察结果，提出以下关于建筑抗震设计的思考与建议：

（1）重视特殊地形的地震作用放大系数取值，建议在规范取值的基础上进一步深化研究。

（2）结构刚度的合理分布尤其重要，重要性甚至高过对结构强度的要求，建议对结构底层的刚度和承载能力进一步提高。

（3）砌体结构经过合理设计和施工，具有良好的抗震能力，不一定比钢筋混凝土框架结构差。

（4）施工缝是钢筋混凝土结构天然的薄弱环节，建议对于重要建筑、重要构件，扩大验算范围，并进行小震、中震、大震下的验算。

（5）应充分重视非结构构件抗震，设计、施工、验收，缺一不可。

参考文献

[1] 潘毅，易督航，游文龙，范元青，林旭川. 泸县 6.0 级地震村镇建筑震害调查与分析 [J/OL]. 土木工程学报. https://doi.org/10.15951/j.tmgcxb.21121289.

[2] 四川省地震局. 四川泸定 5.0 级地震处置有序开展 [EB/OL]. http://www.scdzj.gov.cn/xwzx/fzjzyw/202210/t20221022_53715.html.

[3] 蔡晓光，常晁瑜，李孝波. 四川泸定 6.8 级地震地质灾害调查 [J]. 防灾科技学院学报，2022，24（4）：11-22.

[4] 罗若帆，金显廷，郭迅，等. 泸定 6.8 级地震结构震害调查与分析 [J]. 防灾科技学院学报，2022，24（4）：46-55.

[5] 建筑抗震设计规范：GB 50011—2010[S]. 北京：中国建筑工业出版社，2010.

[6] 赵仕兴，杨姝姮，陈可. 有关建筑结构平面规则性的若干问题讨论 [J]. 建筑结构，2021，51（3）：47-50.

[7] 赵仕兴，杨姝姮，唐元旭，等. 有关建筑结构竖向规则性的若干问题讨论 [J]. 建筑结构，2022，52（17）：14-18，4.

[8] 罗若帆，郭迅，董孝曜，等. 多层建筑结构地震破坏倒塌机理新认识 [J]. 地震工程与工程振动，2022，42（6）：95-103.

[9] 混凝土结构工程施工规范：GB 50666—2011[S]. 北京：中国建筑工业出版社，2012.

[10] 高层建筑混凝土结构技术规程：JGJ 3—2010[S]. 北京：中国建筑工业出版社，2011.

[11] 非结构构件抗震设计规范：JGJ 339—2015[S]. 北京：中国建筑工业出版社，2015.

作者简介

赵仕兴（1970-），男，四川省建筑设计研究院有限公司总工程师，正高级工程师，一级注册结构工程师，英国注册结构工程师。

杨姝姮（1992-），女，四川省建筑设计研究院有限公司总师助理。

唐元旭（1968-），男，四川省建筑设计研究院有限公司总工程师（结构），正高级工程师，一级注册结构工程师。

成都市锦城广场大跨度钢木组合结构屋盖结构分析与设计

赵仕兴　杨姝姮　郭宇航　阳　升　何　飞　陈良伟

摘　要：成都市锦城广场综合换乘服务中心屋盖采用大跨度钢木组合结构，屋盖以下弦胶合木交叉拱为主要受力构件，腹杆及上弦杆件采用圆钢管。除对屋盖结构进行静力荷载效应的设计与分析外，采用振型分解反应谱法和时程分析法进行了屋盖结构的多遇地震及罕遇地震下的地震响应分析，对结构的非线性稳定性、抗连续倒塌性能进行了研究，并补充了罕遇地震下的动力弹塑性分析。同时，对胶合木构件进行了抗火设计，对关键节点进行了有限元分析。结果表明，大跨度钢木组合结构屋盖安全可靠，具有良好的整体稳定性和抗震性能。

关键词：钢木组合结构；胶合木交叉拱；时程分析；稳定性分析；动力弹塑性分析；抗连续倒塌；抗火分析

Analysis and design of large-span steel-wood composite roof structure for Chengdu Jincheng Plaza

Zhao Shixing　Yang Shuheng　Guo Yuhang　Yang Sheng　He Fei　Chen Liangwei

Abstract：The roof of comprehensive transfer service center for Chengdu Jincheng Plaza was designed as a large-span steel-wood composite structure. The lower chord cross-archs made of glulam were the main stress member, while the web and the upper members were steel pipes. In addition to a regular design and analysis of the static load associated with the roof, response spectrum analysis and time history analysis were conducted to estimate structural behaviour under frequent earthquake and rare earthquake.Elasto-plastic dynamic analysis under rare earthquake was also conducted after nonlinear stability analysis and progressive collapse resistance design. Besides, the fire-resistant design for glulam members and finite element analysis on key joints were carried out. Results show that the large-span steel-wood composite roof structure is safe and reliable with good structural stability and seismic performance.

Keywords：steel-wood composite structure; glulam cross-archs; time history analysis; stability analysis; elasto-plastic dynamic analysis; resistance to progressive collapse; fire-resistant design

　　近40年来，我国大跨度空间结构得到了迅速的发展，结构体系、建筑形体、结构形式与建筑材料的组合等的创新层出不穷。其中钢结构因其力学性能好、节点构造简单、施工方便和经济性等原因，在大跨度结构中占据主流。近年来，随着可持续发展建筑理念的提出和绿色建筑的不断发展，胶合木结构因其建筑效果美观、材料绿色环保、加工施工技术日益成熟而逐渐在大跨度结构中崭露头角。

　　钢木组合结构经过合理布置，可以充分发挥钢材与木材两种材料的性能优势，在保证结构受力合理的同时，提升建筑的舒适性和感观效果。目前国内外大跨度钢木组合结构工程仍较少，本文结合成都市锦城广场综合换乘服务中心大跨度屋盖，对钢木组合结构屋盖的结构布置和受力性能进行了全面的分析。

基金项目：住房和城乡建设部科技计划项目（2019-S-044）；四川华西集团科技项目（HXKX2019/001）
本文已发表于《空间结构》，2021

1 工程概况

成都市锦城广场综合换乘服务中心项目位于四川省成都市高新区，是一个集交通换乘、停车、商业、餐饮及办公于一体的综合换乘服务中心，其地上部分由景观公园及三个大跨度屋盖组成。屋盖支承于巨型型钢混凝土柱之上，屋面采用双层 ETFE 膜充气枕，其整体外观效果图如图 1 所示。该屋盖为目前我国跨度最大的钢木组合结构屋盖。

本工程结构设计使用年限为 50 年，抗震设防类别为重点设防类，结构安全等级为一级。100 年一遇基本风压为 $0.35kN/m^2$，地面粗糙度类别为 B 类。本工程抗震设防烈度为 7 度，设计地震分组为第三组，设计基本地震加速度值为 $0.10g$，设计特征周期为 $0.45s$，场地类别为 II 类。

屋盖以下的混凝土结构部分按照 C 级性能目标设计，支撑屋盖的巨柱和大跨度屋盖的木结构部分按照大震弹性设计，钢结构悬挑拱及钢拉杆按照大震不屈服设计。

(a) 鸟瞰图

(b) 侧视图

图 1 成都市锦城广场综合换乘服务中心效果图
Fig.1 Renderings of comprehensive transfer service for Chengdu Jincheng Plaza

2 结构方案研究

2.1 结构形式与布置

本工程屋盖采用双层钢木组合结构，下弦交叉拱为主要受力构件，跨度由北侧屋盖至南侧屋盖分别为 78.3～14.0m，87.0～16.8m，78.3～14.0m，对应矢高 20m，21.5m，20m。

钢木组合结构屋盖如图 2 所示。交叉拱采用胶合木制作，截面规格为矩形 1000×350～1400×450，尾部及前侧悬挑部位改为钢结构，其截面为矩管 $800\times350\times30\times20$、$1000\times350\times30\times20$。屋盖上弦及腹杆均采用 Q355B 圆钢管，规格为 $\phi168\times6$～$\phi273\times10$。交叉拱内部及交叉拱之间设置拉杆，为保证结构结构安全，同时降低成本，在尾部及前侧采用钢结构拉杆，在屋盖中部区域采用胶合木拉杆。

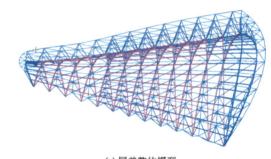

(a) 屋盖整体模型

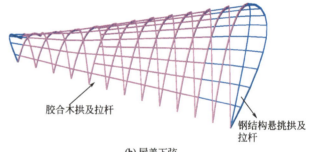

(b) 屋盖下弦

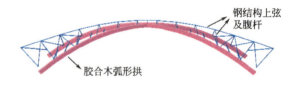

(c) 一榀交叉拱

图 2 大跨度钢木组合结构屋盖形式及布置
Fig.2 Structural layout of the large-span steel-wood composite roof structure

胶合木拱按照两铰拱设计，采用销轴支座支承于两侧巨型型钢混凝土柱上（图 3）。上部钢网格结构采用焊接球连接，并通过腹杆支承于两铰拱上，胶合木拱内设置钢插板，和钢腹杆铰接。胶合木拱在顶部交叉点和内部采用钢插板进行拼接接长。为了释放钢屋盖的温度应力，钢结构在柱顶采用弹性支座，并与胶合木拱的支座分开设置。

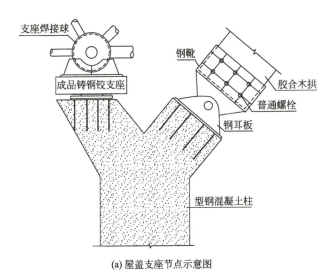

(a) 屋盖支座节点示意图

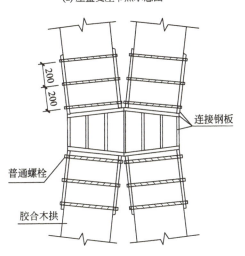

(b) 胶合木交叉拼接节点构造图

图 3 关键节点
Fig.3 Key joints

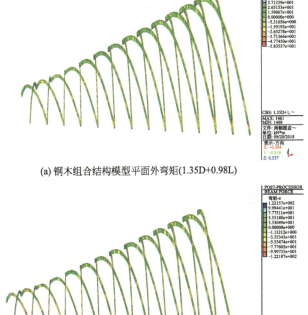

(a) 钢木组合结构模型平面外弯矩(1.35D+0.98L)

(b) 下层木拱结构模型平面外弯矩(1.35D+0.98L)

图 4 下层木拱结构及钢木组合结构平面外弯矩对比
Fig.4 Comparison of out-of-plane bending moments

在两种模型中，木拱轴力和平面内弯矩变化不大，表明下部交叉拱为主要受力构件，而上层钢结构网壳整体性相对较强，对下层各榀木拱结构形成了约束，显著提升结构平面外刚度，并参与结构整体受力中（图4）。

2.2 下层木拱结构单独模型验算

在大跨度胶合木结构中，采用钢木组合结构方案，可以避免钢材和木材各自的缺点，充分发挥两种材料各自的优势，提高结构安全度，并降低成本。同时，当屋面围护材料有特殊要求时，上层钢结构网壳可方便屋面材料的安装。

本工程为研究上部钢结构网壳对整体结构的承载力及刚度的贡献，拆除上部钢结构网壳及腹杆，将屋面荷载及上部网壳和腹杆的自重直接施加到下部拱，并与原模型结果进行对比。分析得到，下层木拱结构模型相对于钢木组合结构模型，结构挠度显著增加，位移最大值从31mm增大到50mm；轴力和平面内弯矩增加不大（10%~20%），而平面外弯矩则增加了110%，表明上部钢网壳对整体结构的竖向刚度贡献较大，并通过腹杆对下部拱在平面外形成了较大的约束，从而减小拱平面外的弯矩。

3 荷载效应分析及荷载组合

3.1 荷载取值

（1）结构自重：由设计软件自动计算结构自重，并放大1.2倍以考虑节点自重。

（2）屋面恒载及吊挂荷载：屋面采用ETFE空气枕膜结构，自重较轻，考虑马道及设备管道等吊挂荷载，取 $1kN/m^2$。

（3）屋面活载：$0.5kN/m^2$。

（4）雪荷载：基本雪压 S_0 取值 $0.10kN/m^2$（$n=50$ 年）。

（5）风荷载[1]：依据西南交通大学风工程试验研究中心对屋盖风压进行的风洞模型试验及CFD数值计算结果，取得了24个风向条件下屋盖测压点的风压系数、分块风荷载体型系数及风振系数，由此算得屋盖等效风荷载（以0°、45°为例如图5所示）。

（6）温度作用：根据成都市全年气温变化情况，

取屋盖设计合拢温度 +15℃，设计温差 ±30℃，设计覆盖的温度范围为 −15 ~ +45℃。

（7）地震作用[2]：抗震设防烈度为7度，设计地震分组为第三组，基本地震加速度值为0.10g，设计中考虑水平及竖向地震作用。

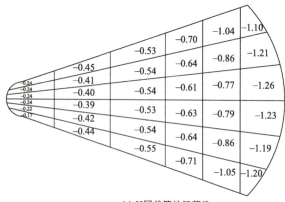

(a) 0°屋盖等效风荷载

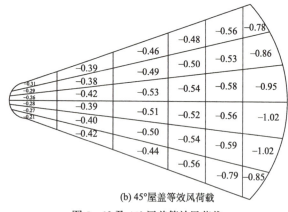

(b) 45°屋盖等效风荷载

图5　0°及45°屋盖等效风荷载
Fig.5　Roof equivalent wind load of 0 degree and 45 degrees

3.2　荷载效应分析

采用有限元分析软件 Midas GEN 对屋盖结构进行计算分析。由于屋盖主要受力构件为下弦的拱构件，在恒载及活载作用下，拱内产生了较大的轴压力。风荷载对屋盖的作用以吸力为主，风荷载作用下结构的内力与变形与竖向荷载作用下相反，使得拱内产生轴拉力，并使支撑屋盖的巨型混凝土柱受拉。钢结构对温度荷载较为敏感，设置弹性支座的做法释放部分温度应力，在 ±30℃温度作用下，钢构件最大应力为 101MPa，升温至 +45℃时，结构最大水平位移为 21.3mm。在屋面半跨活荷载作用下，屋盖将产生反对称变形（图6），因此，对半跨活荷载进行了补充分析。与活荷载满布的情况相比，在半跨活荷载作用下，绝大多数胶合木构件应力均有所减小，而部分钢构件应力则有所增大，如前侧及后侧悬挑处的钢构件，其中屋盖后侧的单榀拱应力增大较为明显。因此，将考虑半跨活荷载的不利影响，进行包络设计。

对结构进行自振特性分析，总共计算1000个振型，x向、y向和z向累计的振型参与质量分别为97.4%、98.7%和92.3%，其前10阶振型的频率、周期和参与质量如表1所示，前6阶振型如图7所示。可以看出，屋盖自振周期密集，符合大跨度结构的动力特性。第一阶振型为屋盖y向的整体振动，第二阶振型为x向的整体振动，第三阶为y向的整体振动（x向为垂直于木拱方向，y向为木拱方向）。

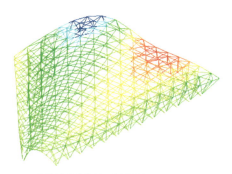

(a) 半跨活荷载作用下屋盖结构反对称变形

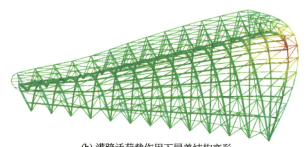

(b) 满跨活荷载作用下屋盖结构变形

图6　屋盖结构在活载下的变形
Fig.6　Deformation of the roof structure under live load

表1　屋盖结构前10阶自振频率及振型参与质量
Tab.1　Natural frequencies and modal effective masses of the first 10 modes

模态号	频率	累计振型参与质量（%）			模态号	频率	累计振型参与质量（%）		
		x向	y向	z向			x向	y向	z向
1	0.96	0.02	57.36	0.00	6	2.72	81.11	68.98	0.22
2	1.61	81.10	57.37	0.22	7	2.81	81.11	68.99	0.22

续表

模态号	频率	累计振型参与质量（%）			模态号	频率	累计振型参与质量（%）		
		x 向	y 向	z 向			x 向	y 向	z 向
3	1.79	81.11	68.92	0.22	8	3.00	81.12	68.99	0.22
4	2.50	81.11	68.93	0.22	9	3.18	81.27	69.62	0.22
5	2.55	81.11	68.98	0.22	10	3.36	81.27	69.87	0.22

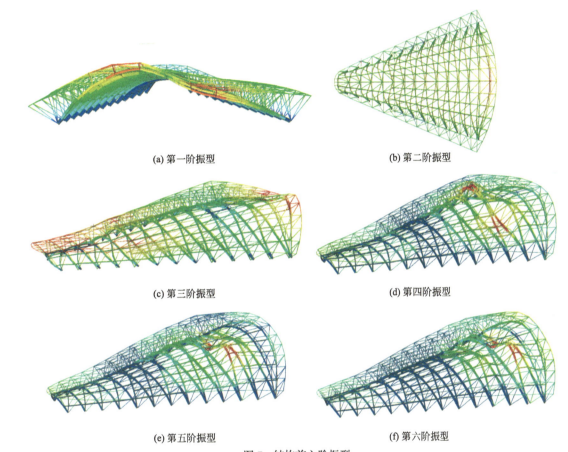

图 7 结构前六阶振型
Fig.7 The first 6 natural modes

在自振特性分析的基础上，采用振型分解反应谱法进行多遇地震及罕遇地震作用下的抗震分析。水平地震影响系数最大值分别取 0.08 和 0.5，竖向地震影响系数最大值取水平地震影响系数最大值的 65%。考虑到结构由钢结构和木结构组成，综合考虑阻尼比取 0.035。多遇地震下，结构三个方向的最大位移分别为：x 向 9.2mm、y 向 2.5mm、z 向 10.1mm。木构件最大应力为 2.6MPa，水平地震作用下结构后侧交叉木拱应力较大，竖向地震作用下则为前侧 5 榀交叉木拱应力较大；钢构件最大应力为 50.5MPa。罕遇地震下，结构三个方向的最大位移分别为：x 向 63mm、y 向 17mm、z 向 70mm。木构件最大应力为 13.3MPa，均能保持弹性状态，钢结构仅少量尾部悬挑处构件进入塑性，其最大应力为 342MPa。可以看出，在地震作用下结构位移较小、构件基本保持弹性，结构具有良好的抗震性能。

考虑到结构形式较为特殊、结构跨度大，选取两条天然波（TH010TG045、TH017TG045）和一条人工波对屋盖结构在多遇地震和罕遇地震下的地震响应进行时程分析。时程分析法与振型分解反应谱法分析结果对比如表 2 所示。可以看出，采用不同的地震波输入对时程分析结果有一定的影响，且多遇地震及罕遇地震下时程分析结果普遍较振型分解反应谱法的结果大，尤其是采用两条天然波地震输入时，因此设计中采用反应谱法及时程分析结果的包络值进行抗震设计。

钢木组合屋盖结构地震响应分析结果对比　　　　　表 2

Comparison of structural responses of the steel-wood composite roof structure under earthquake　　Tab.2

类别	参数最大值	反应谱法	时程分析法		
			TH010TG045	TH017TG045	人工波
多遇地震	节点动位移/mm	13.00	23.30	27.90	19.27
	木拱轴向应力/MPa	0.29	0.23	0.33	0.27
	钢构件组合应力/MPa	50.5	64.7	66.5	50.1
罕遇地震	节点动位移/mm	89.40	146.44	175.33	121.16
	木拱轴向应力/MPa	2.00	1.45	2.12	1.74
	钢构件组合应力/MPa	342.0	407.2	418.4	318.1

3.3 荷载组合

依据《建筑结构荷载规范》GB 50009—2012[1] 及《建筑结构可靠度设计统一标准》GB 50068—2001[3]，对屋面恒载、屋面活载、风荷载（8 个主要风向角）、温度作用及地震作用进行荷载组合。在多遇地震下承载极限状态包络设计中，木拱和木拉杆的轴向应力和弯曲应力均满足要求，所有的钢构件（包括悬挑拱，钢拉杆，腹杆和屋面杆件）的最大组合应力为 283 MPa，满足规范要求。主要承载力极限状态组合下的验算结果如表 3 所示。

屋盖结构主要承载力极限状态组合下的验算结果　　　　　表 3

Calculation results of the structure under the main combinations of the ultimate bearing capacity　　Tab.3

荷载组合		木构件		钢构件
		木拱 ($\frac{N}{A_n f_c}+\frac{M_0+Ne_0}{W_n f_m}$)	木拉杆 $\frac{N}{A_n f_t}$	应力比
非抗震组合	DL(1.2)+LL(1.4)+W0(0.84)	0.16	0.059	0.78
	DL(1.2)+LL(1.4)+T+(0.84)	0.37	0.091	0.80
	DL(1.2)+LL(1.4)+T−(0.84)	0.34	0.102	0.77
	DL(1.2)+T+(1.4)+LL(0.98)	0.50	0.121	0.74
	DL(1.2)+T−(1.4)+LL(0.98)	0.41	0.125	0.80
小震组合	DL(1.2)+LL(0.6)+E_h(1.3)+E_v(0.5)	0.15	0.15	0.65
	DL(1.2)+LL(0.6)+E_h(0.5)+E_v(1.3)	0.10	0.12	0.64
中震组合	DL(1.2)+LL(0.6)+E_h(1.3)+E_v(0.5)	0.35	0.22	0.79
	DL(1.2)+LL(0.6)+E_h(0.5)+E_v(1.3)	0.18	0.14	0.67
大震组合	DL(1.2)+LL(0.6)+E_h(1.3)+E_v(0.5)	0.80	0.31	少于1%的杆件屈服
	DL(1.2)+LL(0.6)+E_h(0.5)+E_v(1.3)	0.36	0.20	0.81

注：1. 表中 DL：恒荷载；LL：屋面活荷载；W0：0°风向角风荷载；T+：升温作用；T−：降温作用；E_h：水平地震作用；E_v：竖向地震作用。
2. 设计该屋盖结构时《建筑结构可靠度设计统一标准》GB 50068—2018 尚未执行。

4 大震动力弹塑性分析

为评价结构在大震作用下的力学性能，采用 PERFORM-3D 软件对结构进行动力弹塑性时程分析，并用 SAP2000 有限元分析软件检验了分析的正确性，其中选用的两条天然波及一条人工波同地震弹性时程分析。通过分析发现，罕遇地震作用下，三条地震波输入导致结构的最大挠度为 95.1 mm（1/893），小于屋盖结构的挠跨比 1/400 的限值要求[4]；构件抗震性能如图 8 所示，虚线标识的区域内有个别网壳构件及钢腹杆进入塑性，钢拉杆及钢拱均未进入塑性，而木拱及木拉杆绝大部分轴向应变均未超过 0.00204，表明罕遇地震作用下，木结构仍处于弹性状态，满足"大震弹性"的性能化目标。

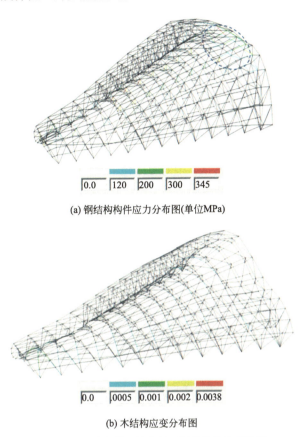

(a) 钢结构构件应力分布图(单位MPa)

(b) 木结构应变分布图

图8 大震动力弹塑性分析下屋盖构件抗震性能

Fig.8 Seismic performance of roof members under elasto-plastic dynamic analysis

5 稳定性分析

参照《空间网格结构技术规程》JGJ 7-2010[4]，考虑到本项目钢木组合结构屋盖结构形式较新颖、跨度较大、主要受力构件以受压为主，设计中对其整体稳定性进行补充验算。稳定验算中，参考荷载取恒载＋活载（半跨活载）、恒载＋0.7活载（半跨活载）±温度作用、恒载＋活载（半跨活载）±0.6温度作用，并考虑木拱拼接节点半刚性的影响，即每榀拱设置间距不大于25m的半刚性节点，节点刚度为木拱转动刚度的60%。

线性屈曲分析表明，各工况下结构发生失稳的临界荷载因子最小为6.06。非线性稳定分析[5]考虑了结构初始缺陷及双重非线性，分析得到各工况下结构的稳定系数最小值为5.28，满足规范[4]的要求。

6 抗连续倒塌性能分析

大跨空间结构的支承构件数量少，其冗余程度相对较低，抵抗连续倒塌的能力较为薄弱，本项目为人流密集建筑，因此有必要对屋盖结构进行抗连续倒塌性能分析。交叉拱为本屋盖结构的关键构件，从建筑上，主拱支撑在悬臂柱上，柱接近于建筑地面，易于受到损坏。因此，以结构的受力分析及建筑布置特点为基础，确定结构两种破坏情形分别为：1）N-17轴交N-Q轴（边拱）落地拱脚发生破坏；2）N-16轴交N-Y轴（中间拱）落地拱脚发生破坏（如图9所示）。采用拆除法进行计算分析，所考虑的组合为"恒荷载+0.5活荷载"。

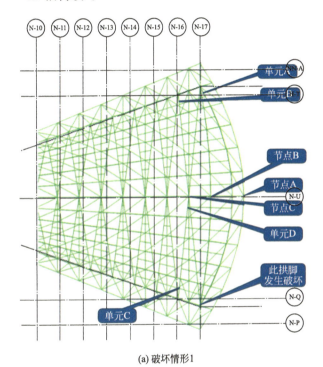

(a) 破坏情形1

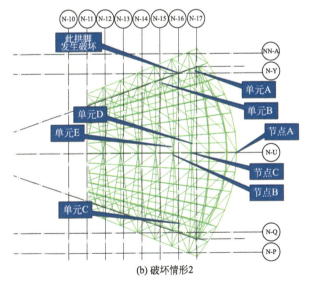

(b) 破坏情形2

图9 结构拱脚破坏是的特征点

Fig.9 Characteristic points when arch feet was damaged

通过分析发现，破坏开始时结构处于振荡状态，随后位移不断发展，到20s时，结构基本趋于稳定。破坏情形1中，关键节点A、B在振动过程中最大位移分别为123mm、66.2mm，较结构未破坏时的位移分别增大约5倍、8倍，稳定后的位移分别为68mm、37.4mm；关键节点C位移反应则较小，最大位移仅为16mm，说明拱脚支座节点的破坏并未波及相邻的交叉拱。破坏情形2中，由于拱脚节点破坏后，使对应位置拱脚支座跨度变大，引起悬挑端上翘，产生相反的位移，关键节点A、B在结构稳定后的位移均小于初始位移。而在两种破坏情形中，相邻拱的应力均有所增加，但构件应力均小于材料的屈服强度，主拱构件处于弹性状态。构件破坏后，结构在一定时间内受力趋于稳定（图10），形成新的结构受力体系，结构未发生连续性倒塌，表明该结构具有良好的防连续倒塌能力。

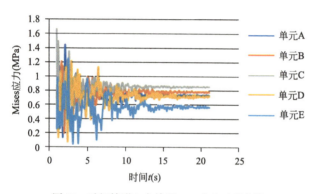

图10 破坏情形2中单元A-E应力时程曲线
Fig.10 Stress time history curve of elements in failure case 2

7 抗火分析

钢木组合结构屋盖主要受力构件为下弦胶合木拱，鉴于胶合木木抗火性能的特殊性，根据最新《木结构设计标准》[6]关于木结构防火设计的规定，对木构件进行抗火计算，其中木构件燃烧 t 小时后，有效炭化层厚度按下式计算：

$$d_{ef} = 1.2\beta_n t^{0.813}$$

式中，β_n 为木材燃烧一小时的名义线性炭化速率，取38mm/h，t 为耐火极限。根据《木结构设计标准》[6]，木构件耐火极限为1h，考虑到本工程的重要性，将木拱耐火极限提高为2h，算得木拱及木拉杆有效炭化层厚度分别为80mm和46mm，由此算得各构件剩余截面尺寸。经验算，木构件炭化后的剩余截面均满足结构受力要求，胶合木拱最大等效应力比为0.425，胶合木拉杆最大等效应力比为0.041。

8 节点刚度及节点有限元分析

8.1 节点半刚性

胶合木拱的拼接（图11）采用钢材和木材两种结构材料，且材料之间存在间隙和滑移，因此，节点处的刚度相比构件有衰减，需要考虑拼接节点为半刚性。参照同济大学设计研究院丁洁民、张峥等的研究，节点刚度相对值为0.6~0.85，为保证安全，本工程刚度相对值取0.6。经对比分析，考虑节点半刚性后，结构周期几乎无变化，同时对结构挠度、支座反力及构件内力影响甚微，但对整体稳定性影响显著，因此仅在稳定计算时考虑节点半刚性的影响。

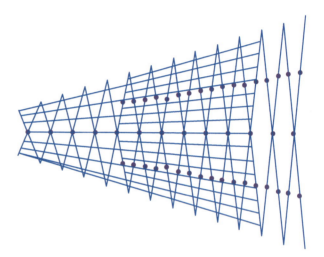

图11 胶合木构件拼接位置示意
Fig.11 Schematic of splicing positions of glulam members

8.2 节点有限元分析

拱脚的销轴节点和拱顶的交叉拼接节点为交叉拱最重要的两类节点，由于节点均由木材、钢板和螺栓等不同材料组成，构造和受力均比较复杂，为了保证节点的安全，对该两类节点进行了有限元分析，应力云图见图12和图13。经分析计算，销轴支座节点处胶合木构件大部分区域应力值均在10MPa以下，局部应力达21.7MPa，经分析为网格划分造成；钢板应力最大值为130.9MPa，螺栓最大应力265.0MPa，均小于材料的屈服强度；交叉拼接节点处胶合木构件应力较小，最大应力为6.95MPa，连接钢板最大应力为16.9MPa，螺栓最大应力为69.4MPa。销轴支座节点及交叉拼接节点均满足设计要求。

8.3 拱脚节点刚度的影响

拱脚节点按铰接设计，考虑到交叉拱可能会在拱脚处产生自锁效应，导致拱脚处无法转动或转动受到限制，因此将拱脚处改为刚接，与原模型进行对比以

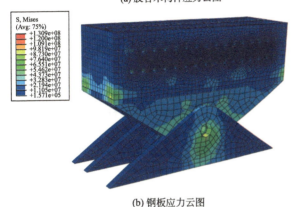

(a) 胶合木构件应力云图

(b) 钢板应力云图

图 12 销轴支座节点应力云图
Fig.12 Stress nephogram of the pin bearing node

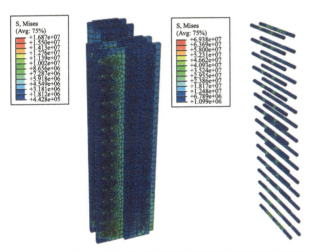

图 13 胶合木交叉拼接节点连接钢板及高强度螺栓应力云图
Fig.13 Stress nephogram of the steel plate and high-strength bolt of the cross-spliced joint of glulam

分析自锁的影响。经计算，拱脚刚接模型相对于原模型，结构挠度、平面内弯矩、平面外弯矩均略有减小（减幅小于5%），而轴力略微增加（增幅小于5%）。总体而言，拱脚节点考虑为刚接对结构影响不大，可以认为自锁的影响较小。

9 结语

本工程为了满足建筑的功能要求和外观效果要求，采用的钢木组合结构屋盖是目前我国跨度最大的同类结构。基于木材的力学性能试验和风洞试验研究结果，设计中采用多种软件对屋盖进行了静力、动力分析、地震影响分析、抗连续倒塌性能分析、稳定性分析、节点有限元分析和抗火分析。分析结果表明：该结构方案合理、性能良好，能够满足设定的目标要求。

参考文献

[1] GB 50009—2012. 建筑结构荷载规范 [S]. 北京：中国建筑工业出版社，2012.

[2] GB 50011—2010（2016版）. 建筑抗震设计规范 [S]. 北京：中国建筑工业出版社，2016.

[3] GB 50068—2001. 建筑结构可靠度设计统一标准 [S]. 北京：中国建筑工业出版社，2001.

[4] JGJ 7—2010. 空间网格结构技术规程 [S]. 北京：中国建筑工业出版社，2010.

[5] 沈世钊，陈听. 网壳结构稳定性 [M]. 北京：科学出版社，1999：1-3，56-59.

[6] GB 50005—2017. 木结构设计标准 [S]. 北京：中国建筑工业出版社，2017.

作者简介

赵仕兴（1970-），男，四川省建筑设计研究院有限公司总工程师，正高级工程师，一级注册结构工程师，英国注册结构工程师。

杨姝姮（1992-），女，四川省建筑设计研究院有限公司总师助理。

郭宇航（1990-），男，工程师，一级注册结构工程师。

西部股权投资基金基地项目超限高层结构设计

张 堃 赖伟强 冉曦阳 刘宇鹏 赖 虹 唐元旭 苏志德 郭宇航

摘要：西部股权投资基金基地项目为7度抗震设防区的钢管混凝土柱-钢梁-钢筋混凝土核心筒混合结构，结构高度189.7m，存在扭转不规则、楼板局部不连续和其他不规则三项不规则项，还存在大跨度悬挑桁架、竖向构件局部转换、塔楼与裙房不设防震缝、体型较大的幕墙裙摆钢构架等情况，属于超限高层结构。针对结构超限和其他抗震不利情况，提出了抗震性能化的设计目标，对塔楼进行了多遇、设防、罕遇地震作用下的等效弹性分析与弹塑性时程分析，对结构的主要构件进行抗震性能目标验算。针对穿层柱、楼板舒适度、悬挑桁架、幕墙裙摆钢构架、复杂节点等进行了专项分析，并对分析结果提出了有效的抗震加强措施，以确保结构安全。

关键词：框架-核心筒；超高层建筑；混合结构；抗震性能化设计；多道抗震防线

Out-of-code high-rise structure design of Western Equity Investment Fund Headquarter Project

Zhang Kun Lai Weiqiang Ran Xiyang Liu Yupeng Lai Hong Tang Yuanxu Su Zhide Guo Yuhang

Abstract: The Western Equity Investment Fund Headquarter Project is located in the seismic zone where the seismic fortification intensity is classified as 7-degree. The structure height is 189.7m, and the structure scheme adopts composite structureof concrete-infilled steel tubular column-steel beam-reinforced concrete core wall. The structure is considered as an out-of-code high-rise structure because there are three types of irregularities of structure, including torsional irregularity, local discontinuity of slab and other irregularities. In addition, other characteristics of the out-of-code high-rise building also exist in this structure, including long-span cantilever truss, local conversion of vertical components, no seismic joints between the tower and podium, and large curtain wall skirt steel frame. Regarding to the out-of-code conditions and worse scenario for seismic design, the objective of performance-based seismic design was put forward. The equivalent elastic analysis and elasto-plastic time-history analysis were carried out for the tower under the action of frequent, fortification and rare earthquakes, and the seismic performance target checking calculation was carried out for the main tower components of the structure. In order to ensure the safety of the structure, special analysis was carried out for the cross-layer column, floor comfort level, cantilever truss, curtain wall skirt wall steel frame and complex joint, and effective seismic strengthening measures were put forward based on the analysis results.

Keywords: frame-corewall; super high-rise building; composite structure; performance-based seismic design; multiple lines of defense

1 工程概况

西部股权投资基金基地项目位于成都市天府新区中央商务区秦皇寺板块，为双地铁上盖项目，用地东侧紧靠已建地铁6号线，南侧紧挨在建地铁19号线，两条地铁线的换乘站均与本项目地下室接驳，建筑效果图见图1。该工程由一栋42层超高层办公塔楼及5层商业组成，塔楼与裙房连成整体。塔楼结构高度

本文已发表于《建筑结构》，2023

189.7m，建筑构架顶点高度 193.9m。建筑 1、4 层层高为 6m；2、3、5 层层高为 5m；11、22、33 层为避难层兼设备转换层，层高为 5m；其余楼层均为办公标准层，典型层高为 4.2m 和 4.5m，地上建筑面积约 12 万 m^2。裙房为商业用房，建筑高度为 27.2m。地下室共 5 层，地下深度 23.8m，地下建筑面积约 3.9 万 m^2。

图 1 建筑效果图

塔楼平面外轮廓基本呈矩形（图 2），典型长度约 57.6m，典型宽度约 43.2m，长宽比 1.3，高宽比 4.4；核心筒平面尺寸约 32.3m×20.3m，核心筒长宽比 1.6，核心筒高宽比 10.0，核心筒无竖向收进情况；外框柱柱距约 6.4～9.6m，外框柱与核心筒距离约 12.1～13.2m。

本项目抗震设防烈度 7 度，设计地震分组第三组，设计基本地震加速度 0.10g，设计特征周期 0.45s，建筑场地类别 II 类。结构设计使用年限及结构耐久性年

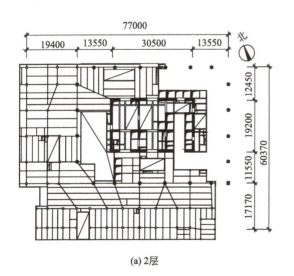

(a) 2层

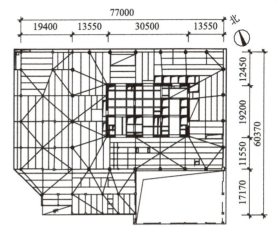

(b) 5层

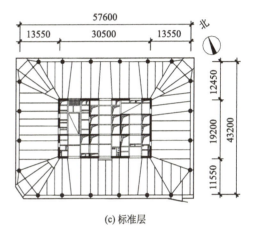

(c) 标准层

图 2 典型结构平面布置图

限均为 50 年。50 年一遇基本风压为 0.3kN/m^2，地面粗糙度类别 C 类，考虑群集高层建筑的相互干扰的群体效应，相互干扰系数取 1.1。抗震设防类别为重点设防类（乙类）。地基基础设计等级为甲级。结构阻尼比多遇地震取 3.5%，罕遇地震取 5.0%。

2 结构体系

2.1 上部结构

塔楼选用钢管混凝土框架柱（CFT 柱）-钢梁-钢筋混凝土核心筒组合结构体系（图 3），属于双重抗侧力结构体系。竖向构件采用现浇混凝土剪力墙和钢管混凝土圆柱，水平构件采用钢梁、钢筋桁架楼承板及现浇混凝土楼板，钢梁以 H 型钢为主，两端铰接的次梁按照组合梁进行设计。框架梁、次梁与核心筒外壁均采用铰接连接，框架梁与 CFT 柱、钢柱均采用刚接连接，刚性节点以栓焊连接为主，当水平构件轴拉力较大时则考虑全焊接节点。

裙房范围采用钢框架结构，楼板采用钢筋桁架楼承板。由于裙房体量较小，塔楼和裙房未设置防震缝，

图 3 结构计算模型

直接连为一个整体结构进行设计。塔楼体型沿竖向均匀收进，框架仅在裙房顶收进，竖向收进位置未超塔楼高度的 20%，平面两个方向的收进比例占裙房平面尺寸均约为 25%，收进尺度较小，不属于竖向收进体型结构。

塔楼核心筒平面为矩形，主要墙体采用"三横四纵"布置，无竖向收进。混凝土强度等级由下至上 C60～C40，外墙厚度由下至上 1000～400mm，核心筒四角地下 1 层～地上 8 层设置构造型钢钢骨。塔楼 1 层以上框架柱均采用圆 CFT 柱，直径 800～1300mm，壁厚 16～40mm，材质 Q355C，混凝土强度等级 C40～C60；裙房 1 层以上框架柱采用矩管钢柱，主要截面 500×700，壁厚 25～40mm，材质 Q355C。塔楼标准层框架梁截面主要为 H750×350，次梁主要截面为 H550×200～H550×250，材质为 Q355B。核心筒连梁截面主要高度为 850mm。地上各层楼板采用钢筋桁架楼承板，其厚度为 120～150mm。

2.2 地下室及基础

纯地下室部分采用钢筋混凝土框架结构，局部采用型钢混凝土（SRC）构件。塔楼 CFT 柱延伸段的地下 3 层～地上 1 层采用方形叠合柱（CFT 柱外包混凝土）进行过渡，截面尺寸为 1900×1900；地下 5 层～地下 3 层转换为钢筋混凝土方柱，截面尺寸为 1900×1900。裙房钢柱延伸段的地下 1 层～地上 1 层钢框柱过渡为矩形叠合柱，主要截面 1000×1200；地下 5 层～地下 1 层转换为钢筋混凝土柱，主要截面尺寸 1000×1200，混凝土强度等级 C60。嵌固端为地下室顶板。基础采用筏板基础，持力层为中风化砂质泥岩，埋深比例 1/6.9。

3 整体分析

3.1 结构超限情况

根据《超限高层建筑工程抗震设防专项审查技术要点》（建质〔2015〕67 号）和《四川省抗震设防超限高层民用建筑工程界定标准》DB 51/T 5058—2020[1]进行超限情况判定，本项目存在以下规则项：

（1）扭转不规则。考虑偶然偏心的最大位移比，X 向为 1.26，Y 向为 1.28。

（2）楼板局部不连续[2]。裙房范围，中庭开洞、通高大堂、核心筒外楼电梯开洞引起楼板开大洞，其中 2 层 X 向开洞率 38.0%，6 层 X 向开洞率 41.6%；塔楼范围，低区办公通高大堂和高区企业文化通高展示空间的楼板开洞，7 层 X 向开洞率 30.7%，41、42 层开洞率 29.7%。

（3）其他不规则。高区 31 层及以上，西南角形成斜柱；1 层东侧大堂、4 层西侧大堂、6 层南侧裙房屋顶、40 层～屋顶层东侧形成穿层柱。

本项目存在扭转不规则、楼板局部不连续和其他不规则合计三项不规则项，属于超限高层建筑。除此之外，还有其他一些抗震不利因素：1）裙房东南角采用悬挑桁架结构，东侧桁架悬挑约 21.0m、南侧悬挑约 4.3m、南侧封边桁架跨度约 33.6m；2）裙房西南角采用悬挑桁架，悬挑尺寸约 6.6m；3）裙房西侧局部抽除一颗框架柱，采用转换桁架[3]，跨度 17.6m；4）东侧幕墙裙摆钢构架跨越楼层数较多，最远点距离塔楼幕墙边约 18m。

3.2 抗震性能目标

根据《高层建筑混凝土结构技术规程》JGJ 3—2010（简称《高规》）[4]第 3.11 节和《高层民用建筑钢结构技术规程》JGJ 99—2015（简称《高钢规》）[5]中第 3.8 节内容，参考以往四川省内超限项目工程经验，本工程整体性能目标采用 C 级，关键构件包括底部加强区的核心筒剪力墙和塔楼框架柱、穿层柱、斜柱及相邻下一层框架柱、与东侧幕墙裙摆钢构架相连的框架柱和与悬挑桁架相连的裙房框架柱，普通竖向构件为其余框架柱和剪力墙，重要水平构件包括裙房东南角悬挑桁架（$L ≥ 18m$）、斜柱起始止层与斜柱相连框架梁及相邻跨框架梁，一般水平构件包括南侧封边桁架（$L ≥ 18m$）以及支承南侧封边桁架的南侧悬挑桁架、支承大跨度梁（$L ≥ 18m$）的框架梁、西侧转换桁架和西南角悬挑桁架，耗能构件为剪力墙连梁、其余框架梁，结构抗震性能具体要求见表 1[6-7]。

抗震性能目标　　　　　表1

地震水准		多遇地震	设防烈度地震	罕遇地震
结构整体性能	性能水准	1	3	4
	宏观损坏程度	完好	轻度损坏	中度损坏
	层间位移角限值	1/646	1/259	1/111
关键构件		弹性	混凝土构件：抗弯不屈服、抗剪弹性	混凝土构件：抗弯不屈服、抗剪不屈服且满足剪压比
			钢构件：抗剪、抗弯不屈服	钢构件：抗弯抗剪不屈服
普通竖向构件		弹性	混凝土构件：抗弯不屈服、抗剪弹性	混凝土构件：抗弯部分屈服、抗剪满足剪压比
			钢构件：抗剪、抗弯不屈服	钢构件：部分屈服，但不破坏
重要水平构件		弹性	钢构件：抗弯、抗剪不屈服	钢构件：抗弯抗剪不屈服
一般水平构件		弹性	钢构件：抗弯抗剪不屈服	钢构件：部分屈服，但不破坏
耗能构件		弹性	混凝土构件：抗剪不屈服	混凝土构件：允许屈服
			钢构件：部分屈服，但不破坏	钢构件：允许屈服，但不破坏

3.3 多遇地震分析

正式分析前需根据结构特点做两个比较分析：1）东侧幕墙裙摆钢构架对主体结构的影响；2）裙房结构对塔楼结构的影响。

东侧幕墙裙摆钢构架跨越楼层数较多，与主体结构仅通过8个牛腿铰接连接，与主体结构体量悬殊巨大且无"楼层"概念，需要先考虑该裙摆钢构架对主体结构模型的参数影响，对比分析模型为：模型A为考虑裙摆钢构架的模型，模型B以节点荷载形式考虑裙摆钢构架。模型A、B对比结果表明结构整体指标基本相同，相差比例0.0%～3.7%，均不超过5.0%，说明考虑裙摆钢构架对主体结构影响的两种方式均可，后续模型采用模型B作为分析模型进行相关分析。

结构裙房与塔楼未设置防震缝，塔楼为超高层框筒混合结构，裙房为多层钢框架且仅两跨，二者体量悬殊，需要复核裙房对塔楼的影响，选取带裙房（模型B）和不带裙房（模型C）两个模型。根据整体分析结果，对比模型B、C的整体指标发现：1）周期、层间位移角、刚重比等均满足规范要求且数值比较接近；2）无裙房结构与有裙房结构的嵌固端底部剪力相差约10.0%～12.0%，无裙房结构的框架部分在嵌固端承担的剪力比例较小，但倾覆力矩占比接近；3）抗倾覆验算均满足规范要求，但无裙房结构的抗倾覆能力相对较弱。综合判断：裙房可分担部分地震剪力、提高结构的二道防线能力且对结构的整体刚度影响较小，可适当提高结构抗倾覆能力。若考虑裙房与塔楼设置防震缝，会引起更多穿层柱等抗震不利情况且影响建筑使用功能和立面效果，故本项目塔楼和裙房未设置防震缝，可适当提高整体结构抗震能力。

采用PKPM和ETABS进行多遇地震反应谱分析并对比计算结果，如表2所示。由表可见，周期、质量、楼层位移、扭转位移比及层间位移角、柱墙轴压比指标均比较接近且均在合理范围内，满足《高规》等现行规范要求。

多遇地震下的反应谱分析计算结果　　　　　表2

计算软件		PKPM	ETABS
周期 /s	T_1	5.5547	5.721
	T_2	5.1334	5.181
	T_3	3.8961	3.928
扭转周期比		0.701	0.687
有效质量系数	X向	97.9%	90.2%
	Y向	97.4%	90.1%
底部剪力 /kN	X向	25030.2	25946.9
	Y向	26381.2	27777.8
首层柱承担底部剪力比例	X向	17.8%	15.0%
	Y向	13.7%	13.8%
首层柱承担倾覆力矩比例	X向	21.5%	17.7%
	Y向	19.8%	18.5%
剪重比	X向	1.28%	1.319%
	Y向	1.35%	1.412%
层间位移角	X向	1/1023	1/831
	Y向	1/779	1/749
扭转位移比	X向	1.26	1.177
	Y向	1.28	1.174
最小层间受剪承载力比	X向	0.84	—
	Y向	0.82	—
最小楼层侧向刚度比	X向	1.02	
	Y向	1.03	
刚重比	X向	1.82	1.736
	Y向	1.53	1.454

多遇地震弹性时程分析采用2条人工波和5条天

然波，得到的最大层间位移角满足规范要求，且层间位移角曲线无明显突变，结构侧向刚度沿高度均匀，无软弱层、薄弱层。弹性时程分析法能够反映结构高阶振型对结构地震响应的影响，见表3，设计时按反应谱计算结构地震作用并根据弹性时程分析结果调整部分楼层的地震作用。

楼层剪力放大系数　　　表3

层号	X向	Y向	层号	X向	Y向
43/屋面层	1.289	1.121	32	1.150	1.039
42	1.258	1.240	31	1.096	1.017
41	1.213	1.230	30	1.066	1.047
40	1.223	1.191	29	1.059	1.047
39	1.214	1.201	28	1.043	1.044
38	1.215	1.199	27	1.043	1.018
37	1.219	1.189	26	1.044	1.010
36	1.230	1.181	25	1.032	1.009
35	1.223	1.167	24	1.015	1
34	1.209	1.129	23	1	1
33	1.196	1.081	22	1	1

3.4 设防地震分析

设防地震作用下按照"中震弹性"和"中震不屈服"的等效弹性分析，地震影响系数取0.23，结构阻尼比和连梁刚度折减系数参数详见表4。

中、大震等效弹性反应谱计算的参数选取　　表4

计算参数	小震弹性	中震弹性	中震不屈服	大震不屈服
荷载分项系数	规范取值	同小震	1.0	1.0
材料强度	设计值	设计值	标准值	标准值
承载力抗震调整系数	规范取值	同小震	1.0	1.0
风荷载计算	计算	不计算	不计算	不计算
水平地震影响系数最大值 α_{max}	0.08	0.23	0.23	0.50
特征周期/s	0.45	0.45	0.45	0.50
周期折减系数	0.9	0.9	0.95	1.0
抗震等级	考虑	不考虑	不考虑	不考虑
结构阻尼比	0.035	0.045	0.045	0.055
中梁刚度放大系数	钢梁1.5 混凝土梁按规范	1.4	1.2	1.0
连梁刚度折减系数	0.7	0.6	0.5	0.4

续表

计算参数	小震弹性	中震弹性	中震不屈服	大震不屈服
弹性时程放大	考虑	考虑	不考虑	不考虑
剪重比调整	考虑	不考虑	不考虑	不考虑
薄弱层调整	考虑	不考虑	不考虑	不考虑
二道防线调整	考虑	不考虑	不考虑	不考虑

设防烈度地震计算结果表明，X、Y向层间位移角分别为1/382、1/297，均小于2.5倍弹性层间位移角限值（1/259），满足变形要求。

关键构件、普通竖向构件在"中震弹性"下无斜截面超筋情况、剪压比满足规范要求（图4）、在"中震不屈服"无正截面超筋、钢构件无应力比超限情况，重要水平构件、一般水平构件在"中震不屈服"下应力比均小于1.0，耗能构件在"中震不屈服"下部分正截面配筋超限、但无斜截面配筋超限情况，满足性能目标要求。

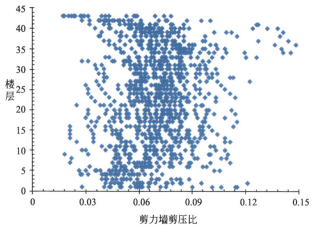

图4　设防烈度地震下的剪力墙剪压比统计

塔楼剪力墙出现偏拉或小偏拉现象，如图5所示，主要分布在底部、顶部楼层，剪力墙抗震构造措施的抗震等级按特一级；框架柱无小偏拉现象；塔楼核心筒的底部楼层部分墙肢轴拉比μ大于1.0，未有墙肢轴拉比大于2.0，对于轴拉比μ大于1.0的墙肢设置型钢以满足超限审查要求。

3.5 罕遇地震分析

罕遇地震等效弹性分析结果表明，X、Y向层间位移角分别为1/172、1/129，均小于0.9倍弹塑性层间位移角限值（1/111），满足变形要求。

"大震不屈服"分析结果表明关键构件中的混凝土构件无斜截面超筋情况、塔楼钢筋混凝土竖向构件的剪压比满足规范要求（图6）、钢框架柱应力比均小于1.0，重要水平构件应力比均小于1.0,满足性能目标要求。

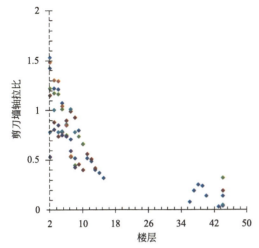

图5 设防地震下的剪力墙轴拉比统计

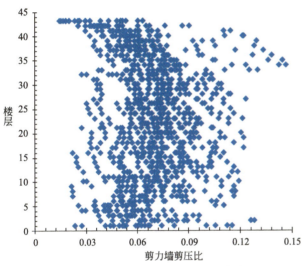

图6 罕遇地震下的剪力墙剪压比统计

罕遇地震作用下的弹塑性动力时程分析采用SAUSAGE软件,选取1条人工波和2条天然波,结果对比发现各条地震波模型在层间位移角、结构损伤、性能水平等结果基本一致,各条地震波作用下的层间位移角均小于规范限值1/111。大震包络等效阻尼比为7.7%~8.8%(图7),说明结构部分构件进入塑性状态,并提供2.7%~3.8%的附加阻尼比。

罕遇地震作用下,关键构件中核心筒剪力墙和塔楼框架柱性能水平为无损坏~轻度损坏,满足既定性能目标要求,见图8。

普通竖向构件的破坏大部分为无损坏~轻度损坏,极少构件发生中度损坏,局部洞口下方剪力墙因应力集中出现重度损坏,其不影响剪力墙整体性能,综合判断满足既定性能目标要求。

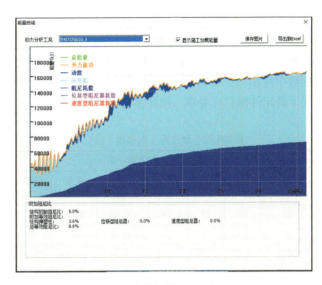

(a) X向(附加阻尼比3.6%)

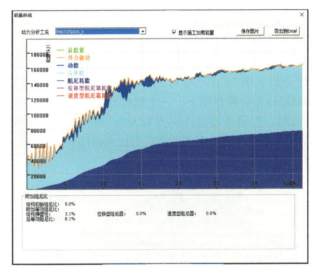

(b) Y向(附加阻尼比3.1%)

图7 某天然地震波下的工况能量图及等效阻尼比

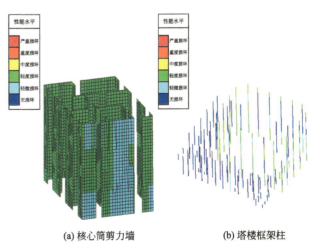

(a) 核心筒剪力墙　　(b) 塔楼框架柱

图8 关键性能水平

连梁破坏严重,说明罕遇地震作用下,连梁形成了塑性铰机制,发挥了屈服耗能的抗震工程学概念。框架梁的性能水平为大部分为轻微损坏~轻度损坏,少数中度损坏,没有发生严重损坏。框架梁性能水平优于既定性能目标要求。统计各构件性能水准见表5。

全楼构件性能水准（包络值）统计　　　表5

构件	性能水准/%					
	无损坏	轻微损坏	轻度损坏	中度损坏	重度损坏	严重损坏
墙	36	23	38	0.89	0.96	0
柱	58	22	20	0.31	0	0
连梁	6.83	1.68	4.63	0.74	30.60	55.5
框梁	59	30	9.58	2.04	0.02	0.04
耗能构件	56.9	28.28	9.39	1.99	1.22	2.22

4 关键构件分析

4.1 裙房东南角悬挑桁架分析

（1）悬挑桁架分别采用3D3S和MIDAS Gen进行分析（图9），并与PKPM计算结果对比。在1.0恒载+1.0活载作用下,三个软件计算最大误差小于10.0%,恒载变形量比例为88.0%。桁架关键构件应力比未超过0.85,其他构件应力比未超过0.9。

（2）悬挑桁架节点复杂、内力较大,选取悬挑桁架上弦根部节点进行有限元分析。大震不屈服工况（1.0（恒载+0.5活载）+1.0水平地震作用+0.4竖向地震作用）组合下,节点部分单元应力超过钢材屈服强度,主要位于腹杆与上弦杆以及腹杆与钢柱交接处。为满足抗震性能化设计要求,采取加强措施：1）钢材选用420GJC；2）加强节点构造措施,将斜腹杆节点处翼缘板扩大至与钢柱同宽,增加斜腹杆肋板与钢柱进行焊接,杆件变截面处均设置加劲板。节点加强后的最大应力419.1MPa,未达到420GJC钢材屈服强度,如图10所示。

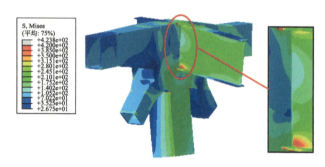

图10　上弦节点（加强后）von Mises应力分析结果/MPa

（3）悬挑桁架应满足抗连续倒塌的概念设计要求,采用拆除构件法,拆除悬挑桁架的斜腹杆（构件1和构件2）,如图11所示,分析时采用PKPM、3D3S软件并对结果进行包络。在删除楼板的情况下,构件1拆除后,3D3S模型中最大应力比发生在桁架上弦,应力为206MPa,PKPM模型应力为160MPa；构件2拆除后,3D3S模型中最大应力比发生在桁架下弦,应力为286MPa,PKPM模型应力为236MPa。所有构件均小于钢材强度标准值的1.25倍,满足抗连续倒塌设计要求。

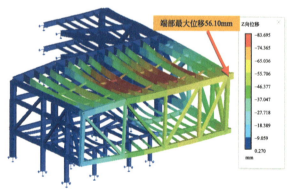

(a) 3D3S模型

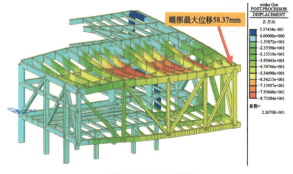

(b) MIDAS Gen模型

图9　1.0恒载+1.0活载下桁架变形结果对比/mm

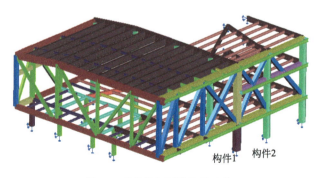

图11　悬挑桁架拆除构件示意

（4）采用MIDAS Gen对悬挑桁架进行楼盖舒适度验算：在行走激励作用下,楼盖的竖向振动频率均大于3Hz（图12）,稳态竖向峰值加速度为

0.0026～0.032 m/s²；在有节奏运动作用下，楼盖的竖向振动频率均大于 4Hz，楼盖振动有效最大加速度为 0.17 m/s²。结果表明，楼盖舒适度满足《建筑楼盖结构振动舒适度技术标准》JGJ/T 441—2019 要求。

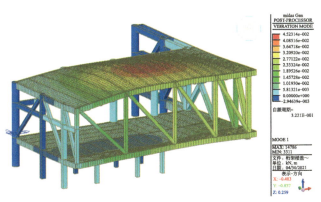

图 12 第 1 竖向振动模态（f=3.1047Hz＞3Hz）

4.2 穿层柱分析

（1）采用 MIDAS Gen 对穿层柱进行稳定计算分析（图 13）。结果表明，穿层柱的计算长度系数 μ 均小于规范中的计算长度系数，大震不屈服下的穿层柱内力未超过穿层柱线性屈曲临界荷载，表明穿层柱在罕遇地震下均不会出现失稳现象。

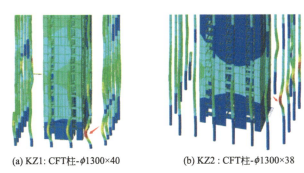

(a) KZ1：CFT柱-ϕ1300×40　　(b) KZ2：CFT柱-ϕ1300×38

图 13 典型位置穿层柱屈曲模态

（2）绘制穿层柱的 P-M-M 能力曲线，与小震弹性、中震不屈服和大震不屈服的 PKPM 计算结果对比表明，塔楼外框柱均能满足正截面承载力"大震不屈服"的性能目标，见图 14。

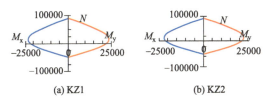

(a) KZ1　　(b) KZ2

注：N、M_x、M_y 分别代表轴力、X 向弯矩、Y 向弯矩，余同。

图 14 典型穿层柱 P-M-M 曲线（大震不屈服工况）

（3）对穿层柱进行附加偶然侧向作用的验算，即穿层柱表面附加 80kN/m² 侧向偶然作用设计值[4,8]，横向受荷宽度比柱宽 0.2m。抗连续倒塌工况下的典型穿层柱的内力设计值，均位于 P-M-M 曲线内（图 15），满足抗连续倒塌工况下的承载力要求，能够满足抗连续倒塌的设计要求。

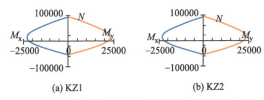

(a) KZ1　　(b) KZ2

图 15 典型穿层柱 P-M-M 曲线（抗连续倒塌工况）

4.3 东侧幕墙裙摆钢构架分析

东侧幕墙裙摆钢构架采用矩管，为平面钢框架，通过圆管钢支撑、钢牛腿与塔楼相连。钢支撑两端采用铰接，钢牛腿与塔楼钢管混凝土柱采用刚性连接、与钢支撑或钢框架采用销轴连接。

裙摆钢构架采用 MIDAS Gen 和 3D3S 软件对结构进行对比分析（图 16），内力和变形结果几乎无异，结果表明：1）竖向构件是主受力构件，横向构件是次受力构件；2）风荷载为承载力控制和变形控制的荷载工况；3）竖向构件以弯曲变形为主；4）由恒载控制 Z 向支座反力。

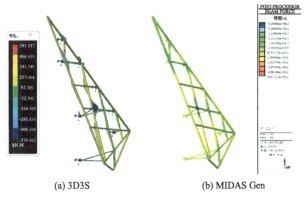

(a) 3D3S　　(b) MIDAS Gen

图 16 裙摆钢构架在风压工况下弯矩图

幕墙节点由矩管牛腿、圆管和销轴组成，利用有限元软件进行分析。钢材采用理想弹塑性本构，矩管左端固定，对圆管右端施加 1004kN 的水平集中力，连接耳板之间接触采用摩擦接触，销轴与耳板之间同样采用摩擦接触，法向使用 Hard 硬接触，切向采用罚摩擦，定义钢材与钢材之间的摩擦系数为 0.15，分析分为 pre-load 和 load 两个分析步进行，pre-load 为预加载，即施加一个比较小的力，使接触关系平稳建立，load 分析步为正式加载，直接施加目标力。

结果表明：牛腿矩管耳板和销轴交接处的最大应

力 305MPa，矩管十字加劲肋与矩管内部相交处应力 186MPa，未超钢材屈服强度；圆管耳板和销轴交接处的最大应力 346MPa，刚好达到屈服应力，但屈服范围很小且小于一个网格的范围，表明圆管耳板处出现局部屈服并进行塑性应力重分布，可接受；圆管十字加劲肋与圆管内部相交处应力约为 115MPa，未超材料屈服应力，满足要求。销轴最大压应力 298MPa，未超钢材屈服强度，而销轴受剪应力 108.9MPa，小于销钉抗剪强度 170MPa，满足要求（图 17）。

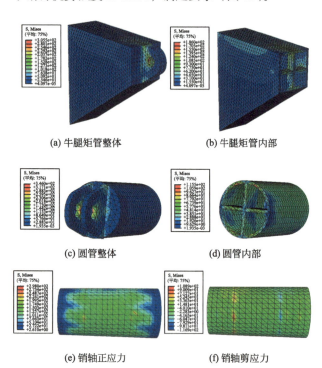

(a) 牛腿矩管整体　　(b) 牛腿矩管内部

(c) 圆管整体　　(d) 圆管内部

(e) 销轴正应力　　(f) 销轴剪应力

图 17　幕墙裙摆钢构架支座 Mises 应力分析结果 /MPa

5　结论

（1）针对本工程的特殊性、不规则的情况等因素进行了综合考虑，在结构抗震设计上设定了与建筑本身相匹配的较为合理的性能目标。分析结果表明结构方案可以满足所制定的抗震性能目标，且具有良好的抗震性能，结果满足国家规范的要求，该工程结构的抗震设计是安全可行的。

（2）通过合理设置防震缝，将塔楼与裙房连为一体，裙房可分担部分地震剪力、提高结构的二道防线能力且对结构的整体刚度影响较小，可适当提高结构抗倾覆能力；若考虑裙房与塔楼设置防震缝后会引起更多穿层柱等抗震不利情况且影响建筑使用功能和立面效果。

（3）超高层结构在屋顶和底部入口设置有较大的幕墙结构与主体结构进行连接，设计要充分考虑幕墙结构与主体结构之间的相互影响，并对连接节点进行深入的细化分析。

（4）针对大跨度悬挑桁架、穿层柱、斜柱等超限情况或抗震不利情况，进行多维度的专项分析，以确保结构安全。

参考文献

[1] 四川省抗震设防超限高层民用建筑工程界定标准：DB51/T 5058—2020[S]．成都：西南交通大学出版社，2020．

[2] 赵仕兴，杨姝姮，陈可．有关建筑结构平面规则性的若干问题讨论[J]．建筑结构，2021，51（3）：47-50．

[3] 赵仕兴，杨姝姮，唐元旭，等．有关建筑结构竖向规则性的若干问题讨论[J]．建筑结构，2022，52（17）：14-18，4．

[4] 高层建筑混凝土结构技术规程：JGJ 3—2010[S]．北京：中国建筑工业出版社，2011．

[5] 高层民用建筑钢结构技术规程：JGJ 99—2015[S]．北京：中国建筑工业出版社，2016．

[6] 建筑抗震设计规范：GB 50011—2010[S]．北京：中国建筑工业出版社，2010．

[7] 西部股权投资基金基地项目超限高层建筑工程抗震设计可行性论证报告[R]．成都：四川省建筑设计研究院有限公司，2021．

[8] 天府国际金融中心项目 7#、8#、9#、10# 地块超限高层建筑工程抗震设计可行性论证报告[R]．成都：四川省建筑设计研究院有限公司，2019．

作者简介

张塱（1980- ），男，四川省建筑设计研究院有限公司副总工程师，高级工程师，一级注册结构工程师。

赖伟强（1989- ），男，高级工程师，一级注册结构工程师。

冉曦阳（1989- ），男，高级工程师，一级注册结构工程师，注册土木工程师（岩土）。

足尺毛竹梁长期蠕变性能研究

钟紫勤　赵仕兴　陈　可　周巧玲

摘要：为研究足尺毛竹梁的长期蠕变性能，分析了已有的试验数据，进一步探究毛竹梁在长期荷载作用下的蠕变发展规律。从微观层次分析了竹材蠕变性能随环境湿度、温度变化而改变的机理；以强度储备、蠕变速率以及相对挠度作为控制指标，评估了毛竹梁的蠕变性能；对毛竹梁蠕变模型开展了适用性研究，并基于蠕变模型的挠度预测给出了毛竹梁的建议应力比。结果表明：环境中湿度和温度的变化会引起竹材的物理性质发生变化，从而改变竹材的蠕变性能；应力比较小的毛竹梁蠕变性能总体上符合工程使用要求；将Burger模型中表征黏性变形的线性函数改进为幂函数，改进的Burger模型结合了Burger模型和幂律模型的特点，能更好地模拟毛竹梁的蠕变性能。最后，基于蠕变模型的长期变形预测值，建议了毛竹梁应力比不应大于0.50，以防止原竹建筑在50年的设计基准期内产生过大的蠕变变形。

关键词：毛竹梁；长期蠕变；应力比；性能评估；改进的Burger模型；挠度预测

Study on long-term creep performance of full-culm Moso bamboo beam

Zhong Ziqin　Zhao Shixing　Chen Ke　Zhou Qiaoling

Abstract：In order to study the long-term creep performance of full-culm Moso bamboo beams, the existing test data were analyzed, and the creep law of full-culm Moso bamboo beams under long-term loading was further explored. The mechanism that the creep performance of bamboo changes with the environmental humidity and temperature was analyzed from the microscopic level. The creep performance of the beam was evaluated by adequate strength, creep rate and fractional deflection. The applicability of creep models of bamboo beams was studied, and the recommended stress ratio of beams was given based on the deflection prediction of creep models. The results show that the changes of humidity and temperature in the environment would cause changes in the physical properties of bamboo, thus changing the creep performance of bamboo. The creep performance of bamboo beams with small stress ratio generally meet the engineering requirements. The viscosity deformation in Burger model is modified as a linear function of time to a power function, and the modified Burger model combines the characteristics of Burger model and power law model, which can better simulate the creep performance of bamboo beams. Finally, based on the long-term deformation prediction of the creep model, it is suggested that the stress ratio of bamboo beams should not be greater than 0.50 to prevent excessive creep deformation of the original bamboo building in the 50 year design reference period.

Keywords：Moso bamboo beam; long-term creep; stress ratio; performance evaluation; modified Burger model; deflection prediction

---

基金项目：四川省科技计划资助(2023YFS0393)，四川省住房城乡建设领域科技创新课题(SCJSKJ2022-33)，四川省建筑设计研究院有限公司科研项目(KYYN202221)

本文已发表于《建筑结构》，2023

0 引言

竹子是一种理想的建材,具有力学性能优越、生长周期短、固碳能力强[1]等特点。随着国际社会对自然环境的重视,加之木材等传统绿色建材资源的相对短缺,现代化竹建筑的发展潜力逐渐被发掘。

竹材与木材类似,是由淀粉、糖分以及纤维素、半纤维素、木质素等组成的生物高分子聚合物。竹材中存在的营养物质使得竹建筑在使用过程中会遭受真菌腐蚀、虫蛀侵害,需采取合理的防范措施,以提高竹建筑的使用寿命[2]。另一影响竹建筑的因素为竹材的蠕变。蠕变是材料在恒应力作用下应变随时间增长而发生变化的现象。材料的蠕变一般分为三个阶段[3]:初始阶段、稳定阶段、加速阶段,如图1所示。当应力比过大时,构件或结构可能会进入蠕变加速阶段,产生较大的蠕变变形,直至失效。

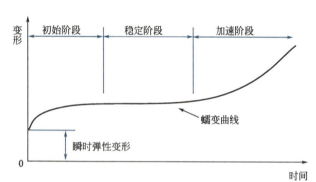

图1 蠕变过程

作为一种具有明显黏弹性特性的高分子材料,竹材的蠕变会对竹建筑的使用功能和安全性能造成严重危害。目前针对原竹蠕变性能的研究多集中于清材小试件。涂道伍等[4]、张晓敏等[5]、闫薇等[6]以毛竹清材小试件为试验对象,研究了竹材在恒载作用下的短期和长期蠕变性能,研究表明温度、含水率、应力比会影响竹材的蠕变性能,Burger模型能较精确地拟合蠕变试验结果;Gottron等[7]对Tre Gai竹条开展了为期30~90d的四点弯曲加载蠕变试验,发现竹青侧蠕变残余承载力较竹黄侧大,且蠕变能提高竹青侧竹材的受压承载能力。现有针对原竹蠕变性能的研究较少涉及足尺原竹构件。Janssen[8]对足尺原竹梁和原竹桁架进行了蠕变试验,分析了不同应力比试件的蠕变变形,认为Burger模型能用于模拟原竹构件的蠕变性能;Zhong等[9]用Burger模型拟合了足尺原竹梁在长期恒载作用下的蠕变变形,分析并评估了竹材的蠕变性能,表明竹材抵抗长期荷载的能力并不低于木材。

为进一步研究足尺原竹构件在长期荷载作用下的蠕变性能,以文献[10]中的足尺毛竹梁蠕变试验为基础,给出足尺原竹梁的蠕变特点。通过对Burger模型、幂律模型以及改进的Burger模型进行毛竹梁蠕变性能适用性研究,预测了毛竹梁的50年期跨中挠度,进而确定毛竹梁的设计应力比限值,为原竹建筑的全寿命周期设计提供理论依据。

1 蠕变性能分析与评价

1.1 蠕变试验概况及数据处理

文献[10]中蠕变试验所用竹材为4年生优质毛竹,产自四川宜宾蜀南竹海,根据《建筑用竹材物理力学性能试验方法》JG/T 199—2007[11]测得12%含水率顺纹抗压强度为62.01MPa。利用图2所示的四点弯曲加载方法对16根毛竹梁进行受弯长期蠕变试验(图2a中名义跨度L为4000mm),试验尺寸示意图以及加载装置示意图见图2。试验全过程荷载恒定,利用布置在毛竹梁跨中部位的百分表测量实时挠度值。毛竹梁实测尺寸见表1。

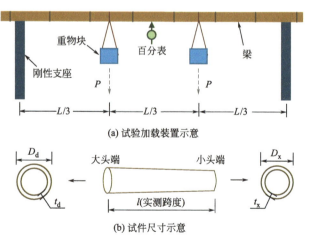

(a) 试验加载装置示意

(b) 试件尺寸示意

图2 试验加载装置示意及试件尺寸示意

文献[10]中毛竹梁实测尺寸及分析结果　　表1

试件编号	l/mm	t_x/mm	D_x/mm	t_d/mm	D_d/mm	P/N	ω_0/mm	σ_{max}/MPa	Ψ	ω_0'/mm	φ
R1	4011	6.38	70.08	9.70	92.71	350	35.71	17.70	0.29	52.09	0.69
R2	3999	6.55	68.99	8.70	89.98	350	59.83	18.93	0.31	56.56	1.06
R3	4055	6.15	68.64	9.98	88.50	400	80.43	22.09	0.36	68.51	1.17

续表

试件编号	l/mm	t_x/mm	D_x/mm	t_d/mm	D_d/mm	P/N	ω_0/mm	σ_{max}/MPa	Ψ	ω_0'/mm	φ
R4	4008	6.64	69.28	10.14	90.94	450	106.87	22.85	0.37	68.11	1.57
R5	4011	6.30	67.71	8.39	86.49	400	39.54	23.71	0.38	73.20	0.54
R6	4005	6.33	66.61	9.09	86.11	450	69.14	26.68	0.43	83.10	0.83
R7	4009	8.62	67.26	9.04	89.38	550	70.06	27.13	0.44	82.95	0.84
R8	4035	7.19	65.87	9.62	88.69	500	101.04	27.60	0.45	86.84	1.16
R9	4021	6.38	74.01	8.74	88.25	550	131.68	27.83	0.45	81.13	1.62
R10	4012	6.61	70.02	9.12	91.01	600	72.32	31.02	0.50	92.06	0.79
R11	4036	7.56	66.56	11.14	93.71	650	191.45	31.64	0.51	96.78	1.98
R12	4015	5.33	58.45	8.56	91.76	500	108.90	36.36	0.59	119.65	0.91
R13	4003	6.60	69.28	10.16	84.77	700	101.76	37.87	0.61	115.74	0.88
R14	3997	6.54	70.02	10.16	87.36	800	80.01	41.53	0.67	124.21	0.64
R15	4015	6.41	68.58	8.06	90.30	750	64.25	42.21	0.68	127.41	0.50
R16	4008	6.64	65.71	9.68	89.94	850	119.25	47.56	0.77	147.00	0.81

注：P 为毛竹梁上施加的荷载；ω_0 为瞬时弹性变形；Ψ 和 σ_{max} 分别为应力比和计算截面最大应力；ω_0' 为跨中挠度计算值；φ 为瞬时弹性变形与跨中挠度计算值的比值。

将毛竹梁靠近小头端部的加载点处截面作为应力最大值以及跨中挠度的计算截面，以考虑毛竹梁尖削度以及横截面椭圆度对计算结果的影响。研究表明[12]，竹杆壁厚和外径沿长度方向线性变化，因此经线性插值得到计算截面处尺寸。由于文献[10]中未测得竹材弹性模量，故按《圆竹结构建筑技术规程》CECS 434—2016[13]建议，竹材弹性模量 E 取值为 15000MPa。试件的应力比与跨中挠度计算表达式分别如式（1）、式（2）所示。计算结果见表1。

$$\Psi = \frac{\sigma_{max}}{\sigma_u} \quad (1)$$

式中，σ_u 为竹材 12% 含水率顺纹抗压强度。

$$\omega_0' = \frac{23PL^3}{648EI} \quad (2)$$

式中，I 为毛竹梁计算截面惯性矩。

文献[10]所用毛竹梁肉眼可见无明显缺陷。作为一种天然材料，毛竹梁不可避免的存在虫蛀、微裂纹等初始缺陷，使得试验产生异常数据。规定初始跨中挠度实测值 ω_0（即瞬时弹性变形）与跨中挠度计算值 ω_0' 的比值为 φ，计算公式见式（3）。若某一毛竹梁的 φ 值远离同批次毛竹梁的 φ 平均值和中位数值，则认为该毛竹梁对应的蠕变试验数据为异常值。采用具有标准四分位间距的四分位法[14]筛选并剔除数据中的异常值，即在四分位数值以外的值为异常值。利用图3所示箱形图将试验数据图形化，由图可知上、下四分位数值分别为 1.17、0.50，则试件 R4、R9、R11 的 φ 值远离均值和中位数值，予以剔除。

$$\varphi = \frac{\omega_0}{\omega_0'} \quad (3)$$

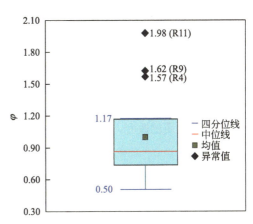

图 3　试验数据箱形图

1.2 蠕变曲线

以实测瞬时弹性变形 ω_0 为基准值，计算毛竹梁在各个时刻相对于初始挠度的增长值（简称相对挠度），计算公式如式（4）所示。计算结果如图4所示。

$$\gamma_t = \frac{\omega_t}{\omega_0} \quad (4)$$

式中，γ_t 为 t 时刻的跨中相对挠度值；ω_t 为 t 时刻的跨中挠度实测值。

在加载初期，毛竹梁蠕变增长较快，而后逐渐变缓。对于应力比较小的毛竹梁，蠕变变形在加载后期

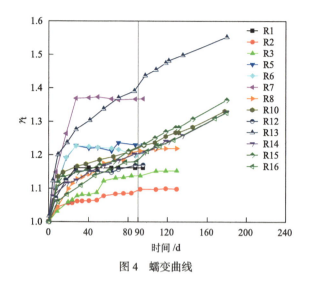

图 4 蠕变曲线

逐渐趋于稳定；而当应力比较大时，在加载后期的蠕变变形呈线性增长趋势。

从图 4 所示的蠕变曲线可知，曲线存在突变点，蠕变曲线不平滑。木质或竹制材料蠕变曲线的变化趋势与环境中湿度和温度的变化趋势具有明显的相关关系[15]。竹材含有大量的纤维素、半纤维素、木质素等组分。水分子会在竹材各组分之间形成氢键，而环境湿度的变化会引起竹材含水率的变化，引起竹材各组分间氢键断裂或新氢键的形成[16]，而氢键等化学键与材料的物理性质相关[17]。因此竹材含水率的变化在宏观上表现为竹材物理性质的改变。此外，蠕变性能同样受到环境温度的影响。在一定温度下，纤维素、半纤维素、木质素会发生玻璃化转变，宏观上表现为材料的刚性增大，蠕变柔量减小[17-18]。因此环境的变化会引起竹材物理性质的改变，在蠕变曲线上体现为突变点的存在。

1.3 蠕变性能评估

目前尚无专门针对竹材或竹制品蠕变性能进行评估的相关标准。竹材与木材组分相似，为评估毛竹梁的蠕变性能是否满足工程使用要求，采用木制品蠕变性能评估标准 ASTM D6815-09[19] 作为判别依据。分别从材料强度储备、蠕变速率、相对挠度三个方面做出评估。

1.3.1 强度储备

ASTM D6815-09 规定在历经蠕变测试 90d 后，发生蠕变断裂的试件数量不应超过某一限值。文献[10]中具有不同应力比的毛竹梁均没有发生蠕变断裂，满足要求。

1.3.2 蠕变速率

ASTM D6815-09 规定试件在 0~30d、30~60d、60~90d 的蠕变速率应逐渐降低，即满足式（5）关系。

若试件的蠕变速率在 90d 测试时间结束时未降低，则应延长 30d 的测试时间，以判别蠕变速率是否降低。毛竹梁在 3 个时间段内的挠度增量如图 5 所示，由图可知 R5、R10、R12、R15 不满足式（5）关系。R10 在 90~120d 时间段的挠度增量仍大于其在 60~90d 时间段内增量，不满足要求；R15 在 90~120d 时间段的挠度增量略小于其在 60~90d 时间段内增量，满足要求。R5、R12 缺少 90~120d 时间段试验数据。综上，当应力比较小时，毛竹梁蠕变性能总体上满足要求；当应力比较大时，将不满足要求。

$$\omega_{30} - \omega_0 > \omega_{60} - \omega_{30} > \omega_{90} - \omega_{60} \quad (5)$$

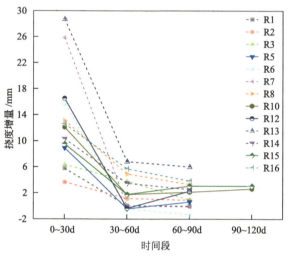

图 5 各试件挠度增量

1.3.3 相对挠度

ASTM D6815-09 规定在历经 90d 的蠕变加载后，尚未发生蠕变断裂试件的跨中相对挠度值不应大于 2.0，计算公式如式（6）所示。从图 4 可知，所有毛竹梁在第 90d 的相对挠度均小于 2.0，满足要求。

$$\gamma_{90} = \frac{\omega_{90}}{\omega_0} \leq 2.0 \quad (6)$$

式中，ω_{90} 为试件在第 90d 的跨中挠度值。

综上可知，当应力比较小时，毛竹梁蠕变性能总体上符合 ASTM D6815-09 标准，满足工程使用要求。而当应力比较大时，将不满足使用要求。

2 受弯蠕变模型

2.1 Burger 模型

如图 6 所示，Burger 模型为四元件黏弹性模型，由 Maxwell 模型和 Kelvin 模型串联而成，其表达式如式（7）所示。当 Burger 模型被用于模拟材料的蠕变性能时，材料的蠕变变形将由黏弹性变形以及黏性变形组成。瞬时弹性变形由作为弹性元件的胡克体模拟实现；黏弹性变形通过胡克体和牛顿体并联的方式模拟实现；黏性变形由作为黏性元件的牛顿体模拟实现。Burger 模型中各蠕变参数具有明确的物理意义，已被广泛用于描述竹质产品 [9, 15] 的初始蠕变阶段以及稳定蠕变阶段。

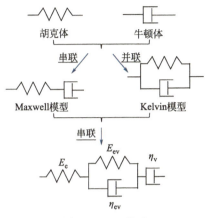

图 6　Burger 模型

$$\varepsilon_t = \frac{\sigma_0}{E_e} + \frac{\sigma_0}{E_{ev}}\left[1-\exp\left(-\frac{E_{ev}}{\eta_{ev}}t\right)\right] + \frac{\sigma_0}{\eta_v}t \quad (7)$$

式中，ε_t 为 t 时刻的应变值；σ_0 为应力值；E_e 为瞬时弹性模量；E_{ev} 为延迟弹性模量；η_{ev} 为黏弹性系数；η_v 为黏性系数。

2.2　幂律模型

幂律模型表达式简单，使用便捷，常被用于模拟高分子复合材料的黏弹性蠕变性能，同样适用于模拟竹质材料的蠕变性能 [3]。幂律模型的表达式为：

$$\varepsilon_t = \varepsilon_0 + mt^n \quad (8)$$

式中，ε_0 为初始应变；m 和 n 为蠕变参数。

2.3　改进的 Burger 模型

由于 Burger 模型被用于描述材料的蠕变性能时，材料蠕变变形中的黏性变形被表征为时间的线性函数。而实际上，材料的黏性变形多是与时间呈非线性变化趋势，使得基于 Burger 模型的蠕变变形预测值与实际不符 [20]。

幂律模型作为广泛使用的经验模型，其本质是将材料的蠕变变形表征为时间的幂函数。为避免 Burger 模型将材料的黏性变形表征为时间的线性函数所带来的误差，借鉴幂律模型的思想，将 Burger 模型中表征黏性变形的线性函数改进为幂函数，使得改进的 Burger 模型更符合材料的实际蠕变性能。改进的 Burger 模型表达式为：

$$\varepsilon_t = \frac{\sigma_0}{E_e} + \frac{\sigma_0}{E_{ev}}\left[1-\exp\left(-\frac{E_{ev}}{\eta_{ev}}t\right)\right] + \frac{\sigma_0}{\eta_v}t^k \quad (9)$$

式中，k 为蠕变参数，其余参数含义与上文同。

3　蠕变模型参数拟合与分析

在弯曲荷载作用下，梁将产生整体的横向变形，同时一部分纵向纤维受拉伸长、一部分纵向纤维受压缩短。如图 7 所示，四点弯曲加载梁的上、下边缘纤维在任意坐标 x 处的微段应变值为：

$$d\varepsilon(x) = \frac{M(x)}{EW}dx \quad (10)$$

式中，$M(x)$ 为试件在 x 处的弯矩；W 为计算截面的抵抗矩。

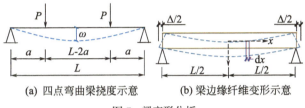

(a) 四点弯曲梁挠度示意　　(b) 梁边缘纤维变形示意

图 7　梁变形分析

采用分段积分法，计算得到梁上、下边缘纤维长度的变化值为：

$$|\Delta| = \frac{Pa}{EW}(L-a) \quad (11)$$

综合式（2）、式（10）、式（11），可得梁上、下边缘纤维应变 ε 与跨中挠度 ω 关系为：

$$\varepsilon_t = \frac{24(L-a)R}{3L^3-4a^2L}\omega_t \quad (12)$$

式中，R 为计算截面外半径。

应变与跨中挠度具有线性关系，因此可将 Burger 模型、幂律模型以及改进的 Burger 模型分别简化为如式（13）~式（15）所示的拟合形式。拟合结果如图 8 所示，各模型蠕变参数拟合值见表 2。

$$\omega_t = \omega_0 + A[1-\exp(-Bt)] + Ct \quad (13)$$
$$\omega_t = \omega_0 + mt^n \quad (14)$$
$$\omega_t = \omega_0 + A[1-\exp(-Bt)] + Ct^k \quad (15)$$

式中，A、B、C 均为蠕变模型待定蠕变参数。

从图 8 可知，各模型对不同试件挠度的拟合程度各异，幂律模型以及改进的 Burger 模型对各试件挠度的拟合程度总体上较 Burger 模型高。Burger 模型的线性趋势显著，因此能较好地拟合挠度线性趋势增长的试件，如 R10、R14~R16。根据表 2 所示的各模型决定系数 R^2 可知，改进的 Burger 模型优于幂律模型，幂律模型优于 Burger 模型，表明将黏性变形表征为时间的幂函数更符合毛竹梁的蠕变性能。对于 R10 与 R15，改进的 Burger 模型的蠕变参数 k 值分别为 1.177、1.226，均大于 1，表明 R10 与 R15 在试验时间内已

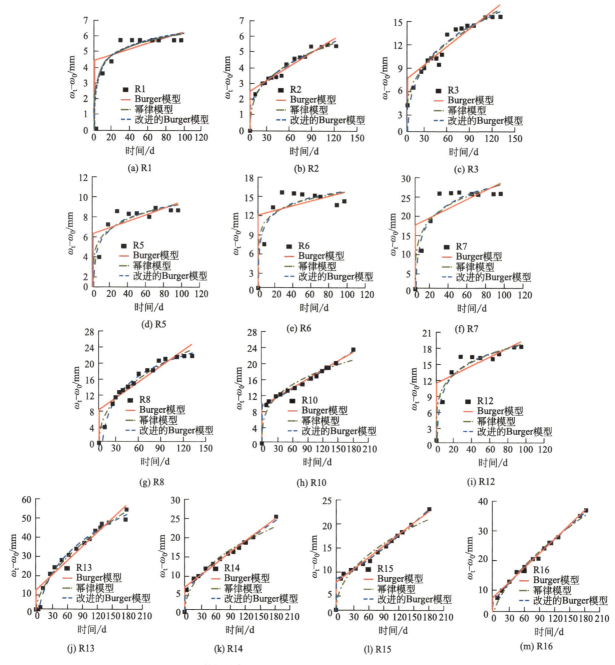

图 8 毛竹梁受弯蠕变试验结果及蠕变模型参数拟合结果对比

具有加速蠕变的趋势。

为进一步对比 Burger 模型、幂律模型以及改进的 Burger 模型之间的差异，利用拟合后的三个蠕变模型给出各毛竹梁的挠度预测值，如图 9 所示。由图 9 可以看出，Burger 模型挠度预测值总体趋势为线性增长且预测值较大，这与现有研究结论一致。除 R10 与 R15 外，其余各毛竹梁的 Burger 模型挠度预测值远大于对应的幂律模型以及改进的 Burger 模型预测值。

原竹建筑的设计基准期为 50 年[13]。以拟合精度较高的改进的 Burger 模型为基础，分析毛竹梁的 50 年期跨中挠度预测值。毛竹梁的 50 年期跨中挠度预测值见表 3。由表可得，当应力比小于 0.5 时，毛竹梁的相对挠度值较小；当应力比大于 0.5 时，毛竹梁的相对挠度值将较大。与 ASTM D6815-09 评价结果对应，应力比较大时，毛竹梁蠕变性能不满足工程适用要求，因此应严格控制应力比，防止产生过大的蠕变变形。

足尺毛竹梁长期蠕变性能研究

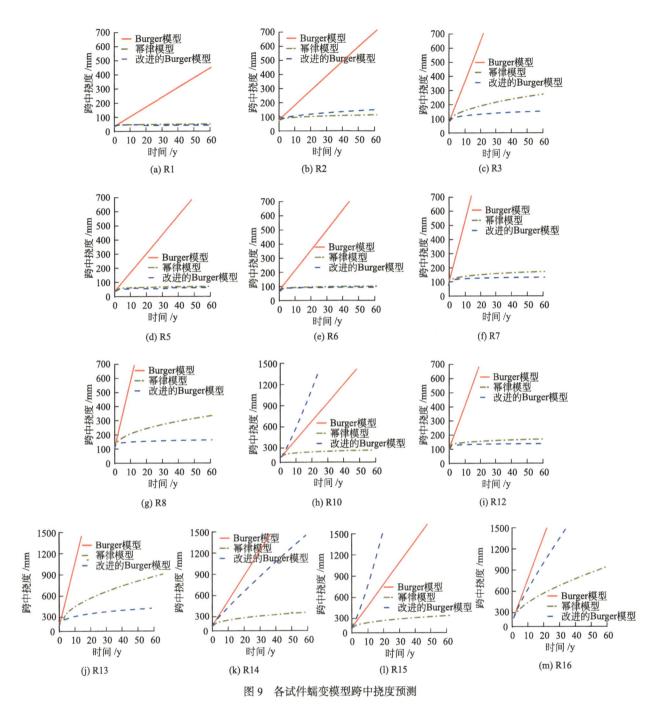

图 9 各试件蠕变模型跨中挠度预测

蠕变模型参数拟合结果　　　　表 2

试件	Burger 模型				幂律模型			改进的 Burger 模型				
	A	B	C	R^2	m	n	R^2	A	B	C	k	R^2
R1	4.418	204.714	0.019	0.917	2.991	0.157	0.958	-4.164×10^4	2.237×10^7	4.164×10^4	2.023×10^{-5}	0.965
R2	2.710	816.067	0.029	0.970	1.114	0.349	0.980	1.390	914.239	0.376	0.523	0.982
R3	3.636	157.401	0.080	0.930	1.058	0.520	0.968	-7.468	305.321	5.510	0.269	0.975
R5	6.295	2066.517	0.037	0.851	3.803	0.205	0.914	-7.464×10^4	1.843×10^6	7.464×10^4	2.299×10^{-5}	0.932
R6	11.895	2247.675	0.039	0.806	7.925	0.151	0.869	-8.468×10^4	3.805×10^6	8.469×10^4	2.651×10^{-5}	0.884
R7	17.172	1769.941	0.120	0.825	9.684	0.234	0.903	-1.007×10^5	1.834×10^7	1.007×10^5	5.559×10^{-5}	0.927

续表

试件	Burger 模型				幂律模型			改进的 Burger 模型				
	A	B	C	R^2	m	n	R^2	A	B	C	k	R^2
R8	8.250	6194.667	0.130	0.916	2.777	0.442	0.973	−600.922	1047.342	591.311	0.011	0.993
R10	9.278	73.517	0.078	0.996	3.955	0.325	0.961	9.951	2842.573	0.031	1.177	0.997
R12	11.286	2890.301	0.086	0.896	6.494	0.235	0.948	-1.330×10^5	3.639×10^7	1.330×10^5	2.704×10^{-5}	0.963
R13	11.001	13046.483	0.263	0.943	2.667	0.584	0.978	−32.625	8079.462	20.304	0.278	0.988
R14	6.868	33.243	0.105	0.993	2.134	0.463	0.973	6.186	25.851	0.184	0.894	0.994
R15	6.546	514.178	0.090	0.995	1.978	0.456	0.957	7.505	2232.477	0.027	1.226	0.998
R16	6.906	1831.529	0.180	0.996	1.379	0.636	0.989	5.402	1280.708	0.339	0.883	0.997

基于改进的 Burger 模型的 50 年期跨中挠度预测 表3

数据类型	试件编号												
	R1	R2	R3	R5	R6	R7	R8	R10	R12	R13	R14	R15	R16
ψ	0.29	0.31	0.36	0.38	0.43	0.44	0.45	0.50	0.59	0.61	0.67	0.68	0.77
ω_0 /mm	35.71	59.83	80.43	39.54	69.14	70.06	101.04	72.32	108.90	101.76	80.01	64.25	119.25
ω_{50y} /mm	46.25	125.18	150.35	58.25	96.80	127.70	158.89	3253.49	146.59	380.14	1276.21	4657.05	2091.08
γ_{50y}	1.30	2.09	1.87	1.47	1.40	1.82	1.57	44.99	1.35	3.74	15.95	72.48	17.54

注：ω_{50y} 为 50 年期跨中挠度预测值；γ_{50y} 为 50 年期跨中相对挠度预测值。

4 结论

（1）环境湿度、温度会影响竹材的蠕变性能，微观上是由于含水率变化引起了竹材中纤维素、半纤维素、木质素之间已有氢键的断开或新键的形成，而温度的变化会引起竹材组分的玻璃化转变。微观层次的变化在宏观上体现为竹材物理性质的变化，竹材的蠕变性能随之改变。

（2）Burger 模型、幂律模型、改进的 Burger 模型在拟合已有蠕变试验数据时，均具有较高的精度。Burger 模型将黏性变形表征为时间的线性函数，与毛竹梁的实际蠕变性能不符。改进的 Burger 模型结合了 Burger 模型和幂律模型的特点，能更好地模拟毛竹梁的蠕变性能。

（3）应力比是影响毛竹梁蠕变性能的重要因素。应力比较小的毛竹梁蠕变性能总体上符合 ASTM D6815-09 标准，满足工程使用要求。当应力比较大时，毛竹梁会进入加速蠕变阶段。基于蠕变模型预测值，建议将毛竹梁应力比控制在 0.50 之内，以防止毛竹梁在 50 年的设计基准期内产生过大的蠕变变形。

参考文献

[1] LI P H, ZHOU G M, DU H Q, et al. Current and potential carbon stocks in Moso bamboo forests in China[J]. Journal of Environmental Management, 2015, 156: 89-96.

[2] SEBASTIAN K, ANDREW L, DAVID T, et al. Structural use of bamboo: part 2: durability and preservation[J]. Structure Engineer, 2016, 94（10）: 38-43.

[3] 李玉顺, 张秀华, 吴培增, 等. 重组竹在长期荷载作用下的蠕变行为[J]. 建筑材料学报, 2019, 22（1）: 65-71.

[4] 涂道伍, 邵卓平. 基于 Burger 体的竹材横纹热压流变模型[J]. 南京林业大学学报（自然科学版）, 2008, 32（2）: 67-70.

[5] 张晓敏, 孙正军, 王喜明. 竹材径向压缩蠕变行为研究[J]. 林业机械与木工设备, 2010, 38（6）: 26-29.

[6] 闫薇, 崔海星, 朱一辛. 竹材的拉伸短期蠕变行为及模拟[J]. 林业科技开发, 2013, 27（3）: 46-49.

[7] GOTTRON J, HARRIES K, XU Q F. Creep behaviour of bamboo[J]. Construction and Building Materials, 2014, 66（15）: 79-88.

[8] JANSSEN J. Bamboo in building structures[D]. Eindhoven: Eindhoven University of Technology, 1981.

[9] ZHONG Z Q, ZHOU X H, HE Z Q, et al. Creep behavior of full-culm Moso bamboo under long-term bending[J]. Journal of Building Engineering, 2022, 46: 103710.

[10] 汪俊达. 圆竹杆的自然劣化和长期受弯蠕变性能的研

究[D]. 重庆：重庆大学，2020.

[11] 建筑用竹材物理力学性能试验方法：JG/T 199-2007[S]. 北京：中国标准出版社，2007.

[12] WANG X H, SONG B. Application of bionic design inspired by bamboo structures in collapse resistance of thin-walled cylindrical shell steel tower[J]. Thin-Walled Structures, 2022, 171：108666.

[13] 圆竹结构建筑技术规程：CECS 434-2016[S]. 北京：中国计划出版社，2016.

[14] 赵新斌, 李斌. 异常值检测方法在民航告警中的应用[J]. 南京航空航天大学学报，2017，49（4）：524-530.

[15] ZHAO K P, WEI Y, CHEN S, et al. Experimental investigation of the long-term behavior of reconstituted bamboo beams with various loading levels[J]. Journal of Building Engineering, 2021, 36：102107.

[16] YOUSSEFIAN S, JAKES J E, RAHBAR N. Variation of nanostructures, molecular interactions, and anisotropic elastic moduli of lignocellulosic cell walls with moisture [J]. Science Reports, 2017, 7（1）：1-10.

[17] 袁晶, 方长华, 张淑琴, 等. 竹材细胞壁水分研究进展[J]. 竹子学报，2020，39（1）：24-32.

[18] 彭辉, 蒋佳荔, 詹天翼, 等. 木材普通蠕变和机械吸湿蠕变研究概述[J]. 林业科学，2016，52（4）：116-126.

[19] Standard specification for evaluation of duration of load and creep effects of wood and wood-based products：ASTM D6815-09[S]. West Conshohocken：ASTM International, 2015.

[20] 王卓琳, 刘伟庆, 许清风, 等. 内嵌CFRP筋加固木梁持荷6年受力性能的试验研究[J]. 建筑结构，2020，50（5）：15-19，14.

作者简介

钟紫勤（1996-），男，助理工程师。

赵仕兴（1970-），男，四川省建筑设计研究院有限公司总工程师，正高级工程师，一级注册结构工程师，英国注册结构工程师。

周巧玲（1994-），女，四川省建筑设计研究院有限公司博士后。

基于"药方式"的水体生态治理方法构建研究与应用

王家良　龚克娜　曾丽竹　邱　壮

摘要：水体生态治理是一种绿色、低碳的水环境治理方法。针对目前水体生态治理方法缺乏的科学性、针对性以及标准化设计等问题，本研究提出了一种基于"药方式"的水体生态治理方法，通过测试和监测用于水体治理的水生生物对水体污染物水质指标去除率的试验数据，构建标准化的生物"药"数据库，根据待治理水体的水质指标"诊断"特征和优先层级，为待治理水体配置生物"药方"的水体生态治理方式，形成高效、低碳的水体生态治理的标准化流程，提高了水体生态治理过程中水生生物配置的针对性和科学性，实现了水体治理的标准化、定量化、可复制、可推广的生态治理范式。

关键词：水体生态治理；药方式；标准化数据库；生物配置

Construction and application of water ecological treatment method based on "medicine and Prescription"

Wang Jialiang　Gong Kena　Zeng Lizhu　Qiu Zhuang

Abstract：Water ecological treatment is an emerging technology as it is green and low-carbon water environment treatment method. In view of the lack of scientific, targeted and standardized design of current water ecological treatment methods, this study proposed a method of water ecological treatment based on "medicine and prescription". By testing and monitoring experimental data on the removal rate of pollutants by aquatic organisms, a standardized biological "medicine" database was built. According to the "diagnosis" characteristics and priority levels of water quality indicators to be treated, the biological "prescription" is allocated to it, forming a standardized process of efficient and low-carbon water ecological treatment, and improving the pertinency and scientific configuration of aquatic organisms in the process of water ecological treatment. The ecological governance paradigm of standardization, quantification, replication and promotion of water treatment has been realized.

Keywords：water ecological treatment; method of medicine and prescription; standardized database; biological configuration

0　引言

近年来，随着经济社会发展和城市化进程加快，城市水体污染造成的生态环境问题日益严峻，另一方面，人们对城市水体的生态环境的要求也越来越高[1]。水体生态治理技术因其绿色、低碳、环保的治理理念，是改善城市水体生态环境的重要手段和发展方向。水体生态治理技术内容主要包括：向水体投放微生物、水生动物、水生植物等水栖生物，构建水下生态链；水下生态链中微生物、水生动物和水生植物对水中污染物进行吸附、降解、吸收和消化，达到净化水体和提升水环境的目的[1]。同时，水生动物还可以形成各类鱼、虾、河蚌等水产品，水生植物还可以营造生态栖息地、美化环境，产生巨大的生态价值。

但是，现阶段的水体生态治理方法，往往是根据以往项目经验进行设计，主要存在以下问题：①缺乏

基金项目：四川省住房城乡建设领域科技创新课题（SCJSKJ2022-22）；四川省科技计划项目重点项目（2023YFG0257）
本文已发表于《给水排水》，2023

科学性和定量化：现有的治理方法缺少水下微生物、水生动物和水生植物对各类污染物去除能力数据储备，多是"定性"设计，因而不能科学合理地确定处理对象水体所需要水生动物的投放数量或水生植物的种植面积及种类；②缺少标准化和高效性，现有的治理方法的流程和植物配置设计还没有得到标准化，依然各自成章，对治理效果也无法预判以及多方案推演，缺乏高效性和环境适应性[3]。

本研究在现有水体生态治理技术的基础上，提出了一种基于"药方式"的水体生态治理规划设计方法，构建高效、低碳、标准化的水体生态治理流程，突破了传统"定性"方法的主观性，实现了水体治理的标准化、定量化、可复制、可推广的生态治理范式，提高了水体生态治理时的水生生物配置效率和科学性。

1 基于"药方式"的水体生态治理方法构建

1.1 生物"药"数据库构建

通过采集典型水生生物对水体污染物水质指标去除率试验数据，建立生物"药"标准化数据库。结合地域特点、生物多样性、经济性以及景观生境选取 N 种满足治理条件的生物"药"（包括沉水植物、水生动物或微生物等），对水体治理常用的 M 个污染物水质指标进行去除率试验，测得每一生物"药"对各污染物水质指标的去除率，选取对其去除率最高的生物"药"以及该生物"药"对应的去除率试验数据、生物"药"的密度、生物特性数据等构建标准化数据库。生物"药"可以设置为单一生物，也可以设置为组合生物群落；当设置为组合生物群落时，生物"药"数据库中还可录入该组合生物群落的生物组成、各组成成分的密度以及组成比例[2]。例如设置为常用的沉水植物群落时，生物"药"数据库中便录入该沉水植物群落的植物组成、种植密度、配置比例等信息，单一生物"药"数据库构建内容如图 1 所示；组合生物群落"药"数据库构建内容如图 2 所示。

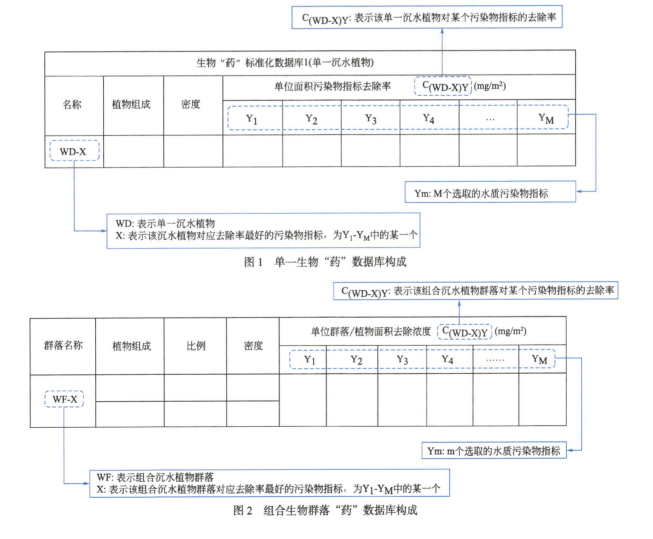

图 1　单一生物"药"数据库构成

图 2　组合生物群落"药"数据库构成

1.2 水质"诊断"

水质"诊断"过程主要包括：采用水质感知设备对待治理的目标水体的水质特征进行"体检"，获取待治理的目标水体的水质指标数据，并根据地表水水质国家标准为超标的水质指标按污染程度进行排序[2]。

操作流程：若获取目标水体的水质特征数据为M个（包括但不限于TN、TP、叶绿素、COD、BOD、DO等指标），水质指标类别用y表示，污染物浓度用c_y表示。根据《地表水环境质量标准》GB 3838—2002中Ⅰ类、Ⅱ类、Ⅲ类、Ⅳ类、Ⅴ类水体的基本项目标准限值，对目标水体的水质指标数据进行水质初步判断，并按水质指标的超标程度进行排序。当目标水体出现有多项水质指标均低于《地表水环境质量标准》GB 3838—2002中某一类水体时，假设某项水质指标的目标标准浓度为c_{y0}，则计算目标水体该项指标实测浓度与国家标准中该项水质指标限值的差值，并计算差值占标准限值的百分比Δc_y，见式（1）。按上述方法完成其他超标准限值的指标计算后，再根据Δc的大小进行排序，最终得到唯一的水体水质指标的污染程度排序$y_1, y_2...y_n$，完成水质"诊断"。

$$\Delta c_y = \frac{c_y - c_{y0}}{c_{y0}} \quad (1)$$

式中　c_y——待治理水体某一污染物指标的实测浓度（mg/L）；

c_0——对应污染物指标的目标标准浓度（mg/L）。

1.3 生物"药方"配置

生物"药方"配置过程主要包括：根据数据库为超标水质指标配置生物"药"并设置使用优先级，形成水体生态治理"药方"。为水体污染程度最高的超标水质指标y_1优先配置生物"药"数据库中的生物"药"；以此类推，再根据需要按照超标水质指标的排序顺序，依次配置污染程度第2、第3、第4等相应的生物"药"。

生物"药方"配置操作流程举例，当根据设计要求为污染程度最高的超标水质指标y_1配置了生物"药"E_1后（优先使用组合群落数据库中针对超标水质指标y_1的最优组合群落），因生物"药"E_1对排序靠后的超标水质指标也具有一定的治理效果，若其他超标水质指标同时达到了设计目标，则说明生物"药"E_1满足本水体的治理需求；当根据设计要求为污染程度最高的超标水质指标y_1配置了生物"药"E_1后，存在其他超标指标依然不达标的情况，根据使用优先级别，为剩余污染程度最大的超标水质指标y_n继续配置生物"药"E_2，以此类推。即在每次配置生物"药"后，都会判断剩下的各个超标水质指标是否达到了设计目标，为剩下尚未达到设计目标的污染物程度最大的超标水质指标继续配置相应的生物"药"[2]。

在实际工程中，在满足上述水体污染物治理目标的生物"药"基础上，还可以结合生态景观营造效果，乡土植物或个性化植物等方面，增加水生动植物选择权重，最终形成水体生态治理的理想"药方"（图3）。

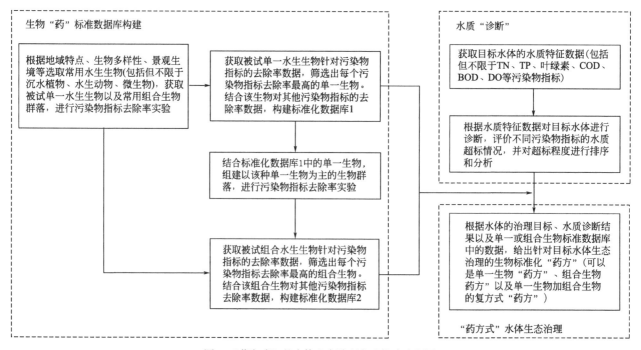

图3　"药方式"的水体生态治理方法构建流程图

2 基于"药方式"的水体生态治理方法应用

2.1 四川典型沉水植物及群落处理效率实验研究并建立数据库

本研究在兼顾生境营造和景观效果的基础上，筛选四川省本土常用典型的净水沉水植物苦草、金鱼藻、黑藻、篦齿眼子菜、狐尾藻进行净化效率研究。供试植物均为正常越冬的成熟大苗（地苗），植物种类和特征见表1。

每种供试植物设计了4组长势相当但不同密度的实验对照组，如表2所示。按照实验设计表取生长健壮、均匀的沉水植物，用纯水洗净，称取植物鲜重后移植入试验桶中。同时设置2个无植物空白对照组——水体+素土、水体，研究不同实验组对同一水质水体（Ⅴ类）净化效果的响应[3-4]。

根据实验结果，构建适用于四川本土水体生态治理的单一沉水植物数据库，详表3。

结合单一沉水植物数据库，组建以该种单一生物为主的生物群落，进行同上污染物指标去除率实验[4]。例如植物"苦草4"是去除总氮TN的最优单一植物，结合景观生境营造效果，组建以"苦草4"为主的不同植物群落，其他指标可以此类推。常见组合方式详表4。

结合常见沉水植物群落，进行污染物指标去除实验，筛选出每个污染物指标去除率最高的组合沉水植物群落，构建适用于四川本土水体生态治理组合沉水植物群落标准化数据库。见表5。

供试植物组合种类和特征　　　　　　表1

编号	植物种类	参考高度（cm）	生长特点
1	苦草	30	虫害为螺蛳，喜光水质清澈10～20cm种植
2	金鱼藻	20	常生于1～3m深的水域
3	黑藻	30	喜温暖、耐寒冷、喜光照，俗称温丝草，多年生沉水植物。茎直立细长，长50～80cm，叶带状披针形，4～8片轮生，通常以4～6片为主，长1.5cm左右，宽1.5～2cm。叶缘具小锯齿，叶武无柄。喜阳光充足的环境。每天接受2～3h的散射日光。性喜温暖、耐寒，在15～30℃的温度范围内生长良好，越冬不低于4℃，具无性和有性两种繁殖方式。通过种子或营养繁殖体进行繁殖，成活率高，生长快
4	篦齿眼子菜	15	多年生水生草本，淡水与咸水中均可繁茂生长
5	狐尾藻	15	水生草本，均为沉水植物。叶对生、互生或轮生，线形至卵形，全缘或为羽状分裂。花小无柄，生于叶腋，或成穗状花序，单性，雌雄同株或异株，或杂性株。雄花具短萼筒，先端2～4裂或全缘，花瓣2～4片，雄蕊2～8枚。根茎均吸收氮磷、对天气温度变化的耐受性好

供试植物不同实验对照组种植密度表　　　　　　表2

植物类别编号	种植密度	植物类别编号	种植密度
苦草1	25株/m²	黑藻3	5芽/丛、36丛/m²
苦草2	36株/m²	黑藻4	5芽/丛、49丛/m²
苦草3	49株/m²	篦齿眼子菜1	4芽/丛、16丛/m²
苦草4	64株/m²	篦齿眼子菜2	4芽/丛、25丛/m²
金鱼藻1	2株/丛、16丛/m²	篦齿眼子菜3	4芽/丛、36丛/m²
金鱼藻2	3株/丛、16丛/m²	篦齿眼子菜4	4芽/丛、49丛/m²
金鱼藻3	4株/丛、16丛/m²	狐尾藻1	6芽/丛、16丛/m²
金鱼藻4	5株/丛、16丛/m²	狐尾藻2	6芽/丛、25丛/m²
黑藻1	5芽/丛、16丛/m²	狐尾藻3	6芽/丛、36丛/m²
黑藻2	5芽/丛、25丛/m²	狐尾藻4	6芽/丛、49丛/m²

单一沉水植物数据库　　　　　　　　　　　　　　　　　　　　　　　　　　　　　　表3

植物类别	植物组成	比例	密度	单位面积污染物指标去除浓度 C (mg/m²)					
				TN	TP	叶绿素a	DO	BOD	COD
WD-TN 苦草4	苦草	1	64株/m²	15	2.1	1013.2	24.6	100	500
WD-TP 狐尾藻4	狐尾藻	1	6株/丛、49丛/m²	12	2.9	621	65	124	500
WD-ch 篦齿4	篦齿眼子菜	1	4株/丛、49丛/m²	8.6	2.3	1041	43	57	357
WD-DO 黑藻3	黑藻	1	5芽/丛、36丛/m²	14.8	1.4	903	105	19	225
WD-BOD5 金鱼藻3	金鱼藻	1	4株/丛、16丛/m²	13	1.86	772.74	31	143	857
WD-COD 金鱼藻3	金鱼藻	1	4株/丛、16丛/m²	13	1.86	772.74	31	143	857

常见植物群落组合情况信息表　　　　　　　　　　　　　　　　　　　　　　　　　　表4

植物群落类别/编号	植物组成	比例	种植密度	植物群落类别/编号	植物组成	比例	种植密度
苦草群丛1	苦草	2	64株/m²	篦齿眼子菜群丛1	篦齿眼子菜	2	4芽/丛、49丛/m²
	金鱼藻	1	4株/丛、16丛/m²		金鱼藻	1	4株/丛、16丛/m²
	狐尾藻	1	6芽/丛、49丛/m²	篦齿眼子菜群丛2	篦齿眼子菜	2	4芽/丛、49丛/m²
苦草群丛2	苦草	2	64株/m²		苦草	1	64株/m²
	金鱼藻	1	4株/丛、16丛/m²	黑藻群丛1	黑藻	2	5芽/丛、49丛/m²
苦草群丛3	苦草	2	64株/m²		狐尾藻	1	6芽/丛、49丛/m²
	篦齿眼子菜	1	4芽/丛、49丛/m²	黑藻群丛2	黑藻	2	5芽/丛、49丛/m²
	金鱼藻	1	4株/丛、16丛/m²		苦草	1	64株/m²
狐尾藻群丛1	狐尾藻	1	6芽/丛、49丛/m²	金鱼藻群丛1	金鱼藻	2	4株/丛、16丛/m²
	金鱼藻	1	4株/丛、16丛/m²		狐尾藻	1	6芽/丛、49丛/m²
狐尾藻群丛2	狐尾藻	2	6芽/丛、49丛/m²	金鱼藻群丛2	金鱼藻	2	4株/丛、16丛/m²
	篦齿眼子菜	1	4芽/丛、49丛/m²		篦齿眼子菜	1	4芽/丛、49丛/m²
	金鱼藻	1	4株/丛、16丛/m²				

组合沉水植物群落数据库　　　　　　　　　　　　　　　　　　　　　　　　　　　　表5

群落名称	植物组成	比例	密度	单位群落面积去除浓度 C (mg/m²)					
				TN	TP	叶绿素a	DO	BOD	COD
WF-TN 苦草群丛2	苦草	2	64株/m²	14.3	2	933	27	114	619
	金鱼藻	1	4株/丛、16丛/m²						
WF-TP 狐尾藻群丛1	狐尾藻	2	6芽/丛、49丛/m²	12.3	2.6	672	24	130	619
	金鱼藻	1	4株/丛、16丛/m²						
WF-ch 苦草群丛3	苦草	2	64株/m²	12.9	2	960	21	100	554
	篦齿眼子菜	1	4芽/丛、49丛/m²						
	金鱼藻	1	4株/丛、16丛/m²						
WF-DO 苦草群丛2	苦草	2	64株/m²	14.3	2	933	42	114	619
	金鱼藻	1	4株/丛、16丛/m²						
WF-BOD5 金鱼藻群丛1	金鱼藻	2	4株/丛、16丛/m²	13	2	722	39	137	738
	狐尾藻	1	6芽/丛、49丛/m²						
WF-COD 金鱼藻群丛1	金鱼藻	2	4株/丛、16丛/m²	13	2	722	39	137	738
	狐尾藻	1	6芽/丛、49丛/m²						

2.2 "药方式"水体生态治理方法在沧浪湖工程中应用

浣花溪公园沧浪湖位于成都市杜甫草堂浣花溪公园内，进出口与浣花溪河道自然联通，但流动性较差，水体相对封闭，属于典型的城市静态湖泊水体。水域面积33964m²，平均水深3m，设计常水位标高501.43m。北侧鸟岛上有白鹭、夜鹭、苍鹭等100余种鸟类栖息繁衍，但由于鸟类的聚集，大量高有机负荷鸟粪经雨水冲刷直接入湖，且常年游客较多，环境压力大，浣花溪上游补水水质较差等原因，导致沧浪湖水环境持续恶化，生态系统衰退，出现严重的富营养化状况，水质整体呈地表水Ⅴ类水[5]。

水质诊断及沉水植物选择设计，沧浪湖的主要污染物来源主要包括：浣花溪补水、地表径流等，地表径流污染主要通过湖区周边的低影响开发以及微型湿地等措施净化（图4）。沧浪湖上游补水水质检测及超标情况判别见表6，沧浪湖治理目标为地表水Ⅲ类。通过对沧浪湖生态容量的计算，控制沧浪湖进出水口水量交换和水生动植物的净化能力的平衡关系（图5），浣花溪每日流入沧浪湖的进水量控制在约6000m³，水力停留时间17天。

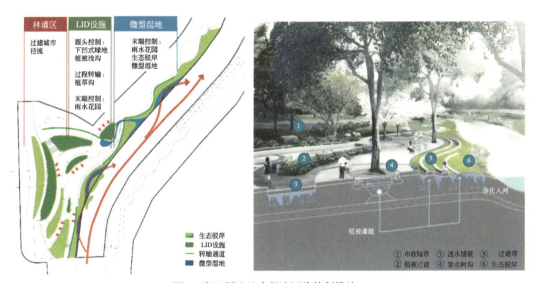

图4 湖区周边地表径流污染控制措施

沧浪湖上游补水水质检测及超标情况判别　　表6

主要污染物水质指标	浓度（mg/L）	地表水Ⅲ类水体标准浓度（mg/L）	地表水类别	Δc_y	超标情况排序
TN	2.27	1.0	劣Ⅴ类	—	1
TP	0.09	0.05	Ⅳ类	0.8	2
DO	5.0	5	Ⅲ类	—	—
COD	15.9	20	Ⅱ类	—	—
BOD_5	4.5	4	Ⅳ类	0.125	3

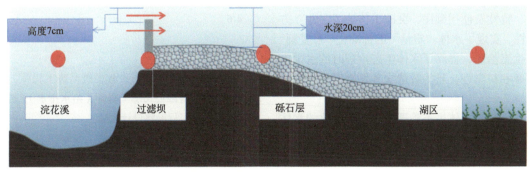

图5 沧浪湖进出水口的设计示意

根据水质"诊断"结果，按下列步骤进行设计：

（1）为水体污染程度最高的超标水质指标 TN 优先配置生物"药"。根据表 5 的组合沉水植物群落数据库，选择 TN 净化效率最佳的苦草群丛 2——"苦草+金鱼藻"作为第一次沉水植物选择，群落面积 S 按下式计算。

$$S=(2.27-1.0)\times 6000\times 1000/(14.3\times 17)$$
$$=31345.12\text{m}^2 < 33964\text{m}^2（湖区面积）\quad (2)$$

（2）判别第 2 超标水质指标 TP 在第一次配置生物"药"后是否达到设计目标。

$$S'=(0.09-0.05)\times 6000\times 1000/(2\times 17)$$
$$=7058.8\text{m}^2 < 31345.12\text{m}^2 \quad (3)$$

TP 的去除效果满足设计目标。

（3）判别第 3 超标水质指标 BOD_5 在第一次配置生物"药"后是否达到设计目标。

$$S'=(4.5-4)\times 6000\times 1000/(14\times 17)$$
$$=1548.0\text{m}^2 < 31345.12\text{m}^2 \quad (4)$$

BOD_5 的去除效果满足设计目标。

即设计"苦草+金鱼藻"（面积比 2∶1）总面积 31345.12m²，满足所有超标水质指标的设计目标，其余湖区周边面积根据低影响开发、微型湿地等措施需求以及景观生境营造效果搭配相应的沉水/挺水植物，最终形成水体生态治理水生植物"药方"，如表 7 所示。同理可构建微生物、水生动物"药方"。

沧浪湖水体生态治理水生植物"药方" 表 7

植物类别		种植面积（m²）	种植密度	种植位置
沉水植物	苦草	20896.75	64 株/m²	主湖区
	金鱼藻	10448.37	4 株/丛、16 丛/m²	主湖区
	篦齿眼子菜	1000	4 株/丛、49 丛/m²	湖区周边及进出水口微型湿地
	狐尾藻	1500	6 株/丛、49 丛/m²	湖区周边及进出水口微型湿地
挺水植物	美人蕉	120	8 株/m²	湖区周边
	芦苇	100	45～75 丛/m²	湖区周边
	宫廷睡莲	120	2 株/m²	湖区周边
	水罂粟	120	2 株/m²	湖区周边

浣花溪公园沧浪湖项目秉承成都公园城市、海绵城市与城市双修的建设理念，将旧城环境品质提升、观鸟圣地复育、流域水生态修复作为目标，重新为周边市民打造公共开放、绿色生态的城市开放水体空间。

3 结语

（1）本研究通过研究构建生物"药"的标准化数据库，实现了去除不同污染物水质指标所需配置的生物"药"类别、生物"药"特性等标准化的数据储备，从而在各种水体生态治理的过程中，只需采集水体的污染物水质指标数据即可得到需要使用的生物药类别、数量、特性及使用顺序，突破了传统"定性"方法的主观性，实现了水体"定量"的标准化、可复制、可推广的生态治理，提高了水体生态治理时的水生生物配置效率和科学性，且为智慧水务发展提供科学基础数据支撑。

（2）本研究为水体生态治理提供了标准化的水体生态治理设计流程，即生物"药"标准数据库构建→水质"诊断"→"药方式"水体生态治理，适用于多种水体污染环境。

参考文献

[1] 高学平，杨蕊，张晨. 人工湖水生态系统构建方法研究[J]. 环境工程学报，2016，10（2）：948-954.

[2] 王家良. 一种基于"药方式"的水体生态治理方法及系统：ZL 2022 1 0208489. 6[P]. 2023-4-25.

[3] 潘星. 太子河典型沉水植物生长特性及水质净化效果研究[D]. 沈阳：辽宁大学，2021.

[4] 谢培梁. 水生生物及其组合净化水库水试验研究[D]. 济南：山东建筑大学，2019.

[5] 龚克娜，杨艳梅，王家良等. 以成都市沧浪湖为例探讨城市静态水体生态修复技术[J]. 四川建筑，2020，40（3）：4-6.

作者简介

王家良（1970-），男，教授级高级工程师，四川省建筑设计研究院有限公司总工程师（给水排水）/科学技术部部长，四川省工程勘察设计大师。

龚克娜（1989-），女，高级工程师。

曾丽竹（1991-），女，中级工程师。

邱壮（1991-），男，中级工程师。

宿舍定时集中热水供应系统流量计算与分析

钟于涛　王家良　余　洁

摘　要：《建筑给水排水设计标准》GB 50015—2019 中居室内设卫生间的宿舍按用水分散型建筑采用平方根法计算给水设计秒流量，而定时集中热水供应系统按用水密集型建筑采用同时使用百分数计算设计小时热水量。针对居室内设卫生间的宿舍采用定时集中热水供应系统时如何选择热水给水设计秒流量计算公式的问题，分析了平方根法和同时给水百分数法计算的热水给水设计秒流量与设计小时热水量折算的秒流量之间的关系，得出当淋浴器、洗脸盆数量＞340个时，平方根法的计算结果偏小、不合理，建议按同时给水百分数法计算热水给水设计秒流量，并给出了卫生器具同时给水百分数取值表。

关键词：宿舍；定时集中热水供应系统；同时给水百分数；设计小时耗热量；设计小时热水量；设计秒流量

Calculation and analysis of the flow of fixed time hot water supply system in dormitory

Zhong Yutao　Wang Jialiang　Yu Jie

Abstract: According to *Standard for Design of Building Water Supply and Drainage* (GB 50015—2019) the square root method is used to calculate the design peak flow of the water supply for the dormitory with a private bathroom in the room, while the design hour flow of the hot water consumption of the fixed time hot water supply system is calculated according to the simultaneous water supply percentage in water-intensive-use building. In view of the problem of how to select a formula for calculating the design peak flow of the hot water supply when there is a fixed time hot water supply system in the dormitory with a private bathroom, the relationship between the design peak flow of hot water supply calculated by square root method and that converted by the design hour flow calculated by the simultaneous water supply percentage method was analyzed, and found that the calculation result of square root method was small and unreasonable when the number of showers and washbasins was more than 340. Therefore, it is suggested to calculate the design peak flow of hot water supply by the simultaneous water supply percentage method, and the value table of percentage of simultaneous water supply for sanitary appliances was provided.

Keywords: dormitory; fixed time hot water supply system; simultaneously water supply percentage; design heat consumption of maximum hour; design hot water consumption of maximum hour; design peak flow

　　《建筑给水排水设计标准》GB 50015—2019，（以下简称《建水标》）中宿舍的给水设计秒流量计算方法分为平方根计算法和百分数计算法，用水分散型建筑采用平方根法，水密集型建筑采用百分数法。

　　设计秒流量是高峰用水时段的最大瞬时给水流量，是确定供水管网管径和变频供水设备的依据。设计小时耗热量、设计小时热水量分别是最大小时用水时段内小时耗热量、耗热水量，是选用热源、水加热设备等的主要设计参数。根据设计秒流量的定义可见，热水给水设计秒流量应大于设计小时热水量折算的秒流量。

　　以配置标准相同、规模不同的中小学学生宿舍为例，针对居室内设卫生间的宿舍采用定时集中热水供应系统时如何选择热水给水设计秒流量计算公式的问题，分析平方根法和同时给水百分数法计算的热水给

本文已发表于《中国给水排水》，2021

水设计秒流量与设计小时热水量折算的秒流量之间的关系，得出两种计算方法的适用范围，并提出建议，供广大设计师参考。

1 项目概况

以每居室居住人数为 6 人的中小学学生宿舍为例，按学生宿舍居室数量分别为 50、100、150、200、300、400 和 500 间进行分析。

宿舍内每居室配置淋浴器 2 个、洗脸盆 2 个、蹲便器 2 个，采用定时集中热水供应系统，学生作息时间由学校统一安排，热水供应和使用时间均较为统一，使用热水时间为 4h。

2 热水计算

根据《建水标》第 6.7.2 条和第 3.7.6 条，居室内设卫生间的宿舍归类为用水分散型建筑，采用平方根法计算给水设计秒流量；根据第 3.7.8 条，设公用盥洗卫生间的宿舍归类为用水密集型建筑，采用百分数法计算给水设计秒流量[1-3]。

首先采用平方根法计算热水给水设计秒流量，淋浴器给水当量取 0.5，洗脸盆给水当量取 0.5，根据建筑物用途而定的系数取 2.5，计算结果如表 1 所示。

根据《建水标》第 6.4.1 条第 3 款和第 6.4.2 条，居室内设卫生间的宿舍采用定时集中热水供应系统时，采用卫生器具同时使用百分数法计算设计小时耗热量和设计小时热水量。卫生间内淋浴器同时使用百分数取 80%，其他器具不计，淋浴器小时热水用水定额取 210 L/h，使用温度 38℃，冷水温度取 7℃，热水供应系统的热损失系数取 1.15，设计热水温度取 60℃，计算结果如表 2 所示。

平方根法计算热水给水设计秒流量　　表 1
Calculation of design peak flow of hot water supply system by the square root method　Tab.1

项目	50 间居室	100 间居室	150 间居室	200 间居室	300 间居室	400 间居室	500 间居室
淋浴器数量／个	100	200	300	400	600	800	1 000
洗脸盆数量／个	100	200	300	400	600	800	1 000
热水给水当量数	100	200	300	400	600	800	1 000
热水给水设计秒流量／（L/s）	5.00	7.07	8.66	10.00	12.25	14.14	15.81

设计小时耗热量、设计小时热水量计算　　表 2
Calculation of design heat consumption of maximum hour and hot water consumption of maximum hour　Tab.2

项目	50 间居室	100 间居室	150 间居室	200 间居室	300 间居室	400 间居室	500 间居室
淋浴器数量／个	100	200	300	400	600	800	1 000
洗脸盆数量／个	100	200	300	400	600	800	1 000
热水给水当量数	100	200	300	400	600	800	1 000
设计小时耗热量／（kJ/h）	2.51×10^6	5.02×10^6	7.52×10^6	1.00×10^7	1.50×10^7	2.00×10^7	2.51×10^7
设计小时热水量（60℃）／（m³/h）	9.83	19.65	29.48	39.31	58.96	78.61	98.26
设计小时热水量折算的秒流量／（L/s）	2.73	5.46	8.19	10.92	16.38	21.84	27.30

3 计算结果分析

将表 1 和表 2 中的热水给水设计秒流量和设计小时热水量折算的秒流量计算结果进行整理并比对，如图 1 所示。

由图 1 可以看出，热水给水设计秒流量与热水给水当量数呈曲线关系，随着热水给水当量数增多，曲线越来越平缓，而设计小时热水量折算的秒流量与淋浴器数量呈直线关系，也与热水给水当量数呈直线关系。

当热水给水当量数 <340 时，热水给水设计秒流量 > 设计小时热水量折算的秒流量，可以采用平方根法进行计算；当热水给水当量数 >340 时，热水给水设计秒流量 < 设计小时热水量折算的秒流量，热水给水设计秒流量与设计小时热水量折算的秒流量不匹配，其用水特点可归类于用水密集型建筑，采用平方根法计算得出的热水给水设计秒流量偏小，采用同时给水百分数法进行复核。

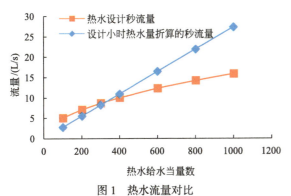

图 1 热水流量对比
Fig.1 Comparison of hot water flow

《建水标》未给出居室内设卫生间的宿舍的卫生器具同时给水百分数，根据以往项目的实际工程经验，居室内设卫生间时卫生器具同时给水百分数小于设公用盥洗卫生间时卫生器具同时给水百分数，卫生器具同时给水百分数随卫生器具数量增多而减少[4]。

按《建水标》公式（3.7.8）采用同时给水百分数法计算热水给水设计秒流量，建议居室内设卫生间的宿舍的卫生器具同时给水百分数按表 3 进行取值，计算结果见表 4。

宿舍（居室内设卫生间）的卫生器具同时给水百分数　　　　表 3
Simultaneously water supply percentage of plumbing fixtures in dormitory with private bathroom　Tab.3

卫生器具数量 / 个	1～30	31～50	51～100	101～250	251～500	501～1 000	>1 000
洗脸盆同时给水百分数 /%	60～100	45～60	35～45	25～35	20～25	17～20	15～17
淋浴器同时给水百分数 /%	60～80	45～60	35～45	25～35	20～25	17～20	15～17

按同时给水百分数计算热水给水设计秒流量　　　表 4
Calculation of design peak flow of hot water by the Simultaneous water supply percentage method　Tab.4

项目	50 间居室	100 间居室	150 间居室	200 间居室	300 间居室	400 间居室	500 间居室
淋浴器数量 / 个	100	200	300	400	600	800	1000
洗脸盆数量 / 个	100	200	300	400	600	800	1000
淋浴器同时给水百分数 /%	35	28	24	21	19	18	17
洗脸盆同时给水百分数 /%	35	28	24	21	19	18	17
热水给水设计秒流量 /（L/s）	7.00	11.20	14.40	16.80	22.80	28.80	34.00

将平方根法、同时给水百分数法计算的热水给水设计秒流量与设计小时热水量折算的秒流量汇总，得到不同方法计算的热水流量对比图，具体如图 2 所示。

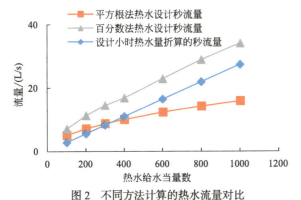

图 2 不同方法计算的热水流量对比
Fig.2 Comparison of hot water flow calculated by different methods

由图 2 可知，当热水给水当量数 <340 时，采用平方根法和给水百分数法计算得到的热水给水设计秒流量 > 设计小时热水量折算的秒流量，可以采用平方根法进行计算，也可以采用给水百分数法计算；当热水给水当量数 >340 时，采用平方根法进行计算得到的热水给水设计秒流量 < 设计小时热水量折算的秒流量，而采用同时给水百分数法计算得到的热水给水设计秒流量 > 设计小时热水量折算的秒流量，计算结果更合理，可归类于用水密集型建筑。

4　总结

《建筑给水排水设计标准》GB 50015—2019 中居室内设卫生间的宿舍采用定时集中热水供应系统时，当淋浴器、洗脸盆数量 >340 时，热水给水设计秒流量 < 设计小时热水量折算的秒流量，平方根法的计算结果偏小、不合理。计算得到的热水供水管网和变频供水设备供水能力偏小，不满足设计小时耗热量、设计小时热水量工况下的热水使用需求。

居室内设卫生间的宿舍采用定时集中热水供应系统时，可归类于用水密集型建筑，建议按同时给水百分数法计算热水给水设计秒流量，卫生器具同时给水百分数建议按表5进行取值。卫生器具同时给水百分数经试验验证后可为《建筑给水排水设计标准》的修订提供参考。

宿舍（居室内设卫生间）的卫生器具同时给水百分数　　表5
Simultaneously water supply percentage of plumbing fixtures in dormitory with private bathroom　Tab.5

卫生器具数量／个	1～30	31～50	51～100	101～250	251～500	501～1 000	>1 000
洗脸盆同时给水百分数/%	60～100	45～60	35～45	25～35	20～25	17～20	15～17
淋浴器同时给水百分数/%	60～80	45～60	35～45	25～35	20～25	17～20	15～17

5　结语

针对居室内设卫生间的宿舍采用定时集中热水供应系统的设计，分析了平方根法和同时给水百分数法计算的热水给水设计秒流量与设计小时热水量折算的秒流量之间的关系。结果表明，当淋浴器、洗脸盆数量＞340个时，热水给水设计秒流量＜设计小时热水量折算的秒流量，平方根法的计算结果偏小、不合理。建议按同时给水百分数法计算热水给水设计秒流量，并给出了卫生器具同时给水百分数取值表，可供设计人员参考。

参考文献

[1] 彭世瑾. Ⅲ类学生宿舍热水系统计算公式参数取值探讨[J]. 给水排水，2012，38（1）：110-111.
PENG Shijin. Determination of the parameters of the parameters of the calculation formula for the hot water supply system in category student dormitory[J]. Water & Wastewater Engineering, 2012, 38（1）: 110-111（in Chinese）.

[2] 祝长英，孔令波，李彩华. 再议Ⅲ类学生宿舍定时供应热水系统计算公式参数取值探讨[J]. 给水排水，2013，39（2）：133-135.
ZU Changying, KONG Lingbo, LI Caihua,. Determination of the parameters of the parameters of the calculation formula for the timing hot water supply system in category student dormitory [J]. Water & Wastewater Engineering, 2013, 39（10）: 117-122（in Chinese）.

[3] 郝秦峰. 也议Ⅲ类学生宿舍定时供应热水系统计算公式参数取值[J]. 给水排水，2013，39（10）：117-122.
HAO Qinfeng. Determination of the parameters of the parameters of the calculation formula for the timing hot water supply system in category student dormitory [J]. Water & Wastewater Engineering, 2013, 39（10）: 117-122（in Chinese）.

[4] 武迎建. 深圳大运村给水设计抗高负荷冲击问题探讨[J]. 中国给水排水，2012，28（14）：27-32.
WU Yingjian. Discussion on High-load Impact Resistance in Water Supply Design of Buildings in Shenzhen Universiade Village [J]. China Water & Wastewater, 2012, 28（14）: 27-32（in Chinese）.

作者简介

钟于涛（1982-），正高级工程师，四川省建筑设计研究院有限公司副总工程师（给水排水）。

王家良（1970-），男，教授级高级工程师，四川省建筑设计研究院有限公司总工程师（给水排水）/科学技术部部长，四川省工程勘察设计大师。

余洁（1988-），高级工程师。

住宅生活热水热负荷计算及燃气热水器选型分析

钟于涛 唐先权 周李茜 余 洁

摘要：针对《建筑给水排水设计标准》GB 50015—2019 中"当局部热水供应设备供给 2 个及 2 个以上用水器具同时使用时，宜采用带有贮热调节容积的热水器"的规定，通过对比燃气快速热水器参数与卫生器具热负荷的关系，分析燃气快速热水器在住宅生活热水供应中存在的问题，结果表明：市场上常见的产热水能力为 8～16 L/min 的燃气快速热水器仅能供一个卫生器具使用，一厨一卫、一厨两卫的住宅宜采用有贮热调节容积的热水器。

关键词：生活热水；燃气快速热水器；热负荷

Thermal load calculation of domestic hot water and analysis of gas water heater selection

Zhong Yutao Tang Xianquan Zhou Lixi Yu Jie

Abstract: *Standard for Design of Building Water Supply and Drainage* (GB 50015—2019) stipulates that water heater with heat storage regulation volume shall be used when the local hot water supply equipment supplies two or more plumbing fixture for simultaneous use. The problems of gas instantaneous water heater in domestic hot water supply were analyzed by comparing the relationship between the parameters of the gas instantaneous water heater and the thermal load of the plumbing fixture. The gas instantaneous water heater with hot water producing capacity of 8-16 L/min that is common in the market could only supply to one plumbing fixture. It is suggested that the dwellings with a kitchen and a bathroom, a kitchen and two bathrooms should equip the water heater with heat storage regulation volume.

Keywords: domestic hot water; gas instantaneous water heater; thermal load

依据《建筑给水排水设计标准》GB 50015—2019（以下简称《建水标》），当局部热水供应设备供给 2 个及 2 个以上用水器具同时使用时，宜采用带有贮热调节容积的热水器。

燃气热水器以其结构紧凑、便于安装、热效率高、水温稳定、可长时间使用等诸多优点在住宅中得到了广泛应用[1]。通常，设有 3 个或 3 个以上卫生间的住宅采用容积式热水器和热水循环系统，而一厨一卫和一厨两卫的住宅采用燃气快速热水器。随着人们对生活热水品质要求的提高，针对燃气快速热水器生活热水系统使用舒适性方面的投诉越来越多。

通过对比燃气快速热水器参数与卫生器具热负荷的关系，分析燃气快速热水器在住宅生活热水供应中存在的问题，提出家用燃气热水器选型建议。

1 燃气热水器

家用燃气快速热水器产热水能力经历了从 3 L/min 到 5 L/min 再到 8、10 L/min 甚至更高的发展历程。目前国内市场上燃气快速热水器产热水能力大多为 8～16 L/min，也有少量 20、24 L/min 的产品，研发机构还在开发产热水能力更高的燃气快速热水器[2]。产品上标注的产热水能力是指热水器在最大热负荷状态下，供水压力为 0.1 MPa、温升折算为 $\Delta t=25$℃时，每分钟流出的热水量。如产品中标注的产热水能力为 12 L/min，若

本文已发表于《中国给水排水》，2021

进水温度为5℃，出热水温度为30℃，温升为25℃，热水流量为12 L/min，但如果要求出热水温度达到45℃，温升为40℃，则热水流量只能达到7.5 L/min左右。

2 生活热水设计秒流量

为便于对比分析，住宅生活用水定额统一取220L/（人·d）、小时变化系数统一取2.5，一厨一卫、一厨两卫的住宅用水人数按分别按3、4人计算。卫生器具的给水额定流量、当量见表1，卫生器具数量见表2，卫生器具给水当量总数见表3。

卫生器具的给水额定流量、当量　表1
Rated flow and fixture units for water supply of plumbing fixture　Tab.1

卫生器具	额定流量/（L/s）	当量
洗涤盆	0.20（0.14）	1.00（0.70）
洗衣机	0.20	1.00
拖布池	0.20	1.00
洗脸盆	0.15（0.10）	0.75（0.50）
大便器（水箱）	0.10	0.50
淋浴器	0.15（0.10）	0.75（0.50）
浴盆	0.24（0.20）	1.20（1.00）

注：括号内的数值系在有热水供应时，单独计算冷水或热水时使用。

卫生器具数量　表2
Quantity of plumbing fixture　Tab.2

卫生器具	一厨一卫	一厨两卫	
		无浴盆	有浴盆
洗涤盆	1	1	1
洗衣机	1	1	1
拖布池	1	1	1
洗脸盆	1	2	2
大便器（水箱）	1	2	2
淋浴器	1	2	1
浴盆	—	—	1

卫生器具给水当量总数　表3
Total fixture units for water supply of plumbing fixture　Tab.3

卫生器具	一厨一卫	一厨两卫	
		无浴盆	有浴盆
引入管当量总数	5.00	7.00	7.45
冷水当量总数	4.20	5.70	6.20
热水当量总数	1.70	2.70	3.20

根据住宅配置的卫生器具给水当量、使用人数、用水定额、使用时数及小时变化系数，按下式计算最大用水时的卫生器具给水当量平均出流概率：

$$U_0 = \frac{100 q_L m K_h}{0.2 \cdot N_G \cdot T \cdot 3600}(\%) \quad (1)$$

式中，q_L为最高日用水定额，取220L/（人·d）；m为每户用水人数，一厨一卫、一厨两卫的住宅分别按3、4人计算；K_h为小时变化系数，取2.5；N_G为每户设置的卫生器具给水当量数；T为用水时数，取24h；0.2为一个卫生器具给水当量的额定流量，L/s。

根据计算管段上的卫生器具给水当量总数，计算该管段的卫生器具给水当量的同时出流概率：

$$U = 100 \frac{1 + \alpha_c (N_g - 1)^{0.49}}{\sqrt{N_g}}(\%) \quad (2)$$

式中，U为计算管段的卫生器具给水当量同时出流概率，%；α_c为对应于U_0的系数，按《建水标》附录B取用；N_g——计算管段的卫生器具给水当量总数。

根据计算管段上的卫生器具给水当量同时出流概率，按下式计算该管段的设计秒流量：

$$q_g = 0.2 \cdot U \cdot N_g \quad (3)$$

式中，q_g为计算管段的设计秒流量，L/s。

计算结果见表4。

设计秒流量计算结果　表4
Calculation results of design peak flow　Tab.4

参数	一厨一卫			一厨两卫（无浴盆）			一厨两卫（有浴盆）		
	入户管	冷水	热水	入户管	冷水	热水	入户管	冷水	热水
N_G	5.00	4.2	1.70	7.00	5.70	2.70	7.45	6.20	3.20
U_0, %	1.91	2.27	5.62	1.82	2.23	4.72	1.71	2.05	3.98
α_c	0.01025	0.01324	0.04279	0.00952	0.01291	0.03458	0.00864	0.01141	0.02797
U, %	45.63	49.94	79.45	38.66	43.04	63.59	37.43	41.19	58.20
q_g, L/s	0.46	0.42	0.27	0.54	0.49	0.34	0.56	0.51	0.37

由表 4 可知：一厨一卫的住宅入户管设计秒流量为 0.46 L/s，冷水管设计秒流量为 0.42 L/s，热水管设计秒流量为 0.27 L/s；一厨两卫的住宅无浴盆时入户管设计秒流量为 0.54 L/s，冷水管设计秒流量为 0.49 L/s，热水管设计秒流量为 0.34 L/s；一厨两卫的住宅有浴盆时入户管设计秒流量为 0.56 L/s，冷水管设计秒流量为 0.51 L/s，热水管设计秒流量为 0.37 L/s。根据住宅热水管设计秒流量及卫生器具额定流量可以得出，一厨一卫、一厨两卫的住宅同时使用热水的卫生器具数量分别不少于 2 个和 3 个。

3 卫生器具热负荷计算

住宅中常用卫生器具热负荷按下计算：

$$Q_\mathrm{g} = 3600 q_\mathrm{g}' (t_\mathrm{r} - t_1) C \cdot \rho_\mathrm{r} \qquad (4)$$

式中：Q_g 为生活热水耗热量，kJ/h；q_g' 为器具额定秒流量，L/s；t_r 为使用温度，℃；t_1 为冷水温度，℃；C 为器具额定秒流量，L/s；ρ_r 为热水密度，kg/L，1.0 kg/L。

冬季不同冷水计算温度时卫生器具热负荷计算结果见表 5、夏季（冷水温度按 20 ℃ 计）卫生器具热负荷计算见表 6。

冬季卫生器具热负荷计算结果 表 5
Calculation results of thermal load of plumbing fixture in winter Tab.5

卫生器具	额定流量 L/s	使用温度 ℃	热负荷，kJ/h			需产热能力，L/min		
			冷水 4 ℃ 时	冷水 7 ℃ 时	冷水 14 ℃ 时	冷水 4 ℃ 时	冷水 7 ℃ 时	冷水 14 ℃ 时
洗涤盆	0.15	40	8.14×10⁴	7.46×10⁴	5.88×10⁴	13.0	11.9	9.4
洗涤盆	0.15	50	1.04×10⁵	9.72×10⁴	8.14×10⁴	16.6	15.5	13.0
洗涤盆	0.20	40	1.09×10⁵	9.95×10⁴	7.84×10⁴	17.3	15.8	12.5
洗涤盆	0.20	50	1.39×10⁵	1.30×10⁵	1.09×10⁵	22.1	20.6	17.3
洗脸盆	0.15	30	5.88×10⁴	5.20×10⁴	3.62×10⁴	9.4	8.3	5.8
淋浴器	0.10	38	5.12×10⁴	4.67×10⁴	3.62×10⁴	8.2	7.4	5.8
淋浴器	0.125	38	6.41×10⁴	5.84×10⁴	4.52×10⁴	10.2	9.3	7.2
淋浴器	0.15	38	7.69×10⁴	7.01×10⁴	5.43×10⁴	12.2	11.2	8.6
浴盆	0.24	40	1.30×10⁵	1.19×10⁵	9.41×10⁴	20.7	19.0	15.0

夏季卫生器具热负荷计算结果 表 6
Calculation results of thermal load of plumbing fixture in summer Tab.6

卫生器具	额定流量 L/s	使用温度 ℃	热负荷 kJ/h	需产热能力 L/min
洗涤盆	0.15	40	4.52×10⁴	7.2
洗涤盆	0.15	50	6.78×10⁴	10.8
洗涤盆	0.20	40	6.03×10⁴	9.6
洗涤盆	0.20	50	9.04×10⁴	14.4
洗脸盆	0.15	30	2.26×10⁴	3.6
淋浴器	0.10	38	2.71×10⁴	4.3
淋浴器	0.125	38	3.39×10⁴	5.4
淋浴器	0.15	38	4.07×10⁴	6.5
浴盆	0.24	40	7.24×10⁴	11.5

由表 5、表 6 可知，我国不同区域的冷水计算温度不同，卫生器具热负荷差异较大；同类型卫生器具在额定流量、使用温度不同的情况下，热负荷差异较大；卫生器具在不同季节的热负荷差异较大；不同用水效率等级卫生器具的热负荷差异也较大。

根据实际经验和人体舒适性可知，厨房洗涤盆的使用温度一般不会超过 40 ℃。在冷水温度为 7 ℃ 的条件下，产热水能力为 12 L/min 的家用燃气热水器满足洗涤盆热负荷需求，符合表 5 的计算结果，建议家用厨房洗涤盆热负荷计算按额定流量为 0.15 L/s、使用温度为 40 ℃ 进行取值。

4 热水器选型分析

由表 5 可知，住宅常用卫生器具热负荷为浴盆 > 洗涤盆 > 淋浴器 > 洗脸盆。目前市场上大部分燃气快速式热水器产品产热水能力为 8~16 L/min，浴盆、洗涤盆、淋浴器、洗脸盆需要热水器产热水能力分别为（L/min）：15.0~20.7、9.4~13.0、8.6~12.2、5.8~9.4。洗涤盆、淋浴器同时使用需要热水器产热水能力为 18.0~25.2 L/min，洗涤盆、洗脸盆、淋浴器同时使用需要热水器产热水能力为 23.8~34.6 L/min，洗涤盆、淋浴器、浴盆同时使用需要热水器产热水能力为 33.0~45.9 L/min。由此可见，市场上常见的产热水能力为 8~16 L/min 的燃气快速热水器所提供的温升和水量仅能供一个卫生器具使用，当其对多个卫生器具同时供应热水时会造成热水量不足、温度下降,影响生活热水使用舒适性。

为满足多个用水点同时使用的需求,有两种解决方案,一是增大燃气热水器的产热能力,该方案会导致热水器大部分工作状态与额定状态偏差大,热效率降低;甚至低于最小热负荷,热水器无法启动;二是采用带有贮热调节容积的热水器,贮热调节设备可根据实际情况内置或外置。

5 贮热调节容积

一厨一卫的住宅同时使用热水的卫生器具数量不小于2个,按洗涤盆+淋浴器同时使用考虑;一厨两卫(无浴盆)的住宅同时使用热水的卫生器具数量不少于3个,按洗涤盆+2个淋浴器同时使用考虑;一厨两卫(有浴盆)的住宅按浴盆+洗涤盆+淋浴器同时使用考虑。

根据《建水标》表3.2.12和表6.2.1-2可知,淋浴器混合阀额定流量为0.15L/s和一次用热水定额为70~100 L,用水时间为7.8~11.1 min。贮热调节容积(贮热温度55℃)贮存的热量不应小于耗热量与产热量之差,为便于计算,取用水时间为10 min计算贮热调节容积,计算结果见表7。可见,贮热调节容积与卫生器具配置、冷水温度、燃气快速热水器产热水能力有关,冷水温度为4℃、燃气快速热水器产热水能力为16 L/min时,建议一厨一卫、一厨两卫(无浴盆)、一厨两卫(有浴盆)的住宅采用贮热调节容积不小于45、105、147 L的热水器。

贮热调节容积计算结果　　表7
Calculation results of heat storage regulation volume　　Tab.7

卫生器具配置	冷水温度,℃	耗热量,kJ	产热量,kJ	贮热量,kJ	贮热容积,L	产热量,kJ	贮热量,kJ	贮热容积,L
			燃气快速热水器产热能力 8.0 L/min				燃气快速热水器产热能力 16.0 L/min		
一厨一卫	4	2.64×10^4	0.84×10^4	1.80×10^4	84	1.68×10^4	0.96×10^4	45
一厨一卫	7	2.41×10^4	0.84×10^4	1.57×10^4	78	1.68×10^4	0.73×10^4	37
一厨一卫	14	1.88×10^4	0.84×10^4	1.04×10^4	61	1.68×10^4	0.20×10^4	12
一厨两卫(无浴盆)	4	3.92×10^4	0.84×10^4	3.08×10^4	144	1.68×10^4	2.24×10^4	105
一厨两卫(无浴盆)	7	3.58×10^4	0.84×10^4	2.74×10^4	136	1.68×10^4	1.90×10^4	95
一厨两卫(无浴盆)	14	2.79×10^4	0.84×10^4	1.95×10^4	114	1.68×10^4	1.11×10^4	65
一厨两卫(有浴盆)	4	4.81×10^5	0.84×10^4	3.97×10^4	186	1.68×10^4	3.13×10^4	147
一厨两卫(有浴盆)	7	4.40×10^5	0.84×10^4	3.56×10^4	177	1.68×10^4	2.72×10^4	136
一厨两卫(有浴盆)	14	3.45×10^4	0.84×10^4	2.61×10^4	152	1.68×10^4	1.77×10^4	69

6 结语

住宅的卫生器具配置不同时,热水设计秒流量对应的卫生器具同时使用数量不同,一厨一卫、一厨两卫的住宅同时使用热水的卫生器具数量分别不少于2个和3个,而市场上常见的产热水能力为8~16 L/min的燃气快速热水器所提供的温升和水量仅能供一个卫生器具使用,当其对多个卫生器具同时供应热水时会造成热水量不足、温度下降,影响生活热水使用舒适性。

一厨一卫、一厨两卫的住宅宜采用有贮热调节容积的热水器,贮热调节容积应根据计算温度、卫生器具配置、热水器产热能力计算确定。

参考文献

[1] 朱连喜,郑暾. 零冷水型家用燃气热水器设计原理及测试方案[J]. 家电科技,2018(2):35-37.
ZHU Lianxi, ZHENG Tun, Design principle and test plan of instant hot water heater[J]. Journal of Appliance Science & Technology, 2018(2):35-37(in Chinese).

[2] 崔颂,沈文权,徐德明,等. 32 L大容量燃气热水器的开发与模拟研究[J]. 太原理工大学学报,2018,49(3):418-422.
CUI Song, SHEN Wenquan, XU Deming, et al. The Development and Simulation Study of A Gas Water Heater with Capacity of 32 L[J]. Journal of Taiyuan University of Technology, 2018, 49(3):418-422(in Chinese).

作者简介

钟于涛(1982-),正高级工程师,四川省建筑设计研究院有限公司副总工程师(给水排水)。

唐先权(1974-),男,高级工程师,四川省建筑设计研究院有限公司市政工程设计所所长。

周李茜(1991-),中级工程师。

余洁(1988-),高级工程师。

四川天府新区成都直管区低影响开发规划指标体系构建

付韵潮　王家良　周　波　杨艳梅　汪正州

摘要：海绵城市建设在规划阶段应结合水文地质条件、用地功能和布局，因地制宜地落实低影响开发控制目标和指标。文章以四川天府新区成都直管区海绵城市建设技术导则为例，探讨了在规划层面实现小范围、源头及分散的雨水径流控制方法：划分低影响开发单元并进行低影响开发适宜性评价，以评价结果为基础，通过下沉式绿地率、绿色屋顶率、透水铺装率以及指标换算公式对单元进行分类控制，构建起"因地制宜、目标可达、管理可行"的低影响开发规划指标体系，以期在规划层面能有效落实低影响开发建设目标及指标。

关键词：低影响开发；适宜性评价；规划控制指标；天府新区成都直管区

Planning indices system for low impact development in Chengdu Tianfu new area

Fu Yunchao　Wang Jialiang　Zhou Bo　Yang Yanmei　Wang Zhengzhou

Abstract：Hydrogeological conditions, land function and layout should be considered for the decision of indices of low impact development (LID) at the planning stage. Taking Chengdu Tianfu new area as an example, the paper proposes a method of storm water runoff source control: the planned area is divided into several LID units, and suitability analysis of LID for the units is carried out. Based on this analysis results, with sunk green space ratio, green roof ratio, pervious pavement ratio, as well as conversion formula, an index system of LID is established to guide sponge city development.

Keywords：low impact development (LID); suitability analysis; planning index; Chengdu Tianfu new area

0　引言

海绵城市建设目前已成为我国新型城镇化建设当中的重要工作内容，是治理城市内涝、保障城市生态安全、提高新型城镇化质量、促进人与自然和谐发展的有效抓手。国务院办公厅于 2015 年 10 月发布《关于推进海绵城市建设的指导意见》[1]，在政府层面提出了我国海绵城市建设的总体要求和工作重点，明确指出将年径流总量控制率作为刚性指标纳入总体规划，以及将相关"海绵指标"作为城市规划许可和项目建设的前置条件。住房和城乡建设部发布的《海绵城市建设技术指南——低影响开发雨水系统构建（试行）》[2]（以下简称《技术指南》），在技术层面提出了海绵城市建设的基本原则，明确了系统构建的内容、要求和方法。

目前，已有数个城市相继出台了与海绵城市建设相关的规划设计导则[3-6]。部分城市的总体控制目标以年径流总量控制率为主，对于目标的指标分解较为粗放，较难保证目标的可达性。部分城市提出了详细的分级控制目标以及对应的指标评估方法，保证了指标分解的科学合理性，但在规划管理、审查层面较难执行。本文以四川天府新区成都直管区为例，探讨基于"因地制宜、目标可达、管理可行"原则的低影响开发规划指标体系构建方法，以及具有实际可操作性的指标落实策略。

1　天府新区成都直管区概况

天府新区成都直管区位于成都中心城区南侧，共包括 13 个镇（街道），面积为 564km²，城镇建设用地规模为 168.5km²。成都直管区地貌特征丰富，有山体、湖泊、丘陵、台地和平原等，整体自然格局可以概括为"三山六河一湖"。区内高程为350~1050m，总体地势西北、西南较高，东南较低。成都直管区是天府新区的核心区，承担总部基地、金融中心、研发中心和行政文化中心四大职能，整体开发强度较大，若按照传统模式进行城市建设，会对原有水文环境造成严重破坏。因此，应按照海绵城市理念对规划区进行建设，将对区域环境的影响降到最小。

2 技术路线

2.1 控制目标

《技术指南》建议通过多种技术恢复用地原有水文特征，实现径流总量控制、径流峰值控制、径流污染控制和雨水资源化利用等不同的控制目标。鉴于径流污染控制、雨水资源化利用等大多可通过径流总量控制来实现[2]，根据《四川省成都天府新区总体规划（2010—2030）》的要求，以及基于成都目前实行的规划控制体系和便于相关部门管理落实的考虑，成都直管区海绵城市建设技术导则（以下简称导则）确定成都直管区低影响开发以年径流总量控制率为首要的规划控制目标。

2.2 实施思路

根据《技术指南》年径流总量控制率分区图，成都属于Ⅱ区，年径流总量控制率建议值为80%~85%。《四川省成都天府新区总体规划（2010—2030）》中要求区域内年径流总量控制率应达到85%。基于成都直管区的实际情况，导则确定成都直管区的年径流总量控制率为85%，同时遵循"因地制宜、目标可达、管理可行"的原则确定规划指标体系构建的技术路线。

成都直管区规划建设用地规模较大，不同区域的水文地质条件、用地性质和功能定位等均有差异。因此，为能够因地制宜地指导低影响开发，导则尝试基于直管区生态本底及现有规划划分小规模的低影响开发单元，选取适宜的低影响开发措施，并以单元为基础进行低影响开发适宜性评价，根据评价结果构建实际可行的规划指标控制体系，实现小范围、源头、因地制宜的径流控制。具体实施路径如图1所示。

3 低影响开发单元划分

为保持成都直管区原有水文特征，导则根据原始地形及水文特征资料划分集水流域；为提高可操作性，

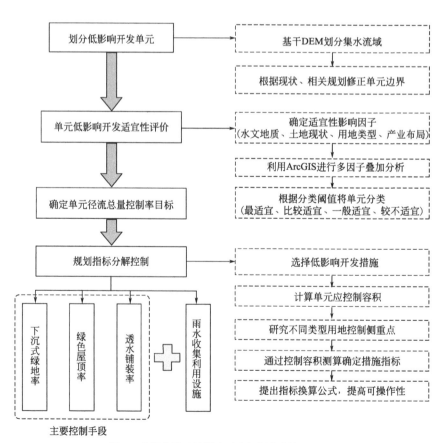

图1 成都直管区低影响开发规划控制实现途径

根据土地利用现状、控规、水系专项规划及雨水排水专项规划等资料对流域边界进行修正，形成低影响开发单元，并以单元为基础构建低影响开发规划控制体系，实现雨水径流的分散源头控制[2]。

3.1 集水流域划分

导则以填洼后略大于直管区范围的数字高程模型（DEM）、现状水系及遥感影像为基础，利用GIS的水文分析功能，依据Strahler法则①进行河流分级，提取河流网络，划分集水流域。初始集水流域共93个，平均面积为5.67km²。

3.2 单元边界修正

低影响开发单元是后续指标控制体系的基础，因此单元的划分需符合成都直管区规划管理的实际情况，从而保证整个指标体系具有可操作性。导则根据成都直管区土地利用现状、控规单元划分、水系专项规划和雨水排水规划等资料进行单元边界修正，使其在符合现状要求的基础上力求科学并便于管理。

单元边界按照以下方法进行修正：①不应超越现有控规覆盖范围；②不应与雨水排水分区规划、雨水干管规划冲突；③不应切割地块；④不宜切割连片的已建区域。

初始集水流域经边界修正后，形成低影响开发单元共计36个，平均面积为5.46km²。

4 单元低影响开发适宜性评价

低影响开发措施的适用条件和实际效果受建设用地的地下水位、土壤渗透性能和用地性质等因素的影响明显[2]。因此，根据各单元的本底情况因地制宜地确定其低影响开发目标显得尤为重要。导则通过采用多因子加权评价模型建立评价指标体系，利用ArcGIS对各单元进行低影响开发适宜性评价，并根据评价结果进行低影响开发目标及相关指标的确定。

4.1 影响因子

导则根据"主导性、差异性、稳定性"的原则选取水文地质条件、土地利用现状、用地类型和产业布局作为评价影响因子，将上述因子按0~9分进行赋值，分值越高代表适宜程度越高。导则采用专家打分法确定评价因子的相对重要性，通过层次分析法得出各因子权重（表1）。

导则针对水文地质条件因子，选取土层平均渗透系数和地下水水位作为主要的评价影响因素[7]。土地利用现状因子主要考虑对已建或已出让地块的低影响开发改造时间、改造难易程度及改造效果不确定等实际困难造成的影响。在用地类型因子中，按单元内不同类型用地面积占比分类，绿地占比高的单元低影响开发潜力较大，商业用地多的单元由于地下空间利用率较高、绿地连通性低，其适宜性较差。在产业布局因子中，主要考虑降低以工业和物流为主产业的单元用地内下渗雨水污染地下水及周边水体的风险[2]。

低影响开发适宜性评价因子　　表1

影响因子	权重	因子分级标准	赋值
水文地质条件	0.35	一级阶地	6
		二级阶地	9
		三级阶地	3
		基岩地区	1
土地利用现状	0.31	已建/已出让用地占比≤30%	9
		30%<已建/已出让用地占比≤50%	6
		50%<已建/已出让用地占比<70%	3
		已建用地占比≥70%	1
用地类型	0.23	G1类、G2类用地之和占比≥30%	9
		A类、B类用地之和占比≥30%	2
		其他	6
产业布局	0.11	都市农业、特色产业	9
		工业、物流	2
		其他	6

4.2 结果评价

导则以低影响开发单元作为评价单元，借助ArcGIS进行多因子加权叠加分析[8-10]，得到低影响开发适宜性综合评价结果。基于综合评价结果，利用自然断点法②得到分类阈值，将单元低影响开发适宜程度分为最适宜（一类）、比较适宜（二类）、一般适宜（三类）和较不适宜（四类）四类。根据分类阈值对成都直管区建设用地综合评价结果进行重分类，得到单元低影响开发适宜性分类结果（表2）。

---

① Strahler法则：基本思想是将所有初级河流设置为基本等级1，而对于下一级河流的赋值，则必须在两条或两条以上的相交河流弧段的等级相同时，下游河流弧段的等级为当前等级加1；否则在相交河流弧段的等级不同时，下游弧段的等级取相交弧段中等级最高的弧段等级。

② 自然断点法：一种根据数值统计分布规律分级和分类的统计方法，它能使类与类之间的不同最大化。"自然间断点"的类别基于数据中固有的自然分组。对分类间隔加以识别，可以对相似值进行最恰当的分组，并可以使各个类之间的差异最大化。

低影响开发单元分类结果　　表2

分值	单元类别	单元编号	备注
3.9~5.1	一类	17、18、20、24、25、27	单元平均面积：5.3km² 单元特征：新建单元，绿地类用地比例较大，水文地质条件相对较好
3.2~3.9	二类	2、3、13、15、16、26	单元平均面积：4.9km² 单元特征：新建单元，水文地质条件相对较好，用地开发强度适中
2.0~3.2	三类	1、7、19、21、22、23、28、29、30、31、32、34	单元平均面积：5.4km² 单元特征：多为新建地块，用地开发强度较大，水文地质条件相对一般
0~2.0	四类	4、5、6、8、9、10、11、12、14、33、35、36	单元平均面积：3.1km² 单元特征：多为已建地块，用地开发强度较大，水文地质条件相对较差

5　低影响开发指标控制

5.1　单元控制目标

导则根据各类单元的水文特征、用地特征进行不同程度、各有侧重的指标控制，以使指标具有可操作性，易于成都直管区实现总体目标。

通过加权平均计算，得到各类单元年径流总量控制率目标（表3），使其满足成都直管区年径流总量控制率85%（32.90mm）的要求。

单元年径流总量控制率目标　　表3

单元分类	年径流总量控制率目标值	对应设计降雨量
一类低影响开发单元	87%	36.05mm
二类低影响开发单元	86%	34.49mm
三类低影响开发单元	85%	32.90mm
四类低影响开发单元	80%	26.73mm

5.2　控制方案

导则参考国内相关研究[11-13]，主要利用分散的小型低影响开发措施对雨水径流进行源头控制，尽可能恢复建设用地原有水文状态。同时，提出指标换算公式，以提高项目实际操作过程中相关指标的可实施性。

5.2.1　低影响开发措施选择

导则结合成都地区的实际情况，针对各类降雨下垫面（硬化地面、绿地、屋顶），选择了透水铺装率、下沉式绿地（广义）率和绿色屋顶率三项低影响开发措施指标进行低影响开发控制。

5.2.2　指标控制

借鉴丁年等人的研究[11]，导则基于成都现行的规划管理体系，采取根据用地性质进行分类通则式指标控制的策略，对年径流总量控制率目标进行分解落实。指标计算方法如下：

（1）根据低影响开发单元分类目标及控规用地指标，计算得出各类单元在对应设计降雨量条件下的应控制容积。

（2）以深圳研究的低影响开发措施指标经验值[11]为基准，综合考虑低影响开发措施在不同类型用地条件下的适宜性，确定此次低影响开发措施指标控制的侧重点。其中，商业服务业设施用地地下空间利用率普遍较高，雨水下渗空间较少，主要采用透水铺装及绿色屋顶措施，降低下沉式绿地率指标；绿地适宜较大型下凹式蓄水设施，提高下沉式绿地率指标；工业用地、交通设施用地和公用设施用地由于存在潜在的地下水污染风险，限制低影响开发措施的使用。导则最终构建起适合成都直管区的低影响开发措施指标体系（表4）。

（3）经测算校验，可确保各单元的可控制容积能满足相关要求。

单元低影响开发控制指标　　表4

用地代码	用地分类	单元分类	透水铺装率	下沉式绿地率	绿色屋顶率
R	居住用地	一类	≥80%	≥60%	≥20%
		二类	≥70%	≥50%	≥20%
		三类、四类	≥60%	≥50%	≥20%
A	公共管理与公共服务设施用地	一类	≥70%	≥60%	≥40%
		二类	≥70%	≥40%	≥30%
		三类	≥70%	≥40%	≥25%
		四类	≥60%	≥40%	≥20%

续表

用地代码	用地分类	单元分类	透水铺装率	下沉式绿地率	绿色屋顶率
B	商业服务业设施用地	一类	≥30%	≥40%	≥40%
		二类	≥30%	≥35%	≥25%
		三类	≥30%	≥35%	≥20%
		四类	≥30%	≥30%	≥20%
M	工业用地	一类	≥60%	≥30%	≥20%
		二类、三类、四类	≥50%	≥30%	≥20%
S	交通设施用地	一类、二类、三类、四类	≥30%	—	≥20%
U	公用设施用地	一类、二类、三类、四类	—	—	—
G1、G2	绿地	一类		≥45%	—
		二类、三类		≥40%	
		四类	—	≥35%	
G3	广场	一类	≥80%	—	
		二类、三类	≥70%		
		四类	≥60%		

注：1. 表中所指下沉式绿地率是指高程低于周围汇水区域的绿地占绿地总面积的比例；绿色屋顶率是指绿化屋顶的面积占建筑基底总面积的比例；透水铺装率是指室外硬化地面中采用透水铺装的面积占其总面积的比例。
2. 对于有潜在的地下水、周边水体污染风险的地块（如化工产品生产、储存和销售等面源污染特殊地块），在确定低影响开发指标时应进行专门的控制及论证，避免特殊污染源对地下水、周边水体造成污染。

成都直管区内建设用地的低影响开发指标根据表4进行确定，并被纳入规划设计条件。直管区内建设项目按照该控制指标进行规划方案设计并通过审查后，即可在规划管理阶段被视为达到径流总量控制率目标要求。

5.2.3 指标换算

根据调研，部分项目可能存在无法满足指标的情况，如改建/扩建项目现场实际情况较复杂，基础条件不确定；高层建筑及坡屋顶建筑实施绿色屋顶措施较为困难；地下空间开发强度较大的项目实施下沉式绿地措施较为困难。

为提高指标控制体系的实际可操作性，导则基于成都直管区各单元的实际水文情况提出低影响开发措施指标换算公式，并在公式中加入雨水收集利用设施等"灰色设施"的指标。若有建设项目对于满足低影响开发措施指标确实存在困难，可按照公式（1）对指标进行适当调整。

$$X_1+X_2+X_3+X_4 \geq 0 \quad (1)$$

其中，X_1 为透水铺装率指标增加/减少引起的径流控制量变化值（单位：m³）；X_2 为绿色屋顶率指标增加/减少引起的径流控制量变化值（单位：m³）；X_3 为下沉式绿地率指标增加/减少引起的径流控制量变化值（单位：m³）；X_4 为在以上指标要求之外采用的雨水收集利用设施或其他低影响开发设施的有效控制容积（单位：m³）。

根据公式（1），指标调整后的项目径流控制量不应小于调整前。

X_1、X_2、X_3 的详细计算公式如表5所示。其中，透水铺装和绿色屋顶的径流控制量仅考虑径流系数变化带来的径流减少量[2]；广义下沉式绿地的径流控制量根据假设的汇水面积的大小进行计算。参考相关文献[14]，保守考虑下沉式绿地设施表面积为其汇水面积的15%，径流控制量为其汇水范围内设计降雨条件下的雨水径流量。

X_1、X_2、X_3 计算公式　　表5

单元分类	计算公式
一类低影响开发单元	$X_1= 0.018025 \times PA \times (1-BD-GSP) \times (PPR_2-PPR_1)$
	$X_2= 0.0162225 \times PA \times BD \times (RSP_2-RSP_1)$
	$X_3=0.0378525 \times PA \times GSP \times (DSP_2-DSP_1)$ [G1、G2类用地]
	$X_3= 0.15267175 \times PA \times GSP \times (DSP_2-DSP_1)$ [其余类型用地]

续表

单元分类	计算公式
二类低影响开发单元	$X_1 = 0.017245 \times (1-BD-GSP) \times (PPR_2-PPR_1)$
	$X_2 = 0.0155205 \times PA \times BD \times (RSP_2-RSP_1)$
	$X_3 = 0.0362145 \times PA \times GSP \times (DSP_2-DSP_1)$ [G1、G2类用地]
	$X_3 = 0.14606515 \times PA \times GSP \times (DSP_2-DSP_1)$ [其余类型用地]
三类低影响开发单元	$X_1 = 0.01645 \times (1-BD-GSP) \times (PPR_2-PPR_1)$
	$X_2 = 0.014805 \times PA \times BD \times (RSP_2-RSP_1)$
	$X_3 = 0.034545 \times PA \times GSP \times (DSP_2-DSP_1)$ [G1、G2类用地]
	$X_3 = 0.1393315 \times PA \times GSP \times (DSP_2-DSP_1)$ [其余类型用地]
四类低影响开发单元	$X_1 = 0.013365 \times (1-BD-GSP) \times (PPR_2-PPR_1)$
	$X_2 = 0.0120285 \times PA \times BD \times (RSP_2-RSP_1)$
	$X_3 = 0.0280665 \times PA \times GSP \times (DSP_2-DSP_1)$ [G1、G2类用地]
	$X_3 = 0.11320155 \times PA \times GSP \times (DSP_2-DSP_1)$ [其余类型用地]

注：PA 为项目用地面积（单位为 m^2）；BD 为项目建筑密度；GSP 为项目绿地率；PPR_2 为调整后的透水铺装率；PPR_1 为控规指标规定的透水铺装率；RSP_2 为调整后的绿色屋顶率；RSP_1 为控规指标规定的绿色屋顶率；DSP_2 为调整后的下沉式绿地率；DSP_1 为控规指标规定的下沉式绿地率。

5.2.4 其他规定

为避免建设项目通过大量采用景观水池、集中蓄水池（实际情况中常因疏于管理而未进行雨水再利用）等"灰色设施"去完成指标，而丧失了低影响开发"恢复原有水文特征"的本质，导则在保证实际可操作的前提下提出以下规定，要求在进行指标调整时应同时遵循以下要求：

（1）除改建/扩建项目外，建设项目各项低影响开发措施指标的下调幅度不应超过50%。

（2）若新建项目存在建筑高度超过50m或坡度大于15°的屋顶，其绿色屋顶率的下调幅度可根据项目具体情况合理确定。

（3）X_4 中所指的雨水收集利用设施或其他低影响开发措施包括渗井、渗渠/渗管、雨水罐和蓄水池等，但不包括下沉式绿地；其有效控制容积不包括用于削减峰值流量的调节容积。

6 结语

天府新区成都直管区作为国家级新区，在开发建设初期即引入低影响开发理念，旨在通过分散、源头、小规模的低影响开发设施控制实现低影响开发目标。导则基于规划区原始地形、水文特征、水系专项规划和雨水排水专项规划等资料划分低影响开发单元，提出在设计降雨条件下各单元应能消解自身径流，实现源头控制；利用ArcGIS对各单元进行低影响开发适宜性评价，基于地质状况、土地利用现状、用地类型分布和产业布局等影响因子综合评价确定单元径流总量控制率要求，确保整体达到85%控制率的总规目标；通过低影响开发措施控制容积测算，构建"目标可达"的规划指标控制体系，指导控规、方案设计落实指标；提出低影响开发措施指标换算公式，加强指标体系的实际可操作性，保障成都直管区低影响开发在规划阶段的落实。

本文研究主要针对建设用地内的径流源头控制，未涉及对河道中途转输、湖区末端控制的研究，故后续在排水专项规划中应针对直管区的实际布局进行深入探索。此外，指标体系的构建主要考虑了在现行规划管理体制下的实际可操作性与可行性，措施指标的确定和指标的换算公式均参考了前人的研究，以一定的假设为前提。由此可见，要落实低影响开发建设还需在设计阶段对不同设施进行科学、合理的平面及竖向设计，以确保施工图设计能够满足规划指标的假设前提要求。

参考文献

[1] 国务院办公厅. 关于推进海绵城市建设的指导意见 [S]. 2015.

[2] 住房和城乡建设部. 海绵城市建设技术指南——低影响开发雨水系统构建（试行）[S]. 2014.

[3] 上海市人民政府办公厅. 关于贯彻落实《国务院办公厅关于推进海绵城市建设的指导意见》的实施意见 [S]. 2015.

[4] 南宁市规划管理局. 南宁市海绵城市规划设计导则（试行）[S]. 2015.

[5] 武汉市水务局. 武汉市海绵城市规划设计导则 [S]. 2015.

[6] 丁年, 胡爱兵, 任心欣. 深圳市光明新区低冲击开发规划设计导则的编制 [J]. 中国给水排水, 2014 (16): 31-34.

[7] 朱木兰, 廖杰, 陈国元, 等. 针对LID型道路绿化带土壤渗透性能的改良 [J]. 水资源保护, 2013 (3): 25-28.

[8] 齐增湘, 廖建军, 徐卫华, 等. 基于GIS的秦岭山区聚落用地适宜性评价 [J]. 生态学报, 2015 (4): 1274-1283.

[9] 姚磊, 卫伟, 于洋, 等. 基于GIS和RS技术的北京市功能区产流风险分析 [J]. 地理学报, 2015 (2): 308-318.

[10] 陈燕飞，杜鹏飞，郑筱津，等. 基于 GIS 的南宁市建设用地生态适宜性评价 [J]. 清华大学学报：自然科学版，2006（6）：801-804.

[11] 丁年，李子富，胡爱兵，等. 深圳前海合作区低影响开发目标及实现途径 [J]. 中国给水排水，2013（22）：7-10.

[12] 胡爱兵，任心欣，俞绍武，等. 深圳市创建低影响开发雨水综合利用示范区 [J]. 中国给水排水，2010（20）：69-72.

[13] 丁年，胡爱兵，任心欣. 城市排水防涝综合规划中雨水径流控制目标及方法研究 [C]// 城乡治理与规划改革——2014 中国城市规划年会论文集（01 城市安全与防灾规划）. 北京：中国建筑工业出版社，2014.

[14] 郑兴，周孝德，计冰昕，等. 德国的雨水管理及其技术措施 [J]. 中国给水排水，2005（2）：104-106.

作者简介

付韵潮（1989- ），男，四川省建筑设计研究院有限公司绿色建筑设计研究中心副主任，高级工程师，注册城乡规划师。

王家良（1970- ），男，四川省建筑设计研究院有限公司科学技术部部长，教授级高级工程师。

周波（1968- ），男，四川天府新区成都管理委员会公园城市局。

杨艳梅（1989- ），女，四川省建筑设计研究院有限公司，高级工程师，注册城乡规划师。

汪正州（1978- ），男，四川天府新区成都管理委员会公园城市局。

电气设备落地安装的抗震措施研究

胡 斌　白登辉

摘要：计算电气设备在地震作用下紧固的螺栓受力，并进行相应的验算，从而确定满足抗震要求的螺栓数量和规格，结合产品实际和国家标准图集的安装要求，提出落地安装电气设备的抗震措施。

关键词：建筑机电工程；落地安装；底部连接；电气设备抗震；抗震设计；地震作用；抗震措施；限位器

Research on aseismic measures for floor-mounted electrical equipment

Hu Bin　Bai Denghui

Abstract：The stress on the fastening bolt when the electrical equipment is under the seismic force is calculated and the calculations are checked, so as to determine the number and specification of bolts meeting the aseismic requirements. According to the installation requirements of products and the national standard drawings, the aseismic measures for floor-mounted electrical equipment are proposed.

Keywords：building mechanical and electrical engineering; floor-mounted; bottom connection; aseismic electrical equipment; aseismic design; seismic force; aseismic measures; limiting stopper

0 引言

《建筑机电工程抗震设计规范》GB 50981—2014 自 2015 年 8 月 1 实施，《非结构构件抗震设计规范》JGJ 339—2015 自 2015 年 10 月 1 实施，由于上述两本规范均为首次颁布实施，相关的标准图集或参考资料缺乏，设计人员执行该规范有一定困难。特别是《建筑机电工程抗震设计规范》规定"抗震设防烈度为 6 度及 6 度以上地区的建筑机电工程必须进行抗震设计"（强制性条文），让设计人员陷入必须做但又不知如何实施的境地。

目前，虽已有抗震支吊架企业开发出支吊架的抗震解决方案，但对于落地安装的机电设备，尚未有可供设计人员直接选用的方案或图集，为了解决设计人员存在的上述困惑，同时结合机电设备种类，我院编制了《四川省建筑工程机电设备抗震构造图集》（底部连接方式）（图集号川 16G121-TY），图集中就高低压配电柜、变压器、柴油发电机组、配电箱（柜）、弱电机柜落地安装给出了抗震措施。本文以高低压配电柜落地安装为例，就图集编制过程中对于设备抗震措施研究结果进行梳理，供各位同行参考和指正。

1 地震作用计算

1.1 前提条件

由于高低压配电柜、变压器、柴油发电机组、配电箱（柜）、弱电机柜均为组装产品，设备结构及其元件间采用焊接、螺栓连接等方式固定，存在设备整体抗震的问题。本文为讨论设备的整体抗震性能，因此我们假定在地震作用下设备的整体性完好，不考虑设备内部构件及元件间破坏的情况；另为了对比发现执行抗震规范后，设备安装与传统安装方式存在的差异，我们选择了设备仅底部用螺栓固定安装方式进行计算和分析。

1.2 规范要求

《建筑机电工程抗震设计规范》第 7.4 节中对于柴油发电机组、变压器、配电箱（柜）、通信设备柜的安装设计作出了详细规定，需要对上述电气设备进行固定，同时需要计算固定方式和措施是否能满足地

本文已发表于《建筑电气》（增刊），2017

震作用。柴油发电机组、变压器、配电箱（柜）、通信设备柜的落地固定安装通常采用螺栓固定，根据规范的上述要求，应计算螺栓数量及规格是否满足规范。

1.3 计算方法

（1）进行地震作用计算

在进行计算之前，需要确定电气设备的长、宽、高以及设备重量等参数，并确定初步安装方案，参照国标图集《民用建筑电气设计与施工：变电所》08D800-3 第 20 页和第 89 页的安装图以及企业样本中的高低压柜的安装要求，初步确定高低压柜安装方案如图 1 所示。按照《建筑机电工程抗震设计规范》第 3.4 节和《非结构构件抗震设计规范》第 3.2 节对地震作用计算方法，计算得出地震作用。

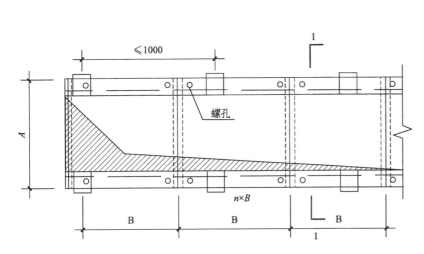
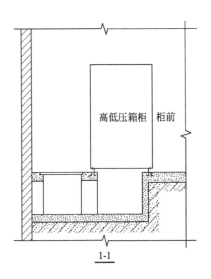

图 1 高低压配电柜安装方案

（2）地震作用下设备固定受力验算

计算出地震作用后，需对地震作用下螺栓的受剪承载力、受拉承载力、受剪受拉复合承载力进行验算；同时需对各焊接处的强度进行计算。螺栓的承载力根据《钢结构设计规范》GB 50017—2003 第 7.2.1 条进行（此为图集编制时的规范版本，现已废止，现行有效版本为《钢结构设计标准》GB 50017—2017），焊接处的强度计算根据《钢结构设计规范》GB 50017—2003 第 7.1.3 条进行，预埋件锚筋《混凝土结构设计规范》GB 50010—2010（2015 版）第 9.7.2-1 条公式计算。

2 计算结果

根据上述计算方法，结合设备尺寸、重量，以及在不同地震烈度和地震加速度下，得出采用螺栓固定时，满足设备抗震要求的高低压配电柜落地固定构造表（表 1），表中螺栓数量为单个箱体在柜宽方向单侧均匀布置时理论上需要螺栓数量，"—"为不选用该尺寸螺栓。需说明的是，表 1 中的结果数据为仅考虑设备为底部固定的前提下，实际工程中部分高压及大多数低压柜因母线联络关系，间接的对柜体增加了顶部约束力，但由于约束力有限和便于计算，本处不考虑其影响。

3 高低压配电柜的安装条件现状

从表 1 数据看，要满足抗震要求，需要在柜宽方向设置较多数量和规格较大的螺栓，目前产品的实际预留条件又如何呢？为此，笔者查询了部分高低压成套产品的样本资料，其基础安装条件详见表 2。

高低压配电柜基础安装条件表 表 2

样本编号	柜型	单边开孔数量	开孔形状	开孔尺寸	最大支持螺栓规格
1	HXGN-12	2	圆孔	Φ14	M12
2	HXGN-12	2	腰孔	13×26	M12
3	HXGN-12	2	腰孔	13×25	M12
4	KYN28-12	2	腰孔	14×24	M12
5	KYN28-12	2	圆孔	Φ14	M12
6	KYN28-12	2	腰孔	15×24	M14
7	GCS	2	腰孔	14×30	M12
8	GCK	2	腰孔	14×30	M12
9	MNS	2	腰孔	14×30	M12
10	PGL	2	腰孔	13×18	M12
11	JK	2	腰孔	14×30	M12
12	GZL	2	圆孔	Φ14	M12

表1

高低压配电柜满足抗震条件的构造要求表

| 柜体尺寸 (mm) | | | 质量 (kg) | 6度、7度 (0.10g) | | | 7度 (0.15g) | | | 8度 (0.2g) | | | 8度 (0.3g) | | | 9度 | | | 锚筋 |
A(柜深)	B(柜宽)	H(柜高)	m	M8	M10	M12	M8	M10	M12	M10	M12	M14	M12	M14	M16	M14	M16	M18	A_s
400≤A<600	400≤B<600	≤2200	≤800	4	2	—	7	4	2	6	4	2	6	4	3	6	4	3	6、7度, 4Φ10 8度, 4Φ14 9度, 4Φ16
	600≤B<800		≤1000	3	2	—	5	3	2	5	3	2	5	3	3	5	4	3	
	800≤B≤1000		≤1500	5	3	2	8	5	3	7	5	4	7	6	4	8	6	5	
600≤A<800	400≤B<600	≤2200	≤1000	5	3	2	—	5	3	—	5	3	—	5	3	5	5	4	6、7度, 4Φ10 8度, 4Φ14 9度, 4Φ16
	600≤B<800		≤1500	4	2	—	8	4	3	7	4	3	7	5	3	7	5	4	
	800≤B<1000		≤2000	4	2	—	7	4	3	6	4	3	6	5	3	7	5	4	
	1000≤B≤1200		≤2000	4	2	—	6	4	2	5	4	2	5	4	3	6	4	4	
800≤A<1000	400≤B<600	≤2200	≤1500	7	4	3	—	—	5	—	7	5	—	—	6	—	—	6	6、7度, 4Φ10 8度, 4Φ14 9度, 4Φ16
	600≤B<800		≤2000	6	3	2	—	6	5	9	6	5	7	7	5	9	7	5	
	800≤B<1000		≤2000	4	2	—	7	5	3	7	4	3	5	5	3	7	5	4	
	1000≤B≤1200		≤2000	2	—	—	5	3	2	5	3	2	3	2	2	5	4	3	
1000≤A<1200	400≤B<600	≤2200	≤1500	7	4	3	—	6	5	—	—	5	—	—	6	—	—	6	6、7度, 4Φ10 8度, 4Φ14 9度, 4Φ16
	600≤B<800		≤2000	6	3	2	—	6	4	9	6	4	9	7	5	9	7	5	
	800≤B<1000		≤2000	4	2	—	7	5	3	8	5	4	7	5	3	7	5	4	
	1000≤B≤1200		≤2000	2	—	—	5	3	2	5	3	2	3	2	2	5	4	3	
1200≤A<1400	600≤B<800	≤2200	≤2000	6	3	2	—	6	4	9	6	4	9	6	4	7	6	5	6、7度, 4Φ10 8度, 4Φ14 9度, 4Φ16
	800≤B<1000	≤2700	≤2500	5	3	2	10	6	4	11	7	5	12	8	6	11	8	6	
	1000≤B<1200	≤3200	≤2500	4	3	2	9	5	3	10	7	5	11	7	6	10	7	5	
	1200≤B≤1500	≤3200	≤2500	4	2	—	8	5	3	8	5	4	9	7	5	9	7	5	
1400≤A<1800	600≤B<800	≤2200	≤2000	6	3	2	—	6	4	9	6	4	—	7	5	9	7	5	6、7度, 4Φ10 8度, 4Φ14 9度, 4Φ16
	800≤B<1000	≤2700	≤2500	7	4	2	12	8	5	11	7	5	12	8	6	11	8	6	
	1000≤B<1200	≤3200	≤2500	6	4	2	11	7	5	10	7	5	11	8	6	12	8	6	
	1200≤B≤1500	≤3200	≤2500	4	2	—	8	5	3	8	5	4	9	7	5	9	7	5	
A≥1800	800≤B<1000	≤2700	≤2500	7	4	2	12	8	5	11	7	5	12	8	6	11	8	6	6、7度, 4Φ10 8度, 4Φ14 9度, 4Φ16
	1000≤B<1200	≤3200	≤2500	6	4	2	11	7	5	10	7	5	11	8	6	12	8	6	
	1200≤B≤1500	≤3200	≤2500	4	2	—	8	5	3	8	5	4	9	7	5	9	7	5	

由表2看出，目前市场主流的高低压配电柜安装预留螺孔为支持M12及以下规格的螺栓。由表1与表2对比发现，满足抗震规范需求的安装方式下，固定螺栓的数量及规格与产品实际预留的安装条件不匹配，除高低压配电柜存在该问题外，通过研究，我们发现变压器、柴油发电机组、配电箱（柜）、弱电机柜均存在上述问题。

4 与国家标准图集对比

在执行抗震规范前，高低压配电柜的安装通常参照图集《民用建筑电气设计与施工：变电所》08D800-3第20页和第89页实施，图集中分别给出了"高压开关柜螺栓固定安装"和"低压配电柜螺栓固定"方案，方案中对于固定每台高低压柜的螺栓为单边2个M12。这与表2中的数据基本一致，但与表1中的安装需求偏差较大。

在执行抗震规范的情况下，该安装固定方式只能满足少数抗震设防区域的要求。以较常用的低压配电柜宽×深为800mm×1000mm的低压柜为例，图集中的固定措施只能满足抗震设防为6度和抗震设防为7度地震加速度为0.1g的场所。

通过表1的数据以及与国家标准图集的对比，可以看出，要完全满足《建筑机电工程抗震设计规范》GB 50981—2014中对电气设备的抗震要求，需要结合设备安装处的抗震设防及地震加速度值等因数，对其固定螺栓数量、位置、规格进行验算，不能直接选用现有的国家标准图集。另从表1已可以看出，在满足机电设备抗震的前提下，螺栓的数量较多、螺栓规格较大。

5 抗震技术措施

经计算分析并结合设备的实际情况，建议对落地安装的电气设备采取抗震措施（仅进行底部固定连接情况）：

（1）在设计说明中明确项目机电设备整体抗震设防要求和对设备提出抗震要求。

（2）在无相关标准图集参考时，宜绘制安装大样，并明确螺栓规格及数量。在编制四川省地方标准图集中，编制组对高低压配电柜、变压器、柴油发电机组、配电箱（柜）、弱电机柜固定螺栓的规格和数量进行计算和验算，现将其部分数据编制成表3~表5，供各位同行参考。

低压配电柜落地安装单边螺栓配置表 表3

柜体尺寸(mm)			6度、7度(0.10g)	7度(0.15g)	8度(0.2g)	8度(0.3g)	9度
柜深	柜宽	H(高)	M12	M12	M14	M16	M18
$600 \leq A < 800$	$800 \leq B < 1000$	≤ 2200	2	3	3	3	4
	$1000 \leq B \leq 1200$		2	3	3	3	4
$800 \leq A < 1000$	$800 \leq B < 1000$		2	3	3	3	4
	$1000 \leq B \leq 1200$		2	2	2	3	3
$1000 \leq A < 1200$	$800 \leq B < 1000$		2	3	3	3	4
	$1000 \leq B \leq 1200$		2	2	2	3	3

配电及控制箱落地安装沿长边螺栓（锚栓）配置表 表4

柜体尺寸(mm)			6度、7度(0.10g)	7度(0.15g)	8度(0.2g)	8度(0.3g)	9度
短边尺寸	长边尺寸	柜高					
$400 \leq A < 600$	$400 \leq B < 600$	≤ 2200	2M8	2M8	2M10	3M12或2M14	3M14或2M16
	$600 \leq B < 800$		2M8	3M8或2M10	3M10或2M12	3M12或2M14	3M14或2M16
	$800 \leq B \leq 1000$		3M8或2M10	4M8或3M10或2M12	4M10或3M12或2M12	4M12或3M14	4M14或3M16
$600 \leq A < 800$	$600 \leq B < 800$		2M8	2M8	2M10	3M12或2M14	3M14或2M16
	$800 \leq B \leq 1000$		2M8	4M8或2M10	4M10或2M12	4M12或3M14或2M16	4M14或3M16或2M18
	$1000 \leq B \leq 1200$		2M8	3M8或2M10	3M10或2M12	4M12或3M14或2M16	4M14或3M16或2M18
$800 \leq A < 1000$	$800 \leq B < 1000$		2M8	2M8	2M10	2M12	3M14或2M16
	$1000 \leq B \leq 1200$		2M8	2M8	2M10	3M12或2M14	3M14或2M16
$1000 \leq A < 1200$	$800 \leq B < 1000$		2M8	2M8	2M10	2M12	3M14或2M16

弱电机柜落地安装螺栓配置表　　　表5

柜体尺寸(mm)			6度、7度(0.10g)	7度(0.15g)	8度(0.2g)	8度(0.3g)	9度
短边尺寸	长边尺寸	柜高	螺栓	螺栓	螺栓	螺栓	螺栓
$600 \leq A < 800$	$600 \leq B < 1200$	≤2200	4M8	4M8	4M10	4M12	4M14
$800 \leq A < 1000$	$800 \leq B < 1200$		4M8	4M8	4M8	4M10	4M12
$1000 \leq A < 1200$	$1000 \leq B \leq 1200$		4M8	4M8	4M8	4M8	4M10

注：表中螺栓数量为单个机柜所需的螺栓数量及尺寸。

（3）落地安装的电气设备除需明确固定螺栓规格及数量外，还需对于埋设于基础内的预埋钢板及锚筋进行明确。对于高低压配电柜，基础预埋钢板间距不宜大于1m，锚筋规格可参考表1。配电房基础槽钢规格应与抗震措施中选用的螺栓规格相匹配，槽钢规格与螺栓规格可参照表6确定。

槽钢规格与螺栓规格对应表　　　表6

螺栓直径	M8、M10	M12、M14	M16	M18	M20
槽钢规格	[10	[14b	[18b	[20b	[25c

（4）对于因减振要求不能用螺栓直接固定的柴油发电机组，需结合其减振措施进行抗震设计。柴油发电机组的减振措施通常有在机组与其支座间设置减振装置（这里称之为内置减振器），和在机组底部支座设置减振装置两种（这里称之为外置减振器），分别如图2和图3所示。

对于内置减振装置的柴油发电机组，底座以上为机组整体，因此仅考虑其底座固定，其螺栓规格及数量可参照前述方法计算确定。但对于底部设置减振装置的柴油发电机组，机组不能直接进行固定，只能设置限位装置，以防止地震作用导致机组移位或倾覆，可设置Z形限位装置进行限位，其布置及大样如图4（限位装置数量需经过计算确定）所示。

（5）对于直接落地安装于混凝土上的箱体或电气设备，在前期无法准确定位锚栓时，可在后期采用植入锚栓的形式进行安装和固定，但不得采用膨胀螺栓进行固定。

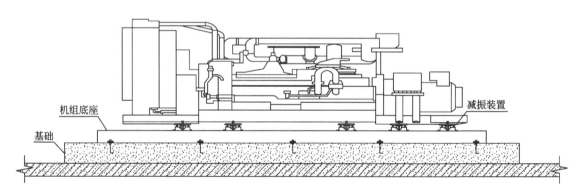

图2　内置减振器的柴油发电机组

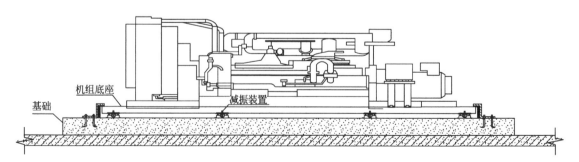

图3　外置减振器的柴油发电机组

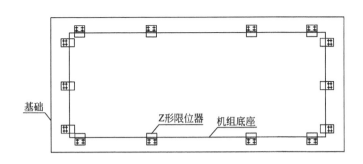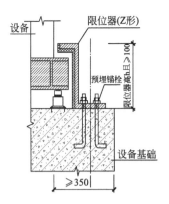

图 4 Z形限位装置布置及大样图

（6）为了便于计算和分析，本文中仅考虑了电气设备底部固定和约束的情况，在实际工程中，可结合项目状况增加顶部固定的措施，以减少底部固定螺栓的规格和数量。

6 结语

电气设备抗震设计是一项复杂的工作，其计算和技术措施的确定需要电气和结构专业配合完成。为了更好地执行规范，建议对国家标准图集根据抗震规范相关要求进行升版，补充电气设备和相关支吊架的抗震措施，以解决设计人员的燃眉之急。

参考文献

[1] 建筑机电工程抗震设计规范：GB 50981—2014[S]. 北京：中国建筑工业出版社，2014.
[2] 非结构构件抗震设计规范：JGJ 339—2015[S]. 北京：中国建筑工业出版社，2015.
[3] 钢结构设计规范：GB 50017—2003[S]. 北京：中国计划出版社，2003.
[4] 混凝土结构设计规范：GB 50010—2010（2015版）[S]. 北京：中国建筑工业出版社，2015.
[5] 四川省建筑设计研究院. 四川省建筑工程机电设备安装抗震构造图集（底部连接方式）[M]. 四川：西南交通大学出版社，2016.
[6]《工厂配电常用设备手册》编写组. 工厂配电常用设备手册（第二版）[M]. 北京：中国电力出版社，1997.

作者简介

胡斌（1977-），男，四川省建筑设计研究院有限公司数字技术部部长，总工程师（电气），正高级工程师，注册电气工程师（供配电）。

消防应急照明设计中常见问题解析

程永前

摘要：举例并解析目前设计图纸中消防应急照明和疏散指示系统设计存在的常见问题，指出设计应执行国家相关规范、规定，分析比较各种应急照明系统的构成及运用于市场的表现。
关键词：消防应急照明；疏散指示系统；集中控制器；集中电源柜；应急照明配电箱；蓄电池；消防安全标志；消防强制认证

Analysis of common problems regarding the fire emergency lighting design

Cheng Yongqian

Abstract：The common problems regarding the design for fire emergency lighting and evacuation indicator system on the design drawings are analyzed based on examples; it is suggested that the design should follow relevant national specifications and provisions; and the composition of various emergency lighting systems and their market performance is analyzed and compared.
Keywords：fire emergency lighting; evacuation indicator system; integrated controller; centrally connected power source cabinet; emergency lighting distribution box; storage battery; fire safety sign; fire compulsory certification

0 引言

《建筑设计防火规范》GB 50016—2014 中第 10.3.7 条要求建筑内设置的消防疏散指示标志和消防应急照明灯具，除应符合本规范的规定外，还应符合现行国家标准《消防安全标志 第 1 部分：标志》GB 13495.1，和《消防应急照明和疏散指示系统》GB 17945 的规定。

目前在设计中有不少项目没有执行上述规范要求，设计人员按照自己的设计思路，设计出应急照明配电系统以及相配套的应急照明灯具，不知道消防应急照明灯具及相应的配电设备是需要有消防强制认证的，这样想当然的设计在市场上找不到符合设计参数要求的产品，普通成套厂按照设计图纸生产的应急照明配电箱及应急灯具是没有消防强制认证的。

设计师应该选择有强制认证证书的厂家提供的资料进行设计，才有可能是正确的设计。

笔者查询了"中国消防信息网"中所有的应急照明产品，结合笔者在审图及设计中对于应急照明设计遇到的实际问题作一些探讨。

1 应急照明产品要有强制认证

消防应急照明产品必须有强制性认证的依据：

中华人民共和国公安部、国家工商行政管理总局、国家质量监督检验检疫总局联合颁布的第 122 号文《消防产品监督管理规定》中，第二章市场准入第五条：依法实行强制性产品认证的消防产品，由具有法定资质的认证机构按照国家标准、行业标准的强制性要求认证合格后，方可生产、销售、使用。

国家质量监督检验检疫总局、公安部、国家认证认可监督管理委员会 2014 年第 12 号《关于部分消防产品实施强制性产品认证的公告》中明确：消防应急照明和疏散指示产品属于强制性认证的产品。

以上两个文件明确说明，应急照明和疏散指示产品必须有强制认证，在设计阶段就应该选用具有强制认证的产品。需要注意的是消防应急照明和疏散指示系统中的应急照明集中控制器、集中电源柜、应急照明配电箱、应急灯、疏散指示灯均要有消防强制认证。

2 消防应急照明和疏散指示系统组成及应用

按照《消防应急照明和疏散指示系统》GB 17945—2010的规定，消防应急照明和疏散指示系统有四种组成方式，分别为：

2.1 自带电源非集中控制型消防应急照明和疏散指示系统

这种系统最简单，一个应急照明配电箱，输出回路接自带蓄电池的应急照明灯就可以构成应急照明系统。

这种方案的特点是全国厂家很多，应急照明电源箱与应急照明灯具可以从不同的厂家采购。各种荧光灯光源、LED光源的长管型灯、嵌入式筒灯、吸顶灯等灯具数量及样式比较丰富，光源功率种类也比较多，可以满足应急灯兼做正常照明设计方案。造价相对较低，一般业主比较接受这种方案。其缺点是如果用于大型工程，应急灯数量很多时候替换蓄电池工作量会比较大。

建筑内没有火灾自动报警系统时，停电时应急灯内的蓄电池给应急灯供电，强制点燃应急灯。由应急照明配电箱引至应急灯的导线为3根线（充电线、N、PE）（图1）。

建筑内设置有火灾自动报警时，由应急照明配电箱引至应急灯的导线为4根线（充电线、强启线、N、PE）。消防时通过强启线强制点燃应急灯（图2）。

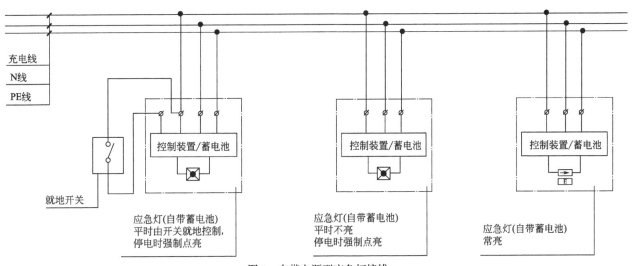

图1 自带电源型应急灯接线

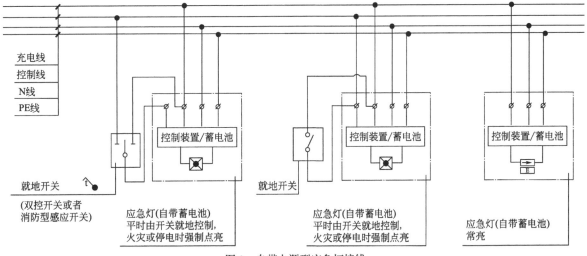

图2 自带电源型应急灯接线

2.2 自带电源集中控制型消防应急照明和疏散指示系统

系统由应急照明集中控制器、应急照明配电箱、自带蓄电池的消防应急灯具组成。

这种方案全国仅有几家生产，灯具比较齐全的厂家更少。应急照明灯具兼做正常照明可以采用长管荧光灯（或 LED 灯管）或吸顶灯，全国厂家仅有 3~4 家生产，市场上要采购到合适的灯具比较困难。

采用该方案所有的应急照明控制器、应急照明配电箱以及应急灯只能同一家厂家提供，其他厂家的产品不能替换。

灯具采用集中控制，造价会比较高，业主往往不会接受。

2.3 集中电源非集中控制型消防应急照明和疏散指示系统

系统由应急照明集中电源、应急照明分配电装置、消防应急灯具组成。

这种方案的特点是集中电源、分配电装置、应急灯具可以从不同的厂家采购，组成应急照明系统。集中电源、分配电装置全国生产厂家很多，放在管道井内，没有美观上的要求。这种方案优点是更换电源柜蓄电池比较方便，而且造价相对低，业主比较容易接受，这种系统是目前实际运用中比较普遍的方案。

设计比较难处理的问题：1）可以选用的仅满足消防疏散照明（LED 光源，3~5W）的吸顶灯、嵌入式筒灯、吸顶灯、壁灯等应急灯生产厂家很少，如果还要考虑精装美观，可以选择的灯具就更少。2）能做应急照明灯具兼做正常照明灯具（长管荧光灯、吸顶灯、壁灯）的厂家全国仅有少数几个，如果还要考虑顶棚精装与其他普通灯具协调一致，可以选择的厂家就更少。

2.4 集中电源集中控制型消防应急照明和疏散指示系统

系统由应急照明控制器、应急照明集中电源、应急照明分配电装置、消防应急灯具组成。

这种方案是 4 种应急照明系统中最可靠、性能最好的方案，现在的厂家都积极向集中控制型方向发展新产品。但是由于造价较高，经常不被业主接受。该方案全国生产厂家很多，大部分灯具都是平时不亮，应急时通过通讯线强制点燃。灯具的外形比较美观，与精装可以较好地协调一致。还有少数厂家能提供兼做正常照明的长管型荧光灯（或 LED 光源）、大功率筒灯，这些厂家全国约有 7 家。

采用该方案所有的控制器、集中电源、分配电装置、应急灯只能由一家厂家提供，其他厂家的产品不能替换。

现行规范对采用集中控制型系统有要求的场所较少，相关的规范要求有：

（1）《商店建筑电气设计规范》JGJ 392—2016 第 5.3.6 条：大型商店建筑的疏散通道、安全出口和营业厅应设置自带电源集中控制型系统或集中电源集中控制型系统，中型商店宜设置自带电源集中控制型系统或集中电源集中控制型系统。

（2）《交通建筑电气设计规范》JGJ 243—2011 第 8.5.9 条：Ⅲ类及以上民用机场航站楼、特大型和大型铁路旅客车站、大型综合交通枢纽站、城市轨道交通地铁车站、磁悬浮车站等需要疏散指示标志的交通建筑场所，宜选择集中控制型消防应急灯系统。

2.5 消防应急照明和疏散指示系统设备型号规格编排原则

《消防应急照明和疏散指示系统》GB 17945—2010 中规定了各种设备的型号规格编排原则，每一种产品由：企业代码 - 类别代码 - 产品代码三段组成。

常用的类别代码有：

（1）按用途分类：B- 标志灯具；Z- 照明灯具；D- 应急照明集中电源；C- 应急照明控制器；PD- 应急照明配电箱；FP- 应急照明分配电装置。

（2）按工作方式分类：L- 持续型；F- 非持续型。

（3）按应急供电形式分类：Z- 自带电源型；J- 集中电源型。

（4）按应急控制方式分类：D- 非集中控制型；C- 集中控制型。

常用的产品代码有：Y- 光源类型为荧光灯；E- 光源类型为发光二极管；W- 灯具的额定功率；kVA- 应急照明集中电源输出功率。

例如某应急灯型号：××-ZLJD-E3W，表示 ×× 生产厂家，持续型应急灯，集中电源非集中控制型，LED 光源，3W。

2.6 应急灯与普通灯具在外观上的不同之处

应急灯在灯具外壳上可见处有指示灯，从这个特征可以区分外形几乎一样的应急灯具与普通灯具。

（1）自带电源型应急灯（地面安装的灯具和集中控制型灯具除外）有绿色、红色、黄色 3 个指示灯。绿色表示主电状态，红色表示充电状态，黄色表示故障状态。集中控制型系统中的自带电源型灯具的状态指示在应急照明控制器上显示，也可以同时在灯具上设置指示灯。

（2）集中电源型灯具（地面安装的灯具和集中控制型灯具除外）有绿色、红色 2 个指示灯。绿色表示主电状态，红色表示应急状态。主电和应急电源共用供电线路的灯具可只用红色指示灯。

3 设计中常见问题

以下各问题是笔者在承担审图任务及设计过程中发现的比较普遍的问题。

（1）电气设计师设计了应急照明电源箱内控制系统、应急照明配电箱内控制系统以及选型箱体内各种元器件，这样的设计没有意义，应急照明箱是需要强制认证，强制认证时采用什么元件，什么控制方式，有几个输入回路、输出回路等参数在通过认证后就不能改变了。厂家不会按照设计图中的控制原理、元件进行生产。

（2）有些设计在应急照明箱中设置有 ATS 转换开关、消防电源显示装置、电气火灾监控装置、SPD 等元器件，这种做法也是不能成立的。如果设计师一定要以上这些功能，就只能在应急照明箱进线前端设置一个箱体，把实现以上各种功能的元器件放在这个箱体内。总之，经过强制认证的应急照明箱不能有任何改动。

（3）电气设计师采用集中电源非集中控制方式，设计图纸表示成集中电源引出回路直接接入灯具，这种设计也是不正确的。应该是集中电源、应急照明分配电装置、消防应急灯具组成一个完整的系统。设计师如果不了解系统构成，会把应急照明分配电装置遗漏。

（4）应急照明兼做正常照明照度问题。采用集中电源非集中控制方式时，走道、前室、楼梯间应急灯兼做正常照明，这种情况下可以采用长管型荧光灯，或者采用大功率荧光灯（或 LED 光源）、筒灯、吸顶灯才能满足照度要求（至少 50lx），但是能提供这类产品的厂家非常少。如果选用大多数厂家都有的筒灯、吸顶灯或壁灯，这些灯的功率一般只有 3~5W，仅能满足消防时疏散照明。

4 结束语

从《消防应急照明和疏散指示系统》GB 17945—2010（2009 年 9 月 2 日发布，2011 年 5 月 1 日实施），到国家质量监督检验检疫总局、公安部、国家认证认可监督管理委员会 2014 年发文要求应急照明必须强制认证，再到《建筑设计防火规范》GB 50016—2014（2014 年 8 月 27 日发布，2015 年 5 月 1 日实施），建筑工程中的消防应急照明和疏散指示系统从国家法规、规范、产品认证方面上讲已经很完善了，市场上能提供的相应产品也逐步完善。

现在质检部门、消防部门以及要求严格的业主越来越多地要求应急照明产品必须要有强制认证书。在设计阶段如果不严格执行《消防应急照明和疏散指示系统》GB 17945—2010，会造成设备订货时无法采购，后期只有采用普通灯具代替应急灯具，或改变有强制认证灯具功率，任意配置大功率光源等错误办法。

最后提请设计师注意一个问题，按照某个厂家的样本设计时，建议到中国消防信息网去核实一下该厂家有哪些规格是有认证的。只有网站能够查到的产品规格才能放心选用。

参考文献

[1] 消防应急照明和疏散指示系统：GB 17945—2010[S]. 北京：中国标准出版社，2010.

[2] 建筑设计防火规范：GB 50016—2014[S]. 北京：中国计划出版社，2014.

作者简介

程永前（1964-），男，四川省建筑设计研究院有限公司院电气专业副总工程师，正高级工程师，注册电气工程师（供配电）。

编制自动作图软件计算建筑物年预计雷击次数

姚 坤　程永前　胡 斌

提要：本文阐述了基于作图模型求解建筑物雷击等效面积 A_e，编制软件完成 A_e 的自动作图，从而求出建筑物年预计雷击次数的方法。解决了屋面不等高、形状复杂的建筑物求解建筑物年预计雷击次数的计算问题。
关键词：防雷设计；年预计雷击次数；计算机绘图；AutoCAD；Auotlisp 编程

Calculation method of expected annual number of lightning flash for structures using the software automatic drawing

Yao Kun　Cheng Yongqian　Hu Bin

Abstract：By using the software automatic drawing, we draw the equivalent area "A_e" graphics and calculate the expected annual number of lightning flash for structures. This method can solve the calculation problem of the expected annual number of lightning flash for multiple height and complex shape buildings.
Keywords：lightning protection design；expected annual number of lightning flash for structures；computer graphics；AutoCAD；Auotlisp programming

建筑物年预计雷击次数的计算涉及工程防雷等级确定，且属于国家强制性条文，是国家《建筑工程设计文件编制深度规定》(2008年版)要求必须进行计算的内容之一。

1 建筑物年预计雷击次数计算工作中面临的实际问题

《建筑物防雷设计规范》GB 50057—2010（以下简称《规范》）附录 A.0.1 提供的建筑物年预计雷击次数计算公式为：$N=k\times0.1\times T_d\times A_e$，可见计算过程的重点和难点在于求得 A_e。但《规范》附录 A.0.3 提供的等效面积计算仅有标准矩形屋面的计算公式，方法较复杂，且不能解决实际工程中不规则屋面的计算问题。

如图1所示，一个具有较为复杂屋面的建筑实例，该建筑屋面有5个高度，分别是裙房和三个塔楼，其中一个塔楼屋面有2个高度。这样一个具有多个高度的复杂建筑，其等效面积 A_e 的轮廓是一个非常不规则的图形，要通过人工准确计算非常困难。由于计算工作量及难度较大，目前工程设计中大多采用近似粗略的方法进行估算，计算结果与建筑物实际情况相差很大，有的项目计算结果的偏差甚至导致防雷类别划分错误。

图1　工程实例

基金项目：基于作图模型和软件自动作图解决建筑物年预计雷击次数计算问题的方法是四川省建筑设计研究院2013年度科研项目之一
本文已发表于《电气应用》（增刊），2014

2 采用作图模型求解等效面积 A_e 的原理和方法

通过对规范关于雷击等效面积描述的研究,笔者提出将等效面积的计算转化为作图模型,利用作图模型求解等效面积的方法,其原理为:通过 AutoCAD 绘图软件绘制出等效面积图形轮廓,然后利用 AutoCAD 软件求取面积的功能直接得到等效面积,该方法跳过复杂的计算过程(由软件实现),方便且准确地计算出建筑年预计雷击次数。

2.1 对规范中 A_e 计算要求的分析

对于建筑物屋面不同高度的情况,《规范》的阐述是:

附录 A 第 A.0.3 条第 7 款"当建筑物各部位的高不同时,应沿建筑物周边逐点算出最大扩大宽度,其等效面积应按每点最大扩大宽度外端的连接线所包围的面积计算",相应的条文解释为"应沿建筑物周边逐点算出最大扩大宽度",该点既包括周边某点也包括此点断面上的较高点,这较高点扩大宽度的起点是该较高点在平面上的投影点,这些点画出的扩大宽度,哪一点在最外,这一点就是最大扩大宽度。

其中较为关键的是如下 3 点:

(1)"按每点最大扩大宽度外端的连接线所包围的面积"表明 A_e 是由各高度点对应的扩大宽度点所包围而成;

(2)"该点既包括周边某点也包括此点断面上的较高点"表明同一断面要取最高的点;

(3)"该较高点在平面上的投影点"表明 A_e 是平面投影图。

可见,对于形状不规则、高度不同的建筑屋面,其 A_e 最终是一个不规则的轮廓,采用常规面积公式进行计算是困难的。因此只要有办法得到这个 A_e 轮廓并得到其面积,就可以解决建筑物的年预计雷击次数的计算结果问题。

2.2 作图模型的确定

不规则建筑屋面的 A_e 轮廓,其形状是建筑物周边逐点按照该点的最大扩大宽度向外平移所构成的轮廓,为便于理解,我们可以将建筑物等效面积 A_e 的形状构成一个作图模型,即:将一个圆的圆心放在建筑物周边轮廓的点上,其半径为圆心所在点的建筑物最大扩大宽度,该圆沿建筑物周边轮廓移动一周,圆的外廓所划过的区域的内部即为建筑物的等效面积 A_e 的范围。如图 2 所示。

2.3 作图方法

设计行业最常用的 AutoCAD 软件具备强大的作图功能和求取数据的功能,我们可以充分利用 AutoCAD 软件来完成 A_e 的作图和取得面积数据。有关人工作图方法的详细阐述可参见笔者发表于《建筑电气》2004 年第 4 期《利用计算机作图法求建筑物年预计雷击次数》一文。

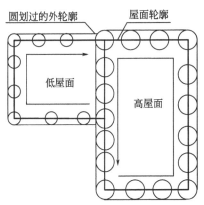

图 2 作图模型图示

注:半径为圆心所在点的建筑物最大扩大宽度的圆沿建筑物轮廓移动一周的区域即为 A_e 轮廓,其中,扩大宽度的圆半径随着建筑高度在变化

根据以上分析,A_e 轮廓作图模型的建立是符合规范要求的,利用 AutoCAD 软件来完成作图的方法也是可行的。

3 编制软件完成等效面积 A_e 自动作图并计算出雷击次数的研究

实际设计工作中,人工作图法绘制等效面积仍有较大的工作量,且辅助线繁杂,容易出错。特别是在工程有斜屋面、弧屋面情况下,需要逐点去计算扩大宽度,对于人工而言也是一件繁重的工作。

借助计算机编程技术和图形学技术,在人工作图法理论的基础上,编制软件自动完成作图过程,可以更高效地完成建筑物年预计雷击次数的计算工作。

为了进行软件编制,首先需要梳理好雷击次数的计算流程,确定屋面轮廓的表达方法,解决屋面轮廓类型和高度数据的输入和修改问题,其次需要编制自动绘图的主要功能模块,最后需要编制计算雷击次数的计算模块。

3.1 建筑物等效面积 A_e 计算方法总结

关于等效面积 A_e 的计算,《规范》2010 年版和 2000 版的不同在于引入了周边建筑的影响因素。

A_e 的计算总结归纳如下:

(1)全扩大宽度模式:无周边建筑影响,按扩大宽度 D 确定 A_e;

(2)半扩大宽度模式:$2D$ 范围内有等高或低于本建筑的周边建筑影响,且环绕本建筑,按扩大宽度的一半,即 $D/2$ 确定 A_e;

(3)零扩大宽度模式:$2D$ 范围内有高于本建筑的周

边建筑影响，且环绕本建筑，按扩大宽度 D 为 0 确定 A_e；

（4）扣减模式：$2D$ 范围内有部分高于本建筑的周边建筑的影响和在 $2D$ 范围内且不在本建筑物以 $h_r=100m$（建筑物高度高于 100 时 h_r 为建筑物高度）的保护范围内有等高或低于本建筑的周边建筑，在全扩大模式的基础上扣减部分影响面积。

3.2 建筑物年预计雷击次数计算流程

根据对 A_e 四种模式的总结，在计算过程中，需根据这四种情况进行处理。建筑物年预计雷击次数的计算流程如图 3 所示。

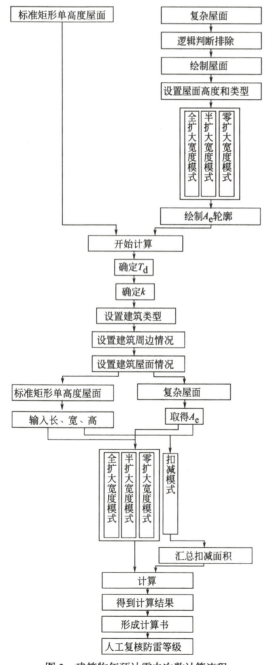

图 3 建筑物年预计雷击次数计算流程

3.3 软件自动绘制 A_e 的输入部分

（1）绘制建筑物屋面轮廓

根据建筑专业提供的图纸，我们约定采用 line（线）、arc（弧线）、circle（圆）三种基本图形绘制出建筑物屋面。

要求：

① 以建筑专业屋顶平面图为基础进行。

② 要将裙房、退台等部分拼成一个完整的屋顶平面图。

③ 屋面轮廓为平面图，UCS 坐标 $z=0$。

④ 图形采用全比例作图，单位为毫米。

⑤ 绘制的屋面轮廓图要首尾相连，是封闭图形。

（2）设置屋面高度和类型

依次对绘制出的各段屋面轮廓进行设置，包括高度和屋面类型。

要求：

1）高度单位为米。

2）屋面类型归纳为平屋面、斜屋面、弧屋面。如图 4 所示。

平屋面

斜屋面

图 4 屋面类型（一）

弧屋面

图4 屋面类型（二）

3）确定屋面高度：

平屋面为一个高度；斜屋面为两个高度，分别为高点高度和低点高度；弧屋面为高点高度、低点高度和弧屋面半径，其中，半径数据为正数则为上弧面，负数则为下弧面。软件完成数据记录工作，用文字在图中标出，并提供修改数据设置的功能。本文图1所示的工程实例设置完成的屋面轮廓如图5所示，设置完成的屋面轮廓记录了屋面的类型和高度数据。

3.4 软件自动绘制 A_e

软件绘制过程为：

（1）软件自动读取设置好类型和高度的屋面轮廓数据，检查屋面轮廓的封闭性和数据的正确性。

（2）处理屋面轮廓各角点，绘制相应扩大宽度的辅助线。

（3）平屋面轮廓按相应扩大宽度直接绘制辅助线。

（4）斜屋面和弧形屋面按照规定的步长，逐点计算对应的扩大宽度，绘制辅助线。

（5）绘制完成后，软件对辅助线进行处理，最终得到等效面积 A_e 轮廓图。

绘制过程由软件自动完成，人工只需要根据本文3.1节归纳的四种模式确定绘图模式。本文图1所示工程实例的 A_e 轮廓通过软件绘制得到的结果如图6所示。从绘制结果，我们也可以看出，人工计算复杂建筑的等效面积 A_e 的难度。

3.5 年预计雷击次数的计算

计算工作由软件完成，输入工程名称、所在地区、年平均雷暴日 T_d、校正系数 k、取得软件自动绘制的等效面积 A_e 数值，即可计算出年预计雷击次数。计算功能同时提供辅助判断防雷等级的功能，可形成计算书。计算软件主界面如图7所示。

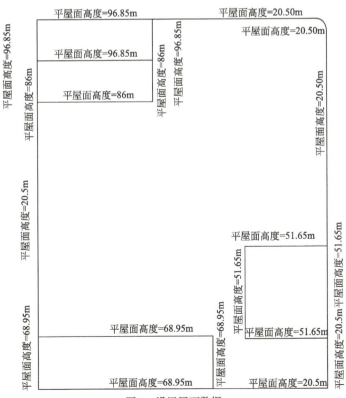

图5 设置屋面数据

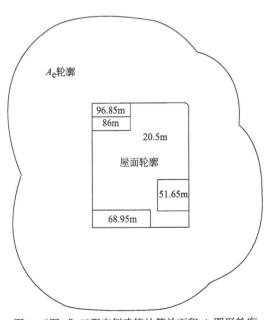

图6 "图1"工程实例建筑的等效面积 A_e 图形轮廓

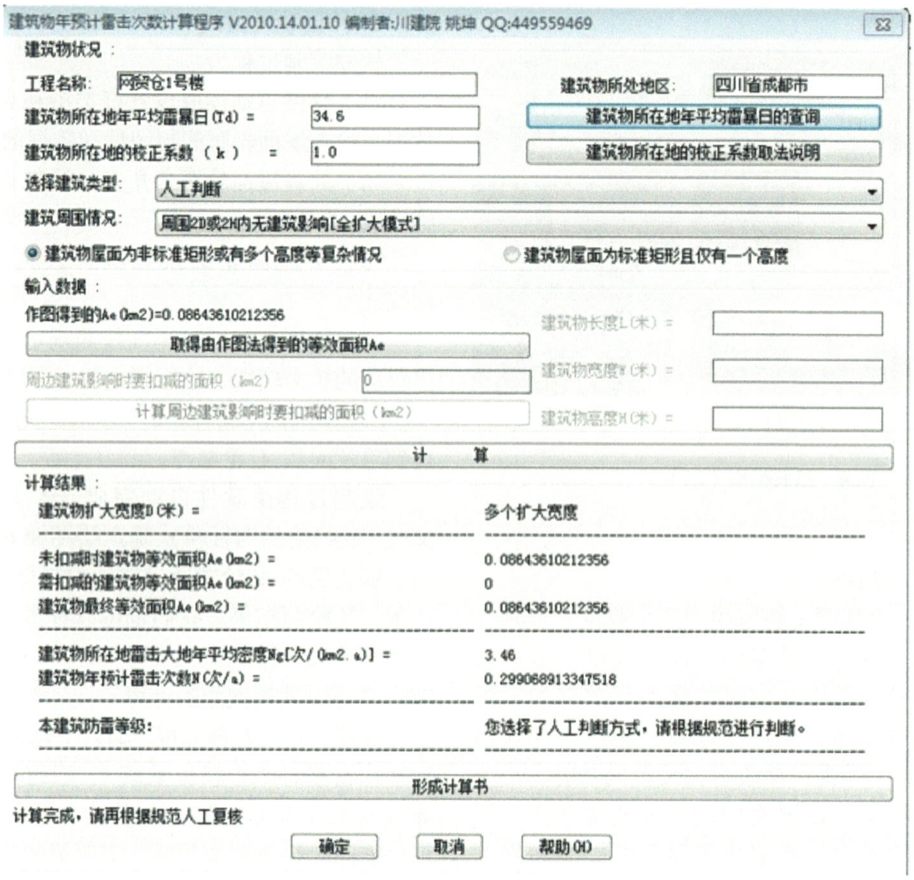

图7 计算软件主界面

4 总结

基于作图模型解决建筑物雷击等效面积 A_e 的计算，编制软件自动绘图可以方便完成 A_e 的绘制工作，可以处理实际工程屋面形状复杂、有多个高度等情况，取得符合建筑物实际情况的计算结果，在实际设计工作中具有可操作性，可以用于实际设计工作，从而解决建筑物年预计雷击次数的计算问题。

得益于笔者所在设计研究院科研环境的有力支撑，自动绘制 A_e 软件的研制已确定为本院科研项目之一。软件采用 AutoLisp 语言编程，制作了完整的安装包，可运行于 AutoCAD R2006 以上版本，由"设置屋面轮廓类型和高度""A_e 自动作图""雷击次数计算"三个主要模块组成，在项目组同仁和广大设计人员的支持下已基本完成，并通过了专业验收，目前在内部逐步推广使用。

建筑电气设计工作中，建筑物年预计雷击次数的计算是一个较为重要的工作，基于作图模型借助软件技术自动完成等效面积作图是我们提出的用于建筑物年预计雷击次数计算问题的一个解决方案，希望得到各位同仁的指正。

参考文献

[1] 蓝屹生. AutoLISP 学习导引 [M]. 北京：中国铁道出版社，2003.

[2] 建筑物防雷设计规范：GB 50057—2010[S]. 北京：中国计划出版社，2011.

[3] 姚坤. 利用计算机作图法求建筑物年预计雷击次数 [J]. 建筑电气，2004（4）：30-32.

作者简介

姚坤（1972-），男，四川省建筑设计研究院有限公司设计四院电气总工程师，正高级工程师，注册电气工程师（供配电）。

中美医疗建筑电气设计对比与分析

周 翔

摘要：通过学习美国《美国医院和门诊设施设计及施工指南》2018版和《美国国家电气规范》NFPA70-2017，结合国内医疗建筑电气设计标准，分析中美医疗建筑电气系统设计在供电电源、负荷分级、回路分支及电源转换等方面的差异，为医疗建筑电气设计提供参考。

关键词：电气系统；供电电源；负荷分级；电源转换

Comparison and analysis of electrical design of Chinese and American medical buildings

Zhou Xiang

Abstract：By learning *Guidelines and Major Revisions for Hospital Design and Construction of the United States*(2018) and *National Electrical Code* (NFPA70-2017).Etc. Combined with the electrical design specifications of domestic medical buildings,this paper has analyzed the differences between Chinese and American medical building electrical system design in terms of power supply, load classification, circuit branch and power conversion, and provides reference for the electrical design of medical buildings.

Keywords：electrical system；power supply；load classification；power conversion

0 引言

电气设计标准大致可分为欧洲标准和美洲标准，美洲标准主要为美国制定的国家标准和规范。成都天府新区安琪儿妇女儿童医院为美国机电顾问公司参与，我院近期设计的医疗建筑，电气系统方案的制定主要参照美国和国内的相关标准。本文通过安琪儿妇女儿童医院设计，结合中美在医疗建筑电气设计中主要参考和执行的标准，分析中美在医疗建筑电气系统设计方面的主要差异，为国内医疗建筑电气设计提供参考。

安琪儿妇女儿童医院总建筑面积31.9万m^2，建筑功能为医疗和办公，其中医疗功能面积为19.2万m^2。医疗区域由门诊医技裙楼和两栋一类高层的住院楼组成，医院建成后将成为三级妇产儿童专科医院。

1 中美医疗建筑电气设计的规范和标准

1.1 美国规范和标准

美国的标准分为4级，分别为国家标准、政府标准、专业标准和公司（企业）标准。其中技术法规（强制性）由联邦政府机构制定，标准（自愿性）由非政府机构制定，如美国国家标准学会（American National Standard Institute，ANSI）、国家消防协会（National Fire Protection Association，NFPA）等。

安琪儿妇女儿童医院项目电气设计主要参照的美国规范和标准有：《美国医院和门诊设施设计及施工指南》2018版（Guidelines and Major Revisions for Hospital Design and Construction of the United States, FGI）、《美国国家电气规范》（National Electrical Code, NEC(NFPA70-2017)）、《美国医院评鉴联合委员会国际部》（Joint Commission International（Joint Commission

---

本文已发表于《智能建筑电气技术》，2021

on Accreditation of Healthcare Organizations），JCI）。由于JCI标准主要为面向医疗服务和医院管理的评级体系和标准，因此设计中主要参照的美国标准为《美国医院和门诊设施设计及施工指南》2018版和《美国国家电气规范》NFPA70-2017。

1.2 中国规范和标准

医疗建筑电气设计主要参照的国内规范有《综合医院建筑设计规范》GB 51039—2014,《医疗建筑电气设计规范》JGJ 312—2013,《民用建筑电气设计标准》GB 51348—2019。由于医疗建筑涵盖的医务科室众多，医技功能复杂，医疗设备迥异，在负荷分级、电气系统设计等方面还应参照相关专业设计规范，如《医院洁净手术部建筑技术规范》GB 50333—2013、《氧气站设计规范》GB 50030—2013、《锅炉房设计标准》GB 50041—2020等。

美国医疗建筑电气设计除了参照《国家电气规范》NFPA70外，也需按照诸如《卫生保健设施规范》NFPA99（Health Care Facilities Code）、《生命安全规范》NFPA101（Life Safety Code）、《应急和备用电源系统标准》NFPA110（Standard For Emergency and Standby Power Systems）、《储能应急和备用电源系统标准》NFPA111（Standard on Stored Electrical Energy Emergency and Standby Power Systems）等规范执行。本文就《综合医院建筑设计规范》GB 51039—2014、《医疗建筑电气设计规范》JGJ 312—2013等国内主要规范与上述美国标准在电气系统设计方面的差异进行探讨。

2 美国医疗建筑电气设计的主要规定

国内医疗建筑电气设计的重点是确定医疗建筑内用电设备的负荷等级，并根据不同的负荷等级和中断供电后自动恢复的时间，构建相应的电源保障体系和配电技术措施。查阅美国的相关电气规范，并没有医院用电设备负荷分级的描述，经过分析和总结，美国医院根据护理空间的分类，确定接入用电分支回路的负荷类型，从而组成美国医院基本电气系统的电气设计逻辑。

2.1 医院护理空间的规定

《国家电气规范》NFPA70中根据病人检查和治疗的场所提出了护理空间的概念（Patient Care Space），分别为基本护理空间（3类），一般护理空间（2类）和重症监护空间（1类）和支持空间（4类），不同的护理空间包含了患者接受检查、诊断和治疗的类型。基本护理空间是指患者接受基本治疗和检查的场所，一般包括医院内的诊室、检查室和治疗室等，该场所内的设备和系统故障不太会对病人、工作人员和探视人员造成伤害，但可能导致病人不适。一般护理空间是指设备和系统故障会导致病人、工作人员和探视人员轻微伤害的场所，一般包括住院病房、血液透析室或类似的场所。重症监护空间是指设备和系统的故障会导致病人、工作人员和探视人员严重受伤或死亡的场所，一般包括重症监护室、血管造影检查室、心导管检查室、手术室、麻醉室或类似场所。支持空间是指设备或系统的故障不太可能对病人护理产生物理性影响的场所，一般包括麻醉工作室，无菌供应，实验室，停尸房，候诊室，杂物间和休息室。根据规范描述可以看出支持空间是为医疗活动提供相应支持和设备保障的工作场所，该场所并无患者直接参与的医疗活动。

《医疗建筑电气设计规范》JGJ 312—2013中根据电气安全的防护要求将医疗场所分为0类,1类和2类，其中规范表3.0.2将医疗场所的类别进行了详细的划分。对比护理空间和医疗场所的分类，尽管名词概念有所不同，但是实质都是根据医疗场所的不同分类采取不同的电气技术措施和安全防护方法，保障人身的安全。比如NFPA70中规定重症监护空间应采用隔离电源系统与《医疗建筑电气设计规范》JGJ 312—2013规定2类医疗场所采用局部IT系统供电的规定是一致的。不同的是，医疗场所分类主要强调的是保护患者的安全，而护理空间的分类面对的主体不止是患者，还有进入该场所的所有人员，护理空间的分类扩大了人群范围，从NFPA70的条文中可以看到配电技术措施更加详尽和具体。为了指导设计，将医疗场所的划分和护理空间的分类简单对应如表1所示。

医疗场所划分和护理空间分类对照表　　表1

医疗场所的划分（中国）	护理空间的分类（美国）
0类医疗场所：不使用医疗电气设备接触部件的医疗场所	基本护理空间（3类）、支持空间（4类）
1类医疗场所：医疗电气设备接触部件需要与患者体表,体内（除2类医疗场所所述部分外）接触的医疗场所	一般护理空间（2类）
2类医疗场所：医疗电气设备接触部件需要与患者体内接触，手术室及电源中断或故障后将危及患者生命的医疗场所	重症监护空间（1类）

2.2 医院回路分支的规定

为了防止正常电源供电中断时，维持生命安全和保障医院正常运作，《国家电气规范》NFPA70 和《卫生保健设施规范》NFPA99 将医院基本电气系统分成生命安全分支（Life Safety Branches）、关键分支（Critical Branches）和设备分支（Equipment Equipment）三个独立的分支回路，同时也规定了接入相应分支回路的医疗负荷类型。

2.2.1 接入生命安全分支的用电负荷

（1）出口通道照明，例如走廊、过道、楼梯、出口的平台，以及通往出口的所有必要通道所需的照明；

（2）安全出口标志灯和疏散指示标志灯；

（3）火灾自动报警系统及非可燃医疗气体管道系统报警装置的电源；

（4）医院通信系统电源；

（5）柴油发电机房工作照明及必要插座；

（6）电梯轿厢照明及控制、通信和控制系统电源；

（7）医院主要出入口的自动门电源。

以上负荷大致属于国内医院的消防和建筑设备类负荷。

2.2.2 接入关键分支的用电负荷

（1）重症护理空间用电；

（2）医疗场所局部 IT 系统用电；

（3）婴儿护理区、药物准备和药房配药区域、急诊区、精神科病房区、病房治疗室、护士站的工作照明和部分插座；

（4）其他特殊病人护理区域的工作照明和插座；

（5）护士呼叫系统用电；

（6）血液、骨骼和组织库的工作照明和插座；

（7）电话和数据通信设备机房及井道照明；

（8）一般护理区域、血管造影实验室、心导管实验室、冠状动脉护理病房、血液透析室、急诊室治疗区、人体生理学实验室、重症监护病房、术后恢复室等的工作照明、插座和电源回路。

以上负荷大致属于国内医院的医疗设备及医疗场所的专用负荷。

2.2.3 接入设备分支的用电负荷

（1）用于医疗手术的中央吸引系统，包括控制；

（2）保证主要设备安全运行的水泵和其他设备用电，包括控制系统和报警系统；

（3）医用空气压缩系统及控制；

（4）建筑防排烟及楼梯间加压送风系统；

（5）厨房通风和排烟系统；

（6）空气传染/隔离室、环境保护室、实验室通风柜、使用放射性物质的核医学区域、环氧乙烷以及麻醉疏散区域的供应和送排风系统；

（7）操作室和分娩室的供应及送排风系统；

（8）电话机房及数据设备机房的供应和送排风系统/空调系统；

（9）为手术、分娩、康复、重症监护、冠状动脉护理、婴儿室、感染/隔离室、急诊治疗室和普通病房提供加热的加热设备，以及为水消防系统提供压力维护的补给泵；

（10）在正常电源中断期间为病人、外科、产科提供服务的电梯；

（11）高压氧仓设备；

（12）低压氧仓设备；

（13）自动门；

（14）电加热蒸汽消毒设备。

以上负荷大致属于国内医院保障医疗活动开展的各种医疗设备和辅助类设备负荷。

根据接入上述三个独立分支的用电设备，可将美国医院主要用电负荷分为生命安全类负荷，关键类负荷和设备类负荷三类，另外还有部分不属于基本电气系统的普通类负荷，因此我们可以总结出美国医院的全部用电是由四种不同类型的负荷组成。与国内采用负荷分级方法不同，美国医院用电采用的是负荷分类的思路。根据负荷性质以及对供电安全和可靠性的对照，可以看出美国医院中生命安全类负荷和关键类负荷大致等同于《医疗建筑电气设计规范》JGJ 312—2013 表 4.2.1 中规定的一级负荷和一级负荷中特别重要的负荷，设备类负荷大致等同于国内规范中的一级和二级负荷，普通类负荷大致等同于国内规范中的三级负荷。

2.3 美国医院电气系统的组成

美国医院电气系统分为基本电气系统（Essential Electrical System）和普通电气系统（Nonessential Electrical System）。根据医疗机构的规模、类型以及护理空间对电气系统的要求，基本电气系统又分为 1 类、2 类和 3 类基本电气系统，具有一般护理空间（2 类）和重症监护空间（1 类）的医院采用第 1 类基本电气系统。第 1 类基本电气系统分为应急电力系统（Emergency System）和设备电力系统（Equipment System）两部分，生命安全分支及关键分支接入应急电力系统，设备分支接入设备电力系统。这两个电力系统能在医院正常电源中断后，保证生命安全以及为保障医院正常运作和医疗活动正常开展提供必要的照明及动力电源。美国医院电气系统组成详见图 1。

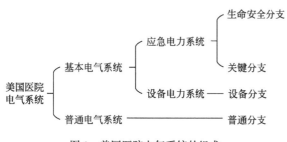

图 1 美国医院电气系统的组成

3 中美医院电气系统设计差异分析

3.1 电气系统对电源的要求

安琪儿妇女儿童医院为三级标准的专科医院，电气系统对比的是美国医院的第 1 类基本电气系统。《国家电气规范》NFPA70 中规定第 1 类基本电气系统应由两路独立的电源供电，一路为正常电源以及在正常电源中断后使用的一路或多路备用电源。正常电源和备用电源都可由市政公共电源和柴油发电机组提供，当正常电源由柴油发电机组提供时，备用电源应为另外独立的发电机组或市政公共电源。备用电源应能在正常电源中断 10s 内恢复对基本电气系统的供电。

国内规范对医院电气系统的供电电源也有明确的规定，由于医院中有大量的一级负荷及一级负荷中特别重要的负荷，《供配电系统设计规范》GB 50052—2009 第 3.0.2 和 3.0.3 条规定一级负荷应有双重电源供电，一级负荷中特别重要的负荷除由双重电源供电外，尚需增设应急电源。双重电源为来自不同电网或来自同一电网但在运行时相互联系很弱的电源。《医疗建筑电气设计规范》JGJ 312—2013 第 4.4.1 条规定医院应配备应急电源，应急电源类型可为柴油发电机组，同时规定三级医院应设置应急柴油发电机组，二级医院宜设置应急柴油发电机组。

通过对比，国内规范对医院电气系统供电电源的规定更为具体，电源的可靠性高。国内规范明确要求柴油发电机组作为医院的应急电源，这是在美国医院基本电气系统要求的正常电源、备用电源两路独立电源的基础上，增加了应急电源的第三重保障。同时柴油发电机组还解决了自动恢复供电时间在 $0.5s < t \leq 15s$ 的用电负荷电源转换问题。另外，美国医院如果选择市政公共电源作为备用电源，由于市政电源易受外部环境的影响，其可靠性也低于柴油发电机组电源。

3.2 独立分支的设计方法

美国医院的基本电气系统是由不同的分支组成，独立分支接入不同的用电负荷。美国规范中还要求基本电气系统的生命安全分支和关键分支应与所有其他线路完全分开敷设，不得与其他负荷共用线槽、管、盒和配电箱、柜。不同分支回路的管线、槽盒及配电设备应由不同颜色的色标标识，同时采用必要的机械保护措施。美国医院第 1 类基本电气系统接线详见图 2。

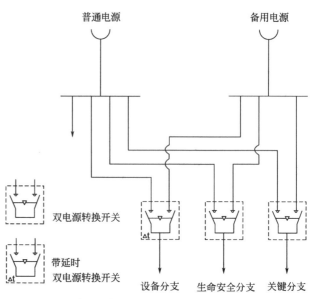

图 2 美国医院第 1 类基本电气系统接线示意图

美国医院独立分支设计方法是基于负荷分类的前提，国内电气设计首先要确定负荷的分级。在本文 2.2 节中已说明两者具有一定的对应关系，但是在设计过程中却有所不同。例如，国内医疗建筑电气设计项目中，经常遇到不在规范负荷分级表中的用电负荷，设计人员往往无法确定负荷等级，也就不能采取正确的电源保障和配电技术措施。而在美国基本电气系统中，只需要确定用电设备是属于什么类型的负荷，设计中接入相应的独立分支即可，这种方法更有利于设计人员的正确掌握。

借鉴美国医院独立分支的设计方法，安琪儿妇女儿童医院的电气系统设计中，除了正确的负荷分级外，也对同一负荷等级的用电负荷进行负荷分类，并在低压配电系统设计时，按照同一负荷等级和同一负荷分类的原则将用电负荷接入相应的低压母线段。同时在低压出线回路电缆通道和路径设计方面，参考了美国医院不同分支回路独立设置桥架和管路的方法，并要求采用相关的颜色标识。这样医院的电气系统更加清晰明了，便于线路的检修和维护，为医院的后期运维管理提供便利。安琪儿医院电气系统接线详见图 3。

3.3 双电源转换开关的设置

由图 2 我们可知美国医院电气系统的双电源转换

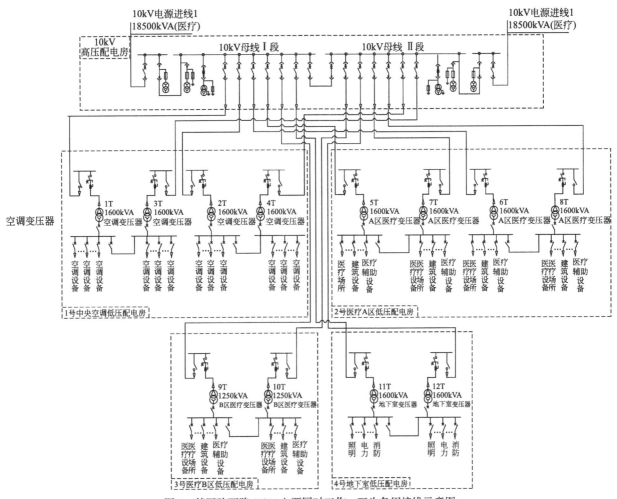

图 3 某医院两路 10kV 电源同时工作，互为备用接线示意图

开关设置于基本电气系统。基本电气系统中单个独立分支容量大于 150kVA 时，生命安全分支、关键分支和设备分支分别设置了双电源转换开关。独立分支的负荷容量小于 150kVA 时，三个分支可合并设置一个双电源转换开关。

《医疗建筑电气设计规范》JGJ 312—2013 第 4.3.1 条规定医疗建筑中的一级负荷需要在末端配电箱或用电设备处进行双回路电源转换。由于不同的外部电源条件，国内医院的电气系统存在着不同的接线形式，因此，双电源转换开关的设置位置也存在着差异，下面结合常用的电气系统接线讨论双电源转换开关的设置。

（1）采用两路 10kV 双重电源进线，两路电源同时工作，互为备用，采用单母线分段接线，柴油发电机作为应急电源（图 3）。

此时两路 10kV 电源的转换时间满足 0.5s < t ≤ 15s，柴油发电机组作为应急电源仅保障一级负荷中特别重要的负荷。电气系统中双电源转换开关设置为 5 处，分别为 10kV 母线段联络处的 ATSE1，变压器低压侧母线联络处的 ATSE2，为一级负荷中特别重要负荷设置的应急母线段处的 ATSE3，末端一级负荷和一级负荷中特别重要负荷电源箱处的 ATSE4，末端设置了 UPS 配电箱处的 ATSE5。双电源转换开关的设置详见图 4。

（2）采用两路 10kV 双重电源进线，两路电源一用一备，采用单母线分段接线，柴油发电机作为应急电源。

当两路 10kV 电源的容量相同，或 10kV 电源 2 的容量仅满足项目一级负荷和一级负荷中特别重要负荷的需求，供电部门同意采用备自投装置时，双电源转换开关的设置同图 4。

当供电部门不同意采用备自投装置，10kV 电源 2 的容量仅满足项目一级负荷和一级负荷中特别重要负荷的需求，10kV 电源的转换时间不满足 0.5s < t ≤ 15s 的要求，电气系统中双电源转换开关设置为 6 处，分别为 10kV 母线段联络处的 ATSE1，变压器低压侧母线联络处的 ATSE2，为一级负荷中特别重要负荷设置的应急母线段处的 ATSE3，为不满足电源转换时间要

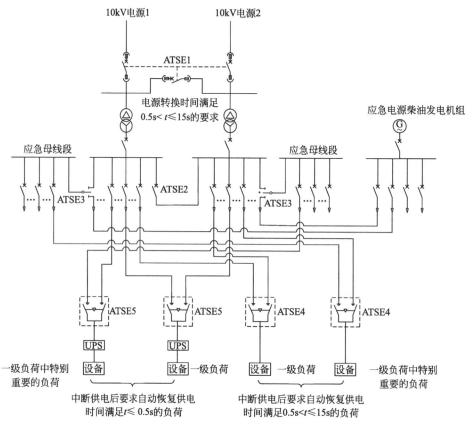

图 4 两路 10kV 电源同时工作，互为备用时双电源转换开关设置示意图

求的一、二级负荷设置备用母线段处的 ATSE4，末端一级负荷中特别重要负荷配电箱处的 ATSE5，末端一级负荷电源箱处的 ATSE6。双电源转换开关的设置详见图 5。

（3）采用两路 10kV 双重电源进线，两路电源一用一备，采用单母线不分段接线，柴油发电机作为应急电源。

此时 10kV 电源的转换时间不满足 $0.5s < t \leq 15s$ 的要求，电气系统中双电源转换开关设置为 5 处，分别为变压器低压侧母线联络处的 ATSE1，为一级负荷中特别重要负荷设置的应急母线段处的 ATSE2，为不满足电源转换时间要求的一、二级负荷设置备用母线段处的 ATSE3，末端一级负荷中特别重要负荷配电箱处的 ATSE4，末端一级负荷电源箱处的 ATSE5。双电源转换开关的设置详见图 6。

以上分析仅为设置了两台变压器，且变压器低压侧采用了母线联络的情况，实际工程中还存在设置单台变压器或设置了两台变压器低压侧没有采用母线联络的情况，此时应结合《民用建筑电气设计标准》GB 51348—2019 的相关规定，按一、二级负荷的供电要求进行双电源转换开关的设计，在此不再赘述。

3.4 双电源转换开关的选型

《国家电气规范》NFPA70 中规定基本电气系统中生命安全分支、关键分支在正常电源中断后，备用电源 10s 内恢复供电后自动接入备用电源系统。本文 2.2 节中接入设备分支回路的（1）~（8）项用电负荷延迟自动接入备用电源系统，（9）~（14）项用电负荷延迟自动或手动接入备用电源系统，至于延迟的时间，规范中并没有明确规定。

《医疗建筑电气设计规范》JGJ 312—2013 第 3.0.2 条规定了不同医疗场所中断供电后要求自动恢复供电的时间，并未对双电源转换开关延迟转换进行规定。笔者认为，医疗建筑电气系统较为复杂，双电源转换开关的设计级数和数量较多，在设计中应对双电源转换开关类型、转换模式及延迟转换时间作出正确选择。以下以图 4 所示的双电源转换开关设置进行分析。

（1）关于转换延迟时间：因为两路 10kV 电源及柴油发电机应急电源均能保证中断供电后要求自动恢复供电时间为 $0.5s < t \leq 15s$ 的情况，因此各级双电源自动转换开关的延迟时间设置在 0.5~15s 范围内即可。ATSE5 是为末端 UPS 供电的电源转换开关，当 1 路电源中断后，即使 ATSE5 不转换，UPS 也能保证

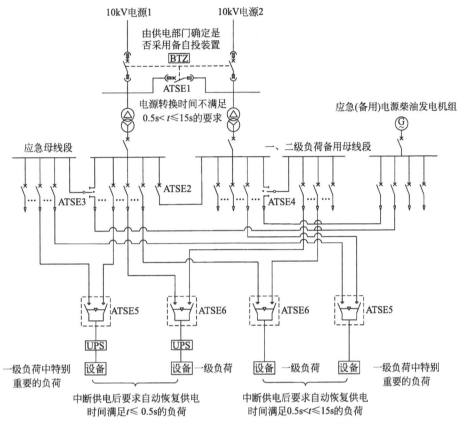

图 5 两路 10kV 电源一用一备，单母线分段时电源转换开关设置示意图

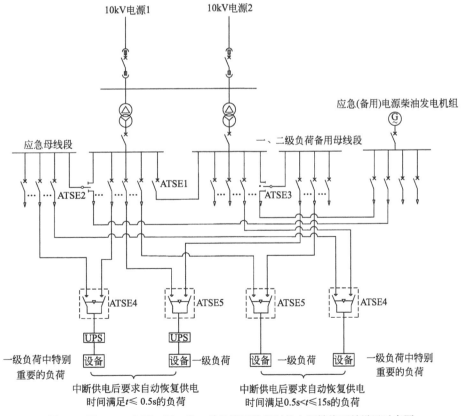

图 6 两路 10kV 电源一用一备，单母线不分段时的电源转换开关设置示意图

末端设备至少15min的供电,所以ATSE5的延迟转换时间应是所有电源转换开关中最长的,秒级切换均能满足要求。ATSE4的转换时间应延迟于ATSE2,这样设置将避免1路电源中断后大量末端双电源转换开关动作,操作逻辑简单,运维方便。为了避免ATSE1转换时对变压器的冲击,ATSE1的转换时间应延迟于ATSE2。ATSE3的转换时间和柴油发电机组的供电模式有关。建议在设计中采用柴油发电机组备用,市电优先转换的方式,此时ATSE3的转换时间应延迟于ATSE2。由于柴油发电机组带突加负载的能力有限,在应急电源供电时,末端同级的ATSE4和ATSE5双电源开关之间以及低压母线段的同级ATSE3转换开关之间也应设置一定的延迟转换,确保负荷逐一、分级切换后接入柴油发电机应急电源系统。

(2)关于转换模式:医疗建筑中有大量如MRI、CT、DSA等的大型医疗设备,该类设备具有价格昂贵、结构精密,对供电电源的要求高等特点。因此在末端配电箱处的ATSE4双电源转换开关建议选择为互为备用的转换方式,避免自动复位和手动复位造成的二次停电问题。

(3)关于转换开关的类型:根据延迟转换时间和UPS负载类型特点,ATSE5可以选择CB级且带中性线重叠转换功能的双电源转换开关。ATSE4位置的转换开关可以选择PC级双电源转换开关。ATSE3由于安装在低压配电系统的母线分段处,为了避免分段母线故障引发变压器低压主断路器的动作,应选择带保护功能的双电源转换开关。另外医疗建筑中2类医疗场所以及医院的数据中心等场所建议选择带旁路功能的双电源转换开关。

4 总结

中美医疗建筑电气设计尽管在医疗场所的划分、负荷的分级与分类,电气系统的组成等方面有着不小的差异。但是通过对比,中美在电气技术的适用性方面又存在着一定的相似性。美国医疗建筑电气系统设计中关于回路分支和管线敷设的做法值得我们在设计中借鉴,同时两国规范中大量仅有规定,没有设计做法的地方值得深入研究。

参考文献

[1] 医疗建筑电气设计规范:JGJ 312—2013[S]. 北京:中国建筑工业出版社,2014.
[2] 综合医院建筑设计规范:GB 51039—2014[S]. 北京:中国计划出版社,2015.
[3] 民用建筑电气设计标准:GB 51348—2019[S]. 北京:中国建筑工业出版社,2019.
[4] 陈志堂,钱克文. 中美两国医院电气设计差异[J]. 建筑电气,2007. 26(6):21-24.
[5] 李家驹. 中英医疗建筑电气设计差异简析[J]. 建筑电气,2017. 36(11):13-17.
[6] 中国航空规划设计研究总院有限公司. 工业与民用供配电设计手册(第四版)[M]. 北京:中国电力出版社,2016.
[7] 阮仁权. 双电源转换开关在UPS系统中的应用[J]. 建筑电气,2020. 39(2):35-39.
[8] NFPA 70 ERTA 3-2017,National Electrical Code[S].

作者简介

周翔(1981-),男,四川省建筑设计研究院有限公司设计一院电气总工程师,正高级工程师,注册电气工程师(供配电)。

已建大楼增加灯光秀变配电系统设计简析

刘 源

摘要：以成都金融城双塔灯光秀变配电系统设计为例，介绍在已建建筑内新增大容量灯光秀变配电系统的设计，梳理施工改造的设计要点及措施，主要包括新增变配电房的设置、新增设备的布置及线路的敷设等。

关键词：超高层建筑；改造工程；变配电系统；预制舱变配电房；浇筑型封闭式母线；智能照明控制系统；电气火灾监控系统；双塔灯光秀

Brief analysis of the design of a light show transformation and distribution system in an existing building

Liu Yuan

Abstract：Taking the design of double-tower light show power transformation and distribution system in Chengdu Financial City as an example, this paper introduces the design of light show power transformation and distribution system with newly increased capacity in existing buildings, and combs the design points and measures of construction transformation, mainly including the setting of new power transformation and distribution room, the layout of new equipment and the laying of lines, etc.

Keywords：super high-rise building; reconstruction project; power transformation and distribution system; prefabricated cabin power transformation and distribution room; pouring closed bus; smart lighting control system; electrical fire monitoring system; double-tower light show

0 引言

成都交子公园商圈的发展是成都建设国家中心城市美丽宜居城市的重点项目，定位为成都以金融业为主导的新兴商务区形成的第二个都市级商圈，经年发展已具规模，2019年10月成都市政府启动加快国际消费城市行动计划，交子金融城双塔的夜景灯光秀是交子商圈提升的开启项目。

双塔位于交子金融城核心区，是2栋总高度202.175m 的已建成塔式建筑，作为区域制高点非常适合作为街区活力引爆点，灯光秀实现街区功能与形象在夜间的华丽变身，塑造街区氛围。交子金融城双塔夜景灯光秀项目在2021年春节大放异彩迅速成为全国"网红"，如图1所示。

本文结合工程实例，总结阐述在已建成大楼增加

图1 成都金融城双塔灯光秀

本文已发表于《建筑电气》，2021

灯光秀光彩工程的变配电系统以及施工改造的设计要点及措施。

1 与大楼增设灯光秀相关的工程概况

金融城双塔是成都金融城建筑群其中的2栋，总建筑面积167895.00m²；北塔为60层公寓楼，南塔为48层办公商业楼；地下3层，其中地下2层、3层功能为停车场、设备用房，地下1层为商业、餐厅厨房及少量的设备用房；总建筑高度为202.175m，属于超高层公共建筑；2座塔楼均各有3个避难及设备层；均有强、弱电独立管井；外立面为双层表皮，内表皮为隐框玻璃幕墙，外表皮为雕刻铝板外遮阳幕墙网，此次大楼灯光秀主要灯具——定制LED金属灯条就安装在所有的铝板幕墙网上，大功率激光灯、光束灯等安装在各避难层；高压开关站及4个变配电房分别位于地下1层、2层。

本文仅讨论灯光秀的变配电系统，对光彩照明效果及灯具安装设计不再赘述。

由于双塔灯光秀变配电系统设计是在2栋塔楼已精装竣工但尚未交付使用之际，所以项目工期要求非常紧，在灯光秀设计方案确定后施工改造即快速启动。

2 负荷分类

根据《民用建筑电气设计规范》JGJ 16—2008（此为设计时依据的规范版本，现已废止，现行有效版本为《民用建筑电气设计标准》GB 51348—2019）中负荷等级标准，本项目灯光秀负荷均为三级负荷。

3 负荷计算

本项目的负荷分类简单清晰，均为照明类负荷，因光彩方案已经过多次汇报探讨定案，电量明确基本不考虑预留，并与照明工程师反复沟通确定了负荷计算变压器的同时系统取$K_\Sigma=0.6$。双塔灯光秀负荷计算结果如表1所示。

双塔灯光秀负荷计算结果　　表1

P_n/kW	K_Σ	P_c/kW	Q_c/kvar	ΔQ_c/kvar	S_c/kVA
5476	0.6	3285	2099	1112	3430

根据负荷计算，变配电系统设2台2000kVA变压器共4000kVA，变压器负载率$\eta=88\%$，虽然偏高但由于负荷稳定所以变压器的选择是比较经济合理的。

4 变配电系统及室外变配电房采用预制舱

因为是在已建大楼里新增改造，在保证功能的前提下，工程方案要以系统结构简单、管理智慧节能、施工可行、造价合理为原则。本灯光秀项目供配电系统设置常规简洁，10kV系统为单母线不分段，一进二出，继电保护采用微机保护装置：进线设过流、速断保护；出线设过流、速断保护；变压器高温报警、超高温跳闸保护。低压主进断路器设长延时过电流脱扣器、定时限过电流脱扣器；出线断路器设反时限过电流脱扣器、瞬时过电流脱扣器；采用消谐滤波补偿装置自动补偿无功功率，补偿后的功率因数不小于0.95；本项目为全照明负荷并主要为LED屏条灯，大量的PSU开关电源会产生谐波，继电保护采用的分布式电源也会产生大量谐波（还好所有调光系统均采用网络总线控制不会另产生谐波），设专用电力有源滤波柜进行谐波治理；设置电力智能监控系统。

独立的一路10kV线路很快在供电部门的大力支持下得以落实，配电房位置的选择却几经周折。

这个灯光秀项目的建设单位不是大楼业主，从一开始双塔大楼业主及物业公司就提出灯光秀变配电系统应为完全独立系统，不与原建筑变配电系统关联，并要求设置独立区域配电房，考虑产权和后期管理运维的情况设独立系统很合理，而且大楼原有的配电系统预留容量也满足不了本次设计的灯光秀电量需求。本项目负荷大且全部为照明负荷，三相不平衡的可能性较大，末端用电负荷距离远，树干式配电干线采用封闭式母线是最优方案，变配电系统要尽量设置在建筑内。

经过设计师、业主和物业公司联合踏勘，根据现场土建情况考虑以下几个方案：

（1）方案一：在地下室增设配电房。双塔地下室共3层，负1层全部已为设备用房及功能性用房，包括餐厅、厨房、咖啡馆及各类商铺，不可能考虑增设配电房；根据《20kV及以下变电所设计规范》GB 50053—2013第2.0.4条，配电房不应设于高层建筑的最底层，故本项目配电房只能考虑设于负2层，运输通道没问题，地下室该层各功能用房只有车位区域能用，根据《20kV及以下变电所设计规范》GB 50053—2013第2.0.1条第7款，配电房不应设于厕所、浴室、厨房等经常积水场所的正下方，只能在负2层部分区域内寻找地方，各种受限条件下经过初步布置这个配电房需要占用最少6个车位。有一个问题是大楼业主尚未考虑售卖车位，报批需要时间,即便可以买,按金融城附近车位现价算,仅购买车位改造为配电房的费用约200万,还有配电房荷载大于普通车位荷载需要加固选定区域的楼板,以及新建配电房的土建费用,此方案技术上可行但造价偏高而且施工工期长。还要考虑配电房的消防、通风等与大楼原有专业系统的融合和后期管理等问题。

（2）方案二：在南北2栋楼的避难层增设配电房。经现场踏勘,所有避难层除开避难场所可改造面积有限,而且没有变压器等设备运输通道,此方案被否定。

（3）方案三：在室外地下室顶板区域设置智慧配电预制舱作为变配电房。智慧配电预制舱是预装式变配电房的一种,是国家电网标准化装配式建设产品,广泛运用在110kV变电站。科技含量高、资源消耗低、环境污染少、精细化建造是它的特点,预制舱采用密封舱体,防护等级IP54,考虑防火、防水、防腐、防尘、防潮、防震、防凝露、抗紫外线功能,结构紧凑、体积小,内部由电气系统设备、照明、消防、安防、空调等设备构成,满足电气设备运行和专业人员对舱体内部进行检修的功能,设置应急照明、接地设备、灭火器、空调和排风系统,舱内安装的物联网智能电力监测系统、安防监控、火灾自动报警系统、剩余电流式电气火灾监控系统等实现无人值守。双塔灯光秀变配电系统采用的智慧配电预制舱变配电房如图2所示。

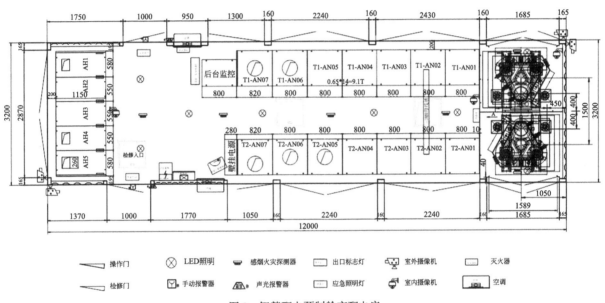

图2 智慧配电预制舱变配电房

虽然智慧配电预制舱价格偏高,但比较一般的10/0.4kV箱式变电站仅有电气功能,且2000kVA的箱变对电气设备要求高、箱变体积大对景观影响大的情况来讲,智慧配电预制舱对于本项目是很适合的,且造价比土建配电房便宜,对土建施工的要求也较简单只需在土建基础上直接安装,大大提高了工程效率,为配电系统的设置提供了另一种可行思路。

选择了方案三进入施工图阶段,舱式变配电房设在地下室顶板的上方室外地坪处,四周无任何经常积水的场所,方便高压电缆、低压母线的进出,水平距离管井不太远,校验末端电压降满足规范要求。与预制舱厂家一起确定舱内设备布置,其系统虽然简单但对设备的要求较高：尺寸小、重量轻、智能化。确定10kV开关柜采用550型金属铠装移开式封闭开关柜,低压柜尺寸800×800,选用Dyn11接线的一级能效低噪干式变压器。提供预制舱位置荷载资料给结构专业,复核该处土建荷载,荷载不够必须采取加固措施。舱体抬高地面1200mm,设置坡度防止雨水、积水的影响。舱体基础内外均采取防水措施。下部精准位置开洞用于进出管线,孔洞处采用防火材料封堵。舱体采用整体式结构,设逃生安全门锁;舱体与室外相通的洞、通风孔设置防止鼠、蛇类等小动物进入的网罩。

舱体底架上设专用接地端子,与舱体内各设备接地和保护接地相连,并有明显的接地标志;接地端子与地下室顶板钢筋可靠联结,预制舱与大楼共用接地体。

设计还结合周围建筑环境考虑了外包构架，协调美观的外形也得到了大楼业主的认可。预制舱变配电房外观如图 3 所示。

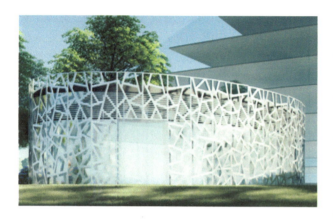

图 3　预制舱变配电房外观

5　供配电系统及线缆敷设、配电箱的安装

采用密集型全封闭绝缘铜母线槽作为本项目的供电干线是非常合理的，载流量大，安全性好，节约空间，安装简便，特别是在已建建筑内增加设施，很多位置要根据现场情况非常规安装，需要导体尽量结构紧凑，组装灵活。幸运的是地下室楼层高水平敷设通道畅通，两栋楼原有的强电管井较大尚有富余面积，使得施工虽有难度也能得以进行：本项目从预装舱式变电站低压柜下端出线至负 1 层采用浇筑型封闭式母线，其防护等级为 IP66，防水防火防腐，穿越顶板开洞时做土建的防水、防火处理；在负 1 层层高较高处经过母线槽转接箱改为采用普通封闭式母线敷设至南北楼各强电管井引上，经济实用。低压配电系统出线均要采用 5 芯全封闭式母线槽，严格按照母线敷设要求安装。敷设路径原则上不移动已建设施，全部在公共区域走线。母线敷设需在楼板、防火分区、电气竖井处开孔洞，敷设完毕后，所有过防火分区处以及每层电气竖井采用不低于楼板耐火极限的不燃材料或防火封堵材料封堵，建筑物的电缆井、管道井与房间、走道等相连通的孔隙采用防火封堵材料封堵，检查路径上所有原防火封堵，有被破坏的地方需重新封堵。

除低压母线外，其余所有线缆均采用低烟无卤阻燃 B_1 级以上的铜芯绝缘电缆，符合《民用建筑电气设计规范》JGJ 16—2008（现已废止），且与原建筑内电缆型号一致。

二级配电总箱设于各避难层，因为管井面积不够，母线出线插接箱只能分楼层分组设置在避难层上下附近层的管井内，总箱分回路至各开关电源箱至末端灯。各配电箱的设置位置尽量不占用避难区域集中设置，部分设在风机房里或屋面，要满足安全间距和操作间距，箱体附近设置了摄像头辅助管理。

变配电低压系统及楼层配电总箱都设有电气火灾监控系统，主机放在双塔大楼的消防控制室统一管理。还以各层照明箱内的智能照明控制系统为构架设置了一套末端电气回路监测系统，对每条照明回路的电压、电流进行实时监测，这两套系统以及电力智能监控系统为整个配电系统的安全可靠运行保驾护航。双塔灯光秀智能控制系统如图 4 所示。

6　结语

通过以上各级变配电系统、智能监控系统的设置，使得该项目电气系统满足规范安全可靠，与建设单位及业主及时充分协商，根据现场已有的土建条件，因地制宜，施工可行性高保证了工期，系统先进、实用，后期维护自动化，保障了金融城双塔灯光秀的精彩绽放。

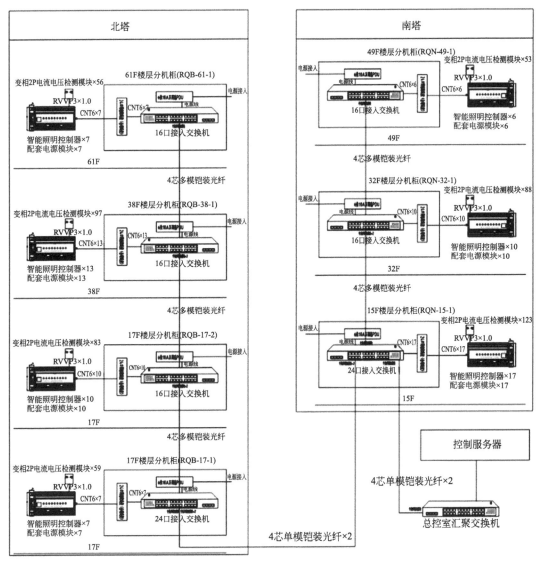

图 4 双塔灯光秀智能控制系统架构

参考文献

[1] 中国航空规划设计研究总院有限公司. 工业与民用供配电设计手册（第四版）[M]. 北京：中国电力出版社，2016.

[2] 民用建筑电气设计标准：GB 51348—2019[S]. 北京：中国建筑工业出版社，2020.

[3] 供配电系统设计规范：GB 50052—2009[S]. 北京：中国计划出版社，2010.

[4] 电力工程电缆设计标准：GB 50217—2018 [S]. 北京：中国计划出版社，2018.

[5] 低压配电设计规范：GB 50054—2011 [S]. 北京：中国计划出版社，2012.

[6] 20kV 及以下变电所设计规范：GB 50053—2013[S]. 北京：中国计划出版社，2014.

[7] 3～110kV 高压配电装置设计规范：GB 50060—2008 [S]. 北京：中国计划出版社，2009.

[8] 高压/低压预装式变电站：GB/T 17467—2020 [S]. 北京：中国标准出版社，2020.

作者简介

刘源（1970-）女，四川省建筑设计研究院有限公司设计五院执行总工程师（电气），正高级工程师，注册电气工程师（供配电）。

高寒地区以太阳能利用为主的供暖系统设计探讨

邹秋生 徐永军 王曦

摘要：分析了四川高寒地区供暖现状，介绍了该区域以太阳能利用为主的供暖系统设计方法。讨论了蓄热水箱体积对太阳能实际利用率的影响，并分析了风冷热泵在高海拔地区的适应性；以实际工程为例，介绍了在当地进行供暖设计时系统的防冻等安全措施实施方法以及以最大化利用太阳能为目标的运行控制策略。

关键词：高寒地区；太阳能供暖；控制策略；防冻

Research of the designing of solar heating system in high latitude and cold area

Zou Qiusheng Xu Yongjun Wang Xi

Abstract: This article analyses the current heating situation in high latitude and cold area in Sichuan Province. It also introduces the design methods of heating system in the use of solar energy. We discuss how the volume of the water tank influences the solar energy availability. Furthermore, this essay takes practical projects as examples to introduce the safety measures taken in freeze-proofing and the operation control strategy which aims at maximizing the use of solar energy.

Keywords: high latitude and cold area; solar heating system; control strategy; freeze-proofing

0 引言

川西大部分位于高海拔、寒冷（或严寒）地区（以下简称高寒地区），个别地方冬季室外极端最低气温可达到-30℃以下，居民生活条件十分艰苦。根据《民用建筑供暖通风与空气调节设计规范》GB 50736 的规定，该区域均应设置供暖设施。然而由于经济基础较差，川西高寒地区基本没有成规模的供暖系统，当地居民采用的柴火、牛粪取暖方式对当地环境造成较大破坏。随着经济发展和人们生活水平的提高，居民生活供暖需求越来越大，该区域陆续出现的一些供暖系统由于没有结合当地资源、经济、文化情况，均出现一定的问题。

图1为阿坝州某城市的集中供暖锅炉房，采用燃煤锅炉。由于设计时没有考虑当地煤炭（褐煤）无法满足该燃煤锅炉使用的情况，该系统只能依靠长途汽车从山西、陕西运来燃煤，大大增加了运行费用。

图1 阿坝州某城市的集中供暖锅炉房
Fig.1 The boiler room of the central heating system in Aba State

图2为阿坝州另一城市的城市液化气站，建立该站的目的是解决当地居民生活及供暖用气。采用槽车从甘肃运来的液化气经本站气化后，通过城市管道供给居民。长途运输加上运营成本导致液化气价格昂贵，当地居民无法承担液化气供暖费用。

图2 阿坝州某城市液化气站
Fig.2 A liquefying gas station in Aba State

图3为甘孜州某机场供暖系统，为利用当地丰富的太阳能资源，本系统采用了平板型太阳能集热器供暖，并设置了电锅炉作为辅助热源。实际调研发现，由于自控系统并未落实，采用手动控制过于复杂，加上系统未处理好防冻、防过热超压等问题，该太阳能供热系统并未正常运行，平时基本依靠电锅炉供暖，辅助热源成为主要的供暖热源，实际并未实现利用可再生能源的初衷。

从以上案例可以看出，高寒地区供暖系统如果不能充分利用当地资源情况、工程实施不考虑系统实际运行所需安全措施、不顾及当地实际操作能力设置过于复杂的系统切换控制要求，都会使系统实际运行情况偏离设计初衷。如何根据当地实际情况和资源禀赋，保证工作生活条件情况下，使供暖系统较少消耗化石能源，保护生态环境，成了一个重要的课题。

图3 甘孜州某机场太阳能供暖系统
Fig.3 The solar heating system of the airport in Ganzi State

1 太阳能供暖系统组成形式

川西大部分地区太阳能资源丰富，充分利用太阳能供暖，能减少当地对化石能源的使用和对外界能源的依赖，在降低运行费用的同时，起到保护环境、节能减排的目的。在川西高寒地区，以太阳能为主的供暖系统应得到推广。

太阳能具有能量密度低、产能不连续的特点，极易受到时间、气候、地形等条件影响。为满足末端连续的供暖负荷需求，供暖系统除了集热系统、用户侧供暖末端以外，还应配置换热系统、蓄热系统、辅助热源及散热系统（图4）。

根据集热系统、辅助热源与用户侧的关系，供暖系统可分为辅助热源直接接入水箱、辅助热源与集热系统并联接入末端、辅助热源与集热系统串联接入末端等方式。根据各系统的形式，设计应采用不同的运行策略配合运行，优化供暖模式，最大化利用太阳能。

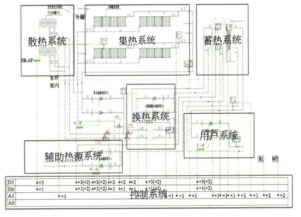

图4 太阳能供暖系统图
Fig.4 The diagram of a solar heating system

2 太阳能供暖系统（高寒地区）设计要点

2.1 负荷计算

计算太阳能供暖系统的热负荷时，集热器及辅助热源热设备负荷应分别计算。采用动态负荷计算法可以为太阳能集热器面积确定、蓄热水箱容积选取、供暖系统优化控制策略提供依据。辅助热源设备的热负荷可按稳态负荷计算，计算时可适当降低室内计算温度，具体计算方法可参见《四川省高寒地区民用建筑供暖通风设计标准》DBJ51/055—2016。

2.2 集热器面积确定

现行国家标准《太阳能供热采暖工程技术规范》GB 50495—2009中规定，直接系统集热器总面积应按照公式（1）计算：

$$A_c = \frac{86400 Q_H f}{J_T \eta_{cd}(1-\eta_L)} \quad (1)$$

式中，A_c为直接系统集热器总面积，m^2；Q_H为建筑物耗热量，W；J_T为当地集热器采光面上的平均日太阳辐射量，$J/(m^2 \cdot d)$。

使用该公式的时候应注意，式中分子部分应理解为供暖总负荷。对于全天24小时使用的建筑，供暖负荷按照上式计算（$86400Q_H=24×3600×Q_H$）是没有问题的，但对于间歇使用的房间如办公室等，正常供暖时间只有8小时，则一天平均总热量应按照8小时供暖负荷加上值班负荷计算。另外，公式（1）中J_T理解为供暖期内的平均日辐照量（而不是全年平均值）也更合理一些。

2.3 蓄热水箱体积确定

太阳能供暖系统末端热负荷与集热系统集热量一般为负相关（集热能力最大的时候，一般也是建筑供暖负荷最小的时候），同时因为气候原因，太阳能产能也极不稳定，为满足末端持续的供暖负荷需求，需要采用蓄热装置调节负荷需求。目前对相变蓄热装置的研究比较多，但实际工程还是较多地采用了蓄热水箱。

采用蓄热水箱时，应恰当确定水箱体积。水箱体积过小，蓄热能力有限，在一定的太阳辐射强度足够下，水箱温度迅速达到温度上限，为保证集热系统温度不超过标准，还需要启动散热装置，集热量不能被末端系统使用，导致集热器热量浪费。水箱体积过大，会造成水箱温度上升缓慢，供暖初期即使太阳能集热器有热收益，仍需要较长时间才能达到供暖温度，此时需要启动辅助热源供暖，造成多余的能量消耗。所以，蓄热装置的大小决定了太阳能转化为有效供热量的能力，设计应根据当地太阳能资源、工程投资、建筑功能使用性质、建筑负荷、互补能源方式、集热器面积、运行控制策略等因素综合考虑，有条件时宜通过相关模拟软件进行热性能计算分析确定。

2.4 空气源热泵（辅助热源）修正

太阳能供暖系统需要采用辅助热源供暖。采用空气源热泵作为供暖系统辅助热源时，因高寒地区气候与平原地区不同，应注意热泵机组的适宜性。

首先，所选择的空气源热泵机组必须在低温情况下正常工作，并提供所需热负荷。对于高寒地区应选用低温专用型热泵机组，同时需要校核在低温情况下空气源热泵机组的实际供热效率。一般在制热工况下，室外干球温度降低1℃，COP下降约2~3%，设备选型时应根据室外温度修正其实际供热能力。

另外，海拔高度增加引起空气密度的减小，会造成热泵机组表冷器空气侧换热系数降低。在高寒地区使用的热泵机组，应进行风量修正。公式（2）为空气侧表面换热系数计算公式。

$$h = \frac{Nu_a \cdot \lambda}{d} = 0.982 \cdot \lambda \cdot d^{-1} \cdot \left[\left(\frac{d}{\mu}\right)^{0.424}\left(\frac{s_1}{d_3}\right)^{-0.0887}\left(\frac{N \cdot s_2}{d_3}\right)^{-0.159}\right] \cdot (\rho v)^{0.424} \quad (2)$$

式中，h为空气侧表面换热系数，$W/(m^2 \cdot K)$；λ为导热系数，$W/(m \cdot K)$；v为空气流速，m/s；d为蒸发器管径，m；μ为空气动力黏度，$N \cdot s/m^2$；ρ为空气密度，kg/m^3。

可以看出，只考虑海拔高度的影响时，要保证表冷器侧换热系数，因空气密度减小，蒸发器表面风速应相应增加，才能使得ρv不变。根据海拔高度与空气密度的关系，表冷器表面风速与海拔高度的修正应满足表1的要求。

所以，只考虑海拔高度引起的空气密度变化情况下，若不改变表冷器结构，在海拔高度2000m时，表冷器表面风速应提高约1.3倍。故应增加风机风量，才能保证其换热系数。

表冷器表面风速与海拔高度对应表　　表1
The air speed of the surface air cooler and the altitude corresponding table　　Tab.1

海拔高度	空气密度	风速
0	ρ	$1.0v$
2000	0.78ρ	$1.28v$
4000	0.61ρ	$1.65v$

最后，高寒地区供暖采用风冷热泵作为辅助热源时，应注意风冷热泵结霜对效率的影响。参考相关文

献，采用65%、−5℃为分界点，可以将一个地区室外空气状态点划分为重霜区、一般结霜区、低温结霜区和轻霜区四个区间。图5为川西高寒地区典型城市空气源热泵机组供热结霜时间占比图。

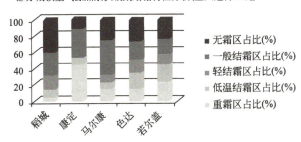

图5 川西典型城市空气源热泵机组供热结霜时间占比图
Fig.5 The frosting-to-heating rate diagram of the heat pump in the typical city of west Sichuan

可以看出，康定等地区室外空气处于重度结霜与易结霜区域的天数较多，选用空气源热泵作为辅助热源时，应选择有良好的除霜机制的热泵机组。

2.5 防过热与防冻

太阳能集热系统过热时，集热系统内会产生高温蒸汽，导致系统因压力过大造成严重破坏，故集热系统应考虑周全的防过热措施。另外，由于处于低温空气环境，太阳能集热系统、辅助热源系统及末端供暖系统均应设置防冻措施。本文将在3.4、3.5节结合具体工程叙述防过热和防冻措施设置方法。

3 工程实例

3.1 工程概况

色达县第二完全小学位于色达县城内，校内建筑包括教师周转房、学生宿舍、食堂、办公楼、教学楼等，供暖工程总建筑面积约为2.2万 m²，多为1~3层既有建筑，学校在原校区已有建筑基础上扩建，供暖工程开始期间，校方对这些建筑进行了保温节能改造（图6）。

图6 色达县第二完全小学鸟瞰图
Fig.6 A bird's-eye view of the second primary school of Seda

色达县城海拔高度3800多米，极端最低气温−36℃，是典型的高寒地区，冬季供暖期10月18日至次年5月9日。根据负荷计算，学校设计日总热负荷白天为32918MJ，夜间20172MJ（详表2）。

学校各区域负荷汇总表　　表2
The heating-load summary table of the school　Tab.2

区域	建筑面积 m²	区域总负荷 kW	使用时间
周转房	5324	239	白天 & 夜间
宿舍区	5906	228	仅夜间
教室及办公	10912	522	仅白天

3.2 供暖系统设计

本工程采用太阳能供暖，设置空气源热泵作为辅助热源。校区东侧专用机房内设板式换热器、水泵及蓄热装置，辅助热源空气源热泵及散热装置布置于机房附近室外。本工程共设置2040块平板型集热器（单块面积为2m²）。根据校区场地特点，集热器分为两个区域布置，其中校区北侧布置了1818块、东侧布置了222块。辅助热源选用了18台模块式低温喷气增焓热泵机组，供暖计算温度下实际制热量759kW，实际COP2.4（标准工况下机组单台制热量1260kW，COP4.0），设计要求热泵厂家按照色达海拔高度修正机组风量。本工程设置两个体积为200 m³的蓄热水箱，采用水为蓄热介质，太阳能集热系统与辅助热源并联接入蓄热水箱（图7）。

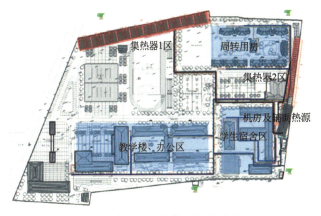

图7 色达二完小供暖总平面图
Fig.7 The general layout of the heating system of the second primary school

校区供暖末端分为教室、周转房、学生宿舍三个独立的回路，分别提供宿舍区夜间供暖负荷、教学区白天供暖负荷及周转房全天供暖负荷。各回路采用独立的热水泵将蓄热水箱内热水送至各供暖区域，设计供回水温度 40～50℃。供暖末端均采用风机盘管。

3.3 运行控制策略

本工程蓄热水箱内水温设定为 40～75℃，太阳能集热系统和辅助热源并联接入蓄热水箱。用户侧热水循环系统根据供暖需求开启；对于太阳能集热系统，只要有热收益，即向蓄热水箱供热；辅助热源的启停则采用定温控制法，根据水箱温度确定是否运行。各系统独立控制，操作简单方便。

用户侧供暖循环系统：本工程各回路用户侧有供暖需求时，启动相应的供暖热水泵，抽取蓄热水箱内热水给末端系统提供所需热量。末端风机盘管、散热器采用温控阀控制，室温达到要求时关闭电动二通阀（风机盘管同时关闭风机），各回路热水泵根据干管温差变频运行。

太阳能集热循环系统：供暖季节集热器内乙二醇溶液平均温度高于蓄热水箱下部温度即启动集热循环水泵。太阳能集热侧板式换热器入口的乙二醇温度高于蓄热水箱内水温时（表明此时集热系统有热收益）启动蓄热循环水泵，通过板式换热器进行换热，将集热系统有效集热量存储至蓄热水箱；蓄热水箱温度高于 75℃时，关闭蓄热水泵。若集热系统乙二醇温度高于 110℃，则启动散热装置（详防过热措施），集热器内乙二醇溶液平均温度低于 40℃，或进出口平均温差小于 3℃时，表明室外日照辐射强度很低，关闭集热循环水泵。

辅助热源循环系统：供暖期内蓄热水箱低于 40℃时，即启动辅助热源循环系统，向水箱供热。辅助热源供热期间，水箱温度高于 50℃，即停止辅助热源循环系统。

采用定温控制法，辅助热源只用于补充供暖负荷不足部分，实现对太阳能热量的最大化利用，达到节能目的。

3.4 供暖系统防过热措施

非供暖季节采用高反射低透光遮阳装置覆盖集热器。

为防止供暖季节集热系统过热，本工程在集热系统侧与板式换热器并联设置了冷却散热器。平时冷却散热器回路阀门关闭，集热系统通过板式换热器向蓄热水箱供热。在水箱温度高于 75℃且集热器侧乙二醇溶液温度高于 110℃时，冷却散热器回路阀门开启，启动散热器散热。防过热温度传感器设置在集热器出口（该位置可能出现最高温度）。

集热系统各并联的集热器回路上均设有自动排气阀和安全阀。自动排气阀可及时排除集热系统内的气体，系统安全阀设定的开启压力与系统可耐受的最高工作温度对应的饱和蒸汽压力相一致，集热系统内液体气化导致系统压力高于安全阀启动压力时，安全阀开启泄压，保证系统安全。

3.5 供暖系统防冻措施

室外集热系统、板式换热器及室外管网均需要考虑防冻措施。

本工程室外集热系统采用防冻液防冻，工作介质为浓度 54% 的乙二醇溶液，冰点温度 -40℃（低于本地最低温度 -36℃）。设计要求系统运行时持续监测乙二醇浓度，浓度降低应及时补液。

室外集热系统内乙二醇溶液夜间温度可能会远低于零度。早上集热系统循环开始工作的一段时间内，管网内低温乙二醇溶液可能致使板式换热器内二次侧的水结冰。本工程在板式换热器一次侧设置旁通回路，集热循环运行初期乙二醇溶液通过旁通回路直接回到集热器，乙二醇溶液平均温度高于水箱内初始温度时再进入板式换热器。该方法一方面可以保证板式换热器里的水不结冰，另一方面还可以保证水箱里的热量不会反向传给集热系统。

负荷侧室外管道采用直埋式保温管道，并深埋于冻土层以下防止管道冻结。

4 设计总结

色达县第二完全小学供暖系统以太阳能为主要热源，并以低温风冷热泵为辅助热源，该系统已经运行了一个供暖季节，实际供暖效果良好。我们认为，四川高寒地区供暖系统宜根据当地资源特点，充分采用太阳能等可再生能源。对于该地区以太阳能利用为主的供暖系统，设计应对其安全可靠性给予足够重视，采取合理的防冻、防过热措施，保证系统正常运行。在系统可靠运行的基础上，控制策略应围绕如何最大化利用太阳能设计。考虑到当地管理水平较低的特点，控制系统还应尽量简化。只有太阳能供暖系统正常运行起来，才能获得真正的节能收益，达到对节能减排，保护环境的目的。

参考文献

[1] 太阳能供热采暖工程技术规范：GB50495—2009[S]. 北京：中国建筑工业出版社，2009.

[2] 四川省高寒地区民用建筑供暖通风设计标准：DBJ51/055—2016[S]. 成都：西南交通大学出版社，2016.

[3] 沙晓雪,辜兴军,程建国.西藏地区供暖采用水源热泵+散热器的经济性分析[J].制冷与空调,2004,(1):53-55.

[4] 张志刚,刘杰.太阳能/空气复合热源热泵机组研究[J].建筑热能通风空调,2009,28(3):61-64.

[5] 李雨潇,冯炼,张发勇.拉萨市太阳能供暖情况调查研究[J].制冷与空调,2015,(1):106-109.

[6] 张凯.太阳能供热系统辅助热源的选择与探讨[J].供热制冷,2012,(2):46-48.

作者简介

邹秋生(1973-),男,四川省建筑设计研究院有限公司总工程师(暖通空调),教授级高级工程师,注册公用设备工程师。

徐永军(1986-),四川省建筑设计研究院有限公司,工程师,注册公用设备工程师。

王曦(1983-),男,四川省建筑设计研究院有限公司人工环控与能源应用中心负责人,高级工程师,注册公用设备工程师。

某生物医药阴凉库空调系统检测及诊断分析

甘灵丽　王　曦　吴银萍

摘要：介绍了某生物医药阴凉库建筑及空调系统的概况，通过对空调系统中冷水机组性能、冷冻水系统、组合式空气处理机组及室内外环境进行检测及分析，指出了该空调系统存在的问题并找出了原因，给出了整改意见，根据整改意见对更换水泵后节能率进行了预测，得出了更换现有水泵可取得明显的节能效果，最后提出了设计调试中的几点思考。

关键词：空调系统；检测；诊断；建议

Examination and diagnosis of air-conditioning system in a biomedical cool warehouse

Gan Lingli　Wang Xi　Wu Yinping

Abstract：This paper introduces the general situation of the building and air conditioning system of a biomedical shady warehouse.The water chiller performance、the chilled water system、the station air handling units、indoor and outdoor environment is examined and analyzed. The problems existing in the air conditioning system are pointed out and the causes are found out, The rectification suggestions are given, According to the rectification suggestions，The energy-saving rate of replacing the water pump is predicted, And the results showed that replacing the water pump can achieve remarkable energy saving effect, At last, Some thoughts on the design and debugging is put forward.

Keywords：air-conditioning system; examination; diagnosis; suggestion

0　引言

为加强药品经营质量管理，规范药品经营行为，保障人体用药安全、有效，《药品经营质量管理规范》[1]要求企业应当在药品采购、储存、销售、运输等环节采取有效的质量控制措施，对于冷藏冷冻药品应配置与其经营规模和品种相适应的冷库。《中华人民共和国药典》[2]规定：冷库温度应达到 2～10℃；阴凉库温度要求不超过 20℃；常温库温度要求保持在 0～30℃；各库房相对湿度应保持在 45%～75% 之间。空调系统作为阴凉库药品储藏的保证，其好坏直接影响到药品的药效，极其重要，本文对某生物医药阴凉库空调系统进行检测并对检测数据进行分析，找出了该空调系统存在的原因，并提出整改意见，根据整改建议对更换水泵后节能率进行了预测，得出了更换现有水泵可取得明显的节能效果。

1　建筑及空调系统概况

某生物医药阴凉库总建筑面积为 $13778m^2$，地下 1 层，地上 2 层，地下一层为消防水池和消防水泵房；地上一层为阴凉库、办公室、值班室、设备用房，地上二层为常温库和设备用房。阴凉库空调系统采用集中式空调系统，主要设备及参数如表 1 所示。

冷冻水系统采用主机侧定流量、负荷侧变流量一次泵系统，供回水干管之间设自力式压差旁通装置；空调末端采用组合式空气处理机组，新风比可调。系统原理图如图 1 所示，阴凉库目前投入使用的面积约占阴凉库总面积的 1/3，冷源系统运行 1 台蒸发冷凝式螺杆冷水机组，冷冻水泵 2 台并联运行，末端仅运行投入使用区域的 1 台组合式空气处理机组（一次回风运行）。

本文已发表于《制冷与空调》，2022

阴凉库空调系统主要设备及参数

表1 Tab.1
Main equipment and parameters of air conditioning system in shady warehouse

设备名称	设备参数	台数
蒸发冷凝式螺杆冷水机组	额定制冷量583kW，额定输入功率100kW，供回水温度7/12℃，额定流量100m³/h，COP5.83	2
冷冻水泵	额定流量150m³/h，扬程16mH₂O；额定功率11kW，定频	3（2用1备）
组合式空气处理机组	风量：28000m³/h，制冷量：376kW	3

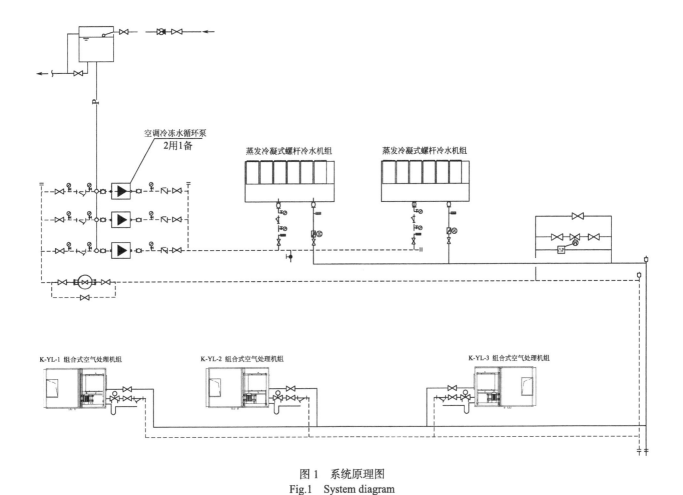

图 1 系统原理图
Fig.1 System diagram

根据业主反馈及现场勘踏结果，此生物医药阴凉库空调系统存在冷水机组运行不稳定（频繁启停机），空调区域个别时间达不到设计温度、运行费用高等问题。

2 空调系统检测及分析

根据空调系统情况对冷水机组性能、冷冻水系统、组合式空气处理机组及室内外环境进行检测，由于检测期间冷水机组周期性启停机，各主要参数均成周期性变化，各周期参数变化相似，为便于研究下文抽取一个半典型周期（从主机准备启动—加载—能量保持—卸载—停止—主机准备启动—加载—能量保持）进行分析。

2.1 冷水机组性能检测及分析

冷水机组的制冷性能系数COP计算公式：

$$COP = \frac{Q}{N}$$

式中，COP 为机组的平均制冷性能系数；Q 为检测期间机组的平均制冷量，kW；N 为检测期间机组的平均输入功率，kW。

冷水机组平均制冷量计算公式：$Q = \dfrac{V\rho c \Delta t_w}{3600}$

式中，V 为机组用户侧平均流量，m³/h；Δt_w 为机组用户侧进出口水温差，℃；ρ 为水平均密度，kg/m³；c 为水平均定压比热，kJ/(kg·℃)。

将水流量、供回水温差、冷水机组输入功率带入计算公式可以得出表2。

冷水机组性能 表2
Performance of water chiller Tab.2

冷水机组平均制冷量 (kW)	机组平均输入功率 (kW)	机组平均COP
127.61	34.84	3.66

水泵与水流量检测结果 表3
Test results of water pump and water flow Tab.3

类别	单台水泵平均流量 (m³/h)	水泵电机功率 (kW)	水泵扬程 (mH₂O)
泵1	42.5	6.1	23
泵2	42.5	6.4	23

系统旁通水流量检测结果 表4
Test results of bypass flow of water system Tab.4

干管平均水流量 (m³/h)	末端平均水流量 (m³/h)	旁通水流量 (m³/h)
85	4.5	80.5

由表2可以看出，冷水机组运行平均COP仅为3.7，远远低于额定COP5.83，机组运行能效低。

2.2 冷冻水系统检测及分析

从图2可以看出，水系统回水温度在7～13℃范围内，平均回水温度9.9℃，最小回水温度达到7.6℃。供水温度在6.0～12.7℃范围内，平均供水温度8.6℃，供回水温差在0～1.5℃范围内，平均供回水温差为1.3℃，供回水温差值严重偏离设计的5℃供回水温差值，反映出冷冻水系统存在严重的大流量小温差现象。

现场检测期间，不管冷机是否停机，水泵均处于运行状态。从表3可以看出水泵流量远远小于额定流量，均在额定流量33%以下，扬程均远远大于额定扬程，大于额定扬程43.5%以上。水泵流量扬程偏离额定工况较多，电机效率偏低，水泵选型与系统不匹配。从表4可以看出水系统流入末端的平均水流量占总干管平均水流量的5.6%，大部分冷冻水通过旁通管进入回水干管，末端需求太小。

2.3 组合式空气处理机组检测及分析

组合式空气处理机组检测期间一次回风运行，风压正常。检测结果如图3所示。

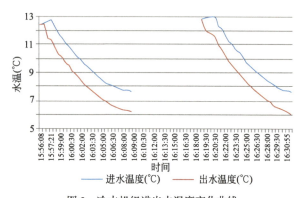

图2　冷水机组进出水温度变化曲线
Fig.2 Temperature change curve of inlet and outlet water of water chiller

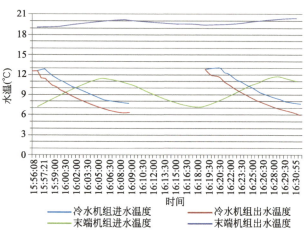

图3　空气处理机组与冷水机组进出水温度变化趋势对比
Fig.3 Temperature change curve of inlet and outlet water of water chiller and AHU

同时从图中还可以看出冷水机组启停机频繁（空白段为机组停机时段），停机时长大于开机时长，当供回水温度过低时冷水机组停机，由于冷水机组停机时水泵仍在运行，室内侧仍有负荷，水系统的供回水与末端空气处理机组进行热交换后温度不断上升，上升至一定值冷水机组再次开机，此时供回水温度均较高，均在12℃以上。初步判定可能原因是末端负荷较小，导致机组运行时供回水温度不断下降，造成周期性停机。

从图3可以看出，空气处理机组的进水温度随着冷水机组的启停机时间呈周期变化，因为冷水机组出水需要经过管网最终到达末端空气处理机组，使得空气处理机组进水温度变化相对于冷水机组出水温度变化存在时间上的滞后。空气处理机组进水温度在7.1～11.5℃，出水温度均在19℃以上，与设计供回水温度7/12℃相差甚远，特别是出水温度远远高于设计工况，空气处理机组的进出水温差为8.5～12.3℃，与设计供回水温差5℃也相差甚远，以上数据可以得出空气处理机组的进水量远远不满足末端负荷的水量需求，导致回水温度升高。

2.4 室内外环境检测结果及分析

对投入使用的空调区域平均分成3个区进行检测，检测结果如表5所示。

阴凉库空调区域室内温湿度检测结果　表5
Test results of temperature and humidity in air conditioning area of shady warehouse　Tab.5

测试区域	温度（℃）		相对湿度（%）	
	平均	最高	平均	最高
1区	19.7	20.2	60.9	72.8
2区	19.1	19.6	59.9	72.3
3区	19.5	20.0	58.7	70.0

从表5可以看出，室内温度湿度基本满足阴凉库的要求，个别区域个别时间温度超过运行要求温度20℃。结合2.3节得出末端设备的供水量不满足室内负荷的需求，最终致使阴凉库温度超过要求温度。

3 诊断结果及建议

通过对冷水机组性能和冷冻水系统的检测分析表明末端负荷较小，需求水流量较小。而对组合式空气处理机组及室内外环境的检测分析表明流入末端的水流量不满足末端负荷需求，与对冷水机组性能和冷冻水系统的检测分析结果刚好相反。造成以上矛盾的结果是自力式压差旁通装置设定值有误，让本该进入末端的水流量流入了回水干管。这不仅使大量的低温供水经过旁通后与末端回水混合进入回水干管，大大地降低了机组回水温度，造成了冷水机组频繁停机；也使得末端需求得不到满足，室内温度湿度达不到要求。同时，检测分析还得出此生物医药阴凉库空调系统存在大流量小温差，冷机效率偏低，水泵选型与系统不匹配的情况。

为了保证阴凉库在使用时温度能达到设计要求值，建议业主及管理单位根据目前系统管道具体阻力重新设定自力式压差旁通压差值。为了能使空调系统设备能在较高效率下运行，建议更换冷冻水泵并设置冷冻水泵变频器。

4 改造节能分析

据业主反馈，现场重新调整自力式压差旁通压差值后，阴凉库温度湿度均能达到要求。

由于系统整体改造费用较高，业主较难接受，考虑不更换冷水机组，仅更换现有水泵，使更换后的水泵参数与冷机及系统相匹配，更换后的水泵流量额定流量110m³/h，扬程16mH₂O；额定功率7.5kW，变频。在与测试相同的流量运行条件下，水泵在允许的最低频率下运行（按30Hz），此时水泵的功率仅约为额定功率的22%（即约为1.65kW），与现有水泵耗功率相比，节能70%以上，节能效果相当明显。

5 设计调试中的几点思考

（1）阴凉库在投入运行前期，投入使用面积较少，整个空调系统处于部分负荷甚至极低负荷运行，容易造成冷机大马拉小车、频繁启停机的情况。因此在设计阶段，应充分考虑设备配置和能效等。

（2）水泵应与主机及系统相匹配，应采用变频水泵以适应系统变流量运行且达到节能效果。

（3）由于种种原因，现场设备及管道阻力等和设计参数有所差异，现场各设备应根据安装完成后的具体情况调整各自设备参数，即各设备同时同步进行系统联动调试。

（4）此空调系统的自力式压差旁通装置作为一个小部件，却影响了整个系统的运行状态，因此在设计和调试时，任何小部件都不容忽视。

参考文献

[1] 国家食品药品监督管理总局．药品经营质量管理规范[M]．北京：中国医药科技出版社，2016．

[2] 国家药典委员会．中华人民共和国药典[M]．北京：中国医药科技出版社，2020．

作者简介

甘灵丽（1983-），女，四川省建筑设计研究院有限公司设计三院副总工程师（暖通），高级工程师，注册公用设备工程师。

王曦（1983-），男，四川省建筑设计研究院有限公司人工环控与能源应用中心负责人，高级工程师，注册公用设备工程师。

内遮阳行为调节对办公建筑耗能的影响研究

高 飞 邹秋生 吴银萍 赵新辉

摘要：窗户是影响建筑供暖空调负荷的一个重要部分。通过窗户进入室内的热量包含温差传热和日射得热两部分，其中温差传热取决建筑所在城市气象参数、窗户本身结构热阻，当建筑投入使用后将很难做节能优化，然而日射得热部分却可以后期人为干预。以成都地区某办公建筑为例，结合两种不同内遮阳行为调节方式，运用建筑全年动态负荷计算的手段，研究内遮阳行为调节对建筑全年耗能的影响。结果表明，当建筑采用内遮阳行为调节时，建筑全年耗冷量减少，耗热量与无遮阳时相同，建筑全年总的耗能减少；以室温控制作为调节方式，可使建筑全年总的耗能减少16%，结合地区太阳辐射分布作为调节方式，可相应减少7%；以室温作为内遮阳行为调节时，存在一个最优的温度区间，以太阳辐射分布调节时，其节能将与目标温度相关。

关键词：行为调节；内遮阳；办公建筑；建筑耗能

Study on the influence of internal shading behavior regulation on office building energy consumption

Gao Fei Zou Qiusheng Wu Yinping Zhao Xinhui

Abstract: The window is an important part that affects the heating and air conditioning load of buildings. The heat entering the room through the window contains thermal differential heat transfer and solar radiation heat gain. The temperature difference heat transfer depends on the meteorological parameters of the city where the building is located and the thermal resistance of the window structure. When the building is put into use, it will be difficult to optimize energy saving, but the solar radiation heat gain part can be artificially intervened in the later stage. Taking an office building in Chengdu as an example, this paper studies the influence of internal shading behavior regulation on the building's annual energy consumption by combining two different internal shading behavior regulation and using the method of annual dynamic load calculation of the building. The results show that when the building adopts internal shading, the annual cooling consumption decreases, the heat consumption is the same as that without shading, and the total annual energy consumption of the building decreases. Using room temperature control as the regulation mode, the total energy consumption of the building can be reduced by 16% in the whole year, and by using the regulation mode of regional solar radiation, it can be reduced by 7%. When room temperature is used as internal shading behavior regulation, there is an optimal temperature range, and when solar radiation distribution is used as regulation, its energy saving will be related to the target temperature.

Keywords: behavior regulation; internal shading; office building; building energy consumption

基金项目：四川省建筑设计研究院有限公司院内科研项目（KYYN202022）
本文发表于《暖通空调》，2022

0 引言

窗帘等遮阳措施对建筑全年负荷的影响十分显著，这已被世界各国的工程实践和理论所证实，得到了普遍的认同[1]。当前建筑在设计建造时往往较少考虑固定遮阳形式，转而在建筑建成后安装遮阳帘幕，采用内遮阳来进行遮阳隔热[2]。关于内遮阳设施对建筑负荷的影响，国内外已有不少学者做过相关实验或模拟研究，都一致肯定了内遮阳对建筑负荷的节能作用[3-8]。内遮阳灵活性主要是因它可以由室内使用者来行为调节，与诸多影响因素有关，包括太阳辐射照度、人员热适应性及空调使用等[9]。因此在研究中，不能简单考虑成一个固定的遮阳系数[11]进行研究。内遮阳的存在对建筑负荷既有积极作用，同时也有消极作用，其存在可以削减建筑的空调负荷同时也可能会增加建筑供暖负荷，内遮阳相比固定式遮阳方式，在节能方面的作用更加灵活[10]。

笔者在研究中针对内遮阳这样一个具有灵活调节作用的设施，结合行为调节来研究内遮阳对建筑全年空调供暖耗能的影响。在倡导行为节能的背景下，量化出内遮阳行为调节对办公建筑全年耗能的影响，对引导公民增强绿色低碳意识意义重大。

1 研究对象与方法

1.1 研究对象

本文选取某办公建筑作为研究对象，分析不同条件下建筑负荷及耗能情况。建筑朝向为正南方向，房间功能主要为办公室、会议室等，建筑首层5.4m、其他层4.5m，共3层，建筑总高度14.40m，建筑总面积为3020.05m²，建筑体积14447.81m³，建筑体形系数为0.29。建筑外窗、外墙面积汇总结果如表1所示，建筑立面如图1所示。

图1 建筑立面图
Fig.1 Architectural elevation

全楼外窗、外墙面积汇总表（单位：m²） 表1
Summary table of exterior window and wall area of the whole building (unit: m²) Tab.1

朝向	外窗面积 m²	朝向面积 m²	朝向窗墙比
东	17.76	432.81	0.04
南	193.41	907.56	0.21
西	45.72	432.81	0.11
北	137.07	907.56	0.15
合计	393.96	2680.74	0.15

1.2 研究条件

建筑所在地为成都，气象参数选自《建筑节能气象参数标准》JGJ/T 346—2014[12]。图2给出了成都室外月平均温度及水平面太阳总辐射的逐月分布，从图中可以看出，成都地区暖季和冷季分布明显，11月至次年4月的月平均温度低于16℃，7、8月份温度较高，在26℃左右，其他月份温度较为温和；水平面太阳总辐射的逐月分布趋势与温度相似，呈中间高两边低情况，夏季各月明显高于冬季，全年最高达到了488.33MJ/m²，为最低时的3倍。

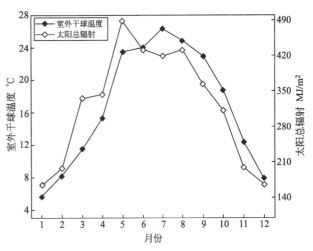

图2 气象参数逐月分布情况
Fig.2 Monthly distribution of meteorological parameters

图3给出了成都地面全年太阳总辐射在不同时间的分布。从图中可以看出，成都地区全年太阳辐射主要分布在一天中7:00~19:00的时间段，其中太阳辐照度在11:00~14:00时间段内明显高于其他时间，最高可达750W/m²，而其他时间的太阳较为温和；通过对全年地面的太阳总辐射进行计算可得，11:00~15:00时间段内的太阳辐射能均在450MJ/m²

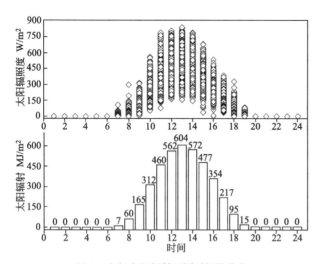

图 3 全年太阳辐射不同时间的分布
Fig. 3 The distribution of solar radiation at different times of the year

以上，该时间段的总太阳辐射能是其他时间的2.2倍。

1.3 研究方法

建筑负荷采用特征温度法（CTM法）[13]计算，其特征温度物理意义是，当房间传热过程达到稳定状态时，外界传入房间空气总热量与室内空气传出热量的能力之比，其负荷计算主要通过下式得到：

$$Q_0 = \pm(t_{in} - t_\infty^{shut})\left(\sum K_i F_i + \frac{n_k}{3600}\rho cV\right) \quad (1)$$

式中，Q_0 为单位时间冷热负荷（W）；± 表示房间需供热或制冷；t_{in} 为房间内空气设定温度（℃）；t_∞^{shut} 为空调设备停机状态的特征温度（℃）；K_i 为不同围护结构的传热系数 [W/（m²·k）]；F_i 为围护结构面积（m²）；n_k 为房间换气次数（次/h）；ρ 为室外空气密度（kg/m³）；c 为室外空气比热 [kJ/（kg·℃）]；V 为房间体积（m³）。

对于 t_∞^{shut}，其物理意义为当房间传热过程达到稳定状态时，外界传入房间空气的总热量与室内空气传出热量的能力（或称传热反应系数，单位为：W/℃）之比。计算过程见式（2）：

$$t_\infty^{shut} = \frac{Q_{body} + Q_{glass} + Q_p + Q_{air} + Q_e + Q_s \mp Q_0}{\sum K_i F_i + \frac{n_k}{3600}\rho cV} \quad (2)$$

式中，Q_{body} 为通过房间围护结构（包括墙、窗、门、楼板及屋顶等）传入的热量（W），Q_{glass} 为通过玻璃直接进入的太阳辐射热（W），Q_p 为人体散热量（W），Q_{air} 为通过门窗从室外渗透空气带入的热量（W），Q_e 为室内设备散热量（W），Q_s 为照明设备的散热量（W），Q_0 为空调设备从房间去除的热量（W），空调的供冷量为"–"，供暖时的供热量为"+"，其他符号同前。

针对2式中 t_∞^{shut} 中的计算项 Q_{glass} 其详细计算见式（3）：

$$Q_{glass} = \sum F_{Gi} I\left(\eta_i + \frac{\alpha_i}{\alpha_o}\rho_G\right)C_n \varepsilon X_w \quad (3)$$

式中，F_{Gi} 为透光外围护结构面积（m²）；I 为投射到外窗表面的太阳辐射总强度（W/m²）；η_i 为太阳辐射通过玻璃的透入系数，随玻璃材料的特性不同而异，一般为0.70～0.85；α_i 为房间内侧空气综合换热系数 [W/（m²·k）]；α_o 为房间外侧空气综合换热系数 [W/（m²·k）]；ρ_G 为玻璃对太阳辐射的吸收系数；C_n 为遮阳设施的遮阳系数；X_w 为透光围护结构有效面积系数；ε 为行为调节作用，其具体计算参见式（4）。

$$\varepsilon = \begin{cases} 1 & (\text{mode1}) \\ \dfrac{1}{C_n} & (\text{mode2}) \end{cases} \quad (4)$$

本文研究内遮阳行为调节，全年8760h动态负荷模拟的设定主要围绕两类展开：（1）以室温控制作为调节条件，计算中考虑房间在无遮阳状态下的特征温度 t_∞^{shut}，选定一遮阳启闭的目标温度值 t_o，当目标温度 t_o 大于 t_∞^{shut}，则执行式（4）中的mode1，反之为mode2，然后利用在遮阳作用下得到的房间特征温度计算逐时负荷；（2）以太阳辐射分布作为调节条件，调节过程主要参考成都地区一天太阳辐射分布情况，采用区间内的行为调节，区间内的调节仍采用（1）类调节方式。建筑负荷计算过程中，考虑分析对象工程地点实际气候条件及节能设计标准相关限制，取外墙传热系数为0.88W/（m²·K），外窗传热系数为3.0W/（m²·K），屋面传热系数为0.52W/（m²·K），不考虑室内人员、照明，不考虑设备等稳定内热源，换气次数取0.5次/h，空调系统工作时间为每天的7:00～18:00[14]，供暖设定温度为18℃，空调设定温度为26℃，空调及供暖方式考虑对流换热为主（如风机盘管加新风系统），窗辐射吸收系数取0.23，太阳辐射透入系数取0.7，内遮阳的遮阳系数取0.5[15]（浅色织物面料）。

2 计算结果与分析

2.1 以室温控制作为调节条件

取目标温度 $t_o=26$℃，即当无遮阳状态下得到的 $t_\infty^{shut}>26$℃时，室内人员用内遮阳将外窗遮住，反之打开。通过对建筑全年8760h做动态负荷计算，得到全年逐月耗冷量分布，并将计算结果分别与无遮阳、有内遮阳但无行为调节作用的情形比较，如图4所示，当建筑采用内遮阳而无行为调节作用时应默认内遮阳

内遮阳行为调节对办公建筑耗能的影响研究

始终处于关闭状态。从图中可以看出，建筑全年耗冷量主要分布在5～10月，其中7、8月份的耗冷量明显高于其他月份，当建筑采用内遮阳无行为调节作用时，建筑逐月耗冷量明显减少，降低幅度在27%以上，节能效果明显；当建筑采用内遮阳时，有行为调节作用下的逐月耗冷量与无行为调节作用时相同，分析其主要原因为目标温度$t_o=26℃$，温度与室内设定温度相同，即室内有空调需求时，室内人员就会使用内遮阳，使得内遮阳成为空调时间段的固定式内遮阳，这将导致负荷计算时内遮阳实际遮阳系数值与有内遮阳而无行为调节作用时完全相同。

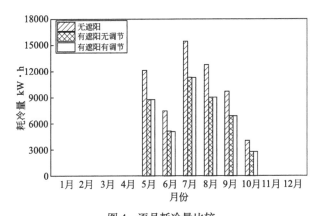

图4 逐月耗冷量比较
Fig. 4 Comparison of monthly cooling consumption

图5给出了建筑在无内遮阳、有内遮阳不考虑行为调节及考虑行为调节三种情况下全年逐月耗热量的分布。从图中可以看出，建筑全年耗热量主要分布在1月、2月及12月，占全年耗热量的73%，当采用内遮阳且无室内人员进行调节时，即不考室内是否有供暖需求都用窗帘等内遮阳设施对外窗进行遮挡，建筑

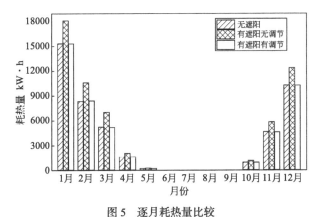

图5 逐月耗热量比较
Fig. 5 Comparison of monthly heat consumption

逐月耗热量将呈明显增加，全年耗热量的绝对量将增加10579kW·h，占全年耗热量的23%，单位建筑面积增量为3.5kW·h/m²；对内遮阳考虑行为调节作用，在室内有供暖需求均保持内遮阳打开，建筑逐月耗热量相比无行为调节作用时明显减少，这种情况下得到的建筑耗热量将和无遮阳时相等，此结果说明在供暖时，让太阳辐射由外窗进入办公房间，将有效降低建筑的采暖负荷。

由上述结果可知，内遮阳设施的存在将显著影响建筑全年的耗冷量、耗热量，若在办公建筑中考虑了内遮阳但室内人员并无行为节能的意识，那么势必会出现建筑的耗冷量减少而耗热量增加的情形，如表2所示，从全年总耗能可知，增加内遮阳，该类建筑全年总耗能将呈减小趋势，与无内遮阳情形相比，建筑全年总耗能将降低7%；若在办公建筑中采用内遮阳，同时鼓励员工们行为节能，当室内温度高时，适当拉上窗帘等内遮阳，反之打开窗帘，那么就建筑全年耗能而言，耗冷量将减小，同时耗热量减小，建筑总的空调供暖耗能将减小，如表2所示，该种情形下建筑总耗能减少17726kW·h，相比无遮阳时减少16%，比无行为调节减少10%。

建筑不同遮阳情况下的耗能对比（单位：kW·h） 表2
Comparison of energy consumption of buildings under different shading conditions Tab.2

类别	耗冷量	耗热量	总耗能
无遮阳	61469	46536	108005
有遮阳无调节	43743	57115	100858
有遮阳有调节	43743	46536	90279

2.2 以太阳辐射分布作为调节条件

参见图3成都地区太阳辐照度在一天中的分布，当选择办公建筑内遮阳设施在太阳辐照度最大的一个时间段（12:00～14:00）将外窗遮挡。在这个时间段，当室内有空调需求时，拉上内遮阳等设施，当有供暖需求时，拉开内遮阳等设施。将这两种情形下模拟计算得到的全年耗冷量、耗热量以及总耗能与建筑无内遮阳作比较，其不同工况下全年逐月耗冷量如图6所示。从图中可以看出，当在全年每一天中的特定时间段（12:00～14:00）采用内遮阳时，建筑逐月耗冷量呈明显减少趋势，最大减少为无遮阳情形下的16%，全年建筑总的耗冷量可减少7876kW·h，节能效果显著；当建筑采用内遮阳，且在每日的12:00～14:00中依据$t_o=26℃$制定内遮阳的实时状态，计算得到的全年逐月耗冷量与建筑内有内遮阳而无行为调节时的节能情况相同，分析其主要原因，与内遮阳对空调冷负荷的影响有关，内遮阳通过减少进入空调房间的太阳辐射从而实现空调负荷降低的作用，当房间有制冷需求时选择拉上内遮阳以及无论房间是否有制冷需求均拉上窗帘（即有遮阳无行为调节）就控制区间内制冷负荷的影响，其作用是相同的。

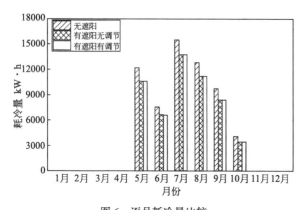

图 6　逐月耗冷量比较
Fig. 6　Comparison of monthly cooling consumption

图7给出了以太阳辐射分布作为调节条件，三种不同工况下建筑逐月耗热量的比较。从图中可以看出，当建筑全年每日在相同时间段均采用窗帘等内遮阳，且窗帘遮挡外窗，则建筑全年逐月的耗热量将大于无内遮阳，最大相差1213kW·h，为对应无遮阳时的8%；当建筑使用内遮阳，在每天相同时间段内（12:00～14:00）且室内有供暖需求时，将内遮阳打开，则得到的全年逐月耗热量与建筑物无遮阳时相同。

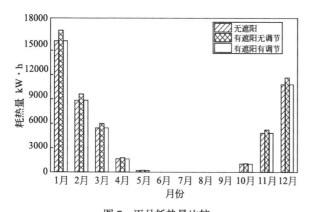

图 7　逐月耗热量比较
Fig. 7　Comparison of monthly heat consumption

结合图6、图7的研究结果可知，仅在建筑所在地区太阳辐射强的时间段内采用窗帘等内遮阳设施，且不考虑室内使用者的行为调节作用，则建筑全年耗冷量减少7876kW·h，全年耗热量增加3658kW·h，全年空调供暖总耗能将减少4218kW·h，节能4%；若在太阳辐射强的时间段内采用内遮阳设施且考虑行为调节作用时，建筑全年耗冷量减少7876kW·h，同时不增加建筑耗热量，使建筑全年总耗能将减少7876kW·h，节能7%，各部分耗能详见表3。

建筑不同遮阳情况下的耗能对比（单位：kW·h）　表3
Comparison of energy consumption of buildings under different shading conditions（kW·h）　Tab.3

类别	耗冷量	耗热量	总耗能
无遮阳	61469	46536	108005
有遮阳无调节	53593	50194	103787
有遮阳有调节	53593	46536	100129

2.3　讨论

上文2.1节中将行为调节的目标温度取26℃，该温度正好为空调设备的动作温度，但若目标温度t_o过大或过小，其节能收益又将如何变化？基于此，本部分就目标温度的取值进一步展开相关研究。图8给出了建筑采用内遮阳且考虑行为调节作用时，在不同目标温度下建筑各部分耗能情况比较。从图中可以看出，当目标温度t_o由22℃增加至30℃时，建筑全年耗冷量呈现由不变到增加的趋势，耗热量由减少到不变，建筑全年总的耗能将呈现一个减少到不变再转而增加的趋势，分析其主要原因为当目标温度t_o取22℃时，由于空调设备制冷是在房间特征温度大于26℃的温度区间启动，当$t_\infty^{shut} \leq 26$℃时，房间内无制冷需求，且内遮阳对空调负荷有削减作用，因此在空调制冷温度下更无可能出现建筑耗冷量增加的情形，但考虑到内遮阳对供暖负荷有增加作用，当目标温度t_o取22℃时，针对某些时刻由于进入房间的太阳辐射较多，使得房间特征温度$t_\infty^{shut} > 22$℃，此时若采用内遮阳阻挡太阳辐射进入房间，则可能会出现采用内遮阳后的房间$t_\infty^{shut} < 18$℃，从而对供暖提出相应要求，使得建筑耗热量增加；但若目标温度t_o取28℃时，则室温在28℃及以下温度为无遮阳情形，那么在空调制冷温度26～28℃的温度区间内，建筑太阳辐射得热量将与无遮阳时相同，大于以26℃作为目标温度下的得热量，建筑空调耗冷量将增加，上述空调耗冷量及供暖耗热量的变化将导致不同目标温度下建筑全年总耗能呈两头高中间低的曲线变化，因此可知以室温作为内遮阳行为调节条件时，其存在一个最佳区间，该温度区间与空调制冷温度有关。

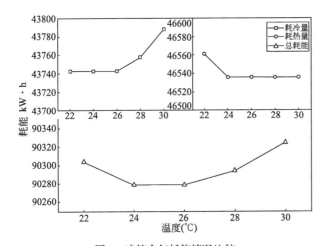

图 8 建筑全年耗能情况比较
Fig. 8 Comparison of energy consumption of buildings throughout the year

图 9 给出了以太阳辐射分布作为调节时,当在每日太阳辐射分布的时间段内增长调节作用的时间,建筑全年耗冷量、耗热量及总的耗能比较,其中调节时间内仍以目标温度 $t_o=26℃$ 作为行为调节。从图中可以看出,当在每日太阳辐射分布的时间段内行为调节的作用增长,对于建筑全年耗冷量,其将逐渐减少,当调节时间增长至 8:00 ~ 18:00,耗冷量将减少 17725kW·h,减少了 29%,其中受一天中太阳辐射强度分布的影响,在 12:00 ~ 14:00 耗冷量减少的绝对量占总的 44%;建筑耗热量与无遮阳时保持不变,综合这两部分耗能的变化,随着行为调节作用时间的增长,建筑全年总的耗能将呈减少趋势,最大减少 10%,结合办公建筑空调供暖的运行时间,将行为作用时间增长至 7:00~18:00 时,其全年总的空调供暖耗能将与以目标温度 $t_o=26℃$ 作为行为调节时相同,因此可知以太阳辐射分布的时间作为内遮阳行为调节时,其节能的最大潜力将与目标温度 t_o 相关。

3 结论

本文就办公建筑采用窗帘等活动内遮阳进行行为节能的相关研究,比较不同工况下建筑全年空调供暖耗能情况,并对两种不同的行为调节方式进行深入研究,通过上述研究内容可以得出:

1)对于办公建筑采用窗帘等活动内遮阳,若同时考虑在室人员的行为调节作用,则与建筑无内遮阳时相比,建筑全年耗冷量减少、耗热量不变,总的空调供暖耗能将减少。

2)针对建筑内遮阳行为节能,本文研究了以室温控制及地区太阳辐射分布调节两种方式,两者均能达到行为节能的目的,当内遮阳调控温度定为 26℃ 时建筑全年总的耗能减少 16%;当调控内遮阳的时间段取每天 12:00 ~ 14:00,可相应减少 7%。

3)以室温作为内遮阳行为调节时,其选择存在一个最优的温度区间,通常可采用建筑室内空调制冷温度作为目标温度,以太阳辐射分布的时间作为内遮阳行为调节时,其节能的最大潜力将与目标温度 t_o 相关。

参考文献

[1] 彦启森,赵庆珠. 建筑热过程 [M]. 北京:中国建筑工业出版社,1986.

[2] 李岳,孟庆林,张磊,等. 纤维织物遮阳材料的内、外遮阳性能差异实测研究 [J]. 建筑科学,2011,27(002):66-70.

[3] 王欢,曹馨雅,陈婷,等. 内外遮阳及建筑外窗对空调负荷的影响 [J]. 建筑节能,2009,37(12):27-30,61.

[4] 杨子江. 建筑遮阳的基本形式选择与比较 [J]. 上海节能,2013,000(005):47-50.

[5] 王喜春. 夏热冬冷地区居住建筑围护结构节能技术气候适应性研究 [J]. 制冷技术,2016,36(2):26-29.

[6] Yuyang Ye, Peng Xu, Jiang chen Mao, et al.Experimental study on the effectiveness of internal shading devices[J]. Energy and Buildings, 2016, 111(1):154-163.

[7] 朱尚斌,李灿,陈泉,马千里. 基于采光和能耗分析的某图书馆内遮阳节能研究 [J]. 建筑节能,2018,46(07):24-28.

[8] 王剑平,丁云飞,苏浩,雷峥嵘,刘燕妮. 建筑中庭玻璃屋面内遮阳对室内环境影响分析 [J]. 建筑节能,2016,44(08):60-64,67.

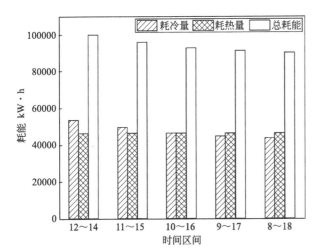

图 9 不同调节时间区间下建筑全年耗能比较
Fig. 9 Comparison of annual energy consumption of buildings under different regulation time interval

[9] 李翠，李峥嵘，朱丽. 办公建筑遮阳调节行为模型研究[J]. 暖通空调，2017，47（09）：45-48.

[10] Hui Shen, Athanasios Tzempelikos.Sensitivity analysis on daylighting and energy performance of perimeter offices with automated shading[J]. Building and Environment, 2013, 59：303-314.

[11] 王欢，曹馨雅，陈婷，等. 内外遮阳及建筑外窗对空调负荷的影响[J]. 建筑节能，2009，37（12）：27-30，61.

[12] 中国建筑科学研究院. 建筑节能气象参数标准：JGJ/T 346—2014[S]. 北京：中国建筑工业出版社，2014.

[13] 龙恩深. 建筑能耗基因理论与建筑节能实践［M］. 北京：科学出版社，2009.

[14] 公共建筑节能设计标准：GB 50189—2015[S]. 北京：中国建筑工业出版社，2015.

[15] 民用建筑热工设计规范：GB 50176—2016[S]. 北京：中国建筑工业出版社，2016.

作者简介

高飞（1993-），男，四川省建筑设计研究院有限公司，工程师，注册公用设备工程师。

邹秋生（1973-），男，四川省建筑设计研究院有限公司总工程师（暖通空调），教授级高级工程师，注册公用设备工程师。

吴银萍（1988-），女，四川省建筑设计研究院有限公司主任工程师（暖通空调），高级工程师，注册公用设备工程师。

赵新辉（1990-），男，四川省建筑设计研究院有限公司，工程师。

空调冷水大温差系统设计方法研究

王懋琪　汪　玺　蒲　隽　邹秋生　刘正清　邹　瑾

摘要：研究了大温差空调水系统供回水温差和空气处理过程、末端、水泵和输送管道、主机四个方面之间的关系，结果表明：空调冷水系统大温差不宜超过9℃。分析了采用大温差空调水系统的设计要点，并提出了针对大温差空调水系统的一些优化设计方法。

关键词：大温差；空调水系统；设计方法

Research of the design method of the water system with a large temperature difference in air-condition

Wang Maoqi　Wang Xi　Pu Jun　Zou Qiusheng　Liu Zhengqing　Zou Jin

Abstract: The paper discusses the relationship between the supply-return water temperature difference of chilled water system with large temperature difference & air condition process, terminals, water pumps & pipes water cool chillers, the result shows: the temperature difference of chilled water system with large temperature difference should not exceed 9℃; analyzes the key design elements of chilled water system with large temperature difference adopted in projects; and offers a series of optimum design methods of chilled water system with large temperature difference.

Keywords: large temperature difference; water system of air-condition; design method

0 引言

大温差空调系统是为优化空调系统各个设备之间的能耗配比，在保证空调舒适度前提下降低空调总体能耗的一种技术手段，空调水系统大温差主要包括冷冻水大温差和冷却水大温差。空调冷水系统大温差通常是相对于常规7/12℃、5℃供回水温差的空调冷冻水供回水系统，冷冻水大温差空调系统供回水温差有6、7、8、9、10℃甚至更高的温差。采用冷水系统大温差降低了冷机效率，却同时也降低了水系统的输送能耗，兼具节省管材等优点。在过去10多年中，空调水系统大温差得到逐步的研究和应用，大量的文献研究表明了大温差空调系统较常规空调系统的优点，殷平[1-2]研究了大温差空调系统的经济分析方法，推荐了用于大温差空调系统经济性分析的计算方法，并以风机和水泵为例，从初投资和运行费用两方面分析了送风大温差和冷水大温差的经济性，结果表明，空调系统采用送风大温差和冷水大温差具有显著的经济效益。殷平[3-4]并从理论方面研究了空调风系统和水系统大温差的设计方法，提出了定露点设计方法计算，但是该种设计计算方法不适用于较大的单个系统，且水力计算宜采用优化设计，才能获得更佳的经济效益，因此具有一定的局限性。文献[6]给出了大温差空调水系统的节能评价方法，结果表明，只有主机COP的相对变化率小于临界相对变化率时，大温差系统才具有节能效果。

采用大温差系统虽然具有一定的节能效果，但是对空气处理过程具有一定影响，樊荔[7]等研究了采用大温差空调系统对室内热湿环境和空气品质的影响，提出了大温差送风的使用条件。李斌等[8]引入水泵耗功率系数，分别给出采用满负荷评价法和部分负荷综合评价法时常规空调适于采用大温差水系统的水泵耗功率系数参考值，并由此进行大温差空调系统的适用性分析。

但是，在实际工程应用中，设计大温差空调系统，对于如何选择合适的空调冷冻水供回水温度并没有相关的技术规程，有关空调风系统和水系统大温差设计方法的研究也只是基于经济性或者能耗方面的分析[3,5]，鲜有文献综合考虑能耗、经济性、建筑项目特性等空调系统大温差的设计方法。在实际工程设计中，通常的做法是，首先确定一个空调系统所需的大温差，然后根据此温差选用相关的水泵、管道、末端空调器等设备，但是这种设计思路忽略了建筑本身的特点和水泵、管道和末端空调器的特性。因此设计出来的空调系统可能不是最优的空调系统，从而造成能源的浪费。

针对这种情况，本文分析了大温差空调水系统供回水温差和空气处理过程、末端、水泵和输送管道、主机以及空调负荷特性五个方面之间的关系，并从管道系统阐述了新建项目和改建项目空调水系统大温差的设计要点，并提出了一些结合大温差空调水系统的优化设计方法，为设计者在设计空调冷冻水大温差提供参考。

1 大温差空调系统对建筑热湿环境的影响

舒适性空调的目的是消除室内的热湿负荷，提供舒适的室内环境，这个过程可体现在焓湿图上的空气处理过程。文献[9]给出了根据空气处理过程中的送风状态点和末端表冷器的换热计算。

以常用的露点送风（一次回风）为例，如图1所示，在焓湿图上，在已知室内的热湿负荷之后，热湿比线ε是确定不变的，对于7/12℃供回水温差的空调系统，室外空气O和室内空气R_0按照最小新风比混合到M_0，M_0点的空气处理到机器露点S_0（送风状态点）。

但是，当采用大温差工况时，若降低供水温度，通过表冷器的水更冷，如果表冷器的换热特性不改变，那么表冷器空气层将具有更低的送风温度，在图1中表现为机器露点从S_0变化到S_1点，若保证室内的设计温度T_0（图中水平直线，室内设计温度），则室内设计状态点从R_0变化到R_1，虽然保证了室内设计温度，但是室内设计湿度却下降了，室内空气焓值也相应降低，那么新风负荷势必增加导致表冷器负荷增加；同理，若提高了回水温度，则送风温度会相应升高，在图1中表现为送风状态点从S_0变化到S_2点，室内设计状态点从R_0变化到R_2，保证了室内设计温度，但是室内设计湿度却升高了，其原因在于：送风状态点温度升高，导致表冷器温度和室内空气露点温差降低，表冷器除湿能力下降。因此无论是通过降低供水温度还是提高回水温度来实现空调系统冷水大温差，空气处理过程都会对室内热湿环境造成波动。

文献[10]指出：在一定的温湿度范围内，能保持人体的热舒适性。采用大温差空调系统会使室内的温湿度偏离设计状态点，因此，设计大温差空调系统时，应充分考虑到室内温湿度的波动程度是否影响到人体的热舒适性，否则需要进行修正调整设计温差。

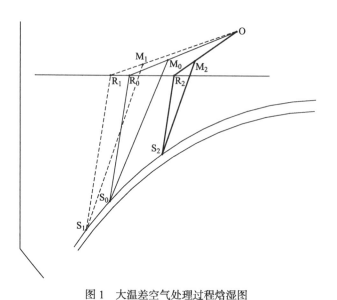

图1 大温差空气处理过程焓湿图
Fig.1 Psychrometric chart of air condition process with large temperature difference

2 空调设备及系统

2.1 末端表冷器

大温差工况下，盘管内水流量减少，从而导致盘管内扰动减少，管内流动从紊流趋于层流变化，雷诺数Re减少，而导致换热系数K减少，表冷器换热盘管换热能力下降，如何判断大温差对表冷器换热效果的影响，文献[2]提出了定露点法来控制室内设计参数，掌握室内实际空气状态，完成表冷器的设计选型。其主要原理为通过假定机器露点来确定送风量，具体实施过程为：如果空调机组计算所得机器露点与假设不合，应重新假设机器露点进行计算，利用计算机。如果计算所得机器露点略低于假设值，无需重新计算，因为保留一定的安全系数是可行的。这种方法虽然能准确控制室内设计参数，掌握室内实际空气状态，但是需要对表冷器进行设计计算，即已知表冷器风量、空气初终参数、冷水初终温、冷量、冷水量，确定表冷器的排数、表面管数、表面管长、管程数和水流速，这将是一个烦琐的工作。现在空调厂商提供了一系列针对空调冷冻水大温差的末端表冷器型号，表1为一美国空调品牌风机盘管在不同温差工况下的性能参数。

空调冷水大温差系统设计方法研究

4排管 HFCF08 性能参数
（6~9℃工况换热盘管内添加扰流器） 表1
Performance parameter of HFCF08
with 4 row coilers　　Tab.1

盘管供回水温差/℃	进风干球温度/℃	出风干球温度/℃	冷量/kW	水流量/m³/h	水压降/kPa
5 (7/12)	27	19.5	7.92	1.36	16.9
6 (6/12)	27	19.5	7.76	1.13	11.5
7 (6/13)	27	19.5	9.25	1.11	38.9
8 (5/13)	27	19.5	9.53	1.02	124
9 (5/14)	27	19.5	8.94	0.85	90

为了解决在大温差工况下，管内流动从紊流趋于层流变化而导致换热系数降低，表冷器换热量下降的问题，在盘管中加入扰流器增强扰动以强化换热，对比表1中各个工况下冷量：当温差从常规5℃增加到大温差6℃时，尽管换热温差增加了，但是换热系数的降低影响大过于换热温差增加对换热量的影响，所以冷量出现了下降；当大温差为7℃和8℃时，换热量较常规5℃和大温差6℃有大幅提高，换热系数的降低影响小于换热温差增加对换热量的影响，扰流器的作用得以显现；但是当温差为9℃时，虽然换热量大于常规的5℃但却比大温差为7℃和8℃时候略有下降，这表明扰流器强化换热的效果开始降低，这时如果想维持表冷器的换热量就需要增加换热面积，这显然并不经济，因此从末端表冷器换热量来看，大温差工况不宜超过9℃。

另外，对比表1中的风机盘管的水压降，可以发现大温差工况下的末端阻力较常规工况普遍偏大，这增加了系统的阻力，对空调系统水泵扬程提出了更高的要求。

针对大温差空调系统末端的设计选型，有几点建议可供参考：1）大温差空调系统末端换热盘管内应添加扰流器；2）对于同一台普通空调机组，采用大温差空调系统时，可能造成水温升温过小而冷量不足，这种情况下，为了达到冷量可采取添加表冷器排数，增加表冷器迎风面积等方法，一般建议采用增加迎风面积的方法；3）表冷器的水阻力对水泵扬程影响较大，通常情况下表冷器的水压降建议不超过50kPa。

2.2 水泵和供回水管道

大温差工况最节能的地方体现在降低流体流量以降低输送能耗，在空调水系统中，在空调系统冷负荷和水系统管道的阻力特性一定的情况下，水泵功率可由下列公式计算[11]：

$$N = \gamma QH / 1000 \quad (1)$$

所以

$$H = u^2 / g \quad (2)$$

$$N = \gamma QH / 1000 = \gamma Qu^2 / 1000g \quad (3)$$

式中，γ 为水容重，N/m³；Q 为流量，m³/s；H 为扬程，m；u 为流速，m/s；g 为重力加速度，N/kg。

从式（3）可以看出，功率和流量成二次方的正比关系，而在大温差系统空调系统中，流量和温差成反比关系，故，大温差空调系统水泵功率与温差成三次方反比关系，即：

$$N_1 / N_2 = (\Delta T_1 / \Delta T_2)^3 \quad (4)$$

式中，ΔT_1 和 ΔT_2 表示流体输送温差，℃。N_1 和 N_2 表示流体输送温差为 ΔT_1 和 ΔT_2 时的水泵功率。

以常规的空调冷冻水5℃（7/12）温差为例，假设采用 $\Delta T_1 > 5℃$ 的大温差系统，则水泵功率与5℃温差水泵功率 N_2 的比值为，如图2所示。

$$N_1 / N_2 = (5 / \Delta T_2)^3 \quad (5)$$

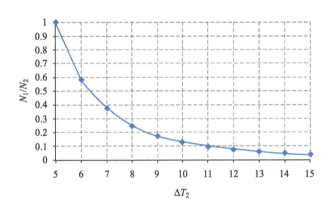

图2　大温差工况下水泵功率与5℃温差水泵功率比值
Fig.2　Comparison the power of water pump between large temperature difference and 5℃

图2表明：不同温差下水泵功率与5℃温差水泵功率比值，从图中可以看出，大温差工况下的水泵功率明显减小，温差越大，水泵功率越小，但是同时也发现随着温差的逐渐加大，水泵功率减小的幅度越来越小，图中表现为曲线的斜率随着温差的增大而减小，最后趋近于0。当 ΔT_2 从5℃增加到6℃，N_1/N_2=0.58，输送能耗降低42%；当 ΔT_2 从5℃增加到7℃，N_1/N_2=0.36，输送能耗降低64%；当 ΔT_2 从5℃增加到8℃，N_1/N_2=0.24，输送能耗降低76%；当 ΔT_2 从5℃增加到9℃，N_1/N_2=0.17，输送能耗降低83%；当

ΔT_2 从 5℃增加到 10℃，$N_1/N_2=0.13$，输送能耗降低 87%；当 ΔT_2 从 5℃增加到 11℃，$N_1/N_2=0.09$，输送能耗降低 91%；当 ΔT_2 从 5℃增加到 12℃，$N_1/N_2=0.07$，输送能耗降低 93%；当 ΔT_2 从 5℃增加到 13℃，$N_1/N_2=0.06$，输送能耗降低 94%；当 ΔT_2 从 5℃增加到 14℃，$N_1/N_2=0.05$，输送能耗降低 95%；当 ΔT_2 从 5℃增加到 15℃，$N_1/N_2=0.04$，输送能耗降低 96%。

当温差达到 9～11℃时，每增加 1℃温差，输送能耗仅降低 4%；当温差达到 12～15℃时，每增加 1℃温差，输送能耗降低在 1%～2%，因此，过大的温差并不能有效降低输送能耗，一般认为输送温差设计不应高于 9℃。

另外，在不考虑水泵叶轮流量的情况下，水泵的扬程 $H = u^2/g$，因此在进行项目设计时，应该充分考虑到流量因素对水泵扬程的影响：对于新建项目采用大温差空调系统，笔者认为采用经济比摩阻或者控制管内流速计算方法，选用小管径输送管道。一方面保证了管内流速，水泵扬程因为管道阻力变化而造成的波动幅度就小，在计算水泵扬程时只需要考虑到末端和主机压降即可；另外一方面，节省了输送管道投资；对于改建项目采用大温差空调系统，通常不会考虑更换输送管道，流量减少，管道的阻力下降，水泵扬程下降除了考虑末端和主机压降之外还需要考虑到管道系统沿程阻力的减少，因此，水泵的扬程下降幅度也相对较大，这需要设计者根据流速核算出水泵的实际扬程。

2.3 制冷主机

大温差空调系统能降低水系统的输送能耗，却降低了制冷主机的效率，增加了主机耗功，此过程来说，设计者应更关注制冷主机效率的变化。

一般认为：当冷冻水供回水温差提高 1℃时，主机效率下降 1%～2%，当冷却水供回水温差提高 1℃时，主机效率下降 2%～4%，当供回水温差达到 10℃时，主机 COP 值下降太大，甚至不能满足规范要求，因此一般不推荐采用 10℃或者更大的温差，但是通过对比某厂家提供的一台 950U.S.RT 的三级压缩离心式冷水机组参数发现这一结论是有一定前提的。表 2 供水温度一定的情况下的大温差参数，表 3 是回水温度一定的情况下的大温差参数。

表 2 表明：当供水温度都为 5℃时，6～9℃大温差工况主机的额定功率和 COP 值基本上保持不变，额定功率维持在 585kW，COP 值在 5.7，当供回水温差为 10℃时，功率大幅增加和 COP 出现了大幅下滑；表 3 表明：当回水温度为 14℃时，6～9℃大温差工况主机的额定功率和 COP 值都随着供水温度的降低、温差的增加而下降，效率下降幅度在 1～2%，当供回水温差为 10℃时，功率大幅增加和 COP 出现了大幅下滑。一方面，影响主机功率和 COP 值的关键在于供水温度也就是蒸发器的出水温度，因此从主机节能的角度来讲，在满足空气处理过程的情况下，宜通过提高回水温度来实现空调系统大温差。另一方面，当供回水温差超过 9℃时，主机的耗功较高，COP 值较低。

供水温度一定情况下主机参数　表 2
Performance parameter of chiller with consistent supply temperature　Tab.2

供回水温差/℃	5 (7/12)	6 (5/11)	7 (5/12)	8 (5/13)	9 (5/14)	10 (5/15)
主机额定功率/kW	559	585.6	585.3	584.5	584.9	592
主机 COP 值	5.98	5.7	5.7	5.71	5.71	5.64
蒸发器水压降/kPa	80	58	44	35	29	23

回水温度一定情况下主机参数　表 3
Performance parameter of chiller with consistent return temperature　Tab.3

供回水温差/℃	5 (7/12)	6 (8/14)	7 (7/14)	8 (6/14)	9 (5/14)	10 (4/14)
主机额定功率/kW	559	549	561.4	566.8	584.5	607
主机 COP 值	5.98	6.08	5.95	5.89	5.71	5.5
蒸发器水压降/kPa	80	57	43	34	29	23

关于如何设定供回水温差，不同主机有不同的性能，但通过参考一些实际的工程设计和生产厂商的设备参数，大温差空调系统冷水供回水温度的设置宜为（℃）：6（6/12）、7（6/13）、8（5/13）、9（5/14）、10（4/14），但是一般不建议采用高于 9℃的大温差空调系统。在推荐的这种大温差工况下，主机的功率相对于 7/12 常规工况，每增加 1℃温差主机功率会出现 1%～2% 的下降，这需要设计者选定主机参数时满足《公共建筑节能设计标准》GB 50189—2013 中对制冷主机效率有关参数规定的前提下，应选择主机和水泵总功耗最低的方案，当然也必须兼顾项目本身的特点保证系统的适用性。

3 实际案例

本文以泰丰·国际贸易中心为例来简要说明大温差空调系统的设计。本项目位于四川省自贡市，为一商业、酒店、办公综合体，总建筑面积270250m²，泰丰·国际贸易中心酒店部分冷源为：一台308U.S.RT(1083kW)水冷螺杆式冷水机组和两台950U.S.RT(3340kW)三级压缩离心式冷水机组，选取其中一台950U.S.RT三级压缩离心式冷水机组加以分析。

该项目为一新建酒店综合体，建设方拟采用冷冻水大温差空调系统，通过参考同类型已建成建筑，该建筑负荷波动较大，可采用大温差空调系统，在满足规范要求的前提下，表4对比了在推荐大温差工况下主机与水泵的总耗功率，6、7、8、9、10℃大温差工况较5℃常规工况总功率均有所降低，7、8、9℃总功率相差在1%左右，采用增大供回水温差对系统的节能效果并不明显，而当温差为10℃时，总功率反而大于了6、7、8、9℃大温差工况下的总功率，这说明主机的效率下降过大，导致主机功率较大而增加了整体能耗，因此，10℃工况排除，所以6(6/12)、7(6/13)、8(5/13)、9(5/14)为备选方案，但是考虑到9(5/14)比8(5/13)所能降低的总功耗不到0.5%，而却需要增加一定的初投资，投资回收期较长，因此不采用9(5/14)方案，最后6(6/12)、7(6/13)、8(5/13)均为可行大温差，但是结合项目特点，由于建筑高度较高，需要通过板式换热器进行二次换热，如果选择7℃或者8℃，回水温差达到13℃，在板式换热器侧的回水温度势必会高于13℃，这可能达不到空气处理过程的要求，在板式换热器选择上也存在一定的难度，综合考虑：最后选择6(6/12)供回水温差，主机为Trane三级压缩离心式冷水机组。

**不同温差下 950U.S.RT 制冷主机功率、
输送水泵功率、总功率　　表4**

Power of 950U.S.RT chiller、power of water pumps、total power with various temperature difference　Tab.4

供回水温差/℃	5(7/12)	6(6/12)	7(6/13)	8(5/13)	9(5/14)	10(4/14)
主机额定功率/kW	559	566.7	573.9	584.5	584.9	607
主机COP值	5.98	5.89	5.82	5.71	5.71	5.5
主机流量/(m³/h)	574.56	478.8	410.4	359.1	319.2	287.3
蒸发器水压降	80	58	43	35	27	23
水泵额定功率/kW	125	90	72	53	48	42
水泵流量/(m³/h)	660	550	472	413	367	330
扬程/m	38	35	33	32	31	31
总功率/kW	684	656.7	645.9	637.5	632.5	649

4 一些优化设计方法

大温差空调系统在设计过程中应该打破传统只针对空调系统具体部件的模式，而应该着眼于整个系统，在大温差设计的基础上，还有很多方法可以向广大设计人员提供，以实现空调系统的正常、节能运行：

（1）蒸发侧一次泵变流量：水泵和冷水机组一样，能在较宽的范围内加载或减载，使部分负荷的能耗下降；

（2）冷却水侧的热回收：采用高达100%的离心机双冷凝器热回收系统。

（3）水侧大温差若要求冷水侧的供水温度低于常规的温度，空调器的表面温度取决于表冷器下游的空气温度，在进行空调器选型时风量宜选大一些，送风温度高一些。

（4）由于温差增大，因此宜增加冷水输送管道和空调箱保温层厚度，减少能量损失。

5 结论

（1）冷冻水大温差空调系统会使室内热湿环境偏离设计状态点，在设计大温差系统时，需选择合理的供回水温差，室内温湿度的波动程度低于满足人体热舒适性的温湿度范围。

（2）末端表冷器的换热系数会随着供回水温差的增加而降低，通常可在换热盘管内设置扰流器强化换热；增加供回水温差会增大末端表冷器阻力，从而影响水泵扬程，建议大温差工况末端表冷器水压降不大于50kPa。

（3）供回水大温差会对影响供回水管道特性，从而影响水泵扬程，新建项目时设计时宜通过控制流速或者比摩阻选用小管径输送管道，以减小水泵扬程的波动，而对于改建项目则应注意由于管道沿程阻力减小而造成水泵扬程的下降。

（4）大温差主机COP值随着供水温度的下降而下降，因此采用大温差冷冻水系统，在满足空气处理过程的情况下，宜通过提高回水温度来实现大温差。

（5）对于大温差供回水温度的选择宜采用（℃）：6(6/12)、7(6/13)、8(5/13)、9(5/14)、10(4/14)。

（6）随着供回水温差的增加，主机功率增加，水泵功率下降，从节能角度来考虑，供回水温差不宜超过9℃。

参考文献

[1] 殷平. 空调大温差研究（1）：经济分析方法 [J]. 暖通空调, 2000, 30(4)：62-66.

[2] 殷平. 空调大温差研究（3）：空调送风大温差经济性分析 [J]. 暖通空调, 2000, 30（6）: 75-76.

[3] 殷平. 空调大温差研究（4）：空调冷水大温差经济性分析 [J]. 暖通空调, 2001, 31（1）: 68-72.

[4] 殷平. 空调大温差研究（2）：空调大温差送风系统设计方法 [J]. 暖通空调, 2000, 30（5）: 63-66.

[5] 殷平. 空调大温差研究（5）：空调冷水大温差系统设计方法 [J]. 暖通空调, 2000, 31（2）: 64-67.

[6] 江连昌. 大温差空调水系统的节能评价方法 [J]. 暖通空调, 2011, 41（7）: 70-72.

[7] 樊荔, 李建南, 向艳. 大温差空调系统对室内环境的影响 [J]. 制冷与空调, 2007, 117（3）: 117-119.

[8] 李斌, 陈剑. 常规空调大温差水系统的适用性分析 [J]. 暖通空调, 2009, 39（3）: 78-82.

[9] 连之伟. 热值交换原理与设备 [M]. 北京：中国建筑工业出版社, 2006.

[10] 民用建筑室内热湿环境评价标准：GB/T 50785—2012 [S]. 2012.

[11] 蔡增基, 龙天渝. 流体力学泵与风机 [M]. 北京：中国建筑工业出版社, 1999.

作者简介

王懋琪（1985-），女，四川省建筑设计研究院有限公司，高级工程师。

汪玺（1988-），男，四川省建筑设计研究院有限公司，工程师，注册公用设备工程师。

蒲隽（1987-），男，四川省建筑设计研究院有限公司，高级工程师，设计四院副院长。

邹秋生（1973-），男，四川省建筑设计研究院有限公司总工程师（暖通空调），教授级高级工程师，注册公用设备工程师。

刘正清（1985-），男，四川省建筑设计研究院有限公司，工程师，注册公用设备工程师。

邹瑾（1964-），女，四川省建筑设计研究院有限公司，高级工程师。

营造高品质公共空间 促进高质量公园城市建设

高 静

Create high quality public spaces, promote park city construction

Gao Jing

宋代著名画家李公麟绘制的《蜀川胜概图》，描绘了成都城市的山水格局和历史人文交相辉映的城市理想形态——花重锦官，绿满蓉城，水润天府。从古至今，成都这座城市，远有山，近有水，生态本底优良，人文底蕴深厚，城市自然融合，具有发展公园城市很好的先天条件和发展优势。

公园城市作为全面体现新发展理念的城市建设新模式，为新时代城市价值重塑提供了新路径。成都在世界城市竞速赛中正以公园城市为抓手，凝聚社会共识，引领城市发展方向，建设人城境业高度和谐统一的现代化城市。

1 公园城市的建设理念和时代价值

将公园城市理念放入全球城市发展历程的坐标中，公园城市的时代价值和国际意义是什么？纵观近代世界城市发展历程，中国已经开始步入生态文明时代，公园城市理念正是高质量发展都市的重要破题思路，是面临城市发展中出现的"城市病"问题提出的重要治理方案。

成都担当"公园城市首提地"和"践行新发展理念的公园城市示范区"使命，结合自身实际，在实践中不断完善公园城市的理论体系。所谓公园城市，就是全面体现新发展理念，以生态文明引领城市发展，以人民为中心，构筑山水林田湖城生命共同体，形成人、城、境、业高度和谐统一的，大美城市形态的城市发展新模式。

公园城市具体如何建？首先是要紧密围绕"创新、协调、绿色、开放、共享"五大关键词，体现以人民为中心的发展理念。其次要转变既有的城市建设模式，将公园与城市二者有机融合，从城市中建公园，到公园中建城市；从城市发展的工业逻辑，回归到人本逻辑；从空间建造，到场景营造。最后是建立公园城市建设有序推进的策略，包括锚固自然生态本底、构建全域公园体系、转变经济组织方式、打造天府文化景观体系、完善服务支持体系。以公园城市建设引领成都未来发展，实现城市"精明增长"和高质量发展。

在公园城市建设理念指引下，成都的发展方式是既有大刀阔斧，又有绣花功夫，在宏观尺度上，以生态廊道区隔城市组群，筑牢自然生态本底；在微观尺度上，以高标准生态绿道串联城市社区，高品质绿色景观浸润公共空间，推动城园相融，引导城市人口、生产力、基础设施和公共服务等合理布局。

2 聚焦绿道滨水街景的公园城市设计建设实践

在坚持生态绿色发展、彰显城市美学、体现时代价值的公园城市建设实践中，打造出的天府绿道、滨水廊道和公园街区等公共空间，不仅是人们追求美好生活的场所，还是公园城市实现资源共享和公平治理的载体。

首先看绿道。作为成都公园城市建设的重要标志和抓手，天府绿道以"一轴两山三环七带"为主体骨架构建城区、区域和社区三级绿道体系。这也是城市最优质的生态资产。

桂溪生态公园是天府绿道体系中的锦城绿道城南示范段的重要节点，设计基于绿色开放空间的公共性，对高密度都市区空间利用重新进行价值定义，探索出了一种绿色开放共享的公共空间营造策略。公园建成后，已成为成都城南最重要的都市中央绿洲，为城市公共生活提供了一个生态富氧平台。户外音乐节、

本文已发表于《四川日报》学习强国，2022

绿道集市等 IP 的引入，更不断促进生态价值向产业、文化和市民生活等多维价值的转化。

绿道作为公园城市的重要支撑体系，通过将公共空间与城市环境相融合，将休闲体验与审美感知相统一，形成了多功能复合的公园城市生活场景。同时，绿道也将成为引领成都城市生活美学的容器和成都生态、文化和生活特质的重要空间载体。

再看滨水公共空间的打造。成都是一座因水而生、因水而兴的城市。随着地域景观和文化传统的不断消失，如何以设计为载体，延续城市的景观传统和历史诗意至关重要。

西郊河滨河街区是锦江生态廊道的支系，但却几乎辐射了成都主城区耳熟能详的大部分文化节点。改造前河道狭窄，水体污浊，设计以滨水旧城更新为抓手，利用沿岸有限空间，采用"扩""通""挑"等策略，将建筑边界到水线的部分进行一体化打造，植入"小而精"的景观细部小品，再现"老成都"的水岸生活记忆。

沿锦江生态轴一路向南，毗邻桂溪生态公园的是江滩公园，而江滩公园最著名的公共节点莫过于五岔子大桥。作为衔接锦江两岸绿道的关键节点，它一方面需要解决区域慢行交通的痛点，另一方面还要促进城市不同片区的协调发展，有机串联起国际化现代都市和亟待更新的旧城。

水岸空间不仅是天府文化的传承轴线，更是展现成都独有安逸生活的宜居水岸，也是一条城市文化与历史变迁的展廊。成都的滨水游憩活动由"水系廊道"向"滨水街区"蔓延，由"日间"和"全天候"转变，逐渐培育出了富有蜀都味儿、国际范儿的城市消费场景和生活场景。

三看街景的打造。成都因充满市民化、烟火气的街道符号显现了城市休闲文化的特有魅力。"公园城市"的提出折射出人民对创造美好生活和建设美丽家园的向往，这种愿景在街道空间层面也有了更为丰富的诉求和表达。为此，成都针对街景退化现象，在2019年颁布了《成都市公园城市街道一体化设计导则》，将"不仅能够延续成都传统街景的意境，还能创造出符合现代人审美和使用习惯的公园城市街道场景"作为核心目标。

铁像寺水街位于成都高新南区，如何通过设计在新区再现市民对成都传统街巷生活与文化韵味的认同感和归属感？在成都传统水岸空间中，老茶馆的滨水外摆、临水长廊、石桥以及岸边原生态植被等元素是再现真实、自然生活场景的重要符号。构思一套传统水岸街景的设计语言，植入传统生活图景的景观符号，成为打造富有生命力的公共空间，塑造城市地域特色的重要方式。比如利用寺院围墙外的一处空地打造的戏台坝坝茶，复兴了成都传统的生活方式，让人们重回街道中的公共生活，重拾历史人文记忆。

街景重构不仅需要传统文化韵味的再现，同时也需要营造新场景的现代表达。交子金融大街是贯穿交子文化的全天候活力空间。采用"街道空间一体化设计"的核心理念，一方面依托商业盒子的植入构建新业态，使街区功能更复合；另一方面将街景从单一的绿化，转变为丰富的场景。建成后的交子金融大街不仅有交子之环和金融双塔等门户地标，更将成为城市主题活动的弹性容器，表达着公共街道的新场景。

街景重构唤醒了城市记忆，也赋予城市新的生命力，为公园城市创造了既传统又现代，既时尚又国际的鲜活场景。

在成都公园城市的实践中，秉持以人民为中心的价值导向，坚持可持续发展理念，让绿道、滨水、街景等公共空间在回归传统空间意境和文化符号的同时焕发新生活力。通过营造高品质的公共空间，市民点亮了各具特色、丰富多彩的生活方式图鉴，成都在乐活体验与生态氛围、旧城更新与传统再造、传统回归与现代突围中促进了高质量公园城市建设。

作者简介

高静（1973-），女，四川省建筑设计研究院有限公司副总经理，一级注册建筑师，教授级高级工程师。

公园城市背景下的成都植物造景实践

王继红　李子愚　周　佳

摘要：公园城市是中国新时期城市建设的新理念，植物造景是公园城市建设的重要构成要素。本文从梳理公园城市理念与成都自然资源和城市特色出发，以成都近年具有代表性的景观项目为例，从美学、生态、人文等角度阐述植物造景在落实公园城市理念过程中的重要价值。

关键词：公园城市；成都；植物造景；生态价值；历史文化

Plant landscaping practice in Chengdu under the background of park city

Wang Jihong　Li Ziyu　Zhou Jia

Abstract：Park city is a new concept of urban construction in new era of China, and plant landscaping is an important component of park city construction. This article starts from combing the park city concept and natural resources of Chengdu and urban characteristics, taking representative landscape projects of Chengdu in recent years as examples, and expounds the important value of plant landscaping in the process of implementing the park city concept from the perspectives of aesthetics, ecology, and humanities.

Keywords：park city; Chengdu; plant landscaping; ecological value; history and culture

1 "公园城市"与植物造景

1.1 公园城市理念解读

2018年2月，习近平总书记在成都兴隆湖指出"要突出公园城市特点，把生态价值考虑进去"[1]。自此，成都被赋予了发展的新战略定位，而公园城市这一理念也从成都走向全国、走向世界。至2022年2月，国务院批复同意成都建设践行新发展理念的公园城市示范区，成都关于公园城市的建设实践再次迈出了历史性的一步。

如今中国城市发展进入了城镇化后期阶段，城镇化率已经突破60%，从农业社会、工业社会发展到了后工业社会，是一个以服务业为主导产业的生态文明时代。城市发展到当下阶段，需要转变生活与生产的方式，需要一种新的理念和模式来引领未来城市的规划建设。公园城市正是习近平总书记基于此背景提出的一条走向可持续发展、生态智慧的中国城市建设道路，是中国未来城市发展的必然选择[2]。

公园城市作为全面体现新发展理念的城市发展高级形态，将依托公园、广场等游憩空间的建设，补足城市在过往二三十年发展中所忽视的具有交往、消费活力的"第三空间"[3]。在此主旨下，城市建设模式进行了转变，更加强调公园绿地与城市空间、功能的有机融合，以人为核心，更注重城市中的人本逻辑与人可参与的场景营造。从而形成生产生活生态空间相宜、自然经济社会人文相融的复合系统。

1.2 植物造景在公园城市建设中的价值

在城市规划理论不断发展演变的过程中，生态可持续发展是永恒的主题。而公园城市的建设更是通过构建绿色生态网络及生态空间，构筑山、水、田、林、城生命共同体，优化城市空间布局，从而达到保障城市生态安全的目的[4]，生态价值是公园城市的基础，而生态的内涵包括了生态伦理、生态服务功能和生态设计三个方面[2]。所谓生态设计，其中最重要的一环便是植物造景所带来的生态效应。同时因植物是美学表达与文化传承双重载体，植物造景对于塑造"城园相融"的公园城市大美形态等建设目标的实现有着重要的价值。

因此在公园城市建设中，植物造景不再局限于传统的概念——利用植物创造出优美的视觉效果，它还包括从生态上造景以及文化上造景的功能，将自然要素与城市系统耦合，丰富空间层次和生态服务功能等[5]，是影响生态系统、美学构造与人文精神传递的重要要素。

2 成都自然资源及文化特色

选择成都来践行公园城市这个宏大的时代命题，一方面因为成都作为中国中西部地区商业最繁荣的城市之一，为公园城市的建设提供了一流的发展平台和物质基础[6]。另一方面，独特的地理位置以及悠久的历史积累，使得成都拥有得天独厚的生态本底、植物资源和深厚的文化底蕴，这为公园城市建设提供了坚实的基础。

2.1 自然特征与种质资源

成都位处西南，属中亚热带湿润季风气候，处于世界生物多样性"热点区域"。拥有平原、丘陵、山地等复杂多样地貌类型。地形地貌的巨大垂直高差和气候的显著垂直分异，使得成都的植被垂直带谱分布完整，居全国省会城市之首。因历史上长期处于相对稳定的温和湿润环境，有利于古老植物的保存，成都拥有特殊的古植被背景。此外，成都地区现存植物资源也非常丰富，根据《成都市野生植物》记载，成都全市植物种类有三千余种，占全国种数的十分之一，包含多种国家重点保护野生植物。独特的自然环境与丰富的种质资源基础，为成都城市建设提供了丰富的植物造景资源基础。

2.2 人文历史背景与植物特色

得益于都江堰工程的建设，成都成为"水旱从人，不知饥馑，时无荒年"的天府之国。在这里，百姓安居乐业，经济快速发展，人们便开始借园林与植物模拟山水以寄情，留下了脍炙人口的诗句、典故和园林景观。成都的传统园林与皇家园林、江南园林不同，它是大众经营、大众游赏的[7]。唐代开始，成都城市内部便出现了摩诃池、转运司园、西园等大批具有公共性质的园林。从"晓看红湿处，花重锦官城""成都海棠十万株，繁华盛丽天下无"等诗句可看出，古时成都便以优美的城市环境和极富特色的植物景观而著名。

成都的现代园林更是在传统园林的基础上发展起来的，千年未变的城址积淀了丰富的文化典故，也留下众多文物古迹[8]，依托这些古迹和名人轶事便形成了众多的纪念性园林。延续至今，桂湖、东湖、罨画池等西蜀名园仍以其所纪念的历史人物和富有特色的植物景观闻名于世；薛涛的竹、陆游的梅、杨升庵的紫藤、花蕊夫人的芙蓉，成都的名人也总是与特定植物相关联。名人轶事流传至今，蜀地百姓习惯将古人的风骨精神寄托于植物形象上，通过植物景观来追思、歌咏和传承。

唐诗《成都》一诗中"月晓已开花市合"一句，是历史上有记载的最早的花市集会。北宋时期，名臣赵抃曾在《成都古今集记》中记载"十二月市"，其中"二月花市""八月桂市""十一月梅市"皆与植物有关，可见对植物的游赏习俗已经渗入了成都文化的里层。"花会年年二月期""城南十里作花市"——公共园林中植物造景所引发全民游赏的场景及其带动的人际交往与消费活力更是在成都代代传承了下来。随着时间的推移，成都人的赏花地图在不断增大，春有龙泉桃花节，夏观石象湖郁金香，秋赏人民公园菊花展、冬季便有一年一度的文化公园花会，成都人早已习惯通过植物来感受一年四季时间的变化。

3 公园城市背景下的植物造景实践

公园城市理念提出后，成都市进行了许多的理论研究和实践探索，《成都市美丽宜居公园城市规划（2018—2035年）》中提出了打造六大公园场景，包括三大郊野生态型场景和三大城市型场景的营造[9]。其中植物造景以其独特的生态功能、美学原理以及深厚的文化内涵成为公园城市实践过程中最灵活高效的手段之一。

3.1 生态理念在植物造景中的体现

2022年初关于成都建设公园城市示范区的批复中有提到，示范区建设要将"绿水青山就是金山银山"这一理念贯穿城市发展的全过程，充分重视与彰显生态价值。植物以其独有的生命代谢活动成为自然界的第一生产力，是构成生态系统的基本元素之一，植物造景便是最具有生命力的城市建设手段。

近年来，城市版图的快速扩张，一定程度上减少了城市周边原本的绿色覆盖，间接破坏了栖息地、阻碍了生物的迁徙。以成都青龙湖为例，青龙湖原本拥有优良的生态本底，高植被覆盖率和丰富的水源地让这里保留了多样化的生物栖息地种类。但因城市扩展人类活动增多，水系无法连贯，鱼塘、湿地被废弃干涸，栖息地面积也随之退化减少（图1）。

因此在对青龙湖片区进行提升设计时，设计遵循自然法则，以生态保护为优先目的，修复被破坏的生态区域，构建稳定且可持续的河湖生态群落。通过对现状场地的评估，首先将园区分为生态保育区、适宜低强度开发区和适宜开发区；完整保留了青龙湖区原生林带、湿地及生长较好的次生林带。同时，秉持对鸟类栖息林区零建设的原则，确保鸟类的生存环境和栖息地得到真正的保护。其次，疏通河道、连接河塘湿地、恢复水岸植物，在保障景观的同时

公园城市背景下的成都植物造景实践

图1 青龙湖改造前

修复被破坏的自然生境。对于人类活动破坏较严重的区域，清除建筑垃圾后生态复垦，重新种植生态林带，后期进行封闭育林管理，还原自然生境。针对荒地野草区域，首先清理地表的杂草和构树等侵略性较强的植被，再增加植物种植层次，完善区域的小型生态体系。

得益于划分开发强度等级、因地制宜的植物景观规划，青龙湖在人工干涉下完成了一次去芜存菁的修复重建，经过几年自然生长，这里已成为成都的鸟类基地和最具自然特色的生态区。通过青龙湖的植物造景实践可知，城市建设的第一步应该是将城市人工植被与城市保留的自然植被之间建立联系，从而提升城市生态系统的弹性。这不仅是维持生态系统可持续运行的必要，也是打造人类生态宜居环境的需求[10]（图2）。

3.2 美学原理在植物造景中的应用

美学一词来源于希腊语，最初的意义是"对感官的感受"，是人类理性与感性共同作用的结果。如今我们更要树立生态美学的认识和价值观，从公园自然和谐的生态文明观中，培育城市景观之美[11]。

而植物造景的美学原理便是综合了感性与理性的多元化感受：它可以是植物的单体美——优美的植株形态、叶片以及独特色彩的花果；也可以是植物群落形成的空间感受——孤植点景的唯一独特、列植的秩序感和形式感、群植组团的震撼和自然包容；更可以是植物季相变化的时间之美——春有百花齐放、夏有林荫森森、秋有层林尽染、冬有白雪青松。因此在公园城市建设中场景的营造无法脱离植物造景的美学加持（图3）：

天府绿道公园场景——天府大道两侧的桂溪生态公园，是锦城绿道环线的组成段落之一。公园毗邻天府一街和世纪城，是离城市最近的绿道公园之一，也是人们参与度极高的典型城市生态公园。城市绿道体

图2 改造后青龙湖实景

系的融入、海绵城市理念的贯彻、应急避难等多重功能需求的结合，使得公园在进行植物设计时需要多维度的考虑：①城市界面与街道空间的植物景观效果；②绕城高速和周边高层建筑的鸟瞰视角景观；③根据不同活动需求围合出不同空间尺度的场地——包括草坪、林地、丘陵、水岸等不同场景下的植物景观配置。而在植物品种搭配上，要考虑不同季相、层次的植物搭配。让这充盈着丰富植物美的城市公园，可以短暂地给予疲惫的城市人一些心灵的给养。

图3　桂溪生态公园实景

城市街区公园场景——街区公园中植物景观都是戴着枷锁跳舞却极其重要的设计元素。吉泰路在建设之初便定位为一条承上启下的生态纽带，因此设计师选择"樱花大道、雨水花园"这两大元素并联：樱花多排阵列布置，打造了一条位于CBD区域却无比浪漫的春日樱花长廊。雨水花园串联场地，将道路两侧的雨水有效汇集，结合鸢尾、美人蕉等多年生花卉和起伏的草坡，给周边上班族们以最浪漫多变的空间感受。而交子大道的改造设计则是在点状空间中进行植物造景。结合不同消费场景，配以不同造型植物，单株植物或许不是十分完美，但结合场地特色，植物就是画龙点睛的一笔，让场地真正焕发活力（图4、图5）。

图5　交子大道改造后实景

3.3　植物造景与文脉延续

公园城市提倡城市文明的继承创新以及人民美好生活的价值归依，其中重要的便是打造独特的城市文化魅力，从而提升城市生活的幸福感和归属感。以往的城市建设常通过打造地标性建筑来彰显人文环境的内涵与特质，然而，城市文化不应仅体现在人文环境上，也应体现在生态景观上。植物是一种活的自然物，在提供优美舒适的绿色环境的同时充分满足了人们精神上对环境更高层次的需求[12]。因此植物景观的巧妙融入才能完成公园城市建设中自然生境延续、历史文脉重现的目标。

"当年走马锦城西，曾为梅花醉似泥。二十里中香不断，青羊宫到浣花溪"——在公园城市建设探索过程中，根据陆游的《梅花绝句》衍生出了"寻香道"这个概念和提升项目。寻香道区域作为《天府锦城街巷联通体系规划》中的"八街"之一，串联起青羊宫、散花楼与杜甫草堂，打造了天府文博生态旅居示范区。希望通过再现诗中历史场景，重现老成都区域的花香不断、文博盛景。设计通过对中国的传统梅花文化和梅资源研究，以成都本土常见梅花品种为主干树种（如朱砂梅、宫粉梅等），在重点区域将我国三系五类梅花品种进行搭配种植，尽可能多地将传统梅文化在寻香

图4　吉泰路春日实景

道大景区内进行展示。因是旧城更新项目，场地现状植被丰富，特色突出。针对现状优质植被，植物造景以梳理保留为前提，用梅花相关诗歌串联节点，形成赏梅八景，打造了全年赏花、四季闻香的雅文化梅花博物馆。让旧城焕发新貌，让城市文明得以延续（图6）。

图6 寻香道-浣花溪公园揽月湖实景

除了历史文化的延续，城市记忆的延续对于城市归属感的提升也是至关重要的。城市新区建设往往会落入千城一面的怪相中，在新城区里想要找回老成都场景，不妨去铁像寺水街走一走。铁像寺水街项目依托发源于明代的历史遗迹铁像寺而建，因其独特的水岸街巷格局，创造了一种古今交融的景观空间。而植物造景通过对现状香樟的保留、桂湖紫藤的传承、四季植物的点缀，再现了喝茶打牌的旧场景，唤醒了老成都人心里的老记忆，也重塑了新区市民对传统文化的认同感和归属感，城市的文化魅力也就在植物的巧妙点缀中慢慢深入人心，公园城市所期待的人文价值也因此传承（图7）。

图7 铁像寺水街实景（一）

图7 铁像寺水街实景（二）

4 小结

植物作为一种有生命力的元素，见证了历史的变迁，参与了千年的百姓生活和名人轶事，承载了成都乃至整个中国的城市发展。如今，在成都作为公园城市示范区的当下，植物造景作为中国传统园林的重要构成要素之一，将继续在城市建设的过程中扮演着融合生态、美学、人文历史多重功能的重要角色。希望通过植物造景能为公园城市不断创造绿色生态价值，改善城市环境，协调人与自然之间的关系。

参考文献

[1] 人民日报. 加快建设美丽宜居公园城市[EB/OL].（2021-01-28）[2018-10-11]. http://opinion.people.com.cn/n1/2018/1011/c1003-30333606.html.

[2] 吴志强. 公园城市：中国未来城市发展的必然选择[N]. 四川日报. 2020（010）.

[3] Oldenburg R. 1989. The Great Good Place: Cafes, Coffee Shops, Community Centers, Beauty Parlors, General Stores, Bars, Hangouts, and How They Get You Through the Day[M]. New York: Paragon House.

[4] 张清，郝培尧，董丽，李逸伦，刘露露. 公园城市的内涵与实践研究[J]. 景观设计，2019，91（1）：106-108.

[5] 王宏达，李方正，李雄，刘志成. 公园城市视角下的城市自然系统整体修复策略研究——以成都市东进区域为例[J]. 中国园林，2021，312（12）：32-37.

[6] 谭林，陈岚，张婉媞，陈春华：成都建设公园城市的规划路径探析[A]. 面向高质量发展的空间治理——2020

中国城市规划年会论文集 [C]. 北京：中国建筑工业出版社，2020.

[7] 李雪芬. 巴蜀传统园林中植物造景对现代园林的借鉴研究 [J]. 安徽农业科学，2014，440（7）：2040-2041.

[8] 王璟，尹玉洁，刘珊. 成都市园林植物造景特色探析 [J]. 安徽农业科学，2011，354（29）：18014-18015，18062.

[9] 成都市规划设计研究院. 成都市美丽宜居公园城市规划（2018—2035年）[EB/OL].（2019-11-15）. http://www.cdipd.org.cn/index.php?m=content&c=index&a=show&catid=85&id=88.

[10] 董丽. 风景园林植物景观在人居环境建设中的作用 [J]. 风景园林，2012，100（5）：56-59.

[11] 孙喆，孙思玮，李晨辰. 公园城市的探索：内涵、理念与发展路径 [J]. 中国园林，2021，308（8）：14-17.

[12] 徐幼榕，董丽，郝培尧，魏伊宁. 浅谈植物景观设计与城市意境 [J]. 景观设计，2021，103（1）：38-41.

作者简介

王继红（1965-），女，四川省建筑设计研究院有限公司总景观师，教授级高级工程师。

李子愚（1993-），女，四川省建筑设计研究院有限公司设计五院设计师，工程师。

周佳（1985-），四川省建筑设计研究院有限公司设计五院（建筑景观）执行总景观师，高级工程师。

Web 3.0 时代建筑设计新边界初探
元宇宙浪潮下虚拟建筑的涌现机会与可能挑战

吕 锐 夏战战

摘要：随着区块链技术的日趋成熟，在数字经济领域催生了诸如元宇宙等Web 3.0时代的新平台。新时代的建筑设计也即将从仅满足线下需求，逐渐走向线上线下并重。文章聚焦新时代的特质，分析元宇宙浪潮下建筑设计行业改变的内在动因和技术关联，探索数据成为生产要素后建筑师的角色转变，以及建筑设计在虚拟世界的全新价值。

关键词：未建成；元宇宙；Web 3.0；虚拟建筑；超高容纳；无监督学习；数字孪生；挑战与机遇

The preliminary probe into the new boundary of architectural design of the Web 3.0 Era

Emerging opportunities and possible challenges of virtual architectures under the metaverse wave

Lyu Rui　Xia Zhanzhan

Abstract: With the maturity of blockchain technologies, new platforms in the Web 3.0 era such as metaverse have been born in the field of digital economy. Architectural design in the new era is also about to move from only satisfying offline needs to paying equal attention to both online and offline. This paper focuses on the characteristics of the new era, analyzes the internal dynamics and technical correlations of the architectural design industry under the wave of metaverse, explores the role changing of architects after data becomes the production factor,and the new value of architectural design in the virtual world.

Keywords: unbuilt;metaverse; Web 3.0；virtual architecture; hyper capacity; unsupervised learning; digital twin; challenge and opportunity

1 未建成的新机遇

传统的建筑师有一个漫长的职业成长史，虽然这与行业的技术复杂性有关，但建筑无论从资金还是时间成本上都是相对昂贵的产品；因此对于传统建筑师来说也许"未建成"才是设计作品的常态。2019年普利策奖得主矶崎新，从1960年代起就为自己"未建成"的作品举办展览，形成了60年代的"空中城市"、70年代的"电脑城市"和80年代的"虚体城市"系列展览。在其著作《未建成/反建筑史》中矶崎新指出："建筑史是由非时间的事物构成，'未建成'意味着超越着时间的建筑构想，在召唤远古建筑的同时包含着对未来的想象。"[1]移动互联网传播效率的指数化提升和社会对细颗粒度设计的需求增加，给了青年建筑师更多的机会，未建成的现象有一定程度的下降。随着后疫情时代出行综合成本的上升，人们越来越倾向

本文已发表于《时代建筑》，2022

于事先在网络上依据照片、视频和评论筛选出自己的最终目的地。正如同济大学建筑与城市规划学院院长、建筑评论家和策展人李翔宁先生在 2021 年三联人文城市论坛上所讲："如果将建筑理解为一个实体的存在,那么它同时在网络上又有一个再生体,或者说是替代物。从某种角度来说,这个建筑的再生体,在网络上的符号价值可能已经超过了建筑的实际使用的价值,这也是值得建筑师思考的一种现象。"[2]

在 Web 3.0 席卷而来的当下,也许未建成建筑包含的未来想象和建筑在网络的再生体将会在区块链技术的加持下进一步蜕变成从未有过的元宇宙建筑形态。

2 元宇宙浪潮与 Web 3.0 特质

元宇宙(MetaVerse)是数字经济发展到一定程度的聚合表现形态。运用 BIGANT 六大核心技术(Blockchain 区块链、Interactivity 交互技术、Game 游戏、AI 人工智能、Network 网络及运算技术、IoT 物联网),

通过空间的构建,让人们可以在数字世界中持续生活、创造,人们可以发挥创意,低成本地在线创建一个新的世界。虽然仍在萌芽阶段,但元宇宙概念下的充足可能性已经吸引阿迪达斯、汇丰银行、SPACE X 等产业巨头在 The Sandbox、Decentral Land 等平台上建立了自己的虚拟总部或展廊。2021 年 12 月,上述平台标准虚拟地块平均设计费用在 20 万美元左右,月度设计费总额也已突破 1 亿美元的大关。元宇宙最重要的消费品 NFT,即非同质化代币(Non-Fungible Token),是一种区块链数字账本上的数据单位,每个代币可以代表一个独特的数字资料,如画作、声音、视频、游戏中的项目或其他形式的创意作品。这些代币在其底层区块链上被实时追踪,并为买家提供所有权证明。[3] 目前城市和建筑设计类的 NFT 藏品层出不穷,世界最大的 NFT 交易平台 Opensea 上由建筑设计师和数字艺术家联袂呈现的数字建筑藏品 CryptoCities 的成交底价已经达到 99 ETH①(约 20.1 万美元);其中编号 073 的火星城市主题数字建筑藏品的价格更是达到了 4,206.9 ETH(约 846.5 万美元)②的历史新高。

为何元宇宙的浪潮会来得如此汹涌?这和 Web 1.0 到 Web 3.0 的技术进步息息相关。WEB 1.0 是中心化的,"时间大约从 1991 年到 2004 年。在 Web 1.0 中,内容创作者很少,绝大多数用户只是内容的消费者。"[4] 在 Web 1.0 时代,用户只能从少数头部网站浏览和寻找需要的信息。相比 1.0 时代,Web 2.0 逐渐转变为以用户为导向,它允许用户作为虚拟社区中内容的创建

---

① ETH 以太币是以太坊的原生加密货币。以太坊全称 Ethereum,是一个去中心化的开源的有智能合约功能的公共区块链平台。以太坊是世界范围内使用最多的区块链。

② 以上价格为 2022 年 5 月 20 日北京时间上午 9 点 ETH 兑美元的实时价格。

者,并通过社交媒体的对话进行交互协作,虽然其传播模式已经从 B2C 转变为 P2P,但其大部分内容收益仍由少数头部平台网站所占据,其内核仍是集束中心化的。Web 3.0 则以区块链技术为突破口从最基础的知识产权重新定义了整个网络的金融逻辑,让网络变得可以被拥有。难以破解的哈希密码和去中心化的自动广播记账体系强化了个人作品的稀缺性和独特性,而数字资产的自动合约和无限版税,让创作者能持续在后续转让中受益。正如《失控》和《必然》的作者、连线杂志(Wire Magazine)创始主编凯文·凯利在《镜像世界:未来互联网畅想》中指出的那样,即将到来的第三代网络即 Web 3.0,是关于剩余万物的数据化,特别是空间、建筑和物品。①

3 建筑设计的新边界

对于建筑设计行业来说,Web 1.0 消除了信息的不平等,让大型国际事务所随着全球化可以进入到新兴的发展中国家,同时 CAD 等第一代计算机辅助设计软件也支持了建筑文化的低成本跨国流通;Web 2.0 实现了自组织的网络传播效应,消除了传播的不平等,让细分领域涌现出众多独立网红事务所。同时 Sketch Up、Blender、3Ds Max 和 Maya 等第二代计算机辅助设计软件也进一步降低了设计成本,促进了建筑图纸从 2D 到 3D 的转化;而 Web 3.0 则会是一个针对空间的数据化时代,区块链确权会消除知识产权分配上的不平等,进一步促进独立创作和虚拟设计市场的繁荣程度;而飞速发展的算法和编程设计,如已经在设计领域大放异彩的 Grasshopper 和 Python,会赋予建筑更多进化论手段,在短时间生成虚拟世界需要的大量建筑设计,助力建筑设计新边界的开拓。

先锋国际设计事务所已经清晰感受到了其中的机会,并迅速将业务拓展到了虚拟设计领域。扎哈·哈迪德建筑事务所(以下简称 ZHA)是其中的代表,他们参与设计的虚拟画廊"NFTism"在今年的巴塞尔迈阿密海滩艺术展上进行展出,以虚拟艺术画廊的形式探索了元宇宙中赛博空间中的社交互动。"赛博空间是通过计算机网络实现人与人交流的虚拟环境。当前的拟真、3D、MMO 游戏创作技术②,结合高速网络和云技术,使赛博空间变得更加三维立体、交互更丰富,同时在社交和感官体验上更引人入胜,并可通过浏览器、移动应用程序和智能电视等各种设备访问。ZHA 的空间设计侧重于用户体验、社交互动和戏剧构图,这种虚拟建筑由性能一致、经过现场测试的参数化设计技术提供支持。通过将 ZHA 的设计与 MMO 交互技术服务相结合,为线上观众带来新颖的、增强使用体验的奇妙经历。"[5] "NFTism"虚拟画廊的开幕展名为"面包屑:NFTism 时代的艺术",由 Galerie Nagel Draxler 与媒体艺术家 Kenny Schachter 合作策划,这是一场专门为 NFT 准备的展览。在 ZHA 的作品中这个光滑而具有未来感和戏剧性的虚拟空间除了

---

① 此段话来自于凯文·凯利在 2021 百度 Create 大会上的主题演讲。
② MMO(Massive multiplayer online)游戏创作技术是指大型多人在线游戏技术,一般为游戏运营方搭设游戏的网络服务器,玩家通过的客户端软件连接游戏运营方的服务器端进行游戏。一般的 MMOG 可以支持超过数千人同时进行游戏。同时连接游戏的玩家可以在游戏中与其他玩家进行交流。

在墙面上用参数化设计语言嵌入了NFT艺术家的相关作品进行互动展示，还在展厅中央位置展示了由Kenny Schachter委托的设计虚拟交通工具"Z-boat""Z-Car One"、雕塑感十足的虚拟家具：长凳"Belu"和凳子"Orchis"。中国的MAD建筑事务所则更进一步，科幻生存游戏《代号：降临》邀请其创始合伙人马岩松担任"游戏建筑总设计师"。MAD设计的三个包含未来想象的未建成作品——"超级明星·移动中国城""台中会展中心""MAD x Hyperloop TT"被游戏采纳，设定为曾经高度发达的文明遗迹场景得以在虚拟世界呈现。其他先锋事务所，如BIG等也在这个全新的赛道上做出了新的尝试。

4 虚拟建筑的特质

Web 3.0 既给建筑设计带来了新的边界，也将让这一新领域的建筑具有新的特性，进而影响到未来的建筑创作。已经萌芽的特性包括超高容纳率、无监督自我生成和孪生链接。

4.1 超高容纳率

跳出了物理世界的限制，虚拟建筑会展现出超乎想象的超高容纳率。2019年2月3日凌晨两点，国际知名音乐人Marshmello在游戏《堡垒之夜》中举办了一场电音演唱会，一共有来自世界各地1070万人涌入，使其成为有史以来参与人数最多的一次演唱会。而在一年之后的2020年4月24日，《堡垒之夜》又与美国著名说唱歌手Travis Scott合作上演了一场名为"Astronomical"的沉浸式大型演唱会，Travis超巨人尺度的化身穿行于堡垒之夜的虚拟小岛之间，共吸引了超过2770万名玩家前往观看，打破了之前Marshmello的记录。如果按中国国家体育场（鸟巢）场内满座容量9.1万人计算，本次线上音乐会的容量是305个鸟巢。虚拟演唱会现场相对现实中场馆几万人的容量会陡然上升到上千万人，因此如何在虚拟建筑设计中保证每一个化身（Avatar）[①]的良好体验，就需要更加细颗粒化的虚拟空间规划，精致到对每个接入点相对位置360°无死角的精细建筑效果推敲。而化身的动态接入，如从虚拟飞行器上的机降，会让空间体验突破传统的步行人视感受，开拓出更多意想不到的神奇角度，针对虚拟建筑的实时渲染技术就变得格外重要。建筑设计的价值也进一步回归于其内核美学价值和独特的空间感受。

4.2 无监督学习

人工智能（以下简称：AI）的发展也会带来虚拟建筑设计的革新，Rob Toews[②]在《次时代的人工智能》一文中指出：无监督学习（Unsupervised Learning）是未来AI的主要特征。它革新的对象是当今人工智能世界的主导范式：监督学习。虽然监督学习在过去十年中推动了从自动驾驶汽车到语音助手等人工智能的显着进步，但它具有严重的局限性。手动标

---

① 化身（Avatar）是英语向梵语借字，意指互联网用户角色的图形表示。化身可以是互联网论坛和其他在线社区中的二维图标或者采用三维模型的形式在在线世界和视频游戏中。
② Rob Toews是擅长人工智能领域投资的激进风投公司（Radical Ventures）其中一名风险投资家，在福布斯杂志上设有专栏。

记数千或数百万个数据点的过程昂贵而繁琐。人类必须手动标记数据,然后机器学习模型才能摄取数据,这一事实已成为 AI 的主要瓶颈。[6]"下一次 AI 革命不会受到监督"。AI 传奇人物、2018 年图灵奖得主、被称为卷积网络之父 Yann LeCun 在访谈当中说道。[7]无监督学习的概念更接近于人类神经元去中心化的开放式推理和探索,再不接受人类监督的情况下自组织进化和生产。无监督学习将会从海量的数据中自动生成元宇宙的世界基础,这类似于目前国内外科技公司尝试从无人机扫描数据、航拍和规划图纸中生成数字孪生场景(DTS)地图;但无监督学习没有人为设置的停止边界或指令,会成为与真实城市自组织方式类似的以迭代更替进化论为主导的自动生成虚拟城市。也许在不远的未来,邀约好友通过"化身"围观正在元宇宙边缘自动生长的 AI 虚拟建筑,会成为元宇宙的又一潮流。但无监督学习也很有可能因为黑客问题带来无序增长的病毒建筑,如何防止这类建筑侵占赛博空间将是元宇宙安全专家面临的一大课题。

4.3 数字孪生

数字孪生是指 NFT 除了其虚拟属性还能成为线下物理资产的线上映射,在元宇宙中 NFT 通过可支撑数据实时交互的数字孪生技术,实现线上线下的强连接。如在阿迪达斯 Crypto Voxel 平台旗舰店中,用户就可以通过点击对应球鞋 NFT 直接购买到线下的真实球鞋;英国知名跑车制造商迈凯伦也与 InfiniteWorld 平台合作为旗下的实体跑车创建独属的 NFT,让车主在线上拥有数字跑车资产,可以在虚拟城市中实时体验,把原本线下的炫耀属性带入了元宇宙中。不难想见,在未来的很多业主或许都会要求建筑师在设计真实别墅的同时,在元宇宙中创建虚拟的数字孪生 NFT,直接邀请相隔万里的异国好友到元宇宙参观原本在地球另一端的物业。这种趋势会让虚拟建筑具有某种真实消费场景的属性,形成线上线下高强交互的体验。除了商业和居住,数字孪生还正在工业建筑中发挥重要作用。"2021 年初,宝马和英伟达 Omniverse 平台合作打造数字工厂,运用数字孪生技术实现线上测试,提升了规划流程的精度和效率,规划阶段效率提高约 30%,整车制造阶段达到每 56 秒生产一辆车。"[8]

5 建筑师身份挑战与机遇

建筑资产的虚拟化,意味着设计 Web 3.0 时代的虚拟建筑设计不再需要安全认证和资质评定,从业人员不再必须去到建筑学院拿到学位或考取注册建筑师

10

资格就能成为一位元宇宙建筑师。建筑设计的门槛大幅下降,传统建筑师将面临如艺术家、游戏场景设计师等关联职业的直接竞争,甚至充满创意的普通人也能与其在这一领域一决高下。同时由于元宇宙的不同平台有各自支持的格式和属性,建筑师需要熟悉这些技术要求来优化自己的虚拟作品;如在平台支持的动态展示格式,作品的上链流程等。之后还需要持续运营自己的作品社群,将粉丝数量维持在一定标准之上,这又会要求建筑师具有某些自媒体工作者的属性。此外,AI 的深层次进化可能在局部领域完全取代建筑师的生态位。目前,重复率较高的传统设计领域,如房地产相关的建筑设计已经受到了类似冲击。无监督学习将使元宇宙中的基层设施设计建设实现完全智能化、自动化,甚至有可能进一步对现实世界的基础设施规划设计产生影响。

从上述的维度来看,建筑师面临挑战似乎在呈指数级增长;但就总体而言虚拟建筑领域对所有建筑师都是拥有巨大机会的一片蓝海。这片蓝海会涌现出许多我们现在还难以想象的空间需求,对 NFT 的设计需求也将愈加细颗粒化。受过传统建筑教育的建筑师在这片蓝海中是具有竞争优势的,我们不能因为新技术的日新月异就忘记几千年来建筑行业从未变更的服务对象,那就是人类自己。建筑师所受教育中关于历

11

12

史、人文、美学、哲学和社会学的理论基础让他们很容易成为好的沟通者和倾听者。针对 Web 3.0 时代涌现的各种社群及其身份认同；建筑师只要充分聆听，不难发展出独特的虚拟建筑语言，从跨界创作者和 AI 中脱颖而出。新的时代也将把建筑师从"出租时间"的尴尬角色中解放出来，在元宇宙建筑师将从只针对于 To B 的线性服务，转变为快速迭代的 To C 的服务。元宇宙建筑师构建场景不再仅遵从单一业主的指令，而是需要学习社群的大量后台统计数据，发现趋势作出快速反应设计实时互动场景，更好地为同时在线的上千万人服务；建筑师也可确定好美学调性和生成规则，通过 AI 算法生成成千上万的 NFT 建筑消费品，满足大众细颗粒化的消费需求。大型游戏和社交平台公司可能会取代传统的设计企业成为建筑师的就业首选，这些公司已经尝试在软件上为建筑师介入虚拟建筑设计铺平道路。世界知名游戏企业 EpicGames 就于去年 4 月收购了 Twinmotion 公司；该公司致力于提供直观的、基于图标的软件，使"建筑、施工、城市规划和园林绿化专业人员"能够在"几秒钟内"制作出基于虚幻引擎的逼真、身临其境的数字环境。[9] 正如 ZHA 首席建筑师帕特里克·舒马赫（Patrik Schumacher）所说：只有建筑师，而不是视频游戏设计师，才有具有实现元宇宙所需的视野。[10]

13

6 展望

邓小平同志被尊称为改革开放的总设计师，西方世界中"建筑师"这个词是具有一定神性的。也许建筑设计最终会来到哲学、社会学、传播学、数学、物理学和美学的交叉点，这个交叉点存在于 Web 3.0 时代的虚拟世界中。我们必须意识到虽然在区块链技术的加持下这个虚拟世界极大地拓宽了人类的社交空间，但这个领域仍然和现实充满黏度，即便空间已经变得虚拟，Web 3.0 时代的建筑师新征程依然会聚焦人性空间的塑造和表达。

参考文献

[1] 矶崎新. 未建成 / 反建筑史 [M]. 胡倩, 王昀译. 中国建筑工业出版社. 2004.

[2] 李翔宁. "网红建筑"里蕴含着未来建筑的一种走向 [EB/OL]. 孙小野整理. 三联生活周刊, 2021-04.https://www.lifeweek.com.cn/article/127473?from.

[3] Dean, Sam.$69 million for digital art? The NFT craze, explained[EB/OL]. Los Angeles Times.2021-03-11.https://www.latimes.com/business/technology/story/2021-03-11/nft-explainer-crypto-trading-collectible.

[4] Balachander Krishnamurthy, Graham Cormode.Key differences between Web 1.0 and Web 2.0[EB/OL]. First Monday. 2008-04-25.https://doi.org/10.5210/fm.v13i6.2125.

[5] ZHA. 扎哈·哈迪德建筑事务所设计的虚拟画廊亮相巴塞尔迈阿密海滩艺术展[EB/OL]. ZahaHadidArchitects.2022-01-08.https://mp.weixin.qq.com/s/evgv8EaFFqCTtGvZOtGIQg

[6] Rob Toews.The Next Generation Of Artificial Intelligence[EB/OL]. Forbes.2020-10-12.https://www.forbes.com/sites/robtoews/2020/10/12/the-next-generation-of-artificial-intelligence/?sh=b9caa0e59eb1.

[7] Kaggle Team .Convolutional Nets and CIFAR-10: An Interview with Yann LeCun[EB/OL]. 2014-11-23.https://medium.com/kaggle-blog/convolutional-nets-and-cifar-10-an-interview-with-yann-lecun-2ffe8f9ee3d6.

[8] 管筱璞、李云舒. 元宇宙如何改写人类社会生活 [EB/OL]. 中央纪委国家监委网站. 2021-12-23. https://www.ccdi.gov.cn/toutiaon/202112/t20211223_160087.html.

[9] Matthew Ball.The Metaverse: What It Is, Where to Find it, and Who Will Build It[EB/OL]. Jan 13, 2020.https://www.matthewball.vc/all/themetaverse.

[10] Eileen Kinsella, Zaha Hadid Architects Will Build a Metaverse for the Unrecognized, Real-Life Libertarian

State of Liberland[EB/OL]. March 23, 2022. https://news.artnet.com/art-world/zaha-hadid-architects-leading-charge-building-libertarian-city-metaverse-2088785.

Synopsis

Traditional architects have a long period of professional growth, although this is related to the technical complexity of this industry, but architecture is a relatively expensive product in terms of both capital and time cost. Therefore, for traditional architects, perhaps "unbuilt" is the normal for design works. The exponential improvement of mobile Internet communication efficiency and the increase in social demand for segmentation design have given young architects more opportunities, the phenomenon of unbuilt has declined to a certain extent. As the combined cost of travel rises in the post-pandemic era, There is a growing tendency to sift through photos, videos, and reviews online beforehand to find their final destination. At the moment when Web 3.0 sweeps in, perhaps the future imagination contained in unbuilt buildings and the regeneration of buildings in the network will be further transformed into a meta-universe architectural form that has never been seen before under the blessing of blockchain technology.

MetaVerse is a convergent representation of the digital economy to a certain extent. By Using BIGANT (Short for: Blockchain, Interactivity, Game, AI, Network and IoT), through the construction of space, people can continue to live and create in the digital world with a low cost. The full possibilities under the metaverse concept have attracted industry giants such as Adidas, HSBC, SPACE X and others to set up their own virtual headquarters or galleries on platforms such as The Sandbox and Decentral Land. In December 2021, the average design cost of the standard virtual plot was about 200,000 US dollars, and the total monthly design fee has exceeded the mark of 100 million US dollars. The metaverse's most important consumer product, NFT, namely Non-Fungible Token, is a unit of data on a blockchain digital ledger, and each token can represent a unique digital profile, such as paintings, sounds, videos or other forms of creative work. These tokens can be tracked in real time on their underlying blockchain and provide buyers with proof of ownership. In the Web 1.0 era, users can only browse and find the information they need from a small number of head websites. Compared with the 1.0 era, Web 2.0 has gradually become user-oriented, it allows users to act as content creators in virtual communities and interact and collaborate through social media conversations, although its communication model has changed from B2C to P2P, but most of its content revenue is still occupied by a small number of head platform websites, and its core is still clustered and centralized. Web 3.0 uses blockchain technology as a breakthrough to redefine the financial logic of the entire network from the most basic intellectual property rights, so that the network can be owned. Hard-to-crack hashed passwords and decentralized automated broadcast bookkeeping systems reinforce the scarcity and uniqueness of individual works, while automated contracts and unlimited royalties for digital assets allow creators to continue to benefit from subsequent transfers. As Kevin.Kelly points out in Mirror World: Imagining the Future of the Internet, the upcoming third-generation Web, Web 3.0, is about the dataization of everything that's left, especially space, buildings, and objects.

For the architectural design industry, Web 1.0 eliminates information inequalities, allowing large international firms to enter emerging developing countries with globalization, while the first generation of computer-aided design software such as CAD also supports the low-cost cross-border circulation of architectural culture; Web 2.0 realizes the self-organizing network communication effect, eliminates the inequality of communication, and allows many independent internet celebrity firms to emerge in the subdivision field. At the same time, second-generation computer-aided design software such as Sketch Up, Blender, 3Ds Max and Maya has further reduced design costs and promoted the conversion of architectural drawings from 2D to 3D; Web 3.0 will be a space-oriented era of data, blockchain will eliminate inequality in the distribution of intellectual property rights, and further promote the prosperity of the independent creation and virtual design market; The rapid development of algorithms and programming designs, such as Grasshopper and Python, which have already shined in the design field, will give architecture more evolutionary means, generate a large number of architectural designs needed for virtual worlds in a short period of time, and help open up new boundaries of architectural design.Pioneer International Design Firm such as Zaha Hadid Architects and M.A.D. has clearly felt the opportunity and has quickly expanded into the field of virtual design.

Web 3.0 will not only bring new boundaries to architectural design, but will also give new characteristics to architecture in this new field, which in turn will affect future architectural creations. Emerging features include Hyper capacity, unsupervised self-generation, and digital twin links.The threshold for architectural design has dropped dramatically, and traditional architects will face direct competition from related professions such as artists and game set designers, and even creative ordinary people can compete with them in this field. After that, it is also necessary to continue to operate its own work community and maintain the number of fans above a certain standard, which in turn requires architects to have certain attributes of self-media workers. In addition, the deep evolution of AI may completely replace the ecology of architects in the local field. At present, traditional design areas with high repetition rates, such as real estate-related architectural design, have been similarly impacted. Unsupervised learning will enable the design and construction of grass-roots facilities in the metaverse to be fully intelligent, automated, and may even have a further impact on real-world infrastructure planning and design.From the above dimensions, the challenges faced by architects seem to be growing exponentially; But overall, the virtual architecture space is a blue ocean of great opportunity for all architects.

Perhaps architectural design will eventually come to the intersection of philosophy, sociology, communication, mathematics, physics and aesthetics, which exists in the virtual world of the Web 3.0 era. We must realize that although this virtual world has greatly broadened the social space of human beings with the blockchain technology, this field is still full of viscosity with reality, and even if the space has become virtual, the new journey of architects in the Web 3.0 era will still focus on the shaping and expression of human space.

文章涉及的图片：

1. 矶崎新的空中城市，照片版权 Osamu Murai
1. The City in the Air by Arata Isozaki, image copyright Osamu Murai
2. 图表：元宇宙与传统虚拟空间的区别
2. Chart: Differences between the Metaverse and the Traditional Virtual Space
3. 73 号加密城市 - 火星 2032，图片版权 CryptoCities
3. CryptoCities #073 - Mars 2032，image copyright CryptoCities
4. 元宇宙中的 SpaceX 旗舰店外景
4. Exterior view of the SpaceX flagship store in the metaverse
5. 元宇宙中的 SpaceX 旗舰店内景
5. Interior view of SpaceX flagship store in the meta-universe
6. NFTism 虚拟画廊，图片版权 ZHA
6. NFTism virtual gallery, image copyright ZHA
7. 游戏降临中的超级明星·移动中国城，图片版权 MAD
7. Superstar in the game: Mobile China Town, image copyright MAD
8. 台中会展中心，图片版权 MAD
8. Taichung Convention and Exhibition Center，image copyright MAD
9. 超级高铁，图片版权 MAD
9. MAD x Hyperloop TT，image copyright MAD
10. Marshmello 堡垒之夜演唱会，图片来源 Epic Games
10. Marshmello fortnite event, image copyright Epic Games
11. "Astronomical" 虚拟演唱会，图片来源 Epic Games
11. "Astronomical" Vitural event, image copyright Epic Games
12. 宝马运用的 Omniverse 平台，图片来源 BMW Blog
12. Omniverse used by BMW, image copyright BMW Blog
13. Twinmotion 渲染的数字环境，图片来源 Unreal Engine
13. Digital Environment Rendered by Twinmotion. image copyright Unreal Engine

作者简介

吕锐（1986-），男，四川省建筑设计研究院有限公司设计五院总规划师，公园城市策划研究中心主任，高级工程师。

夏战战（1983-），男，四川省建筑设计研究院有限公司设计五院规划所设计总监，工程师。

金沙考古遗址公园绿地雨水排蓄一体化改造研究

张 毅 邱 建

摘要：考古遗址公园建设具有特殊性，为了保护地下遗址，往往大量回填土方，一般不设计人工水体。但这种建设方式造成排水困难，对地处降雨量大的金沙考古遗址而言，问题尤为严重，加重了遗址保护压力。为此，将古代及现代城市雨洪处理理念应用于金沙遗址公园绿地改造，通过排蓄一体的思路，提高绿地渗水率，形成自然河道和沟渠等构成的自然排水系统。具体技术措施包括：调整场地竖向规划，整合排水沟，增加蓄水、截留设施，实现雨水排蓄功能一体化；局部换填土与埋设盲沟相结合，提高土地渗水率；自然河道、排水沟渠沿岸配置莎草、鸢尾、巴茅、芦苇等亲水植物，营造生态水景；雨水沟栽植混合草，形成植草沟，降低径流系数。工程实施结果显示："高挖低填"方式平衡了场地土方，优化了雨水沟坡度，消除了场地积水，减少了植物涝害死亡；排蓄一体让场地因水成景，蓄水用于绿地浇灌，降低了养护成本；植物配置减少了雨水对河道、沟渠的冲刷力，有利于岸线保护。

关键词：雨洪控制；考古遗址公园；雨水排蓄一体；渗水率

The green place renewal with the rainwater drainage and storage integrated system in Jinsha Archaeological Ruins Park

Zhang Yi Qiu Jian

Abstract: In order to protect the underground ruins, the construction method of Archaeological Park is often special, such as earthwork backfill, no artificial large bodies of water. However, this way may bring trouble to the rainwater treatment after the park is built, especially like JinSha Archaeological Park in ChengDu which is a rainy city. The conception both of the ancient and recent city flood control could provide new perspectives to solve the dilemma of JinSha Archaeological Park , such as establish the system with integrated functions of drainage and storing water, which contains enhancing the rainwater permeability and constructing the ecological waterscape. In view of the enlightenment, a retrofit implementation plan is developed based on real situation: Firstly , the integrated water drainage and storage system was realized by to re-arrange the venue orientation, to combine separate ditches and to retention facilities. Secondly, secondly, to combine 2 options of replacing the soil and laying the blind ditch to increase soil infiltration rate. Additionally, On the natural rivers, drainage ditches along the sedge configuration Pakistan, iris, Mao, reeds and other hydrophilic plants to create ecological waterscape. The artificial drainage ditch bottom mixed planting grass, grass ditch form reduced runoff coefficient. It is manifested that the reformation of the green land in Jinsha park was effective. The effort is composed of such aspects, e.g. the waterlogged in green land was disposed, using the retained rainwater could decrease the quantity of city water supply. No plant would die after rainy season and the embankment of river were protected by diminishing the speed of rainwater.

Keywords: control of rain flood; archaeological ruins park; the integrated water drainage and storage; water permeability

---

基金项目：国家自然科学基金项目"三生空间耦合机理及规划方法研究——以四川地震灾区为例"（编号：51678487）资助；四川省科技支撑项目"汶川地震灾后重建关键技术集成及规程研究"（编号：2013FZ009）资助

本文已发表于《中国园林》，2018

考古遗址公园（以下简称遗址公园）一般将核心遗址探坑作为展示空间，其余大部分用回填土或沙覆盖，通过绿化形成保护性绿地，便于在有效保护地下遗址的同时能够持续开展考古研究工作。这种建设方式往往造成雨水排水困难，不仅不利于遗址公园的生态化建设，而且对遗址保护带来压力。笔者在参与金沙考古遗址公园（以下简称金沙遗址公园）绿地改造时，针对雨水排水系统存在的问题，借鉴古往今来城市雨水处理排蓄一体化理念，着力保护、恢复和修复受破坏的水体与生态系统，重点提高绿地对雨水的管控能力[1]。改造后的金沙考古遗址公园得到专业人员的认可，受到市民和游客的欢迎，其经验可为其他类似遗址公园绿地建设提供参考和启示。

1 金沙遗址公园雨水排水问题

1.1 考古遗址公园建设的特殊性遗址不同的建设方式

（1）原始状态保护，在对遗址充分调查、勘探基础上，对重点区域采集资料后，不进行发掘，保留原始的自然状态。

（2）利用植物修葺成绿篱对探明的建筑遗址标识范围保护。

（3）从已发掘的遗址葬坑里取走文物，回填探坑并做好标识。

（4）建设全地下封闭式的遗址博物馆，例如陕西阳陵博物馆。

（5）建设地上博物馆，展示遗址范围出土文物。

（6）采用覆土回填保护建筑遗址探坑，在地面通过复原方式展示。[2]

1.2 金沙遗址的建设方式与排水问题

落实到遗址公园的建设，应围绕它的保护与展示双重职能展开[3]，就金沙遗址公园而言，其陈列馆为文物的展示空间，遗迹馆与室外绿地为保护空间。公园超过70%的面积为室外绿地，在回填土上绿化而成，用于保护遗址回填的土方总量超40万 m³，平均厚度约2m。

金沙遗址地处成都市区，属亚热带湿润季风气候区，雨量充沛。城市年平均降雨量900～1300mm，主要集中在夏季7月至8月间，历史上多次遭遇洪涝灾害。公园每年雨季就会出现严重的排水困难问题，处理不当甚至会危及到地下文物，具体有如下几点（图1、表1）：

（1）公园地下遗址的存在致使没有大规模地下排水管道存在，所以雨水主要通过地表挖沟排除。为了保护遗址，园区没有大型人工水体，缺乏地表汇水处，导致水沟排水距离过长、数量过多及末端出水口太浅，视觉质量差。

图1 金沙遗址（照片来自金沙博物馆资料室）

金沙遗址公园绿地面临的主要雨水排放的问题　表1

序号	现状问题	现状照片	问题的原因	对景观负面影响
1	排水沟纵横交错，缺乏系统组织		公园没有设计大型人工水体，地表水缺少汇水处	地面沟壑过多杂乱无章
2	雨水地表局部积水严重		1. 竖向设计不完整 2. 土壤透水性差	1. 积水造成草坪斑秃；表面不均匀沉降。 2. 受涝害植物枯黄、死亡
3	回填土下层有积水		1. 回填土时机械反复碾压，密实度过大 2. 土壤质量欠佳透水性差	植株死亡
4	"水景广场"景点常年断水		供水成本过高，没有循环蓄水系统	亲水性、观赏性欠佳

（2）低洼处积水严重，造成绿地沉降呈坑洞状，给植被带来涝灾。

（3）地下土层有二次积水，侵害植物根系。公园的腊梅林区域，雨后常发生涝害死亡，多次地表改造效果不理想。经开挖检查发现，土层分层压实严重，层间有积水现象。

（4）公园内"水景广场"景点，原意建成依山势的跌水景观。但苦于供水为城市高价自来水，又没有循环、蓄水设施，故常处于断水状态，失去观赏价值。

（5）雨季雨水对排水沟、摸底河沿岸冲刷严重，会发生土方塌落和植被捣毁。

常规措施应对综上问题难以奏效，转而深入分析城市雨洪控制实践经验，寻找突破。

2 城市雨水排蓄的实践经验及其启示

2.1 古代城市雨水处理的智慧经验

2.1.1 排蓄合一的方式

纵观中国古代城市以农业经济为主，多沿河、依水而建。靠近水源便于生产生活，但会遭受水患的威胁。面对威胁，古人很早就体现了智慧疏导、排蓄合一的思想。例如举世瞩目的都江堰工程，都江堰渠首枢纽主要由鱼嘴、飞沙堰、宝瓶口三大主体工程构成。三者有机配合，相互制约，协调运行，引水灌田，分洪减灾，具有"分四六，平潦旱"的功效。还有，赣州的福寿沟利用天然地形高差，在低洼处设计三大池塘、几十口小塘，将雨水引入池塘，池塘具备调蓄、养鱼、灌溉等综合功效，使得城区远离雨涝困扰的同时又产生经济效益。[4]

2.1.2 巧设暗排系统

古人在建设故宫排水系统中显示了高超的思维智慧，在设计地面排水沟渠的同时，还布置地下暗排水体系，明、暗整合运用。明排水设计了1142个龙头排水孔泄掉主体宫殿地面雨水，暗排水则通过地下水道将各处分布的90多个院落的雨水汇入后海、太平湖、太液池等大型水体。

2.2 现代城市雨洪控制的理念

2.2.1 从单一排放向排蓄一体化转变

2014年出台的《海绵城市建设技术指南——低影响开发雨水系统构建（试行）》的核心精神：运用渗、滞、蓄、净、用、排等多种技术，实现城市良性水文循环，提高对径流雨水的渗透、调蓄、净化、利用和排放能力，维持或恢复城市的'海绵'功能。由此得知，城市雨洪问题的处理不再是简单排放、疏泄，而是综合应用各种工程、非工程措施，将城市雨洪作为一种资源加以利用，实现节水、水资源涵养与保护、控制城市洪涝和水土流失等目标。[5]

2.2.2 多技术手段的雨水调蓄

调蓄是雨水调节和储蓄的总称[6]。雨水调节通常是对雨水峰流量进行调节、滞流或削减[7]，雨水储蓄主要指对雨水径流量进行储存、滞留或蓄渗以达收集、利用雨水资源的目的，雨水调蓄运用的主要工程技术包括：利用下凹式绿地，渗透性的管道、井、池塘等削减径流量；布局水池、人工湖泊汇集、回收雨水；设计雨水花园、湿地、滞留池塘净化水质，达到再利用目的。

2.2.3 生态设计的自然河道与沟渠

现代城市处理雨水问题更应注重生态的角度建设水景[8]。德国早在20世纪80年代末就开始重视雨水处理与利用的研究，是国际上雨水资源利用技术最先进国家之一。雨水资源综合利用将各种水生植物与水环境有效整合，改变雨水在沟渠内的径流系数，减缓雨水对岸线冲刷，在避免沟渠被破坏，实现赏心悦目与科学处理雨水"双赢"。例如德国的曼海姆Wallstadt居民小区。Wallstadt居民小区的雨水通过具有一定造型的地面宽浅式沟道流入明渠。明渠模仿天然河流修建，局部地段建有涌泉或造型建筑物，渠边种植水生植物。明渠底部采用防渗处理，以保持稳定的水面，若水量过大，会自动溢过防渗层补给地下水。这样利用生态学、工程学、经济学原理，通过人工设计，依赖水生植物系统或土壤的自然净化作用，将雨水利用与景观设计相结合，从而实现人类社会与生态、环境的和谐与统一。[9]

2.3 金沙考古遗址公园雨水处理的启示

将公园雨水问题按造成的后果分为两类：

（1）排水功能性的问题：雨后场地积水，植物因水泡被涝害；暴雨时河道、排水沟壁，因冲刷伴有局部垮塌发生；

（2）视觉景观性问题：纵横交错的排水沟数量过多，破坏草坪整体性；沉降的坑洞影响草坪完整性；旱沟黄土裸露，不具备亲水性、观赏性。

从实际问题出发，结合城市雨洪处理的经验启示，把公园雨水排水现状改造成排蓄一体化系统，实现雨水资源的合理调控与利用。支撑该系统的关键工程内容包括：建立一体化的排蓄水沟渠体系，提高绿地渗透率和亲水性生态河道、沟渠驳岸植物配置。

3 金沙遗址公园绿地雨水排蓄一体化改造的关键技术

3.1 调整绿地沟渠竖向规划

合理的竖向设计，眼光不能拘泥于汛期简单快速的排水，应兼顾环境的景观观赏性。排水沟渠宛如细微的蓝线，萦绕在公园绿地内，营造亲水、近水、赏水的空间，使得雨季防涝与景观充分结合（图2）。

3.2 蓄水节点设计

增加蓄水功能可减少对自来水供水的需求，降低维护成本。在沟渠体系中设计控制闸阀和蓄水节点，布置集水坑、节流阀等，将变直排式沟渠为集雨型"蓄水沟"[10]，变旱沟为水景，最终形成以"水景广场"和竹林区为主的蓄水区和直排水区。

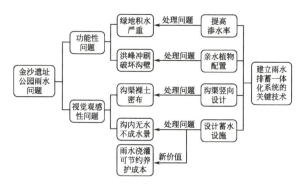

图 2 处理公园雨水问题的关键技术对应表

3.3 最大限度提高绿地渗水率

土壤渗水率是指一定单位面积土壤在单位时间段内渗透的水量,它反映了雨水排水能力,提高绿地渗水率是解决积水问题的关键。受建成公园场地限制,借鉴暗排水系统建设方式,选择增加地下盲沟设施与局部换填透水材料方式结合使用,改善积水区域土壤的透水性,消除涝害。

3.4 合理亲水植物设计

河、沟配置亲水性植物,一方面减缓了沟渠内雨水流速,保护岸线;另一方面为人们提供了新的视觉感受,增加了观赏价值。[11] 设计亲水植物应满足观赏价值高、生态效益好、管理粗放、耐涝耐湿等方面要求。

(1)选择以本土植物为主,适应本地的气候情况、土壤特性和周边环境,抗逆性好,代表本地景观特色;

(2)优先考虑长时间浸泡在雨水沟和旱季正常生长的耐旱耐涝的植物;

(3)雨水水质可能会有一定污染,运用菖蒲、莎草等根系吸附和净化污染能力的植物,起生物净化的作用。

4 金沙考古遗址公园绿地雨水排蓄一体化改造实践

4.1 实施方式

4.1.1 建立一体化的雨水排蓄系统

(1)调整竖向规划

从全局出发,将原来彼此分散在水景广场、竹林盘等各区域的排水沟联系起来,整合使用率低的沟渠,减少水沟数量,形成通畅的大体系;调节沟渠的坡度与排水方向,消除深沟、长沟,按照3%~5%的排水坡度设计沟渠,采用"高挖低填"方式处理挖出土壤,就地平衡土方,既保障雨水通畅,又解决土地不均匀沉降的问题。

(2)增加蓄水设施

将原来地面单一模式,转变为地面与地下结合排水,在雨水沟渠交汇处增加雨篦子、集水井等蓄水设施;增加人工可操控的蓄水闸阀;最低汇水点铺设雨水管直通摸底河,当雨季排水量陡增时,打开节点闸口,即可泄洪(图3)。

图 3 雨水排蓄一体的排水系统建立过程

(3)合理分区

新的雨水排蓄一体化沟渠系统分为蓄水区与非蓄水区。"水景广场"、竹林等区域沟渠设计为蓄水沟;其他草坪绿地区域为直排水沟,因地制宜,有机结合。

4.1.2 绿地渗水率改造

"人挪活,树挪死",改良土层透水性必须保证对现状植被最小干预的原则。园中严重积水的两处区域,选择了不同的方式(图4):

图 4 排蓄一体化系统改造平面图

（1）竹阵区域：竹子属于浅根系植物，易移栽、成活率高，故全部换填透水材料。就近移植竹林后，换填土层；底部往上依次回填碳渣厚度60cm、腐殖土厚度20cm、普通壤土至地表，栽回竹林。

（2）腊梅林区域：腊梅林，采取间插盲沟处理，让土层中积水渗入沟内排走。在林间布置盲沟，深度约1.5m，断面呈倒梯形，沟底宽度不小于50cm，上口宽度在1.5～1.2m之间。组成材料至下往上依次是：大块卵石、小卵石、碎瓷片、土工布、素土。各条盲沟雨水组织排往临近的遗迹馆地下管网（图5）。

图6 河道、沟渠的生态水景改造

图5 提高土层透渗率的两种主要方法

4.1.3 生态河、沟的植物配置

沿河道、沟渠采用园林艺术手法布置植被、石材要素等，既增加排水沟阻尼系数、减缓雨水径流冲刷；又提升沟渠的观赏性。自然河道着重于驳岸生态处理，排水沟渠沟底与沟边处理并举。

（1）排水沟改造方式

降低沟边坡度，修整呈锅边型；原土沟底用三叶草或冷季混播草转变蜿蜒的植草沟；按风景园林叠石艺术手法布置景观石，搭配鸢尾、马蹄莲和莎草等湿生耐阴地被，呈现一派林间溪沟景象。

（2）摸底河驳岸改造方式

原卵石河道驳岸，线型生硬，河流、植物、河岸之间缺乏自然过渡，雨季河水湍急破坏岸线。首先用机械修整河岸倾斜坡度，表面覆盖河底沃土，上面用巴茅、芦苇、芦竹等亲水植物营造出天然河道（图6）。

4.2 实施结果

（1）经竖向改造，绿地不再凹凸不平，雨后地表积水明显减少，积水渗透完的时间从过去的3天，缩短至1天。

（2）排水沟渠覆盖面积扩大后，竹林盘、密林底部过去缺水土地湿润度显著提高，统计竣工后4个月时间段绿化用水量数据，比往年同期较少24%。

（3）增加了蓄水功能后，回流的雨水填满了"水景广场"的旱沟，让环境变得生机盎然。但是，部分滞留雨水在14～15天后，由于落叶及其他垃圾物落水使水质变差，需及时处理（图7）。

图7 各项改造成果展示

（4）裸土简易排水沟变成植草沟后，通过置石、配植物等手法提高沟渠径流截留能力，经对雨水流速测定，不同地段沟渠雨水时径流削减可达12%～29%。

（5）雨季后一周对土壤渗水率改良的区域调查，

以 15m 间距布点下挖 80cm 深度取土样调查，土壤干湿度正常，未发生积水现象。30 天后再调查，未发现植物因水涝枯黄、死亡。

（6）景观品质方面，选取水景广场、竹阵、摸底河及部分沟渠等区域改造前后照片做问询调查（这些区域改造前后哪个景观品质高）。以了解金沙遗址公园环境的内部办公、服务、售票等工作人员共计 77 人为问询对象，结果高度一致，认为改造后景观品质更高的人数为 100%。

5　结论与讨论

5.1　研究结论

实施结果显示，采取的技术措施基本解决金沙遗址公园雨涝灾害问题。

（1）建议在公园建设初期，回填土层中预埋盲沟提高土壤透水性。

（2）遗址公园结合竖向设计，通过植物配置手段来提高地表雨水径流截留能力效果是显著的。公园的河道、沟渠驳岸配置亲水植物，不仅可缓解雨量峰值时的冲刷，还提升了景观视觉效果。

（3）截留、回蓄的雨水滞留时间较长会产生水质变污问题。经过分析，雨水蓄留时间与一般景观池塘比较短，主要污染因素为落叶与抛掷的垃圾物，所以可选择人力清洁与生物技术结合处理：一是借鉴成都活水公园处理污水经验，组合种植沉水、挺水、浮水植物，比如水烛、睡莲、金鱼藻等，达到分解污染物和净化水质的作用；二是人工及时打捞水面漂浮物，避免污染扩大。

5.2　相关后续研究的问题

承载对文物古迹保护使命，考古遗址公园雨水的处理应更加谨慎、科学。普遍地，遗址公园处理雨水排放问题的方法与目前大力推行的海绵城市设计[12-16]理念比较相似，以金沙遗址公园雨水排蓄一体化改造为试点，提供宝贵的实践经验。诚然，公园对雨水排蓄系统改造，后续任务还很重，如智能喷灌系统与雨水收集系统一体化升级，会根据环境雨水量的变化，合理启动浇灌植物，节约资源；引入生物滞留技术，运用植被、微生物来净化渗透滞留的雨水，满足再利用等。

参考文献

[1] 车生泉，谢长坤，陈丹，于冰沁. 海绵城市理论与技术发展严格及构建途径 [J]. 中国园林，2015，6：11-15.

[2] 王保平. 汉阳陵：北方黄土地区大遗址的保护与展示样本 [J]. 中国文化遗产，2010，6.

[3] 邱建，张毅. 国家考古遗址公园及其植物景观设计：以金沙遗址为例 [J]. 中国园林，2013，4：13-17.

[4] 朱淑珍. 中国古代排水系统对建设海绵城市的启示 [J]. 建筑节能. 2016，9：201-202.

[5] 车伍，马震. 针对城市雨洪控制利用的不同目标合理设计调蓄设施 [J]. 中国给水排水. 2009（24）：5-10.

[6] 车伍，李俊奇. 城市雨水利用技术与管理 [M]. 北京：中国建筑工业出版社，2006.

[7] 北京市市政工程设计研究总院. 给水排水设计手册　第 5 册：城镇排水（第 2 版）[M]. 北京：中国建筑工业出版社，2004.

[8] 胡楠，李雄，戈晓宇. 因水而变 - 从城市绿地系统视角谈对海绵城市体系的理性认知 [J]. 中国园林，2015（6）：21-25.

[9] 管一. 德国：怎样做好城市雨水利用 [J]. 宁波经济. 2017（3）：44-45.

[10] 强健. 背景推进集雨型城市绿地建设的研究与实践 [J]. 中国园林，2015（6）：5-8.

[11] 沈杨霞，张建林. 海绵城市中植物景观的品种选择 [J]. 现代园艺，2016，11.

[12] T.Budge.Sponge cities and small towns: a new economic partnership[C]// M.Rogers, D.R.Jones.The changing nature of Australia's country towns.Ballarat: Victorian Universities Regional Research Network Press,2006:38-52.

[13] Neil Argent,Fran Rolley,Jim Walmsley.The Sponge City Hypothesis: does it hold water[J]. Australian Geographer,2008, 39（2）：109-130.

[14] 杨阳，林广思. 海绵城市概念与思想 [J]. 南方建筑，2015，3：59-64.

[15] Ignacio F.Bunster-Ossa.SpongeCity[M]//S.T.A.Pickett,M.L.Cadenasso,Brian McGrath.Resilience in Ecology and Urban Design：Linking Theory and Practice for Sustainable Cities.New York:Springer,2013:301-306.

[16] Cohen P, Potchter O, Matzarakis A. Human thermal perception of Coastal Mediterranean outdoor urban environments[J]. Applied Geography, 2013，37：1-10.

作者简介

张毅（1980-），男，四川省建筑设计研究院有限公司地域建筑文化研究中心主任，高级工程师。

邱建（1961），男，原四川省住房和城乡建设厅副厅长，教授。

"碳中和"视角下新城规划的思考与研究

——以中德（蒲江）产业新城为例

赵浩宇

摘要：2021年3月，习近平总书记提出，实现碳达峰、碳中和是一场广泛而深刻的经济社会系统性变革，要把碳达峰、碳中和纳入生态文明建设总体布局。当前，极端气候、温室效应等环境问题严重影响着城市人居环境与安全，减碳控排与生态文明建设已刻不容缓。国土空间规划是生态文明建设的重要支撑，借助其全方位规划管控的特点，能从宏观层面推动城市碳达峰和提升生态碳汇能力，从而建设"碳中和"城市。这既是生态文明建设与生态系统保护必须落实的重要内容，更是维护人类福祉、保护人类家园的关键举措，具有十分重要的战略意义。本文将以中德（蒲江）产业新城为例，从栖息共融、零碳植产、核心贯连、梳理水系和文化构建等方面介绍在新城总体规划中如何实现"碳中和"目标。

关键词：碳中和；国土空间规划；蒲江

Thinking and research on new city planning from the perspective of "Carbon Neutrality" - taking the Sino German (Pujiang) Industrial New City as an example

Simon Zhao

Abstract: In March 2021, president Xi Jinpin proposed that realizing emission peak and carbon neutrality is an extensive and profound economic and social systematic transformation, and emission peak and carbon neutrality should be incorporated into the overall layout of ecological civilization construction. At present, environmental problems such as extreme climate and greenhouse effect seriously affect the urban living environment and security. It is urgent to reduce carbon and emission control and the construction of ecological civilization. National territory spatial planning is an important support for the construction of ecological civilization. With the help of its comprehensive planning and control characteristics, it can promote the urban carbon peak and improve the ecological carbon sink capacity from the macro level, so as to achieve a "carbon neutrality" city. This is not only an important content that must be implemented in the construction of ecological civilization and ecosystem protection, but also a key measure to safeguard human well-being and protect human homes, which is of great strategic significance. This paper will take the Sino German (Pujiang) industrial new town as an example, introducing how to achieve the goal of "carbon neutrality" in the master planning of the new town from the aspects of harmonious habitats, green economy, connecting communities, hydraulic system and cultivating culture.

Keywords: carbon neutrality; national territory spatial planning; Pujiang

---

本文已发表于《四川建筑》，2022

1 相关背景

1.1 碳中和

2020 年 9 月,在第 75 届联合国大会一般性辩论上,习近平主席提出,中国的二氧化碳排放力争于 2030 年前达到峰值,努力争取 2060 年前实现碳中和。碳中和是指企业、团体或个人测算在一定时间内直接或间接产生的温室气体排放总量,然后通过造树造林、节能减排等形式,抵消自身产生的二氧化碳排放量,实现二氧化碳"零排放"。

1.2 区域背景分析

2021 年 10 月,中共中央、国务院印发《成渝地区双城经济圈建设规划纲要》,提出将成渝地区打造成带动全国高质量发展的重要增长极和新的动力源,成都在其中扮演重要角色。成都作为国内大循环战略腹地和国际大循环门户枢纽,将发挥泛欧泛亚国际门户枢纽的优势,促进国内外市场循环。川藏铁路为成都带来更大的国际联通角色,同时也会为成都蒲江县带来新的城市机遇和挑战。

蒲江县距成都市中心约 50km,东南与眉山接壤,西与雅安接壤,北与邛崃接壤,由成雅高速、川藏路和省道川西旅游环线贯穿全境,形成快速通畅的交通格局。同时借助成都天府国际机场和川藏铁路新口岸的定位,蒲江将会迎来更多的国际国内游客。

纵观成都景点分布,西北有都江堰,东南有龙泉山,老城区以人文历史为核心,配合科技教育吸引海内外游客。蒲江县依托中德(蒲江)产业新城和长秋山脉制定出自然生态和乡村振兴战略的定位将与老城区形成互补,有望成为新的旅游核心区域。

1.3 历史文化分析

蒲江县城始建至今已有 1400 多年历史,县城布局顺应蒲江河谷的通风走廊,符合成都"以水定人、以地定城、以能定业、以气定形"的规划原则。蒲江城依山而建、依水而生,使得人民与自然有着紧密的联系。自秦汉以来,蒲江生产的铁器、井盐、茶叶经南丝绸之路、茶马商道远销欧洲等地,证明蒲江是曾经的盐铁重镇和南丝绸之路上的重要一站。

主题鲜明、亮点突出的明月国际陶艺手工艺文创园区正是传承制陶文化和传统技艺、丰富群众精神生活的重要景点,也逐步形成了文创产业、生态农业、乡村旅游三产互动融合的良好发展态势,推动乡村文化资源创造性转化和创新性发展,释放时代发展的新动能。

1.4 自然条件分析

蒲江县海拔 458.3 ~ 1015.8m,全县地势较为平坦,因此部分地区容易出现洪涝灾害。其余地区地势起伏较大。蒲江县位于南河流域南部。南河全长 135km,流域面积为 3640km²。临溪河和蒲江河是蒲江县内两条重要河流。临溪河是蒲江河左岸支流,发源于名山县,于五星汇入蒲江河。蒲江河发源于名山县,向东流经长滩水库、鹤山及寿安,于邛崃市汇入南河。

蒲江县森林覆盖率达 66.7%,空气质量优于国家 Ⅱ 级标准,享有"绿色蒲江,天然氧吧"之美誉。长秋山植被良好,有各类野生动物 200 余种,其中国家二级保护动物 10 余种,省级重点保护动物 180 余种,是国家级生态建设示范区。长秋山脉每年 3 ~ 5 月,李花、梨花、菜花、桃花、柑橘花竞相开放,山间果园里金黄夏橙缀满枝头,是蒲江最有特色的"花果同树"。

1.5 土地资源分析

蒲江县以农业为主,2019 年实现农业总产值 385036 万元,被命名为"四好农村路"全国示范县。2020 年 3 月,蒲江县获评 2019 年度四川省实施乡村振兴战略工作先进县。近年蒲江全县耕地 1.49 万公顷,比 1986 年减少 5400 公顷。耕地减少原因主要为退耕还林、城镇建设和交通等用地增加。因此,总体规划根据该县的植树造林目标,展现对现有景观的优化改造。

2 总体规划设计

2.1 整体理念

"仙山拥峙,蒲水萦环"——自古以来是蒲江之形胜,也是千年来人们生长于斯,繁衍生息的原因。优良的景观生态格局,将继续得以传承,发展出秀美舒缓的零碳森林城市。根据蒲江县志所记载,蒲江地形优胜,群山围绕,有丰富的水资源。城镇被山水包围,被自然滋养。

中德(蒲江)产业新城的整体规划理念希望借鉴古城与自然的相融性,把这个特质一直传承下去。规划致力于创造生态与人双和谐的新型"碳中和"森林城市,缜密平衡自然、城镇的关系,在丰厚的自然本底上孕育出一个相融相成的发展体系。引山引水,把新城发展跟自然紧密地联系在一起。新城倚靠长秋山,并由蒲江水系贯穿环绕。在山水相交的交汇处,形成重要的森林公园节点,成为森林城市发展的核心地带,形成一个拥有独特文化与景观区域的"碳中和"森林城市(图 1)。

2.2 栖息共融

蒲江作为"碳中和"森林城市,在发展城市的同

图1 中德（蒲江）产业新城总体规划理念

时必须具备生态策略，在城市经济发展与生态自然保护之间取得平衡。除了保留现有的生境结构外，修复生态和连接碎裂生态板块也必须在规划时进行充分考虑，达到人与自然栖息共融。

2.2.1 生境修复

总体规划以河、谷、山、城、邦把蒲江划分为几个主要区域，以此为基底提出了许多不同旅游类型的景点区。排列出的网络让每位游客各取所需，无论是逃离繁杂城市的一家本地居民或是山中品茗的国际客人都能在此找到乐趣。

蒲江现有森林占66.7%，设计当中的森林廊道包含农地与城镇，在城市发展带与农田保护带之间构成天然的缓冲区域。生态连廊依水而延伸，沿蒲江河、临溪河扩展；从长秋山林带延伸的生态连廊则贯穿产业新城，联结城市与自然，山林生态与城市生态，形成新旧森林斑块的主要骨干网络。

基于对生态重要性与森林覆盖的研究，现状密林与重要的生态地区会在规划中保留。一些一般重要的区域与土质退化的旧农地会被重新造林，并规划成不同的生境区域，提升整体的生态效益与功能，并且连接现有不相连的重要生态区域。

通过研究现状生境类型与覆盖，提出多种生境类型。透过生境系统提高生物多样性，为野生动物提供主要的栖息聚居地。

2.2.2 融合景观肌理

遵循保护优先的原则，为降低开发利用对生态系统的负面影响，综合考虑生态敏感性，生态资源和现有旅游资源，明确可利用的资源范围。根据以上原则按开发强度将场地划分成不同区域类别，并通过低影响控制及灯光污染控制等方式分级保护高中低敏感性区域。

种植设计通过仔细的规划与场地分析，更多地选取本土物种。产业新城的景观源自创造一个季节性的温带阔叶混交林，从核心区域广定湖绵延展开。以银杏组成的黄金林，旨在营造一个独特的滨水景观，连贯整个湖滨空间。

有景观标志性的街区能有效为城市提供辨识度与个性。城市绿道在连接生境方面也起到巨大作用，为城市发展提供缓冲区域，连接各种类型公园生态斑块。

2.3 零碳植产

以蒲江作为发展农林复合经营与低碳农业旅游，推行可持续的生活与经济发展模式样板城市，同时为蒲江带来一个能够实现生态效益和经济效益的产业。

2.3.1 设置智慧农耕及可持续农林业

一个可持续的智慧农耕框架不单存在于农田区，它还包含不同的城市功能，组成不可分割的循环系统。

新型技术可以提高生产效率，用作数据管理，监察等其他用途。

多层次混农林业模仿自然的森林构造，以不同层次的树木植栽与农作物果树间作，增加混农林的碳汇功能，同时提升产出。农林复合系统的种间互作也能提高林地的生态功能，为生物提供栖息地，并滋养土壤，让农产土地能有更好的调整。

2.3.2 策划低碳农业旅游体验

从茶园到松林，蒲江提供了多种多样的自然和文化环境，包罗万象，满足不同使用人群的需求。从蒲江丰厚的文化底蕴出发，在闲适的田园氛围里，必定能够收获独特的享受与旅游体验（图2）。

图2 "碳中和"典范城市示意

2.4 核心贯连

设计致力于创造生态与社会双传承的新型"碳中和"森林城市发展方案，缜密平衡自然、城市、乡村三者的关系，使三者泽益彼此。在多要素的统筹设计之下，生态系统、慢行系统、城市功能能够多层次，多交叉地共生。

2.4.1 联合自然系统及城市功能

从生态角度出发，蒲江县内的森林河谷保护是重中之重。这是参照类似于网状的生态走廊，来识别具有高生态价值和潜力的斑块。在理解自然与发展之间的关系时，建议将现有的各个景点配置在这些森林斑块之中。

为了在不同的自然系统和城市系统之间实现最大程度的整合平衡，多核心规划首先要响应自然要素，例如地形和水文系统。这将在自然，城市和乡村功能之间产生多层次和多尺度的网状连接。坐落在生态敏感区内的充满活力的城市和活动在此网络内相互关联，从而实现了"碳中和"的闭环休闲系统。

2.4.2 编制广泛慢行系统

蒲江"碳中和"森林城市的慢行系统是按照人行交通设计原则规划而成的。规划中的高速铁路网、公交车、地铁将连接蒲江城区，而较小城镇中的大多数慢行网络都将接入关键的火车站和公交车站。公园所有地区距离交通枢纽都只有15分钟的步行路程（约2km），这使得蒲江县成为一个交通便捷的地区。

2.5 梳理水系

改善与有效利用蒲江丰富的水资源是一个重要进程。构筑完善的水系，改善水生态环境，提升农产与提升人民生活质量及水安全，是把蒲江打造成以水资源为主导的河谷森林城市的重要目标。

2.5.1 改善水安全

设计参考海绵城市设计水循环，致力完善收集，利用与排放的过程，并且利用不同的防洪工具箱去制造安全的水岸空间与河道。

规划过程中，总共对蒲江河9个不同的河道截面进行了研究，以便更好地了解河道概况以及不同位置的水面高程波动。第一个截面和第九个截面之间的平均纵向坡度为0.2%。河流的截面图反馈了十年一遇和百年一遇降雨事件的水面高程。总体而言，除了洪水图中显示的某些区域外，蒲江河可以承载十年一遇的降雨事件而不会发生洪水。但是，对于百年一遇的降雨事件，中下游地区会有严重的洪灾威胁，因此需要进行干预。

2.5.2 改善水质

自然净化系统能为人们提供游憩环境，享受自然的体验。生态手法不仅可以降低洪水的风险,还能去除水中污染物改善水质滞蓄,能降低地表径流的峰值流速,并且能去除水中悬浮杂质,植物能够吸收并去除水体中的营养物。利用这个性质,可以去除水中的总氮(TN)和总磷(TP),并降低水体富营养化。这能够为该区域提供更加平衡的生态系统并提升区域的生物多样性。

2.5.3 引水主导河谷森林

水库除了是重要的水资源外,还为人们提供了休闲好去处。时兴的豪华露营,让人们可以逃离烦嚣,享受美丽的大自然。妙音湖也是其中的一个观赏雪山的地方。周边的旅馆发展有助蒲江整体旅游发展,让更多人能够看见蒲江美丽舒缓的自然风景。

总体规划中,妙音水库和石象水库位于妙音石象森林公园内,坐落在丰富森林内并有观望雪山的绝佳视角。其中,妙音水库有潜力规划高端度假酒店。妙音水库将成为一个更商业化的休闲娱乐景点。石象水库可适当增加松树种植,为现有度假区增加特色,并与妙音水库建立更强连结。

2.6 文化构建

设计致力于利用蒲江自身林盘条件,在传统林盘基础上,定义新的林盘居住和活动形式,以自然人居为目标,并且以林盘生活方式为启发,将蒲江作为"碳中和"循环经济文化示范区,逐渐辐射到周边城市和区域,带动四川省内的区域性"碳中和"循环文化。

2.6.1 优先林盘活化再用

根据林盘自身条件,对所处位置及周边环境条件等进行评估,将林盘分为生态型、文化型、经济型及居住型四大类。针对四类不同林盘,提出针对性的改造策略和模板,加强林盘的生态价值,文化价值和经济价值,改善林盘居民居住条件,在传统林盘基础上,定义新的林盘居住及活动形式。实现林盘这一地方特色,自然的人居形式可以保存,及林盘的可持续性发展。

2.6.2 强化建筑风貌及特色

整个规划强调保护现有历史文化建筑和尊重传统及历史的新建,从而加强蒲江的地方建筑风貌及特色。首先需对当地建筑现状作详尽调研,对特色建筑及有保存价值的建筑进行全面调研,做好保护及修复方案。在设计和改造方面,尽量避免一味模仿古建形式,应汲取当地历史文化及传统建筑特色,利用现代建筑语言进行设计及改造。在材料和能源利用方面,应考虑可持续性设计及运营,利用当地材料,考虑减少能耗等可持续性发展策略,作出区域典范节能建筑设计。

整体建筑材料选择以低碳为准则,尽量选择对全球气候变暖影响较小的天然材料如木材、竹、稻草、土等,鼓励多使用回收利用现有材料或拆除建筑剩余材料,减少因多余原料生产而带来的环境负担。选择当地材料也可减小碳排放影响,减少交通运输,利用当地原材料,当地加工,更能突出蒲江地域特色。

2.6.3 推动零碳循环经济文化

通过与生活紧密相连的互联网和App推行"碳中和"生活文化理念。通过网页和应用,居民和游客不仅可以查询参与各项零碳活动,更可以通过参与降低碳排活动,如使用公共交通,或低碳出行方式,获得相应奖励,从而培养整个蒲江的零碳生活习惯,形成正向鼓励循环机制,通过居民的广泛参与将这一文化注入生活,同时促进零碳相关产业和经济的发展。

3 总结

在新城规划建设中运用"碳中和"理念,是一个全方位、宽领域的系统工程,需要系统地、多方面地重视减碳排和增碳汇,在"规划—建设—运营"全阶段采取相关措施,才能早日实现相关目标。同时加强对"碳中和"城市规划建设的有益探索,也是落实"十四五"战略规划目标的重要举措(图3)。

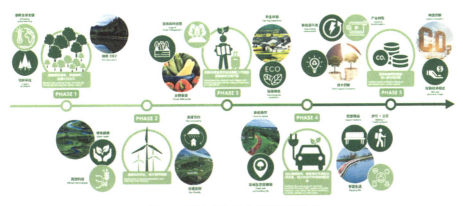

图3 "碳中和"城市发展阶段示意

3.1 构建绿色低碳发展格局

"碳中和"城市需要强调资源环境承载力特别是碳汇能力的提升,重视绿色基础设施建设和"场地—中心—廊道"城市生态基底打造。应该增加生活社区绿植覆盖,有效调节社区微气候,优化居住休憩体验;同时优化植物群落结构,构建以乔木为主的立体植物群落结构,提高单位绿化面积的碳汇能力。借助城郊农林区打造生态屏障,实现碳捕捉、碳汇经济与水土保护的"生态—经济"复合功能。

3.2 打造绿色交通体系

在城市规划中大力提倡慢行交通体系,控制交通碳排放。打造有助于营造尺度适宜、空间紧凑、职能丰富的舒适生活圈,满足居民基本生活服务需求,从而减少因外出寻求生活服务导致的不必要通勤,另外邻近的大运量快速公交能大大降低私家车出行比例,减少交通碳排放与拥堵问题。

3.3 鼓励发展低碳技术

发掘传统农耕智慧对土地和生态系统的敏感保护,再配合新技术来创造更新农业技术,以便在项目开始之前就已停止能在植被和土壤中释放碳的活动。良好的农业实践可以减少农田和牧场的排放,例如粪便和过量使用化肥排放的一氧化二氮,以及扰乱土壤释放的二氧化碳。

3.4 开启城市零碳文化

把"碳中和"和零碳文化扩大及通过当前被忽视的资源利用,改造和培育为可利用的资产。通过现有的交易或经济流程优化以形成新的协同效应。这种合作将使当地利益相关者,政策制定者,农民和城市居民等共同受益,继而将零碳经济及"碳中和"文化引入更大的城市区域。

3.5 提升生态旅游体验

为了减轻野生动植物与人之间的冲突,可以通过敏感的方式处理休闲系统的易读性及可达性,从而提供清晰的生态区层次结构,来支撑各种与自然界共存的活动及项目,来为旅客及当地人创造集体回忆。

参考文献

[1] 郭芳,王灿,张诗卉. 中国城市碳达峰趋势的聚类分析 [J]. 中国环境管理. 2021,131(1):40-48.

[2] 邓旭,谢俊,滕飞. 何谓"碳中和"?[J]. 气候变化研究进展. 2021,17(1):107-113.

[3] 刘长松. 碳中和的科学内涵、建设路径与政策措施 [J]. 阅江学刊. 2021,13(2):48-60,121.

[4] 赵彩君,刘晓明. 城市绿地系统对于低碳城市的作用 [J]. 中国园林. 2010,26(6):23-26.

作者简介

赵浩宇(1991-),男,四川省建筑设计研究院有限公司设计六所所长助理,工程师。

创新空间与TOD相遇的城市裂变
——全球成功案例对成都民乐站TOD地区创新空间营造的启示

薛 晖 侯方堃 张博伟

摘要：充分借鉴全球著名创新空间的案例，在成都民乐TOD规划中整合要素资源，使创新空间与交通枢纽共生，让创新看得见、摸得着，顺应创新回归都市的趋势潮流。

关键词：空间营造；创新空间；TOD；城市

The urban fission of innovation space and TOD encounter
——the inspirations to creation of innovation space in TOD area of chengdu Minle Station from a global success case study

Xue Hui Hou Fangkun Zhang Bowei

Abstract: Fully learning from the cases of globally famous innovation space and integrating element resources in the TOD planning of Chengdu Minle Station, which promotes the symbiosis of innovation space and transportation hubs and also makes innovation visible and tangible, following the trend of innovation returning to the city.

Keywords: space creation; innovation space; TOD; city

0 引言

伴随着传统生产要素的饱和，城市经济和竞争力开始衰退，简·雅各布斯在《美国大城市的兴衰》中深刻阐述了这个问题。著名城市经济学家克鲁格曼（1994）提出城市或者国家竞争的本质是技术的竞争，而技术的价值取决于对创新要素的投入与整合。创新正在成为驱动全球经济复兴的核心要素。

1 创新背景下生产要素组织具备哪些特点——树状结构向网络结构的转变

传统经济模式下，生产要素组织具备状态稳定、流程清晰、等级鲜明、模式化复制、可预见、目标明确等特征，是典型的"树状结构"（图1）。

而创新型生产要素更加强调动态流动、流程随机、需求决定、定制化制造、无限可能和目标随时调整，呈现出"扁平化、网络化结构"特征（图2）。创新经济理论之父奥地利经济学家熊比特（1940）指出，创新是新技术、新发明组成的一种新的生产函数，实现生产要素的一种从未有过的新组合。

生产要素组织模式的转变，对城市空间提出了新的要求。

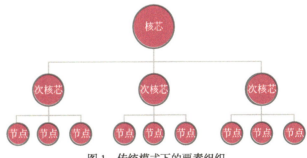

图1 传统模式下的要素组织

本文已发表于《建筑设计管理》，2020。

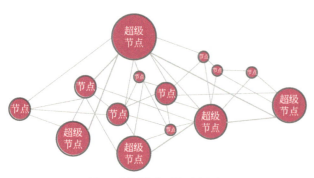

图 2　创新模式下的要素组织

2　创新空间演进呈现何种趋势——回归都市，并与 TOD 共舞

工业革命以来，工业化驱动经济发展成为核心导向，创新作为辅助职能，安排在工业区内部。

第二次世界大战后，世界经济百废待兴，而全球经济受到环境污染和经济周期的双重困扰，欧美发达国家意识到创新的重要性，科技园区开始兴起。20 世纪 50 年代，随着城市郊区化进程，美国涌现出大量的郊区科技园，其中最为著名的就是位于旧金山的硅谷。城市郊区具备地价低廉、停车便利、环境优美等比较优势，很快成为高新企业和高智人才聚集的天堂。

20 世纪末，经济全球化和信息技术革新浪潮席卷世界，创新需要更多元的人才、更充足的资金、更密集的信息，而这些要素是城市郊区无法供给的，创新来到了城市中心地带。例如美国旧金山，相比于信息交互频率低、设施配套枯燥单一的硅谷，年轻人更加向往生活便利、信息通达、消费多样的都市中心；而政府为了盘活市中心低效土地，刺激旧城更新，规划建设了 Salesforce 客运中心——一个集铁路站点、轨交站点、公交站点、屋顶公园、购物街于一体的综合体，并在周边实施 TOD 高强度开发；在人才需求变化和 TOD 开发的双重刺激下，硅谷的创新巨头纷纷涌入市中心，都市创新街区应运而生（图 3 ~ 图 6）。

图 4　旧金山 Salesforce 客运中心两侧建筑内的创新空间
（图片来源：加州艺术学院）

图 3　旧金山 Salesforce 客运中心周边聚集大量的高新技术企业
（图片来源：加州艺术学院）

图 5　Salesforce 客运中心建设实景
（图片来源：加州艺术学院）

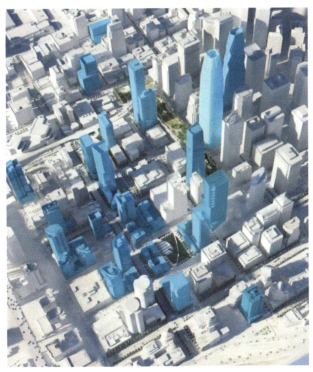

图6 围绕TOD模式的高密度更新地块
（图片来源：加州艺术学院）

除旧金山外，纽约的硅巷、伦敦的国王十字区、大阪的知识之都，都是创新回归都市，并于TOD开发紧密结合的典型代表。

3 如何将创新与TOD的耦合效应发挥到极致——让创新"看得见、摸得着"

为了不断地更新知识结构并保持全球技术领头羊地位，作为世界顶级研发和制造强国的日本，一直坚持对创新的迭代优化进行探索，位于大阪梅田站的知识之都（KNOWLEDGE CAPITA），向世人揭示了日本在激发创新活力方面的独到见解。

大阪梅田地区，是日本第二大商业区，坐拥关西第一交通枢纽，每天人流量达250万人次。大规模人流的汇集，促使资本、信息、设施的高度聚集，前文已经提到，这些都是创新发生的必要条件，知识之都以TOD模式破茧而生。

与旧金山Salesforce客运中心所不同的是，知识之都将创新空间与城市商场融为一体，并通过一条长达500m的"创新之路"与轨道交通站点无缝衔接，市民可以很便捷地进入知识之都，对还处于孕育阶段的科研成果"指手画脚"，这有利于科研机构更加贴合市场反馈，对产品进行针对性调整，创新不再是实验室里的"神秘物种"，而是"看得见、摸得着"的体验品（图7~图10）。

这种"商场式研究所"的模式是升级版孵化器和共享平台，打破了科研、企业、用户之间的壁垒，实现了跨界融合和全民共享。知识之都颠覆性的运营模

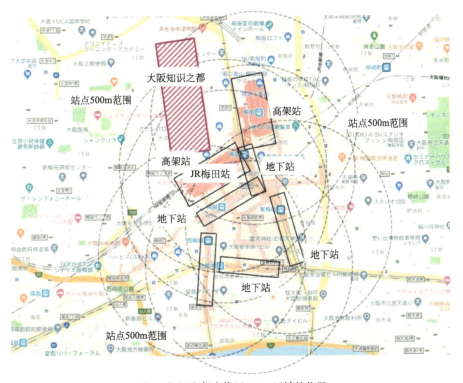

图7 知识之都在梅田TOD区域的位置

图 8 知识之都与 JR 大阪站的空间关系

图 9 "商城式研究所",直接展示、体验、售卖

图 10 创新共享空间

式大获成功,迄今共 175 项诞生于日本的世界"第一、唯一"人物、发明汇集于此,奠定了大阪全日本文创中心的地位。

4 民乐站 TOD 地区如何制定聚集创新的空间响应措施——设置 loop 共享环

成都轨道交通民乐站位于天府五街与剑南大道交叉口,是骑龙片区的门户,也是高新区迈向硬核科技领域的战略引领地区(图 12)。

由于战略地位重要,且周边规划均为高端产业,民乐站地区有条件借助 TOD 模式提供创新载体,但由于站点 300m 核心范围大部分用地被绿地占据,活力要素被分割,轨道站点带来的人流优势被削弱(图 13)。

依据前文分析,创新高效聚集的空间特征是:创造无限可能,位于都市中心,借助 TOD 模式汇集人流、信息流和资金流,提供多样的交往场所;同时考虑到民乐站的门户形象特点,规划从英文单词 loop(环状物、无限循环)和"掌上城市设计"理念中找到灵感,在站点 300m 核心区内设置一处环形建筑,以"上天入地"的开放形态将轨道站点、周边产业楼宇、城市公园串联在一起,分割的活力要素被重新缝合;规划力求通过城市肌理的突变,寻求门户地标特征,不断吸引年轻人和创新人群聚集(图 14、图 15)。

loop 共享环不仅是一座步行交通联系设施,在满足基本通行能力的情况下,规划设置了创新产品触角店铺、共享咖啡、水底餐厅、观景平台、空中漫步道等多样的功能,让孵化产品"触手可及",促

创新空间与TOD相遇的城市裂变——全球成功案例对成都民乐站TOD地区创新空间营造的启示

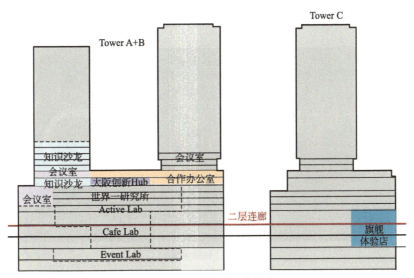

图11 知识之都的功能构成

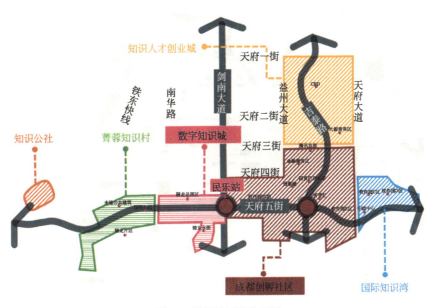

图12 民乐站区域位置图

图13 民乐站周边地区土地利用示意

281

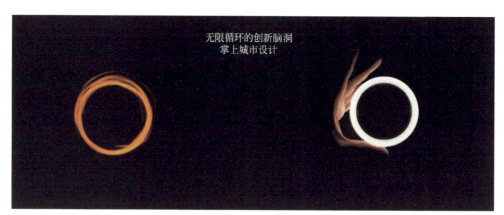

图 14　构思灵感

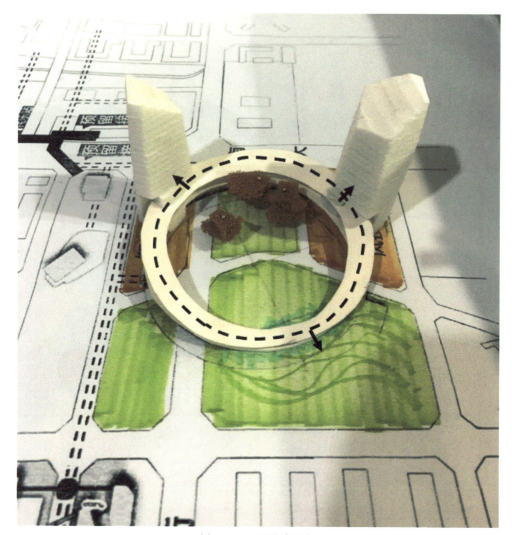

图 15　loop 环设计思路

进人群交往与活动，为创新提供了无限可能（图16、图17）。

通过一体化设计策略，统筹考虑站点出入口与下沉空间、地下步行隧道、二层空中连廊的联系，并结合公共垂直交通体，加强地下、地面和二层的步行转换效率，最终形成以loop共享环为核心的多样化、立体化步行系统，配合片区高强度开发，营造紧凑的空间格局，绘制都市创新街区的美好图景（图18）。

loop共享环不仅是城市地标和网红景点，更是一次依托TOD开发模式重新组合创新要素的积极探索，为成都高新区"三次创业"提供了新的思路。

图16　loop共享环鸟瞰图

图17　民乐站TOD地区总平面图

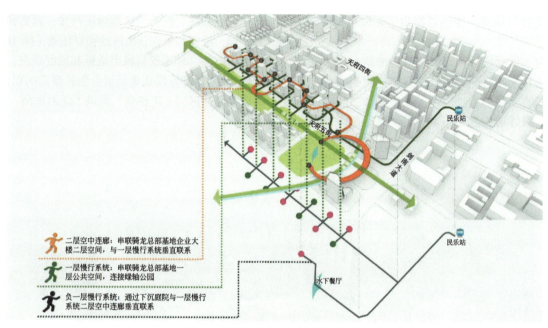

图 18　站点周边高效互联的步行网络

5　感想

在民乐站 TOD 项目编制过程中，项目组系统性的总结了全球创新发展趋势和空间响应模式，为本项目编制奠定了坚实的理论基础。作者认识到研究创新的过程，其本身就需要具备创新的态度；不断的学习、宽广的视野以及频繁的交流，是创新的灵魂，也是身处设计一线的规划师最根本的职业要求。

作者简介

薛晖（1968-），男，四川省建筑设计研究院有限公司总规划师、设计七院院长，注册城乡规划师。

车行视角下城市形态设计方法研究
——高新区成自泸高速路以西天际线设计实践

刘美宏　薛　晖　王沐曦　杨志锋

摘要：随着高快速路网向城市中心区的边缘地区蔓延，人们对城市的第一印象通常来源于高快速路两侧展现的城市形态，从城市中心区边缘的高速公路上观望城市，观望者处在高速运动和高位视点的情形下，对城市形态的感知与传统的静态视角、常规视点有所不同，因此，城市形态设计的方法也不能一概而论。文章在既有文献研究的基础上，梳理并总结出基于车行视角的城市形态设计方法理论，并应用于成都高新区成自泸高速路以西的天际线设计实践中，最后将设计语言转译为规划管理语言，是一次从"理论—应用—管理"的全过程探索，对同类城市形态设计具有借鉴意义。

关键词：高速路；车行视角；城市空间形态；天际线

Research on urban form design method from the perspective of vehicle movement：design practice of the skyline to the West of Chengdu-Zigong-Luzhou Expressway in High-Tech Zone

Liu Meihong　Xue Hui　Wang Muxi　Yang Zhifeng

Abstract：As the highway networks spread to the edge of the urban center, people's first impression of the city usually comes from the urban form on both sides of the highway. Unlike the urban form design under the traditional static and conventional perspective, the urban landscaping observed on the highways at the edge of the urban center has two typical characteristics：high-speed movement and high-level viewpoint. Based on the existing literature research, this article not only summarizes the methods and theories of urban form design from the perspective of vehicle movement, but also applies to the design practice of the "Study on the Design of the Skyline to the West of Chengdu-Zigong-Luzhou Expressway in High-Tech Zone". Finally, by translating the design language into planning management language, the article provides a comprehensive exploration from "theory-application-management" with universal significance for designing similar urban forms.

Keywords：highway; vehicle movement perspective; urban spatial form; skyline

1　研究综述

随着大城市的空间外拓和机动化水平的不断提升，高快速路网的规划布局逐渐由城市外围延伸至城市中心区的边缘地区，人们对城市的第一印象通常来源于高快速路两侧展现的城市形态。

梳理既有的城市形态相关研究和实践，芦原义信[1]提出利用空间宽度与围合界面高度之间的不同比值（D/H）来界定街道空间的围合感受；涂胜杰等[2]在《黄鹤楼视线保护控制规划》（2014年）中将黄鹤楼周边区域按照距离划分为核心控制区、中景控制区和远景引导区三个层次，结合每个层次的视觉感知程度实施不同力度的风貌整治措施；中国香港在确定太平山

本文已发表于《城乡规划》，2023

前的建筑高度时特别重视城市与天然景色（尤其是山脊线和山峰）的关系，为呼应维多利亚港山峰和山峦的景观，提出建筑物高度应比山脊线低20%～30%，以此作为建筑高度控制线，但允许在适当地点呈现少量高出山脊线的地标建筑物，如国际金融中心、中银大厦等；上海在进行新城规划时有意识地识别并塑造建筑簇群，每处建筑簇群内由1～2栋地标建筑、3～4栋烘托地标的建筑及若干背景建筑三个层次构成，烘托建筑与地标建筑之间的高度差不大于地标建筑高度的1/3。

梳理既有的公路环境设计相关研究，秦晓春[3]对驾驶员的动态生理和心理特征进行研究，明确公路景观空间围合方式与公路使用者的审美感知和空间体验有关系；汉斯·洛伦茨（Hans Lorenz）[4]在《公路线形与环境设计》中提出"5秒视野"，即在快速行驶的情形下若要辨认清楚两个物体之间的事物，需要5秒时间；杜傲[5]将直线、平曲线、平坡段、下坡段、上坡段等不同公路类型中驾驶员的视觉空间画面，按底界面、侧界面、顶界面进行占比统计，明确其可视范围。

既有的城市形态相关研究和实践开展甚多，但大多数局限于静态视角，鲜有针对车行视角的研究。而公路环境设计的相关研究文献中虽有一些景观环境设计的理论，但尚未总结形成较为系统的、能够指导城市形态设计的方法论。

2 理论框架

与传统的静态视角、常规视点下的城市形态设计不同，本次研究的城市形态设计具有高速运动和高位视点两个典型特征。本文在既有研究的基础上，梳理并总结出基于车行视角的城市形态设计方法的理论框架。

2.1 高速运动

动态视角下的设计思路不同于静态视角，在高速公路上，乘客和驾驶员作为城市形态的观望者，其视点一直处于高速位移中，设计时需要从动态视角思考建筑的高度与退让距离的关系、精细化立面设计的重点区域及城市廊道的控制宽度。

2.1.1 动态视角下 D/H 值的合理区间

D/H值指空间宽度（D）与围合界面高度（H）之间的比值，根据D/H取值的不同，其界面围合度对人的心理产生不同的影响。当$D/H=1$时，人会有围合的归属感但又不会感到压抑，此时空间的围合度较为适宜；当$D/H<1$时，人会感到较强的空间压抑感；当$D/H>1$时，人感受到的围合感逐渐减弱，空间的疏离感开始出现；当$D/H>2$时，整体空间给人一种开阔感。因此，在静态视角下，D/H的最佳取值为1～2。

但在高速运动中观望物体，视觉上会产生"串点成线、集线成面"的感受，原本静态视角下的点状物体，在动态视角下会转变为面状物体，这在一定程度加深了视域面对人的心理造成的封闭感，因此，D/H最佳取值为1～2这一结论在动态视角下并不适用。在动态视角下，当$D/H=1$时，处在高速运动中的人在心理上会产生较为强烈的空间压抑感；当$D/H=2$时，人会出现静态视角下$D/H=1$时的感受，即有围合的归属感但又不会感到压抑；当$D/H=3$时，处于高速运动的人会产生半开放的空间感；当$D/H=4$时，人在心理上会产生较为强烈的开放感；当$D/H=5$时，人在心理上会获得完全开敞的空间感受。因此，为了使人们在动态视角下获得较为舒适的空间感受，D/H值取为2～4较适宜。

2.1.2 建筑感知面

静态视角下，人在固定点对建筑物的立面感知角度最大为180°，最多可感知两个立面，而在动态的车行视角下，驾驶员或乘客可在较短时间内感知建筑物的多个立面，最大感知面提升到270°。因此，建筑立面风貌的控制也应从临街单侧立面升级为三立面或全立面，这就要求对风貌一级敏感区内建筑的立面进行设计时，至少应考虑270°感知面的精细化设计。

2.1.3 城市廊道的"5秒理论"

人们对廊道的感知取决于其与观赏物体之间的距离，距离足够小，则封闭感强，如排列紧密的沿街建筑基本相当于实体界面，想要在车行视角下观赏到更远处的风景，就需要对近处建筑预留出足够宽的视线廊道。一般来说，正常人的视野的反应时间为0.2秒，但若要辨认清楚廊道之间的物体，则需要5秒。

在确定行道树间距和城市视廊间距时可以采用"0.2秒理论"和"5秒理论"。当在高速路行车时，以行车时速不低于80km/h为例，为达到行道树不遮挡建筑的效果，两树之间的车行时间不应低于0.2秒，即行道树间距不应低于5m。而城市视廊的宽度可按不低于5秒车行时间来确定间距，即不低于111m。

2.2 高位视点

为避免城市中心区边缘的高速公路对城市的割裂，通常以高架桥的形式设置，处在高架桥上，人们观望城市的视点高度比常规视点高，人眼的观望画面不再是"局部透视图"，而更加倾向于"小鸟瞰"的视角，因此对城市的认知更加广阔和全面，既包括建筑界面与天空构成的天际轮廓线，又包括浅丘、河流、绿廊、景观植被等与地面构成的地际轮廓线。

2.2.1 视点高度

假设高架桥面距离地面的高度约为10m，依据不同车型的座位高度测算，车内乘客的眼睛距桥面高度为1～2.5m，因此，在高架桥上，人眼视点距离地面的高度为11～12.5m，比人站立在地面的常规视点高度（约1.6m）高得多，视域范围更加广阔，对城市形态的感知更加全面。

2.2.2 乘客视域范围

人眼的视域角度通常为平面120°、仰角30°、俯角40°。理论上，在晴空万里的海面上，人眼的可视距离可以达到无限远，但在城市中，受到空气、环境等因素的影响，人眼的可视半径通常为3000m（图1）。

2.2.3 驾驶员视域范围

乘客在观望城市时，心情较为松弛，视域范围取常规的人眼视域即可，但驾驶员与乘客不同，在驾车时需要目视前方，集中注意力，车速越快，视域范围越小。有研究表明，当驾驶速度超过每小时80km时，视域的平面角度将缩小至单侧30°以内，可视半径缩小至300～540m，注意力集中的视域切面单侧横向距离为150m以内[3]。

另外，将驾驶员的可视画面按照侧界面、底界面和顶界面进行划分，道路空间类型不同，其界面占比也各不相同，以直线平坡段为例，形态设计对象主要位于侧界面，也就是说，从驾驶员的视角来看，540m范围内的物体视线可及，其中150m范围内的视域画面细节清晰，侧界面在画面中的占比为27.5%。

3 实践案例

成都—自贡—泸州高速（简称"成自泸高速"）是成都南向的重要进出通道，也是从天府国际机场驾车驶入成都高新技术产业开发区（简称"成都高新区"）的必经之路。从价值研判看，该区域可以称为成都高新区城市意向的"第一眼"和城市形象的"外交通道"，成自泸高速在高新区范围内全程为高架段，全长约7.3km，按照车行时速80km测算，行驶完全段用时约为5分30秒，几乎能够将高新区的城市全貌尽收眼底。

3.1 从视域范围确定研究范围

科学确定研究范围将为空间形态设计奠定基础，以成自泸高速路进入高新区界为起点，分别从乘客视角和驾驶员视角进行视域分析，直至离开高新区界，将两个视角叠加生成视域范围，以此为基础，识别出紧贴视域边缘的地标建筑，将其纳入研究，通过视域叠加和地标识别，综合确定本次研究范围（图2）。

3.2 从典型特征确定设计原则

高速运动和高位视点是车行视角下空间形态设计的两个典型特征，结合成自泸高速路以西片区的实际情况，观望方向的位东面西和边缘界面也是需要重点关注的两个特征，基于这四个典型特征，在进行城市形态设计时需要着重处理好四大关系，从而确定形态设计的总体原则。

基于高速运动的特征，设计应处理好动与静的关系。在高速运动中，由同样的建筑高度和建筑间距所形成的城市形态，与静态视角下的相比，带给人的压迫感、开敞感等感知程度显然不同。

基于高位视点的特征，设计应处理好上与下的关系。在高位视点下，人们对城市天际线、建筑第五立面及地形地貌等城市形态的认知范围更加广阔和全面，设计应通过对天际线与地际线的协同配合，塑造

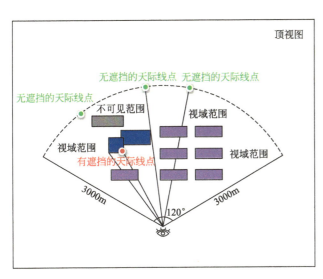

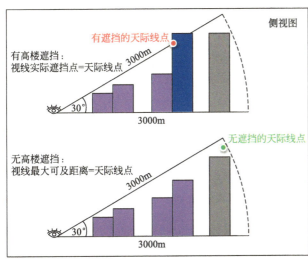

图1 人眼视域范围
Fig.1 Viewsheds of human eye
资料来源：《高新区成自泸以西天际线设计研究》（2022年）

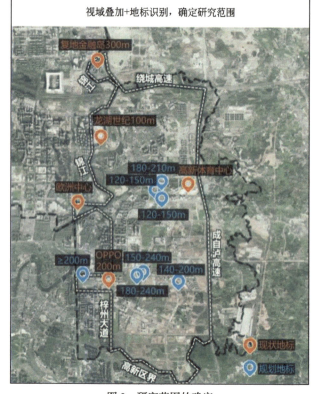

图 2　研究范围的确定
Fig.2　Method for determining the scope of research
资料来源：《高新区成自泸以西天际线设计研究》（2022 年）

多层次、立体化、多维度的城市形态。

基于位东面西的特征，设计应处理好近与远的关系。在此前提下，应考虑日照因素，避免地标建筑对西侧建筑及街道的阴影遮挡。同时，西侧远处的龙门山脉可作为城市的雪山背景，与城市天际线形成呼应关系，描绘"近观城市层次、远望雪山背景"的景象。

基于边缘界面的特征，设计应处理好城与村的关系。以成自泸高速路为界，高速路以西为城市，以东为乡村，是典型的边缘界面，设计应处理好城市向东延伸至乡村地区的过渡关系，形成以成自泸高速路为界"西看都市、东品乡愁"的高新区特色风光。

3.3　研究重点及理论应用

3.3.1　建筑

建筑是城市空间的重要组成部分，在此着重从建筑簇群、建筑高度、建筑立面精细度三个方面对车行视角下的城市形态设计进行探讨。

建筑簇群方面：为形成曲线连贯、层次分明的天际轮廓，避免"多点开花"，需要有意识地识别并塑造建筑簇群，以地标建筑为核心，以 300 ~ 500m 为半径，结合规划路网划定建筑簇群的控制范围，在研究范围内划定七个高层簇群和一个多层簇群，七个高层簇群主要为城市中心区和轨道站点 TOD 区域，一个多层簇群是以高新体育中心为核心，涵盖由中和交通枢纽、中和职中等多层建筑形成的公共建筑群。每处建筑簇群内由 1 ~ 2 栋地标建筑、3 ~ 4 栋烘托地标的建筑和若干栋背景建筑三个层次构成（图 3）。

建筑高度方面：建筑高度控制主要包括簇群内建筑高度控制和紧邻成自泸高速路第一层界面建筑的高度控制。

对于簇群内的建筑，着重强调三类建筑（地标建筑、烘托建筑、背景建筑）之间的有机组合和高低搭配，通过合理确定三类建筑的控制高度，形成城市形象的视觉中心和焦点，在簇群内营造"主角"突出、"配角"恰当的视觉感受。在高层簇群内，结合核心地块，确定两栋塔楼作为地标建筑；确定地标建筑高度控制，围绕地标建筑确定十几栋烘托建筑，按照低于地标建筑高度 1/3 的要求进行控制；其余作为背景建筑，高度不得高于烘托建筑。同时，为避免对西侧建筑的日照造成影响，对高层簇群内的建筑（尤其是地标建筑）采取高区"瘦身"的策略。在多层簇群内，以略高于观望视点的高度作为建筑高度的控制要求，在沿线大量的高层建筑中，突出几栋"矮胖"的"异形"建筑，可以刺激观望者的视觉兴奋点，使之成为视觉焦点。

对于紧邻成自泸高速路第一层界面的建筑高度，

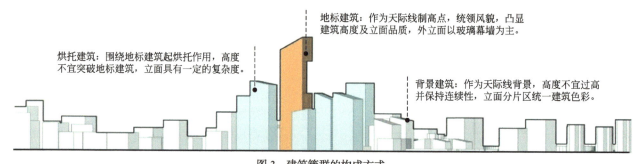

图 3　建筑簇群的构成方式
Fig.3　Composition of architectural clusters
资料来源：《高新区成自泸以西天际线设计研究》（2022 年）

将通过 D/H 值来控制。为了使人们在动态视角下获得较为舒适的视域空间感受，D/H 值取 2～4 较为适宜，这就可以推导出紧邻成自泸高速路的第一层界面建筑的高度可采用 $H=(1/4D～1/2D)+H_{视点}$ 这一公式来确定。由于不同功能区段呈现的主导建筑类型不同，建筑形态也不同。生态景观段位于环城生态区内，建筑物稀少且体量小，几乎不会给人带来视觉压迫感；公共建筑通常不高、面宽较大，呈"矮胖"状，对人的视觉造成的压迫感不强；产业建筑恰恰相反，通常以小高层和高层建筑为主，呈"高瘦"状，对高速运动中的人会产生较强的视觉压迫感。基于此，D/H 在各功能区段上的取值也各有不同（图4）。

建筑立面精细度方面：物体与人眼观望点之间的距离越近，风貌细节的视觉感知程度越高，对细节的设计要求也就越高，反之亦然。依据远近视觉感知的区别，基于纵深尺度将研究范围划分为三个风貌敏感层次（图5）。风貌一级敏感区，即距离观望点500m以内的区域，包括靠近高架桥的1～2个街区。乘客对此区域有非常明显的感知，能够清楚地看到绿化隔离、建筑立面细节和低矮建筑的屋顶，对此区域的建筑风貌最为敏感，应强调建筑立面和屋顶的精细化设计。风貌二级敏感区，即距离观望点500～2000m的区域。乘客对该区域的建筑细节已看不清楚，但仍有大尺度的视觉感知，如建筑高度、外形、色彩和材质，应强调由近到远的节奏感、韵律感，重点关注高度控制及外形、色彩、材质的主导基调控制。风貌三级敏感区，即距离观望点2000～3000m的区域。对于乘客而言，该区域属于视觉的背景区域，几乎看不清建筑色彩和材质，只能看到建筑外轮廓线。因此，该区域空间形态的设计重点不在于色彩和材质，而在于强调轮廓线的完整性和连续性，应重点关注建筑高度的控制。

3.3.2 视线通廊

从乘客心理感受出发，确定视廊位置。在行车过程中，大转角（如大路交叉口）处景色发生特质性变化，或突然出现河道、绿廊、山谷等自然要素，最易吸引乘客注意力，同时最能体现城市天际线。结合绿廊和干路交叉口，梳理七条视线通廊，分别为环城生态区视廊、中和大道视廊、聚宝沱排洪沟视廊、吉龙路视廊、新通大道视廊、新川之心视廊、新程大道视廊。

基于高速运动视角，控制视廊宽度。依据前文城市廊道的"5秒理论"，在车速不低于80km/h的前提下，城市视廊宽度的理论控制值不小于111m，行道树间距不小于5m。结合研究范围的实际情况制定七条视线通廊的控制宽度，其中，聚宝沱排洪沟视廊两侧已建成地块对廊道宽度造成限制，无法形成宽111m的廊道，因此宽度按照50m控制，其余视廊依据控制性详细规划的用地布局，因地制宜地确定各自的控制宽度，分别为111m、120m、150m、500m。视廊宽度一方面可通过规划绿地来控制，另一方面可通过视廊两侧建筑间距来控制。由于观望视点较高，几乎看不见建筑的裙楼部分，以塔楼之间的距离来控制建筑间距。控制视线通廊，既有利于塑造优美的城市天际线，又有利于增强街道及公共空间的通风效果，在一定程度上缓解城市的热岛效应（图6）。

图4 三个功能段及建筑高度控制公式
Fig.4 Three functional blocks and formula for controlling building height
资料来源：《高新区成自泸以西天际线设计研究》（2022年）

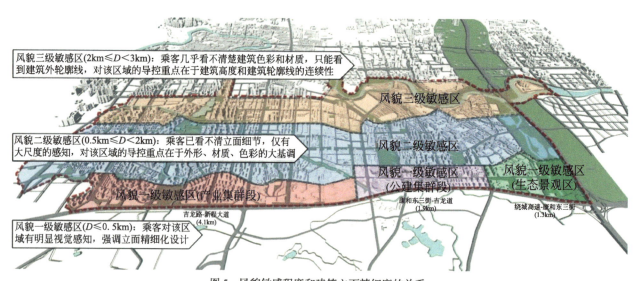

图 5 风貌敏感程度和建筑立面精细度的关系
Fig.5 Relationship between the level of landscape sensitivity and details of building facades
资料来源：《高新区成自泸以西天际线设计研究》（2022年）

街道及公共空间的通风分析(越偏蓝绿色表示风速越低，越偏红黄色表示风速越高)

街道及公共空间的热岛分析(越偏蓝绿色表示温度越低，越偏红黄色表示温度越高)

图 6 通风分析和热岛分析（左）、视廊控制示意图（右）
Fig.6 Wind ventilation and heat island analysis (left), and schematic diagram of visual corridor (right)
资料来源：《高新区成自泸以西天际线设计研究》（2022年）

3.3.3 天际线与地际线的立体融合

（1）雪山下的城市天际线

成都向西为龙门山脉，天气较好时，从成都中心城区能遥望龙门山脉中的西岭雪山，印证杜甫"窗含西岭千秋雪"的意境画面。为形成望山借势、错落有致的天际轮廓，天际线设计应注重与远山遥相呼应，形成错动关系。结合山脊线的起伏韵律，确定地标建筑的位置和高度，以幺妹峰作为雪山主峰，突出其山体形态。因此，在幺妹峰处，建筑高度须控制，而在其余山峰处，则顺应山脊线起伏的韵律设计建筑高度，从而保障视觉上有20%以上的山体显露。此外，在幺妹峰右侧确定一个高出山体的建筑簇群，避免城市背景呆板乏味（图7）。

（2）依坡顺势的自然地际线

为形成依坡顺势、环境适宜的立体界面，实现天际线与地际线的协调融合，依据研究范围内地形地貌的生成结果可以看出，南侧新川板块呈现出较为明显的丘陵地形，为塑造依坡顺势的地际线提供了条件。本次研究依据地形分析约筛选出102个未建地块，未来应保留其原始坡地地形（图8）。

3.4 分区形成风貌导控细则衔接规划管理

通过纵、横两个感知层次，可将研究范围划分为"三级三段"，生成五个分区，将城市设计语言转译为规划管理语言，分区制定城市形态导控细则，以衔接规划管理。

3.4.1 风貌一级敏感区生态景观段60秒印象

该段长1.3km，车行通过该段用时60秒。该分区以环城生态区及邻近区域为主，重点展示城绿交融的公园城市场景。

建筑高度总体采用30～60m为宜，对于紧邻高架桥的地块，按照$H=1/4D+H$视点进行控制。形式上宜采用与生态景观融合较好的覆土建筑。立面材质以石材为主，第一界面建筑不宜采用过大的玻璃幕墙。色彩方面强调与生态景观相协调，选取与植物色系相协调的米黄色及其他暖色系作为主导色，从自然要素中选取棕色系及咖色系作为辅助色。在该区域内识别北门户景观节点并对其进行光彩工程重点打造，营造生态雅致的光环境，对步行天桥、景观构筑物等进行一级亮化，凸显其形态美感。

3.4.2 风貌一级敏感区公共建筑集群段90秒印象

该段长1.9km，车行通过该段用时90秒。高新体育中心、中和交通枢纽、中和职中等大型公共建筑均位于该分区内，处在成自泸高速路上能够看到建筑屋顶，因此，该区域应重点展示"五面一体"的城市服务场景。

建筑高度总体控制为50m，其中，高新体育中心为多层簇群建筑，高度不宜超过35m。除簇群建筑外，其他建筑高度控制要求为：紧邻高架桥的地块内建筑

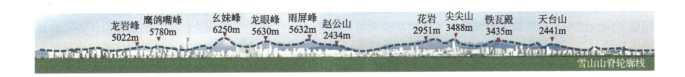

图7 与远山遥相呼应的天际线设计
Fig.7 Skyline design echoing the distant mountains
资料来源：《高新区成自泸以西天际线设计研究》（2022年）

图8 通过地形分析明确保留原始坡地的地块
Fig.8 Preserve the natural sloping terrain through terrain analysis
资料来源：《高新区成自泸以西天际线设计研究》（2022年）

高度宜按照 $H=1/2D+H$ 视点进行控制。由于该段主要展示文体建筑，建筑高度较低，能看到建筑屋顶，因此第五立面是该区域打造的重点，建议增加屋顶绿化，同时适当植入露天咖啡、连廊跑道、屋顶球场等设施。建筑立面建议采用契合公共建筑功能的材质，以幕墙体系为主，实体部分运用石材或铝制单板，禁止出现氟碳漆等涂料。由于公共建筑体量较大，立面色彩应尽量弱化，避免大面积高彩度原色，同时从自然环境中选取木本色系、石本色系作为辅助色和点缀。在夜景亮化方面，识别出高新体育中心、中和职中及中和交通枢纽节点，对其进行光彩工程重点打造，凸显建筑特色。

3.4.3 风貌一级敏感区产业集群段3分钟印象

该段长4.1km，车行通过该段用时3分钟，是用时最长的区段。该分区包括新川科技园、菁蓉汇二期等科创板块，以产业建筑为主，应重点展示退台式布局、立体高效的创新研发场景。

总体建筑高度采用50~80m为宜，同时考虑到产业建筑的实际工艺要求，允许个别建筑高度超过80m，但应严格控制数量和间距，数量不超过3个且间距不小于300m，紧邻高架桥的地块内建筑高度宜按照 $H=1/3D+H$ 视点进行控制。建筑形式上应体现多样性，可采取组群布局方式，靠近高架桥的建筑宜采用层层退台的形式。建筑立面宜采用契合创新研发功能的材质，如铝板幕墙、石材、玻璃幕墙等，并结合立面设计适当考虑垂直绿化。立面色彩运用强调先进、高质、科技感的氛围，整体以冷灰色系为主，以低明度暖色系为辅助色。在夜景亮化方面，该区段地形起伏明显，识别出南门户、"新川之心"延伸绿廊、新通大道路口景观节点，对其进行光彩工程重点打造，形成一级亮化，体现区域地际线特点。

3.4.4 风貌二级敏感区的城市中景

高层建筑簇群主要集中在该分区内，为塑造层次分明、富有韵律的城市中景，设计不再重点关注细节，而从建筑高度、立面主导色彩、夜景亮化三个方面来控制。

建筑高度采取"定制化+通则式"的方式管控，对于高层簇群内的建筑，高度采取定制化方式管控，精准确定地标建筑、烘托建筑、背景建筑的具体高度，如陆肖TOD簇群内地标建筑的高度控制在150~210m，烘托建筑的高度控制在80~120m，背景建筑的高度控制在75m以下；而对于簇群外的建筑则以通则形式，区分居住建筑和产业建筑分别控制，居住建筑高度采用60~80m为宜，产业建筑高度采用40~60m为宜。立面主导色彩依据两类建筑分别制定引导要求，居住建筑强调舒适、温馨的景观风貌，选取米黄色及其他暖色系作为主导色，棕色系及咖色系作为辅助色；产业建筑强调简洁、活力、高效的环境氛围，选取低彩度的白色系及偏白色的浅色系作为主导色，石本色的灰色系作为辅助色。将簇群建筑群识别为夜景光彩工程重点区域，建议居住建筑屋顶实现三级亮度，体现天际线轮廓，产业建筑幕墙、屋顶采用内透光、线光源等凸出簇群主体建筑的轮廓。

3.4.5 风貌三级敏感区的城市远景

该分区重点塑造连续不断、节奏变化的城市远景，着重强调天际轮廓线的连续性，导控重点在于建筑高度与建筑组合形式。建筑高度应顺应山脊线起伏的韵律来确定，除簇群外的建筑总体高度，原则上不超过140m；建筑形式建议采取组群布局方式，形成连续不断且富有变化的外轮廓界面。

4 结语

本次研究从观望者的角度出发，在高速运动和高位视点下，在既有研究的基础上梳理、总结城市形态设计的理论框架，在成自泸高速路以西的城市设计实践中，以人眼视域可及区域为依据，合理确定研究范围，提出基于理论框架的设计原则，明确建筑、视线通廊、天际线与地际线立体融合三个方面的设计重点，并在设计实践中应用理论框架，最后将设计语言转译为规划管理语言，分区形成风貌导控细则，指导规划管理工作。本次研究探索出一套基于车行视角的城市形态设计方法，是从"方法理论"到"应用实践"再到"规划管理"的系统性探索，为同类型项目设计提供了有益借鉴。

致谢

本文基于四川省建筑设计研究院有限公司2022年编制的《高新区成自泸以西天际线设计研究》项目撰写，感谢成都高新区规划部门对项目提出的宝贵意见，感谢深圳大学建筑与城市规划学院张艳老师对本文的指导。

参考文献

[1] 芦原义信. 街道的美学 [M]. 尹培桐, 译. 天津：百花文艺出版社，2006.

[2] 涂胜杰, 刘奇志. 城市地标的视线管控思路与方法：以武汉市黄鹤楼视线保护规划为例 [J]. 规划师，2017，33（3）：63-70.

[3] 秦晓春. 公路景观评价的感知理论与方法研究 [D]. 广州：华南理工大学，2008：67-68.

[4] 汉斯·洛伦茨. 公路线形与环境设计 [M]. 中村英夫, 中村良夫, 编译. 北京：人民交通出版社, 1984.

[5] 杜傲. 公路空间视觉感知表征体系与量化方法研究 [D]. 西安：长安大学, 2021.

作者简介

刘美宏（1988-），女，四川省建筑设计研究院有限公司设计七院规划师，注册城乡规划师。

薛晖（1968-），男，四川省建筑设计研究院有限公司总规划师、设计七院院长，注册城乡规划师。

王沐曦（1990-），男，成都交子公园置业有限公司副总经理，注册城乡规划师。

杨志锋（1979-），男，四川省建筑设计研究院有限公司设计七院副院长。

公园城市语境下成都地区城市绿地系统规划管控策略初探

袁川乔　卢旸

摘要：城市绿地系统的科学规划与有效管控对城市的生态功能、景观价值、社会效益均有重要的意义。在公园城市理念下，城市绿地系统面临从保量到提质的重要转型，其规划与管控也面临更加精细、高效的现实需求。文章探索了成都地区城市绿地系统体系构建，立足功能需求、要素供给研究绿道选线方法，基于定性与定量评估探究公园绿地规划布局及设计策略，并探索精细化、定制化功能引导方法，高水平构筑公园城市绿地空间结构；在绿地系统管控层面，从指标、空间、功能三个维度构建一套"底线约束+目标引导"的管控模式，在满足城市绿地基本需求的基础上，建立绿地品质提升和特色塑造的管控体系，支撑公园城市示范区建设。

关键词：公园城市；城市绿地系统；规划策略；管控模式

A preliminary study on urban green space system planning strategy in Chengdu area in the context of park city

Yuan Chuanqiao　Lu Yang

Abstract：The scientific planning and effective management and control of the urban green space system are of great value to the city's ecological function, landscape value, and social benefits. Under the concept of park city, the urban green space system faces transformation from "quantity assurance" to "quality improvement", its management and control are also confronting more refined and efficient realistic demands. This paper explores the construction of urban green space system in Chengdu, explores the method of greenway route selection based on functional requirements and element supply, studies the planning layout and design strategy of green park space based on qualitative and quantitative evaluation, and explores the guidance methods of fine-matching customized functions to build a high-level urban green space structure in parks; at the level of green space system management and control, a set of management and control modes that "bottom line constraints+ target guidance" will be constructed from the three dimensions of indicators, space, and functions. On the basis of meeting the basic needs of urban green space, establishing management and control measures the improvement of green space quality and the shaping of characteristics supports the construction of park city demonstration areas.

Keywords：park city; urban green space system; planning strategy; management control mode

党的十八大以来，以习近平同志为核心的党中央高度重视生态文明建设。公园城市坚持以人民为中心、以生态文明为引领，将公园形态与城市空间有机融合，是全面体现新发展理念的城市发展高级形态。

城市绿地系统的科学规划与有效管控对城市的生态功能、景观价值、社会效益均有重要的意义。当前，城市绿地系统面临从保量到提质的重要转型[1]，其规划与管控也面临更加精细、高效的现实需求，有必要

本文已发表于《城乡规划》，2023

探索新形势下绿地系统的规划策略及管控手段，以支撑公园城市示范区建设。

1 公园城市语境下城市绿地系统的内涵发展
1.1 公园城市内涵及其相关理论演进

在探求城市生态价值的过程中，各国城市规划学者、环境学家、建筑师提出了一系列方案，如田园城市、花园城市、山水城市、景观都市主义等相关理念。19世纪末，霍华德在《明日的花园城市》（Garden Cities of Tomorrow）中提出，未来城市的理想发展模式是城市与乡村的特征相融合[2]。进入20世纪，伦敦、新加坡等城市确立了"花园城市"的建设目标，确保以公园绿地空间构成一个连续的系统[3]。20世纪90年代，我国学者钱学森提出"山水城市"理念，认为城市是环境与人文的有机结合，即城市是自然环境与人工环境、本土文化与外来文化的有机结合。2007年，我国启动"国家生态园林城市"建设活动，赋予人们健康的生活环境和审美意境[2]。

2018年2月，习近平总书记在成都视察时首次提出"公园城市"理念。公园城市发展新模式汲取"田园城市""花园城市""山水城市""园林城市（生态园林城市）"等理论的精华，是生态文明建设在城市建设方面的体现[4]。

1.2 城市绿地系统规划管控
1.2.1 绿地系统规划

绿地系统规划是对城乡各类绿地进行定性、定量、定界的统筹安排，形成结构合理、功能恰当的绿色空间系统[5]。较为系统性的绿地系统规划理论于20世纪50年代兴起，以景观生态学理论为基础，从绿地的空间结构入手[6]。20世纪80年代诞生的"绿色基础设施"（Green Infrastructure）概念，将绿地空间作为国土生命支持系统的关键性格局进行规划和建设[7]，进一步强调绿色空间保护的必要性。与此同时，我国的城市绿化建设提出"连片成团、点线面相结合"的方针，城市绿化建设进入快速发展阶段[8]。20世纪90年代，许多学者从空间格局、生态系统敏感性、生态系统服务功能、生态系统承载力等角度对城市绿地进行评估，以辅助生态保护红线划定[9-10]，进一步推动城市绿色空间保护。2000年以来，我国运用景观生态学的定量分析手段，支撑城市绿地系统规划[11-12]，并强调生态系统服务功能的作用发挥[13-14]。近年来，在国土空间规划背景下，许多学者认为绿地系统规划应发挥其纵向传导优势，优化城绿空间关系、固化合理的城市空间布局[15]，引领城乡的山、水、林、田、湖、草资源有机整合[16]，并加强城乡绿地与生态、社会、文化的耦合关系[17]。

1.2.2 绿地系统管控

长期以来，我国的城市绿地管理主要包括地块（空间）管理和指标管理两种方式。其中，地块（空间）管理主要以绿线的方式划定城市绿地的控制范围；指标管理是利用行业指标体系，以定量或半定量的方式，从总量和结构上对城市整体的绿地资源进行管控[1]。地块（空间）管理方面：南楠等人提出以《城市绿线管理办法》为基础，落实绿线边界、面积、宽度、位置、功能等控制要求，并完善绿线的规划和政策体系[18]；施艳琦等人强调明确部门职责，强化绿线的刚性管控[19]。指标管控方面：我国长期以"三绿"指标（即绿地率、绿化覆盖率、人均公园绿地面积）作为绿地管理的核心指标，近年来，表征绿地质量、功能效益和空间布局均衡性的指标也逐渐纳入城市绿地评价体系[2]。

1.3 公园城市对城市绿地系统规划管控的新要求与新思路
1.3.1 绿地系统规划应实现从"+公园"到"公园+"的转变

在传统增量规划阶段，由于投资回报较少，城市绿地系统规划多在城市其他建设用地布局完成后进行[20]，"+公园"的布局方式难以构建完善的绿地系统，往往出现体系不完善、面积有缺失、空间结构不合理等现实问题。

在公园城市理念下，城市空间布局应从"城市中建公园"向"公园中建城市"转变，这就要求优先考虑生态体系，将公园与绿化网络、生态廊道相连[21]，构建"山、水、田、林、湖、草一体化"的空间本底，以及全域覆盖、类型多样、布局均衡、功能丰富、业态多元、特色彰显的全域绿地体系，再依托绿地系统引导城市功能布局，形成"公园+"的布局模式。

1.3.2 绿地系统管控应注重质量提升、系统完善和功能引导

长期以来，绿地系统管控依赖于《城市绿线管理办法》和"三绿"指标，体现出只管控量，未管控质；只管控部分绿地空间，未管控附属绿地、小规模公共绿地和非建设用地绿地；只管控空间，未管控功能等问题。不足以引导绿地系统更高效地发挥生态、景观、游憩效益。

在公园城市背景下，城市绿地系统的建设目标从保量向提质转化，绿地系统管控面临精细化转型。在保障基础的刚性指标的基础上，结合实际情况增设特色弹性指标，注重绿地景观、可达性、休闲活动等指标，引导绿地建设质量提升；在传统绿线管控的基础上，将同样具有生态景观效益及休闲游憩功能的附属

绿地、小规模公共绿地和非建设用地绿地纳入绿量管理，提升空间管控的系统性；在指标和空间管理的基础上，构建绿地功能管控指引体系，确保各类绿地按规划目标发挥应有的效用。

2 公园城市语境下城市绿地系统的规划策略

在城市绿地系统规划环节，构建科学的绿地系统体系是支撑城市高水平发展的基本保障；绿道（廊道）和公园（斑块）的空间落位是构建绿地空间结构的基础，是城市绿地发挥生态效能的支撑主体，也是承载日常休闲游憩活动的空间主体。本文基于成都地区的项目实践，聚焦城市绿道和城市公园绿地，探索能够体现公园城市内涵的城市绿地系统规划原则和特色设计策略。

2.1 公园城市理念指引下城市绿地系统体系构建

城市绿地系统的体系构建，是绿地系统得以科学地分级、分类规划的前提。在公园城市理念下，成都地区的城市绿地系统物质空间由城市绿道和其他各类绿地构成，这些绿地依据城市建设用地空间要素匹配的不同，分为城市公园绿地、城市其他绿地、城市绿化环境三大部分。

城市公园绿地与《城市用地分类与规划建设用地标准》GB 50137—2011中的公园绿地（G1）、小区绿地（R24）对应，综合国家标准与成都公园建设导则，考虑用地规模、服务范围，并结合已建公园的实际情况，可将其划分为"综合公园—片区公园—社区公园—游园—微绿地"五级（表1）；城市其他绿地包括防护绿地（G2）、广场用地（G3）；城市绿化环境包括附属绿地（XG）和立体绿化。

城市公园绿地分级表　　　表1
Urban park green space classification table Tab.1

城市公园绿地	公园绿地适宜规模（公顷）	服务半径（m）	说明
综合公园	≥10	1200～3000	耦合城市主次中心及各产业功能中心
片区公园	4～<10	800～1000	耦合片区中心，衔接15分钟公共服务圈
社区公园	1～<4	500	耦合社区级中心，衔接10分钟生活圈
游园	0.5～<1	300	
微绿地	<0.5	300	

2.2 城市绿道选线与布局策略

在绿道规划阶段，立足总体功能需求研判绿道设计范围、基于空间要素供给布局绿道选线方案，是科学规划的基础。按照公园城市"景观化、景区化、可进入、可参与"的要求，以区域级绿道为骨架，城市级绿道和社区级绿道相互衔接，加快构建串联城乡公共开敞空间、丰富居民健康绿色活动的绿道体系，实现构建高品质生活场景和新经济消费场景的建设目标。

2.2.1 立足总体功能需求研判绿道设计范围

城市绿道兼具生态景观及休闲通勤双重功能。绿道作为生态廊道，核心功能是串联城市绿地空间和周边自然资源，构建"连山水、串绿地"的生态景观网络。作为休闲通勤廊道，绿道布局策略的核心是满足城市功能需求，在对标城市建设工作重点的基础上，匹配人口热力分布、囊括山水休旅资源、串联重大公共服务职能、涵盖活力消费场景、连接产城通勤，构建便捷、通畅的休闲通勤网络。

2.2.2 基于空间要素供给布局绿道选线方案

在公园城市语境下，城市绿道选线应紧密结合空间资源供给，强调三个规划原则：一是坚持美观实用。绿道应以低成本、本土化融入生态自然环境，依托现有道路改造工程，控制建设和管理成本。二是注重实施落地。要充分结合各类资源及建设指标覆盖情况，确保规划落地。三是强化价值转化。绿道尽量与社会服务功能、近期重大项目结合打造，营造多元场景，满足人民群众的各类需求。

基于以上原则，绿道在布局选线时重点考虑以下六个方面：第一，有绿地指标支撑。绿道选线优先利用公园绿地、防护绿地等城镇建设用地指标，以及不含耕地的生态用地指标，确保选线不占基本农田，做好"以农为底、绿道衬景"。第二，有交通线作依托。充分依托城市高快速路、干道、高架铁路、天桥等搭建绿道体系，以绿道匹配城乡通勤网络，加深产城联系。第三，有连贯的特色资源。统筹考虑现状自然生境、规划生态绿廊等资源，以及历史文化点位、优质农旅项目，串接休闲旅游资源。第四，有密集的公共服务点位。绿道选线重点考虑串联布局相对集中、连续的公共服务设施点位及口袋公园，并接驳轨道交通站点，接入社区中心，服务好日常通勤。第五，有发展要素匹配。绿道与配套设施建设可有效带动老城活力提升，防止"空心化"，同时有利于新城价值提升，推动功能疏解。因此，绿道选线应兼顾亟待挖掘潜力的存量更新区域和增量较为集中的新建区域，在资源挂接上统筹存量提质与增量赋能。第六，避让限制约束条件。确保避开地质灾害点位，尽可能避让洪水位线及易燃易爆、环卫丧葬等邻避设施，保障安全经济、环境友好。

2.3 城市公园绿地布局及设计策略

公园城市日常绿地体系以城市公园绿地、广场用地和附属绿地为主，"出门见绿"是城市公园绿地环境公平的保障，这要求城市公园绿地首先要达到一定的绿量，其次通过合理的规划手段，使公园绿地在城市中均衡分布，最后多种措施并举，精细化提升绿地品质，放大公园绿地的生态、游憩价值。因此，需要开展科学评估，明确"缺不缺、缺多少、哪里缺"，并制定有针对性、特色化的设计策略。

2.3.1 开展定性与定量相结合的基础评估

（1）评估容量匹配度

按规划人口评估人均公园绿地指标，如果绿地容量满足目标值，则规划工作的重点是优化布局、提升品质；如果绿地容量难以支撑目标值，则核心工作是结合后续评估确定增补绿量的空间方位。

（2）评估结构合理性

按照前述城市公园绿地"综合公园—片区公园—社区公园—游园—微绿地"的分级体系，依据各级公园规模标准，识别美国波士顿、奥斯汀等先进公园城市的综合公园、片区公园、社区公园、游园的数量，其数量占比基本满足理想的1∶5∶16∶25的金字塔型结构（图1）。对照理想结构中各类公园的比例，评估规划区现状公园绿地分级结构，可实现城市各级公园的数量结构的优化。

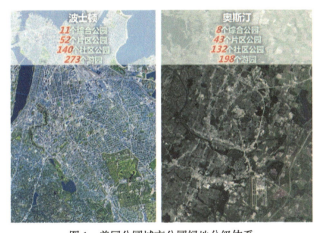

图1　美国公园城市公园绿地分级体系
Fig.1　Classification of green spaces of parks in advanced park city

（3）评估导气通畅性

城市绿地系统是为城市导入新风、降低热岛效应的重要载体。为保障城市通风环境，基于现行控制性详细规划的用地布局，通过对风环境的模拟，可识别出风速保持率达80%以上的一级通风廊道及局部风速衰减量超过50%的导风堵点。首先保障通风廊道畅通；其次针对导风堵点，通过调整用地布局或采用建筑退线控制措施实现疏通，形成连续的绿地体系，进一步提升城区通风效果（图2）。

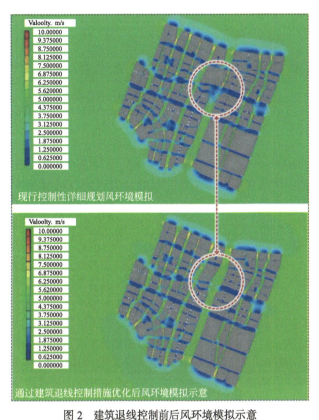

图2　建筑退线控制前后风环境模拟示意
Fig.2　Schematic diagram of wind environment simulation before and after building setback control

（4）评估形象展示性

门户区域交通节点周边或主干路两侧的带状绿地，是彰显城市风貌、树立城市形象的重要窗口。基于干道交通网络，统筹交通流量导入，结合通勤热力数据分析（图3），识别出由门户形象走廊及走廊上门户形象节点构成的形象界面主骨架，作为公园绿地设计打造的主要着力点。

（5）评估城绿耦合度

基于"公园+"理念，将高附加值城市功能向高品质公园绿地空间聚集，是构建城市绿色发展动力机制、创新生态资源产业转化路径的核心抓手。将上位规划确定的城市主中心、城市次中心、产业功能中心、片区中心等叠加规划绿地后进行耦合性分析，研判公园绿地对重要城市功能中心的支撑力度。同时，构建"公园+城市中心"的理想模型，城市主、次中心配套公园，重点集聚对外交往、国际消费、都市商务、城市服务、文化展示等高能级城市动能；产业功能中

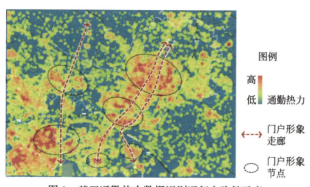

图 3 基于通勤热力数据识别通行主路径示意
Fig.3 Identification of main commuting paths based on commuting heatmap data

心配套公园,重点集聚科创空间、产业服务、人才生活、配套消费等高智类创新动能;片区中心配套公园,重点集聚公共事务、休闲消费、公园生活等片区核心服务功能。按照这一模式评估现行公园绿地规模与功能中心动能的匹配度。

除重要的城市功能外,运用高德POI、大众点评等平台数据,提取小区、出入口、道路、公共交通等信息,运用网络科学技术,构建易感知城市体征、能识别问题症结的城市生活网络,并识别现状建成区生活圈。在此基础上,叠加规划绿地进行耦合性分析(图4~图6),则可以识别社区级中心配套绿地缺失情况。同时,构建"公园+社区中心"的理想模型,社区级中心匹配规模适宜的绿地空间,聚合社区商业服务、文化、体育、卫生、教育及健身、休闲等生活服务功能。

2.3.2 制定特色化功能设计导引

(1)畅通导气绿廊,做优城市风廊环境

充分发挥风廊的导气效用,结合城市香源构建四

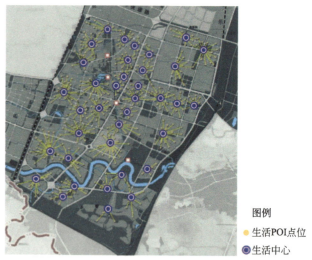

图 5 基于居民生活 POI 生活圈识别示意
Fig.5 Diagram of identifying residential living circles based on residential POI

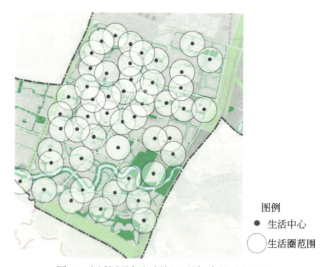

图 6 生活圈叠加规划绿地的耦合性分析示意
Fig.6 Coupling analysis of living circles and green spaces

时有景的城市香氛系统,营造缤纷、芳香的生态感触场景,打造三类花香风廊:一是沿干道以前景、点景、列植等方式增加芳香绿植,营造层次丰富、有秩序的街道香廊(图7);二是沿高快速路防护绿带配植成规模的芳香密林,营造"乔木—草地"两层结构的"森林式"市政香廊(图8);在廊道公园内布局有机散布的芳香绿植群落,植物配置采取"乔—灌—草"的复层结构,打造自然群落式、可观、可闻、可赏、可游的公园香廊(图9)。

(2)打造活力都市公园,激发城市消费活力

都市公园以优质景观集聚城市活力。布局模式可分为三个层次:融绿层为公园内部,赋能文体互动、休闲消费为主的片区共享公服;接绿层为公园外围

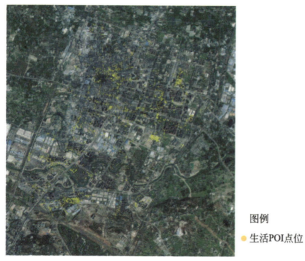

图 4 居民生活 POI 提取示意
Fig.4 Diagram of residential POI extraction

图 7 街道香廊设计模型
Fig.7 Street fragrance corridor design model

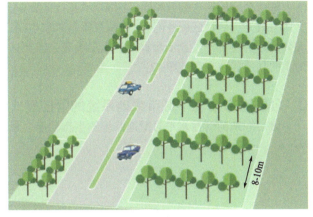

图 8 市政香廊设计模型
Fig.8 Expressway fragrance corridor design model

图 9 公园香廊设计模型
Fig.9 Park fragrance corridor design model

300m 范围，赋能都市消费、商务办公为主的片区核心功能；近绿层为公园外围 300～500m 范围，赋能公园生活、社区服务为主的片区服务配套（图 10）。

（3）打造创享园区公园，促进城市产业效能

园区公园以高质景观匹配精准服务。布局模式同样分为三个层次：融绿层为公园内部，承载赋能产业、休闲消费为主的特色提升服务；接绿层为公园外围 500m 范围，承载科创空间、配套商业为主的产业创新集群；近绿层为公园外围 500～1000m 范围，承载人才生活、邻里服务为主的产业配套服务（图 11）。

（4）打造温馨住区公园，让城市社区暖起来

住区公园将日常生活融入宜人景观。布局模式与

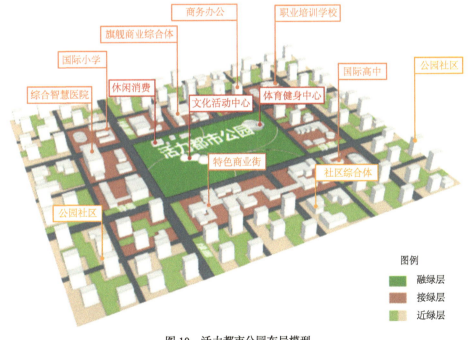

图 10 活力都市公园布局模型
Fig.10 Layout model of park in vibrant urban area

活力都市公园的层次划分相同：融绿层承载社区商业、文体卫教为主的社区服务配套；接绿层承载科创空间、配套商业为主的产业创新集群；近绿层承载公园社区为主的品质居住空间（图12）。

3 公园城市语境下城市绿地系统的管控模式

城市绿地的管控水平对绿地系统的生态功能、景观效益、城市资源环境承载力等有较为直接的影响。在公园城市建设背景下，城市绿地增量、提质需求并重，要求规划管控环节更可落实、更加精细，须从单一的刚性指标管控，转向刚弹结合的指标体系构建；从单纯的绿线刚性管控，转向绿线与绿量控制线相结合的管控；从单纯的空间管制转向差异化的功能管控。由此构建一套"底线约束＋目标引导"的管控模式，

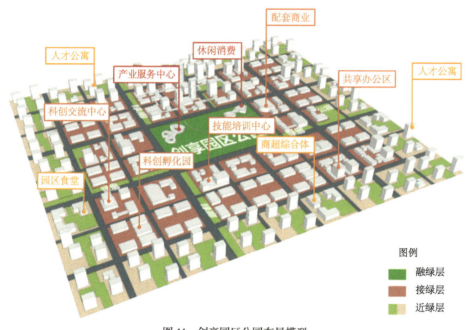

图 11　创享园区公园布局模型
Fig.11　Layout model of park in innovative area

图 12　温馨住区公园布局模型
Fig.12　Layout model of park in residential area

公园城市语境下成都地区城市绿地系统规划管控策略初探

在满足城市绿地基本需求的基础上，以绿地品质提升和特色塑造为管控目标，用全、用活、用好各类绿地资源要素，从而支撑公园城市高水平建设。

3.1 构建刚弹结合的指标管控体系

以公园城市总体规划的指标体系为基础，结合区域特质，构建刚弹结合的指标管控体系。在高标准保障人均公园绿地面积、城区绿地率、城区绿化覆盖率三项传统刚性指标的基础上，增设公园绿化活动场地服务半径覆盖率、林荫路覆盖率、植物多样性保护达标率等约束性指标，保障绿地布局的空间均衡性、城区林荫道路数量、植物多样性维育水平等维度的绿地品质。同时，增设桂花等本地木本植物指数、彩叶树种比例、公园与城市功能中心连通率、公共空间绿视率、绿色交通分担率、休闲生活方式多样性指数等提升绿地品质和彰显地域特色的预期性指标，体现公园城市建设对高品质、特色化城市绿地系统的目标引导。

如成都中心城区北部的新都区，在建设绿地系统时勇担成北公园建设标杆的使命，结合自身人口基数大、增幅快的实际情况，以体现"维生境、香满城、靓中心、逸出行、兴场景"为特色，形成五类28项绿地系统指标体系（表2）。

新都区公园城市绿地系统指标体系表　　表 2
Indicator system table for green space system of park city in Xindu District　　Tab.2

特色体系	指标测度	指标要求(2025年)	指标要求(2035年)	指标属性
维生境	人均公园绿地面积(m²/人)	≥16.5	≥16.5	约束性
	城区绿地率(%)	≥40	≥45	约束性
	城区绿化覆盖率(%)	≥45	≥50	约束性
	每万人拥有绿道长度(km/每万人)	≥7	≥7	预期性
	公园绿化活动场地服务半径覆盖率(%)	≥90	≥95	约束性
	市域森林覆盖率(%)	≥41.5	≥43	约束性
	林荫路覆盖率(%)	≥70	≥85	约束性
	市域湿地保护率(%)	≥30	≥50	约束性
	植物多样性保护达标率(%)	—	≥80	约束性
	古树名木及后备资源保护率(%)	—	100	约束性
	防灾避险绿地设施达标率(%)	90	100	预期性
	建成区蓝绿空间占比(%)	≥50	≥60	预期性
香满城	城区透风香廊数量(条)	3	6	约束性
	桂花等本地木本植物指数	≥0.85	≥0.9	预期性
	彩叶树种比例(%)	≥25	≥30	预期性
	城市文化小品雕塑密度(座/万人)	—	1	预期性
靓中心	公园与城市功能中心连通率(%)	60	100	预期性
	公园与产业服务中心连通率(%)	60	100	预期性
	公园与社区中心连通率(%)	60	80	预期性
	公共空间绿视率(%)	一般地区5,重要节点20	一般地区5,重要节点25	预期性
逸出行	实现15分钟绿色通勤的居民比例(%)	60	80	预期性
	绿道驿站1km服务半径覆盖率(%)	≥60	≥70	预期性
	绿色交通分担率(%)	75	85	预期性
	公交(含轨道)分担率(%)	45	56	预期性
兴场景	各类公园场景接入绿道的连通率(%)	60	100	约束性
	休闲生活方式多样性指数(%)	50	80	预期性
	农田景观化比重(%)	50	80	预期性
	公众对环境的满意率(%)	60	80	预期性

3.2 构建城市绿线与绿量控制线相结合的空间管控模式

3.2.1 城市绿线划定及管控要求

在城镇建设用地中，按规划确定的公园绿地和防护绿地，划定现状及规划绿线，作为确保绿地空间资源不受侵占的刚性管控依据。绿线是城市绿地系统空间的底线约束，应按照相关法律法规实施严格管控。

3.2.2 绿量控制线划定及管控要求

在实际的管理工作中，并非所有的绿地都纳入城市绿线管理，尤其是规划区内的非建设用地绿地、附属绿地及小规模公共绿地。这些绿地应依据城区绿地系统规划的要求，采用绿量控制线进行弹性管控：绿量控制线应以与基本农田不冲突，保障绿量不减、绿质不降、开放性不降为基础，针对非建设用地，可根据项目需求，合理优化绿地范围，针对附属绿地及小规模公共绿地，可根据所属建设用地项目改、扩建需求，合理优化绿地范围。

非建设用地和附属绿地同样具备生态、景观及休闲游憩功能，是城市绿地系统的重要组成部分，应按照一定的规则（表3）将其面积计入城市绿量。

城市各类绿地计入城市绿量面积规则表　表3
Table of rules for including various types of urban green spaces in urban green area calculation　Tab.3

类型	计入条件	计入规则	计入限额
非建设用地绿地	绿地平面投影面积，不得按山坡地的表面积计算	直接计入	—
各类附属绿地	绿地平面投影面积，不得按山坡地的表面积计算	直接计入	—
	附属绿地面积距建构筑物外墙及其外廊、外包柱、门廊、上部悬挑的外边缘线1m起算；距内部道路、围墙、挡土墙、室外场地（广场）边缘线起算	直接计入	—
	连接建筑的天桥下部净空高度小于4.8m的，其下部绿地面积从天桥的垂直投影外边缘线起算；天桥高度大于等于4.8m的，其下部绿地按实有面积计入绿地面积	直接计入	—
	临街建筑出入口室外通道直接与城市道路、建设项目用地内的主要道路相衔接时，其宽度不小于对应建构筑物开设的门洞宽度，附属绿地面积从通道边缘线起算	直接计入	—
	临街商业建筑（含住宅项目的底层商业建筑）出入口室外通道未直接与城市道路、建设项目用地内的主要道路相衔接时，附属绿地面积距建构筑物的外墙不小于4m起算	直接计入	—
	人行道上的行道树株距不小于4m，胸径大于8cm的	1.5m²/株	—
	林荫式室外停车位，其内种植乔木树冠大于8cm，且行距在6×6m以下	按乔木树冠所覆盖的停车位面积的70%计入	不得超过规定附属绿地面积的10%
	在硬质铺装区域独立种植乔、灌木的，按树池（台）面积计入绿地面积。采用树阵植树方式的场地，种植胸径均大于10cm的乔木，株行距小于5m×5m，且树阵的长和宽分别大于等于20m的	按树阵外围乔木树干围合面积计入绿地面积	不得超过规定附属绿地面积的10%
	集中绿地（不含水体）中的植物种植面积小于该绿地块面积的80%的	按实际种植面积计入	—

续表

类型	计入条件	计入规则	计入限额
各类附属绿地	人工景观水体（水深不宜小于0.3m，不包括旱喷泉及其硬质铺装场地）	直接计入	—
	地上建筑屋顶绿化，种植土厚度大于等于0.3m的	按实际绿化面积的20%计入	拆除重建的城市更新类建设项目不超过10%，其他建设项目不超过5%
	挡墙、崖壁、建（构）筑物的外立面等实施模块式、铺贴式垂直绿化的	按实际绿化面积的10%计入	拆除重建的城市更新类建设项目不超过10%，其他建设项目不超过5%
	地下建筑、半地下建筑顶板种植土与周界地面相连的架空平台绿化：种植土厚度大于等于1.5m的	按实际绿化面积的100%计入	拆除重建的城市更新类建设项目不超过70%，其他建设项目不超过50%
	种植土厚度大于等于1.0m，小于1.5m的	按实际绿化面积的60%计入	
	种植土厚度大于等于0.4m，小于1.0m的	按实际绿化面积的20%计入	
小规模公共绿地	绿地平面投影面积，不得按山坡地的表面积计算	直接计入	—

本表根据《重庆市城市立体绿化鼓励办法》（渝府办发〔2021〕103号）整理改绘。

3.3 构建城市绿地功能管控指引

传统的绿地管控以指标管控和空间管控为主，这两类管控以刚性管控内容为主要手段，对绿地的生态、景观、游憩等功能效益均未涉及，应在功能层面建立管控指引，实现城市绿地的多种功能效益，支撑公园城市示范区建设。

3.3.1 公园绿地

公园绿地以游憩为主要功能，须有一定的游憩设施和服务设施，同时兼有生态维护、环境美化、减灾避难等综合功能。其中，城市综合公园配备全龄化服务设施，构建城市开放空间核心和公共活动中心；片区公园集聚片区核心服务资源，提供文体、商业服务；社区公园衔接10分钟社区生活圈，突出交往消费、公共服务配套、健身休闲功能；游园作为公园体系的补充，布局体现灵活性，结合实地条件进行新建、改造、扩建，就近提供休憩及便民服务功能。

3.3.2 防护绿地

防护绿地在满足城市对卫生、隔离、安全要求的前提下，承担一定的城市生态、景观、游憩功能，作为公园绿地的补充。其中，在保证安全的前提下，高速路两侧的防护绿地可适当引入绿道及体育、游憩设施，作为公园使用；城区铁路两侧的防护绿地可对外围进行公园化处理，使之与周边公园绿地的边界融合；工业用地与仓储用地周边的防护绿地除满足林带建设标准，可植入通勤绿道，连接周边产业社区；高压架空电力线走廊两侧的防护绿地，则可适当引入线形活动空间。

3.3.3 广场用地

广场用地应兼具人流集散、大型集会、休闲活动、应急避险等功能。绿地率不达标的现状广场应尽可能增加绿量，强化景观功能。新建广场应因地制宜地采用下沉式结构或配套雨水调蓄设施，提升硬质广场应对地表径流的调蓄能力。

3.3.4 各类附属绿地

各类附属绿地的功能管控，首先应满足所属建筑的使用需求，其次依据所属用地的区位、功能等属性，差异化管控其附属绿地的指标，并引导实现相应的城市服务功能（表4）。

（1）公共管理与公共服务设施用地及商业服务业设施用地附属绿地

医院、疗养院等特定场所附属绿地的空间指标应符合要求，通过营造园林景观促进人体健康，同时兼具卫生防护隔离，防止外来烟尘、噪声的功能。

机关、学校等单位附属绿地，应采用开放式或半开放式布局形式，可采取分时段、分区域的方式对外提供公共开敞空间，提高居民生活环境的绿量。

大型商业、文化体育等单位附属绿地，应采取开放式布局，并布局适当的休闲娱乐设施。

（2）居住用地附属绿地

鼓励在居住地块配置相应规模的中心绿地，重点为老年人与儿童服务，并按照相关要求建设儿童游戏、体育健身等设施。

（3）工业及物流仓储用地附属绿地

具有一定污染性的工业、仓储单位附属绿地，应根据生产运输、安全防护和卫生隔离要求设置隔离绿地，选取抗污染能力强或杀菌力强的园林植物进行合理搭配，以利于污染物的扩散、稀释或吸纳。结合产业社区的建设要求，在职工集中休息区、行政办公区和生活服务区布置集中绿地，为工人创造良好的工作环境。

（4）交通设施用地与公用设施用地

交通设施用地与公用设施用地附属绿地要考虑人流集散、车辆通行，以及为未来停车等公共功能属性的场所预留空间，并适当为市民提供开展休闲游憩活动的场所。

（5）立体绿化

通过政府引导、社会参与，以屋顶、立面、桥柱、桥体、阳台、驳岸为重点实施立体绿化，增加城市绿化率与绿视率，减轻城市热岛效应，打造公园化高品质环境。其中，屋顶绿化建设应结合"海绵城市"理念，通过屋顶植被和土壤基质的保水、蓄水作用，减少屋顶径流，降低城市排水负荷。

城市各类附属绿地率控制一览表　　　表4
Overview of the control of green space ratio in various types of affiliated green spaces　　Tab.4

绿地类别	新建项目绿地率	改造项目绿地率
公共管理与公共服务设施用地附属绿地（AG）	≥35%	≥20%
商业服务业设施用地附属绿地（BG）	≥30%	≥25%
居住用地附属绿地（RG）	≥30%	≥25%
工业用地附属绿地（MG）	≥25%	≥20%
物流仓储用地附属绿地（WG）	≥25%	≥20%
道路与交通设施用地附属绿地（SG）	≥25%	≥20%
公用设施用地附属绿地（UG）	≥30%	≥25%

3.4 探索建立"总体规划—专项规划—详细规划"的传导工作机制

城市绿地系统专项应主动衔接国土空间规划，落实上位规划明确的结构性绿地空间及绿线划定的强制性管控空间；同时指导详细规划环节，确保城市绿线、城市绿地空间结构、绿地控制指标等进一步细化传导；形成"总体规划—专项规划—详细规划"一张蓝图工作机制，保障绿地系统核心规划内容与相关控制指标一致，推进城市绿地系统高水平管控。

4 结语

本次研究梳理了公园城市理论和绿地系统规划的发展沿革，判识公园城市理念下，因城市绿地系统规划环节的生态滞后引发的体系不完善、面积有缺失、空间结构不合理等现实问题，以及绿地系统管控环节在绿地质量、系统性和功能引导方面的局限。相应地探索了成都地区城市绿地系统体系构建、绿道选线方法、公园绿地规划布局及设计策略；从指标、空间、功能三个维度构建一套"底线约束+目标引导"的管控模式，并探索建立"总体规划—专项规划—详细规划"的传导工作机制，支撑公园城市绿地系统的高水平建设。

参考文献

[1] 季珏，许士翔，安超，等. 新时期中国城市绿地管理方式的现状、问题及建议 [J]. 中国园林，2020，36（6）：56-59.

[2] 杨雪锋. 公园城市的理论与实践研究 [J]. 中国名城，2018（5）：36-40.

[3] 李金路. 新时代背景下"公园城市"探讨 [J]. 中国园林，2018，34（10）：26-29.

[4] 傅凡，李红，赵彩君. 从山水城市到公园城市：中国城市发展之路 [J]. 中国园林，2020，36（4）：12-15.

[5] 杨玲. 基于空间管控视角的市域绿地系统规划研究 [D]. 北京：北京林业大学，2014.

[6] 王海珍. 城市生态网络研究：以厦门市为例 [D]. 上海：华东师范大学，2005.

[7] 刘蕾. 城乡绿地系统规划发展研究综述 [J]. 中外建筑，2015（4）：90-91.

[8] 张晓佳. 城市规划区绿地系统规划研究 [D]. 北京：北京林业大学，2006.

[9] 刘晟呈. 城市生态红线规划方法研究 [J]. 上海城市规划，2012（6）：24-29.

[10] 许妍，梁斌，鲍晨光，等. 渤海生态红线划定的指标体系与技术方法研究 [J]. 海洋通报，2013，32（4）：361-367.

[11] 车生泉. 城市绿地景观结构分析与生态规划：以上海市为例 [M]. 南京：东南大学出版社，2003.

[12] 张林英，周永章，温春阳，等. 生态城市建设的景观生态学思考 [J]. 生态科学，2005（3）：273-277.

[13] 李锋，王如松. 城市绿地系统的生态服务功能评价、规划与预测研究：以扬州市为例 [J]. 生态学报，2003（9）：1929-1936.

[14] 荆克晶，鞠美庭. 对长春市绿地生态系统服务价值的探讨分析 [J]. 南开大学学报（自然科学版），2005（6）：13-17.

[15] 金涛，刘俊，赵征，等. 国土空间规划背景下绿地系统专项规划编制路径 [J]. 规划师，2021，37（23）：12-16.

[16] 张云路，马嘉，李雄. 面向新时代国土空间规划的城乡绿地系统规划与管控路径探索 [J]. 风景园林，2020，27（1）：25-29.

[17] 雷芸. 城市绿地系统规划方法探新：基于绿地适宜性评价的规划布局 [C]// 中国风景园林学会. 中国风景园林学会2009年会论文集. 北京：中国建筑工业出版社，2009：294-299.

[18] 南楠，李雄. 再议《城市绿线管理办法》：对城市绿线管理制度的几点思考 [J]. 中国园林，2016，32（9）：98-102.

[19] 施艳琦，张蓉，吴宇翔. 提升绿地管理水平的城市绿线划定方法研究:以厦门市本岛绿线划定规划为例 [C]// 中国城市规划学会，成都市人民政府. 面向高质量发展的空间治理：2020中国城市规划年会论文集（12风景环境规划）. 北京：中国建筑工业出版社，2021：455-463.

[20] 梁芳. 浅议城市绿地系统规划 [C]// 中国城市规划学会. 城市规划和科学发展：2009中国城市规划年会论文集. 天津：天津电子出版社，2009：4042-4049.

[21] 曾九利，唐鹏，彭耕，等. 成都规划建设公园城市的探索与实践 [J]. 城市规划，2020，44（8）：112-119.

作者简介

袁川乔（1993-），男，四川省建筑设计研究院规划师。

卢旸（1989-），男，四川省建筑设计研究院规划师，注册城乡规划师。

突发事件下超大城市周边乡村旅游项目的发展规划研究及展望
——以成都市实践为例

刘劲松　汪紫菱

摘要：文章通过回顾及分析突发事件期间，成都市乡村旅游业方面的政策导向与市场风向的变化，结合代表性实践案例，深度总结此类事件影响下超大城市周边乡村旅游项目的新趋势、新规律，并对未来城乡规划工作作出展望与反思，为乡村旅游业领域的决策者、投运者和从业者提供经验与启示。

关键词：突发事件；超大城市；乡村旅游；成都实践

Research and prospect of development planning for rural tourism projects around megacities under emergencies：taking Chengdu practice as an example

Liu Jinsong　Wang Ziling

Abstract：By reviewing and analyzing the policy orientation and market direction changes in rural tourism in Chengdu during the pandemic, combined with representative practical cases, this article makes an in-depth summary of the new trends and rules of rural tourism projects around megacities under the influence of emergencies. Prospects and reflections on urban and rural planning work provide experience and enlightenment for decisions-makers, operators, and practitioners in rural tourism.

Keywords：pandemic; megacities; rural tourism; Chengdu practice

1 概念综述

1.1 研究对象

本文研究的超大城市周边乡村旅游项目，是指在超大城市周边的乡村区域，基于集体经营性建设用地与农用地，通过市场化运作和先进管理理念的引入，深度融合旅游产业与传统农业，将乡村资源转化为城乡发展的经济价值，提高当地农民收入和生活水平，推进乡村振兴的一类项目。

1.2 相关研究综述

国内关于乡村旅游业的研究较多，为本研究奠定了一定理论基础。相关研究主要涉及乡村旅游业的开发、保护、管理和运营四个方面。

乡村旅游业开发方面：李爱兰[1]、霍佳颖[2]分析了乡村资源与旅游开发的关系；袁媛[3]等人从乡村旅游开发视角，以福溪村为例，分析了乡村保护与更新的路径；宋亚伟[4]探讨了民俗文化类乡村旅游开发中的绩效评估和规划引导策略。

乡村旅游业保护方面：陈明坤[5]从人居环境建设与川西林盘聚落保护的角度，对乡村旅游发展展开研究；陈曦、王鹏程[6]基于乡村旅游产业开发与生态保护，对乡村景观规划路径进行研究；管理[7]从文化景观保护视角，对传统村落旅游功能的发展进行研究。

乡村旅游业管理方面：白清平[8]从旅游人力资源管理角度，分析乡村旅游人才资源短缺和专业素质不高的问题。

乡村旅游业运营方面：崔丽萍[9]在分析当今乡村

本文已发表于《城乡规划》，2023

旅游运营问题的基础上,提出多元运营思路;江燕玲[10]等人以重庆市周边的乡村为样本,构建乡村旅游运营效率评价体系并提出空间格局优化方案;季群华[11]分析不同产业组织模式下运营方式对乡村旅游发展的影响。

1.3 基本特质

1.3.1 潜在客群庞大

城市周边乡村项目拥有城市庞大的客群,该类客群人均可支配收入较高、消费水平高、消费意愿强。以成都市为例,2019 年旅游总收入为 4663 亿元,人均消费为 1665 元,高于全国平均水平(1105 元/人次)。随着形势的持续向好,城市经济开始复苏,千万级客群带来的高消费力,是推动城市周边乡村经济大发展的动力。

1.3.2 交通可达性佳

城市周边乡村紧邻建成区,地理区位使得其能在区域网络化发展格局中获得城市产业、消费外溢带来的发展机会。通过市域交通到达周边乡村的便捷性,为以乡村为目的地的短途旅行创造了条件。

1.3.3 稀缺资源围绕

乡村旅游项目一般优先成长于资源丰富、比较优势突出的区域。如农业景源本底优异、在地文化符号突出、景观视线独一无二、靠近客群流量地标等条件,都可以提高项目的竞争力和吸引力。

1.3.4 土地成本较高

拥有较好的交通区位、能享受城市基础设施和公共服务设施,使得城市周边乡村土地的价值相对较高。加之乡村项目还涉及农民拆迁安置等问题,对于投运主体来说,成本相对一般乡村地区会更高,需要考虑相关的财务风险。

1.4 发展历程

乡村旅游项目的发展与集体经营性建设用地相关的法律、政策息息相关,大致呈现出以下几个阶段。

1.4.1 摸索阶段(2015 年前)

2004 年以前,相关法规尚不成熟,大多数乡村旅游项目是农民自发在城市周边或靠近景区的地区,以宅基地农房为基础,发展农家乐形式的乡村旅游。2004 年,《国务院关于深化改革严格土地管理的决定》(国发〔2004〕28 号)明确提出:"在符合规划的前提下,村庄、集镇、建制镇中的农民集体所有建设用地使用权可以依法流转。"这为集体土地进行乡村产业化项目建设开启了一条政策窗口,但此阶段尚无明确的法律或行政法规出台,各地仍处于摸索阶段。由于确权工作滞后、定价机制缺乏、流转规范缺失,大量无序流转和"隐形市场"的现象频出,导致这一阶段乡村旅游业的发展缓慢。

1.4.2 试点阶段(2015—2020 年)

2015 年,中共中央、国务院办公厅联合印发《关于农村土地征收、集体经营性建设用地入市、宅基地制度改革试点工作的意见》,开启全国范围内农村集体经营性建设用地入市制度的试点工作。随着《农村土地征收、集体经营性建设用地入市和宅基地制度改革试点实施细则》(国土资发〔2015〕35 号)等多个文件的颁布,法律、政策保障力逐步提升,市场主体开始合法合规介入乡村旅游,集体经营性建设用地用于乡村旅游发展的可行性也得到充分验证。

1.4.3 开放阶段(2020 年至今)

2020 年《中华人民共和国土地管理法》修正案正式实施,2021 年《中华人民共和国土地管理法实施条例》修订通过,删除"关于从事非农业建设必须使用国有土地"的相关规定,允许土地所有权人通过出让、出租等方式交由单位或者个人在一定年限内有偿使用,扫清了集体经营性建设用地入市的法律障碍。随后,各地在试点经验的基础上,积极出台规划编制、土地上市、指标保障等管理实施细则,以促进乡村旅游更灵活、更开放地发展。

1.5 基本发展模式

1.5.1 村民自发型

该类型主要由村民自发开展,以农业景观观光、农产品销售、农家乐体验为主。其特点主要表现为门槛较低、以村民自营为主、品质参差不齐。一方面,由于村民个体资源投入有限,难以形成高端的旅游产品,造成发展短板;另一方面,由于村民跟风、效仿行为,乡村旅游往往呈现出同质化、缺乏整体统筹的现象。如在成都市早期的三圣乡、桃花故里等旅游项目中,观光、采摘、茶馆等业态占据八成以上。

1.5.2 "针灸"介入型

该类型多由小规模市场主体介入,往往选址于环境较好区域,依托单体建筑或院落,提供度假体验较佳的产品。其特点主要表现为设计、业态相对新颖,经营状况较好,但规模较小、影响力较小、依赖外部景源,无法形成深层次、规模化的联动发展效应,对整体旅游的带动作用有限。如崇州小绿球营地、蒲江民谣里、彭州熊猫的森林等网红打卡项目。

1.5.3 片区打造型

该类型一般以大、中型企业为主体,采用集体建设用地与农用地综合开发的模式,打造一体化、规模化的农旅集群。其特点主要表现为规模化、品质高、第一、第三产业深度融合、统筹发展。市场影响力大,会引入优质的资源和品牌方联合运营,使项目更加吻合市场的"兴趣点"。如朗基集团的大邑稻香渔歌、华侨城的安仁南岸美村、成都明信的依田桃源等项目，为成都市的乡村旅游市场增添了新热度。

1.6 小结

超大城市周边较早开展乡村旅游市场探索，随着相关法规、政策的陆续出台，其发展从早期的粗放式逐渐转向规范化、灵活化。

2 突发事件下乡村旅游的影响因素分析

2020年的突发事件，对个人的生活、工作、心理等方面造成了深远的影响，至今仍具有一定的持续性。国家、省、市相继下发相关文件，促进乡村振兴。对于乡村旅游项目，市场也呈现出"热情又审慎"的复杂态度。

2.1 政策端的导向变化

乡村旅游业的发展与政策息息相关，在党的十九大报告中，"乡村振兴"上升为国家战略。通过整理2020年以来各层级政府出台的政策、文件（表1），总结乡村旅游在产业动能方向、社会投入力度、用地要素保障三个方面的变化。

突发事件下乡村旅游相关政策文件梳理 表1
Relevant policy documents on rural tourism during the pandemic Tab.1

层级	时间	发布部门	政策名称
国家	2023年1月	中共中央、国务院	《中共中央 国务院关于做好2023年全面推进乡村振兴重点工作的意见》（中央一号文件）
	2022年1月	中共中央、国务院	《中共中央 国务院关于做好2022年全面推进乡村振兴重点工作的意见》（中央一号文件）
	2021年1月	中共中央、国务院	《中共中央 国务院关于全面推进乡村振兴加快农业农村现代化的意见》（中央一号文件）
	2020年1月	中共中央、国务院	《中共中央 国务院关于抓好"三农"领域重点工作确保如期实现全面小康的意见》（中央一号文件）
	2021年12月	国务院	《"十四五"旅游业发展规划》（国发〔2021〕32号）
国家部门	2022年4月	农业农村部、国家乡村振兴局	《社会资本投资农业农村指引（2022年）》
	2022年1月	农业农村部	《农业农村部关于落实党中央国务院2022年全面推进乡村振兴重点工作部署的实施意见》（农发〔2022〕1号）
	2021年11月	农业农村部	《农业农村部关于拓展农业多种功能促进乡村产业高质量发展的指导意见》（农产发〔2021〕7号）

续表

层级	时间	发布部门	政策名称
国家部门	2021年5月	农业农村部、中国农业银行	《农业农村部办公厅中国农业银行办公室关于加强金融支持乡村休闲旅游业发展的通知》（农办产〔2021〕4号）
	2021年1月	自然资源部、国家发展改革委、农业农村部	《自然资源部国家发展改革委农业农村部关于保障和规范农村一二三产业融合发展用地的通知》（自然资发〔2021〕16号）
	2020年7月	农业农村部	《全国乡村产业发展规划（2020—2025年）》
四川省	2022年3月	四川省委、省政府	《中共四川省委四川省人民政府关于做好2022年"三农"重点工作 全面推进乡村振兴的意见》（省委一号文件）
	2021年3月	四川省委、省政府	《中共四川省委四川省人民政府关于全面实施乡村振兴战略开启农业农村现代化建设新征程的意见》（省委一号文件）
	2020年3月	四川省委、省政府	《中共四川省委四川省人民政府关于推进"三农"工作补短板强弱项 确保如期实现全面小康的意见》（省委一号文件）
	2021年3月	四川省委、省政府	《中共四川省委办公厅四川省人民政府办公厅印发〈关于做好乡镇行政区划和村级建制调整改革"后半篇"文章的实施方案〉的通知》（川委厅〔2021〕6号）
成都市	2022年5月	成都市委、市政府	《成都建设践行新发展理念的公园城市示范区行动计划（2021—2025年）》
	2022年4月	成都市委、市政府	《中共成都市委成都市人民政府关于做好2022年全面推进乡村振兴促进城乡融合发展重点工作的意见》（成委发〔2022〕10号）
	2021年7月	成都市委、市政府	《中共成都市委成都市人民政府关于深入推进城乡融合发展努力在乡村振兴中走在前列起好示范的意见》（成委发〔2021〕15号）
	2022年10月	成都市规划和自然资源局	《成都市规划和自然资源局关于支持经济社会发展强化自然资源要素保障的通知》（成自然资发〔2022〕37号）
	2021年8月	成都市规划和自然资源局	《成都市农村集体经营性建设用地入市管理办法（试行）》（送审稿）

2.1.1 产业动能方向

高品质、新业态、场景化成为重要的转型方向。作为"十四五"开局之年，2021年中央一号文件首次提到"乡村旅游"；2022年在全球突发事件持续蔓延的背景下，首次提到支持"乡村民宿"；2023年突发事件防控进入新阶段，首次提出"乡村产业高质量发展"，实施精品工程，推动产业提质升级。四川省乡镇行政区划和村级建制调整改革"后半篇"聚焦提质增效，支持乡村旅游新业态发展。

成都市在探索超大城市转型发展新路径与公园城市乡村表达的过程中，聚焦"转移、提质、促增收"，支持乡村新产业新业态发展，大力推动农商文旅体融合发展。具体包括培育"智慧农业、数字文旅"等赛道的新经济企业，发展"小店经济、夜间经济、社交电商"等商业场景，培育"本土精品民宿、国家级旅游民宿、非遗生活美学场景"等文旅场景，拓展"绿道骑行、乡村运动节"等体育功能。

2.1.2 社会投入力度

市场主体介入加深、商业化逻辑加强。近年来，中央预算内的投资持续向农业、农村倾斜，政府投资与金融投资、社会投入的联动机制逐步完善。社会资本市场化、专业化的优势在资源配置中的决定性作用越来越受到重视。支持乡村项目"打包"交由市场主体实施等政策的出台，也提高了社会资本介入的积极性。

成都市坚持"政府为主导、市场为主体、商业化为逻辑"，推广"政府＋企业＋集体经济组织＋社会资本"的合作模式，支持市、区、县国有企业等优质投运主体与专业性公司、创新创业团队组建共同体，建立多元利益联结机制。

2.1.3 用地要素保障

集体经营性建设用地的市场化属性逐渐凸显。伴随集体经营性建设用地入市合法化及配套制度的实施，集体土地的财产权益得以释放。经过几年的探索，集体经营性建设用地使用权的出让、入股、转让、抵押、融资、增值等市场化属性得以实现。新编县乡级国土空间规划应安排不少于10%的集体建设用地指标，土地年度计划应安排不少于5%的新增集体建设用地指标，优先保障乡村重点产业和项目用地。

成都市依托农村产权交易所，完善集体经营性建设用地交易平台，在用地保障和入市管理方面分别出台文件，保证乡村项目报批效率，细化二级市场的管理要求。例如，在国土空间规划批复前，积极支持使用"增减挂钩"的预留指标、节余指标保障乡村产业项目，符合条件的可采用"选址论证＋政府承诺"方式作为项目审批的规划依据；试行"房地一体"转让方式，项目投资强度、税收、解决劳动就业等达到土地出让承诺的履约条件后，经区（市）县政府批准，土地权利人可以将宗地内的非自持部分分割，并"房地一体"再次转让（整体自持比例不得低于20%）等。

2.2 市场端的风向变化

突发事件改变了人们的价值理念，自然与健康成为美好生活的新追求，客群的出行更为审慎。市场思维深度下沉到乡村旅游市场，特别是超大城市周边的乡村地区，越来越多的投运主体开始重视消费者的偏好变化，重新审视市场需求、产品创新和投运策略。

2.2.1 旅游需求市场的变化

（1）出行习惯

"短距离、快决策、微度假"刺激近郊旅游业率先恢复。突发事件期间出行往往具有不确定性。如今社会面管控调整后，游客对于长时间、远距离出行仍持有谨慎态度。某些客观因素也会作用到个人，影响整个家庭的出行策略。如学校要求出境旅游的学生，开学前提供一段时间的健康检测报告。越来越多的人养成利用周末、小长假或其他碎片化时间，就近出游、实现度假目的的出行习惯。

短途可达（车程0.5～1h）、短时停留（1～3天）、临时决策（决策时间3天以内）、小群结伴（6人以下）、频次较高（平均2次/月）的微度假[①]，逐渐成为游客的首选出行模式。微度假的行程安排宽松，目的地方便到达，容易形成重复消费，是具有潜力的细分市场，刺激了近郊乡村旅游市场率先恢复。

（2）目的需求

"场景切换、高质体验、融合元素"成为乡村旅游的主要诉求。突发事件对微度假的催化，本质上是人群刚性出行需求的时空重构。以往"拥抱远方"的异地度假需求被置换到"发现身边美好"的本地市场，成为城市周边乡村旅游目的升级的驱动力。

场景切换：减少聚集与接触、保持社交距离的生活习惯，潜移默化地驱使人们投向简单的自然田园中，追求从"城市工作生活"到"乡村放松身心"的切换。民宿宅、田园会客、远程办公等目的型旅游场景应运而生。

高质体验：城市游客对乡村高品质体验的需求强烈，开始在城市周边寻求高品质服务体验。高端消费场景也表现出更强的抗风险能力，网红流量项目成为应对冲击、转化流量、提升消费黏性的核心要素。同时，根据2021全国民宿市场"分段房价分月入住率"的调查显示[②]，中、高端民宿产品入住率的波动相对

[①] 中国社会科学院财经战略研究院、中国社会科学院旅游研究中心、社会科学文献出版社联合发布的《旅游绿皮书：2021—2022年中国旅游发展分析与预测》。

[②] "云掌柜"发布的《2021民宿行业数据报告》。

平稳，在突发事件的月份表现出更强的抗风险能力。

融合元素：超大城市周边的乡村旅游，开始从低频的传统观光升级到高频的全季、全业态复合体验。多样、深度和专业的旅游产品更容易满足游客的高期待。"定制式、一站式、景区式"成为乡村旅游新的关键词。在田园中享受"去田园化"的服务、"酒店即旅游目的地"等成为突发事件期间高速发展的旅游新模式。

（3）机会"赛道"

"新兴圈层、新型玩法"走向主流，激发新的增长"赛道"。爱好者驱动的目的地度假，形成以小众爱好引领大众度假的圈层经济，也是突发事件期间寻求增长的突破"赛道"。圈层经济的挖掘，有助于形成针对特定社群的长期吸引力。

圈层经济呈现出"稳定交流、高额消费、精英传播、相互联动"的消费偏好与成长特性：往往围绕某一核心文化进行稳定的交流，具有稳定性和可持续性；用户不仅是圈层产品的消费者，更是其创造者和传播者，其中不乏精英、网红用户形成的带动作用；圈层内部和圈层之间也可以形成联动传播，从小众逐渐成长，最终走向主流市场。

2019年以前，成都市的圈层文化中已有二次元、国风国潮、游戏电竞、街头极限运动等小众群体，2022年绿道骑行、山地夜游、精致露营，以及飞盘、桨板、陆冲、滑雪等运动新群体迅速成长起来，而相关游玩场所、装备店、体验店在城市商圈、乡村景点如雨后春笋般出现。

（4）消费心理

目标客群的高端消费欲提升，大额投入仍持谨慎态度。越来越多的"85后""90后"客群成长为消费主力，呈现出消费意愿强、消费频次高的特点。"住宿、娱乐、餐饮"占据前三位支出板块，而这一群体从心理上更愿意为伴侣、小孩、挚友消费，也更愿意为高品质体验服务与附加特色玩法买单①。

随着集体经营性建设用地入市政策的完善，乡村旅游项目二级市场有了一定的增值可能、收益机制与规范保障（表2），为市民投资提供了新选择。但是受突发事件影响，整体投资环境的增长点尚不明晰，大多数个人、家庭对闲置资金的使用更加谨慎，对乡村旅游方面的大额投入更多持观望态度。

基于集体经营性建设用地的二级市场收益机制一览表　表2
Secondary market profit mechanism based on collective mercantile constructive land　Tab.2

模式分类	收益方式	买家权益保障	市场接受度
使用权自持	自持经营、委托经营、联营等	—	—
使用权变更/再分配	未建土地的使用权转让、房地一体转让/分割转让、股权划分等	享有使用权、抵押权	高
使用权租赁	长租、转租	合同、物权受《中华人民共和国民法典》保护	中
提供使用资格	会员制等	企业信用保障	低

2.2.2 旅游供给市场的变化

（1）以"片段化、自平衡、可生长"的投运逻辑为主

在政策鼓励"打包"实施乡村项目的同时，市场主体为了应对风险的不确定性，往往采用"投资周期片段化"的风险分散策略，进行组团式的分期拿地、独立测算、独立开发。每一个组团的功能自洽，投入营收独立平衡，整体结构可生长。该策略在降低财务风险的同时，也能降低项目中断导致的烂尾风险；当组团达到土地出让履约条件、满足自持比例后，可依据政策进行宗地使用权的分割转让，进一步减轻经营压力。

（2）实力雄厚的投运主体参与增多

受政策与突发事件的双重影响，以售卖为主的"地产思维"不再适用于乡村项目。超大城市周边乡村项目拿地成本高、运营比重高、回款周期长，风险应对能力、缺乏运营能力的市场主体介入难度增大。自身财务充实、合作资源优质、享受财政支持的国企、央企等，更多地在乡村市场中崭露头角。近几年，成都市场的各大企业陆续开拓乡村业务板块，推出精品乡村旅游项目，如华侨城的龙泉驿欢乐田园、成都城投的双流天府颐谷等项目。

2.3 小结

突发事件的影响仍旧深远，对期间乡村旅游的政

---

① "马蜂窝旅游"发布的《2021"微度假"风行报告》。

策市场和趋势进行研判，有助于"温故知新"、未雨绸缪，更好地应对类似事件带来的风险冲击。

3 成都市的代表性实践案例

本文选取三个代表性案例，分析在政策与市场的双重变化下，成都市乡村旅游项目的新趋势。

3.1 "龙泉驿区·天府隐园"项目

项目距市中心约30min车程，总面积约为0.8km²，其中集体经营性建设用地约为5.9公顷。总投资约25亿元，静态投资回收期约为12年。进入成熟区后，每年可提供约1500人工工日①的农作岗位及900个文旅服务岗位，农民人均可支配年收入提升至约6万元。

该项目由成都某市级平台公司主导，是一次"微度假"与"近郊乡村"相结合的积极探索，也是一个典型的大投资、长周期、规模化乡村旅游项目。项目研究期间，大量成都市民的出行需求释放到周边乡村，刺激了龙泉山旅游市场率先恢复，"夜游龙泉山""观日出日落"在网络一夜爆红。在此契机下，投运主体紧跟政策号召、发掘本底特质、契合市场热点，聚焦"夜间经济、户外经济、艺文经济"，形成"以现代农业为基础、新型文旅为核心"的业态组合。农业板块聚焦桃林的品种升级，既保证产出又提供景观价值；文旅板块率先打造观景地标、夜游商街、露营公园等产品，转化客群消费、反哺农业发展。

3.2 "彭州龙门山·湔江颐谷"项目

项目距市中心约1.5h车程，总面积约为0.5km²，其中集体经营性建设用地约9.6hm²。总投资约10亿元。每年可提供约1500个服务岗位，农民人均可支配年收入提升至约4万元。

该项目由成都某市级平台公司主导，是依托"大熊猫"IP，将"精品文旅"与"远郊乡村"相结合的一站式乡村旅游项目。远郊项目普遍面临游客难导入、消费频率低等问题，选址是其首要考虑因素。该项目得益于大熊猫国家公园入口社区以及"三九大"黄金旅游线路的区位优势，有条件打造为"匹配世界级资源的顶级乡村度假项目"。基于以上条件，投运主体在确定"亲子田园、地域度假、户外文体"三大基本业态方向后，重点通过招引品牌合作方来保障高质量体验与产品溢价，例如引入"稳糖米"品牌天健君、户外品牌肯道尔等。通过外部IP与内部品牌联盟双重加持，形成"低频高消"的长效平衡收益机制，并通过组团式、片段化的开发策略分散投运风险。

3.3 "天府新区·和盛田园东方"项目

项目距高新南区、成都科学城等产业集聚区约30～45min车程，总面积约为1.2km²，示范区约为38.7公顷。项目总投资预计40亿元，将农民人均收入由原来的2000元左右提高到6000～10000元。

该项目由成都和盛家园实业有限公司、田园东方投资集团有限公司合资投运，在45min理想通勤时间覆盖的乡村区域，开创一种"减少接触、保持距离"的远程办公场景，打造"商务型田园综合体——田园CBD"。项目打造了集"现代农业（生态）+旅居办公（生产）+田园社区（生活）"的创意复合型田园生态圈。"文创人"可以较低的租金入住潜心创作，"科创人"可通过高网速与总部远程协同办公，"农创人"以智慧科技的方式延续耕作，"休闲人"可携家人游憩玩赏。乡村的形态、城市的业态，创新地改变城郊接合部的格局，打造承接城市产业功能外溢的乡村旅游产品。

4 规划工作的展望与反思

4.1 乡村旅游项目的普遍规律

结合以上三个代表性案例，主要总结以下五个方面的逻辑变化，展望未来乡村旅游项目的发展规律。

4.1.1 选址与定位逻辑

通过案例对比得知，超大城市周边乡村旅游项目的时空距离是影响其整体定位的重要前提，其长期趋势总结如下：中心城区0.5～1h车程覆盖的乡村旅游项目，适合发展特色主题的近郊微度假；中心城区1～2h车程覆盖的乡村旅游项目，适合匹配顶级资源发展一站式度假；主要产业园区0.75～1h车程覆盖的乡村旅游项目，可发展远程常态化的田园商务。

4.1.2 功能遴选逻辑

（1）近郊微度假

该类型常见的功能组合为"文旅消费+现代农业"。文旅消费板块为项目的核心，重点通过观景台、展馆等公共产品吸引人气，通过民宿、小店、乐园等主力产品实现消费转化，同时完善驿站、游步道等配套作为支撑与补充，覆盖四季可游、可赏、可玩全要素，拉长单次游玩时间，提升全年到访频率。都市现代农业板块主要作为基础，理想的状态为投入收益自平衡，更多的承担附加体验与景观作用，例如果树的景观化嫁接，药、景、食同源作物的栽培等。

（2）一站式度假

该类型主要联动国家公园、风景名胜区、景区等

---

① 以"一个工人干一天的活"为工作量单位。"人工工日"也作"人天"。

顶级资源，发展国际顶级度假与特色附加体验，实现知名度与流量的共享，整体达到"目的地度假"的效果。在准确把握各类保护管控要求的前提下，通过品牌招引合作提升度假品质，聚焦过夜游客的需求完善住宿餐饮、会议接待、自然研学、户外运动等一站式服务。同时，农业板块尽可能提高农产单价分担收益压力，根据不同度假主题搭配相应的高附加值作物，例如康疗型度假可搭配稳糖食疗稻米，旅拍型度假可搭配珍稀花卉等。

（3）田园商务型

该类型往往兼顾员工、居民、游客三方需求，形成"生态＋生产＋生活"三大功能板块，核心原则是较低的租金成本、脑力型工作内涵、精致的共享环境。生态板块由投运主体培训引导村民，完成农业现代化转型。生产板块往往以产业链中相对独立的商务接待、创新型工作为主，匹配共享会议、接待洽谈等产业配套空间。生活板块打造员工、居民、游客可共享的便利商业、公共服务、运动休闲及配套设施。

4.1.3 空间组合逻辑

（1）价值匹配

整体上功能与空间是价值匹配的关系。景观极优、流量集中等发展价值较高的区域，应匹配可沉淀流量、可转化价值的核心消费场景；本底有特色的区域应充分放大特色，提供差异化的附加体验产品，综合实现价值转换最大化。

（2）组团独立

宜采用组团化的空间产品组合方式（图1）。每一个组团都是功能完善、自治的独立系统，吃、住、游、赏要素齐全，自持比例合理。在项目的任一周期都可以独立运转、相互协调。

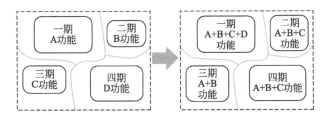

图 1　组团化的空间产品组合示意图
Fig.1　Schematic diagram for grouped spatial product portfolio

4.1.4 投入营收逻辑

注重片段式投入，分散投资风险，中长期投运平衡。结合组团式空间逻辑，分期营造。每一个组团先期出亮点、育流量，中期塑场景、促消费，后期成形、成势。

同时，注重集体经济组织的壮大（图2），市场主体链接各类专业平台，支持村集体成立各类专业合作社。村民通过专业合作社，以新身份参与到项目建设与运营中，获得多样化的收益。

4.1.5 运营模式逻辑

爆款产品、引流产品宜持自营，如地标型产品、一站式酒店；专业性较高的消费场景，宜与第三方品牌商联营或委托运营，如品牌民宿、品牌自然教育、户外运动；大众业态产品可自持招租，整体引导，如常规商铺、普通民宿。

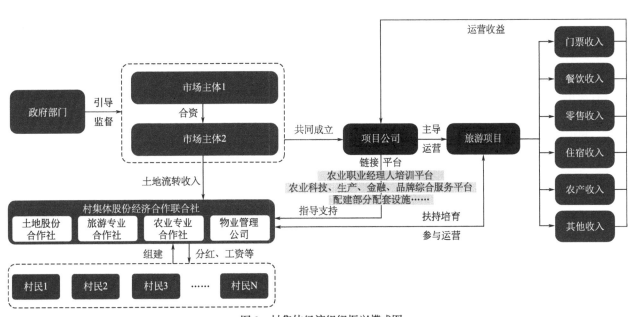

图 2　村集体经济组织振兴模式图
Fig.2　Pattern diagram of the revitalization model of the rural collective economic organizations

4.2 规划从业者的适应性变化

结合上述走向趋势，为保障高质量的规划工作成果，从业者应适应三个方面的变化。

4.2.1 流程机制的变化

适应"策划、规划、投资、运营"科学协同的工作机制，强化自身的协调能力。规划从业者需要综合政策主体、投运主体、专业团队与第三方运营商的联动，进行多维博弈（图3）。

维度一：与业主、政府的博弈，满足前期测算，定位与概念能够出亮点；

维度二：与国土空间规划的博弈，在多层级国土空间规划中协调用地规划与指标之间的问题；

维度三：与村民工作的博弈，前置村民意愿摸底工作，尊重村民意愿；

维度四：与招商运营的博弈，根据产品运营要求修正、细化方案。

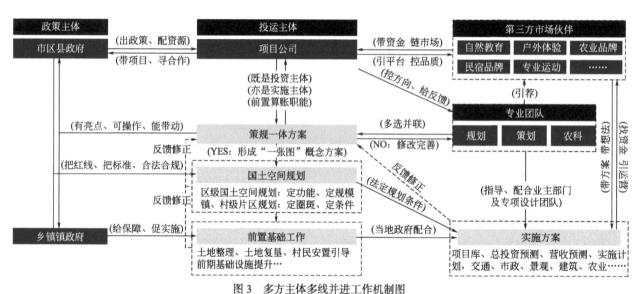

图3　多方主体多线并进工作机制图
Fig.3　Diagram of multi-subject and multi-line parallel working mechanism

经过多轮协调、反复修正，保障策划规划一体化方案与实施主体、土地要素、产业项目、启动资金等同步落实。

4.2.2 角色思维的变化

适应多重身份、多方思维的叠加，在做好专业设计者的同时进行多方换位思考：站位管理者视角，考虑红线标准；站位投资者视角，考虑风险应对；站位运营者视角，考虑经济可行；站位消费者视角，考虑产品需求。

4.2.3 知识体系的变化

适应多学科、落地性的项目要求。从业者应主动弥补自身学科专业上的"短板"，拓展前端产业策划、后端市场运营、土地规划及各类法律、法规、政策知识，从而更好地适应新环境下多重身份的转变，增强多方协调能力。

5 结语

超大城市周边乡村旅游项目，因其内、外部特质叠加，价值更早被关注，积累了更多经验。突发事件期间，乡村旅游出现新形势、新产品、新业态，促使相关政策与市场双线作出应对。本文以突发事件之下的成都市为例，对其乡村旅游项目的经验模式、发展逻辑等的普遍性规律做了深度总结，旨在发现此类事件下乡村旅游的未来发展，为乡村旅游领域的决策者、投运者和从业者提供经验、模式与趋势等的启示。重点仍在于"熟知法规、政策，强化市场思维"，才能更好地辨清未来乡村旅游的优势走向，在类似风险事件中保持项目的核心竞争力与持久生命力。

参考文献

[1] 李爱兰. 山东省乡村旅游资源调查与生态旅游规划探究 [J]. 中国农业资源与区划, 2016, 37（1）: 213-217.

[2] 霍佳颖. 陕北黄土高原乡村旅游资源及其营销策略比较优势 [J]. 中国农业资源与区划, 2016, 37（1）: 222-226.

[3] 袁媛, 龚本海, 艾治国, 等. 乡村旅游开发视角下的福溪村保护与更新 [J]. 规划师, 2016, 32（11）: 134-141.

[4] 宋亚伟. 关中民俗文化旅游"小镇"开发绩效评估及其规划引导策略 [D]. 西安: 西安建筑科技大学, 2018.

[5] 陈明坤. 人居环境科学视域下的川西林盘聚落保护与发展研究 [D]. 北京：清华大学，2013.

[6] 陈曦，王鹏程. 基于旅游产业开发与生态保护原则的乡村景观规划设计 [J]. 规划师，2010，26（S2）：247-252.

[7] 管理. 文化景观保护视角下传统村落旅游功能发展研究 [D]. 北京：中国城市规划设计研究院，2015.

[8] 白清平. 浅析乡村旅游人力资源的管理与开发 [J]. 中国商贸，2010（25）：177-178.

[9] 崔丽萍. 浅谈乡村旅游运营机制的构建 [J]. 新西部（下半月），2007（9）：72-73.

[10] 江燕玲，潘卓，潘美含. 重庆市乡村旅游运营效率评价与空间战略分异研究 [J]. 资源科学，2016，38（11）：2181-2191.

[11] 季群华. 基于和谐理论的乡村旅游组织模式研究 [D]. 杭州：浙江大学，2008.

作者简介

刘劲松（1991-），男，四川省建筑设计研究院有限公司规划二所规划师。

汪紫菱（1994-），女，四川省建筑设计研究院有限公司规划二所规划师。

机械铰的量化准则及其在倒塌分析中的应用

王初翀　魏智辉　陈侠辉　潘　毅

摘要：为了评估建筑结构的抗倒塌能力，在机械铰理论的基础上，提出了机械铰的量化准则，进行了框架节点的数值模拟，并与节点的试验结果进行对比和验证，最后建立了基于机械铰的结构倒塌判定准则，并对某二层钢筋混凝土框架结构进行了倒塌分析。研究结果表明，相比于塑性铰的倒塌判定准则，基于机械铰的倒塌判定准则更接近于结构的真实倒塌极限，可以更真实地模拟结构的抗倒塌能力。

关键词：机械铰；量化准则；倒塌判定准则；倒塌分析；RC框架结构

A quantitative criterion for mechanical hinge and its application on collapse analysis of reinforced concrete structures

Wang Chuchong　Wei Zhihui　Chen Xiahui　Pan Yi

Abstract: To evaluate the collapse-resistant capacity of reinforced concrete (RC) frame structures, a quantitative criterion for mechanical hinge formation is proposed. Numerical simulation of RC frame joints is performed and verified using experimental results. A mechanical-hinge-based collapse criterion of structures is established. The criterion is used for the collapse analysis of a two-story reinforced concrete frame structure. The analysis results show that compared to the plastic-hinge-based criterion, the mechanical-hinge-based criterion works better for simulating the structural collapse and predicting the collapse resistance of RC frame structures.

Keywords: mechanical hinge; quantitative criterion; collapse criterion; collapse analysis; RC frame structure

地震作用下，结构抗倒塌能力是抗震性能设计的主要目标。但结构的抗倒塌能力难以通过大量试验系统地进行研究，主要还是采用数值模拟的方法进行分析[1]。由于结构倒塌过程的复杂性，通常借助倒塌判定准则来预测结构是否发生倒塌。准确定义结构的倒塌临界点是结构倒塌判定准则的关键[2]。目前，倒塌判定准则通常采用基于变形的准则[3-4]、基于刚度的准则[5]和基于损伤的准则[6]等。这些判定准则主要基于塑性铰理论，而塑性铰仍可以承担一定弯矩，卸载后可部分恢复变形。这就导致基于塑性铰理论的判定准则给出的倒塌临界点距离真正的倒塌还有一定距离，即结构仍有一定的安全储备，倒塌试验与数值模拟的对比中也证实了这一点[7]。

机械铰则是一个不可逆的单向铰，且不能承受弯矩。由机械铰形成的机构具有运动不可逆性。刘西拉[8]以塑性铰发展到完全丧失承载力而形成机械铰来定义节点破坏。在此基础上，刘春明[9]、宣纲[10]等人采用机械铰分析了钢筋混凝土框架结构的倒塌机制。相比塑性铰而言，采用机械铰的倒塌判定准则更逼近结构的真实倒塌极限。而目前，基于机械铰的倒塌判定准则还鲜有研究。

笔者尝试建立机械铰的量化准则，并采用有限元模拟和节点试验来进行对比和验证，然后建立基于机械铰的倒塌判定准则，最后将该准则应用于一个二层钢筋混凝土框架结构的倒塌过程分析。

1 机械铰量化准则的建立

机械铰由塑性铰发展而来，接近理想铰。塑性转角 θ 是塑性铰理论的重要参数之一。笔者采用塑性转角 θ 对机械铰进行量化。理论上，θ 可通过积分塑性曲率来计算，但因曲率曲线不光滑，按照折算曲率分布将塑性曲率分布简化为矩形区段进行计算[11]，见式(1)。

$$\theta = (\phi_u - \phi_y) l_p \quad (1)$$

式中，ϕ_y 为截面屈服曲率；ϕ_u 为极限曲率；l_p 为

塑性铰计算长度，mm。l_p采用Priestley和Paulay的公式[12]计算

$$l_p = 0.08L + 0.022d_b f_y \quad (2)$$

式中，L为节点长度，整体结构分析中L取梁柱轴线交点至反弯点处的长度，mm；f_y为钢筋屈服强度，MPa；d_b为钢筋直径，mm。

而ϕ_y和ϕ_u则分别采用文献[13]和[14]中的计算公式

$$\phi_y h = 1.957\varepsilon_y \quad (3)$$
$$\phi_u h = 1.587\varepsilon_{cu}/(0.2+n) \quad (4)$$

式中，ε_y为纵筋的屈服应变，mm；h为矩形截面计算方向截面高度，mm；ε_{cu}为混凝土的极限压应变。

定义一个机械铰的判定系数ζ，其计算公式为

$$\zeta = \begin{cases} 0 & \theta \leq \theta_y \\ \dfrac{\theta - \theta_y}{\theta_u - \theta_y} & \theta_y < \theta < \theta_u \\ 1 & \theta \geq \theta_u \end{cases} \quad (5)$$

式中，θ为框架梁端或柱端的转角；θ_y为框架梁端或柱端的屈服转角，$\theta_y = \phi_y l_p$；θ_u为框架梁端或柱端的极限转角，$\theta_u = \phi_u l_p$。

故机械铰量化准则可表述为：当ζ为1的时候，框架结构的节点出现机械铰；否则，节点尚未屈服或仍处于塑性铰阶段。

2 机械铰量化准则的验证

2.1 节点模型的建立与验证

为验证提出的机械铰量化准则，根据文献[15]中现浇梁柱节点的试验数据，采用ABAQUS软件建立节点模型，进行有限元模拟。混凝土强度等级为C40，实测抗压强度为35.1MPa，实测抗拉强度为2.41MPa，弹性模量为3.41×10^4MPa；主筋和箍筋均采用HRB400，弹性模量取2.0×10^5MPa。混凝土采用过镇海的本构模型[16]，钢筋则采用《混凝土结构设计规范》GB 50010—2010中的二折线强化模型[17]。

钢筋混凝土节点有限元模型及网格划分，如图1所示。其中，混凝土采用实体单元C3D8R，钢筋采用桁架单元T3D2。

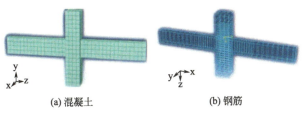

图1 节点有限元模型

边界条件和加载如图2所示。柱顶施加竖向恒载，并保持固定的轴压比0.4；柱底完全固结。在梁的两端加载点处，施加低周反复竖向荷载。位移加载曲线如图3所示。

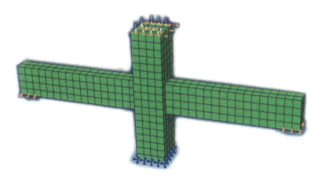

图2 节点模型边界条件与荷载模拟

节点模型的计算结果如图4所示。在水平荷载作用下，核心区附近的梁端部变形较大，梁端的混凝土压应力较大，受拉钢筋均受拉屈服。这和文献[15]的试验现象基本一致。

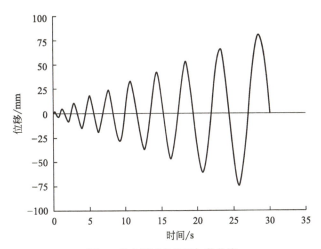

图3 节点模型的位移加载曲线

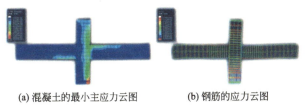

(a) 混凝土的最小主应力云图　　(b) 钢筋的应力云图

图4 节点模型的计算结果

将节点模型的模拟骨架曲线与试验骨架曲线进行了对比，如图5所示。由图5可知，模拟结果与试验结果吻合较好，节点模型基本可以反映试验的实际情况。

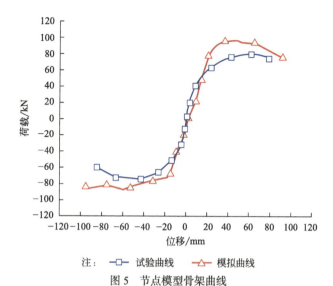

图 5 节点模型骨架曲线

2.2 机械铰的出铰情况与验证

根据提出的机械铰量化准则，由节点模型的计算结果可得梁端和柱端的机械铰出铰情况，如表1所示。

节点模型出铰情况 表1

构件部位	φ_u/rad	φ_y/rad	l_p/rad	θ_u/rad	θ/rad	ζ	是否出现机械铰
梁端	0.03052	0.00667	0.4544	0.01084	0.62036	1	是
柱端	0.02747	0.00667	0.4544	0.00923	0.52858	1	是

表1中的θ为梁端、柱端塑性铰长度内的极限转角，可见加载结束，梁端、柱端均出现了机械铰，与试验结果基本一致。将防止倒塌点的转角计算结果与FEMA356的规定[18]进行了对比，如表2所示。由于FEMA356的防止倒塌点作用是防止建筑物倒塌，有一定的可靠度，其数值比本文的计算结果小。所以，整体上而言，计算结果和机械铰理论量化准则还是基本合理可信的。

防止倒塌点的转角对比 表2

构件部位	本文计算结果/rad	FEMA356规定/rad	误差/%
梁端	0.03052	0.02500	22.08
柱端	0.02747	0.02000	37.35

3 基于机械铰的结构倒塌判定准则及其应用

3.1 基于机械铰的结构倒塌判定准则

若两个体系的几何构成（包括几何形状、支座约束情况等）相同，则称这两个体系几何相似。而在响应分析过程中，判断结构是否形成机构，只需判断其几何相似的弹性体系在静力作用下是否形成机构即可。静力弹性体系的平衡方程为

$$KD = R \quad (6)$$

式中，K为体系的刚度矩阵；D为位移向量；R为荷载向量。

结构形成机构的充分必要条件是，其几何相似的弹性体系刚度矩阵K为零。但在实际的有限元模拟中，刚度矩阵并非唯一的方法。笔者通过机械铰量化准则计算每个节点的ζ，来判断节点是否出现机械铰，如果有足够多的机械铰，则结构变为机构。为简化计算，对框架结构做如下假设：框架结构为规则的矩形；组成结构的杆件简化为线单元；机械铰形成于杆端，长度为零。

3.2 结构模型的建立

计算实例来源于2008年汶川地震中濒临倒塌的一栋村民自建的两层钢筋混凝土框架结构房屋[19]。取该建筑的一榀框架结构剖面图及梁柱配筋，如图6所示。钢筋为HRB335钢，混凝土强度等级为C35。

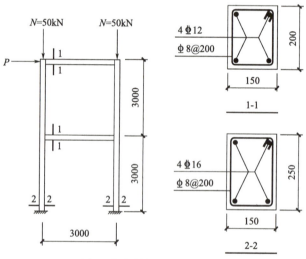

图 6 框架结构的剖面和配筋

框架结构采用水平位移加载进行静力推覆分析，考虑到房屋顶部还有屋盖和堆放的杂物等的重量，对柱子施加50KN的轴压。框架结构的有限元模型如图7所示。

3.3 计算结果与分析

根据机械铰量化准则，可得出不同时刻，框架结构不同节点位置的出铰情况，如表3所示。

根据结构倒塌判定准则，按照不同时刻，框架结构的最小主应力云图和机械铰出铰示意，如图8所示。可见，随着水平位移的加大，结构开始出现机械铰（图8a）；体系的自由度随之发生变化，结构趋于不稳定（图8b、c）；当结构产生不可逆的机构时，才结构就真正地发生倒塌（图8d）。

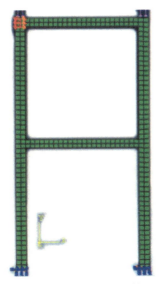

图7 框架结构的有限元模型

框架不同位置的出铰情况　　　　表3

序号	帧数	时刻/s	单元号	出铰位置	转角/rad	层数
1	27	5.4	52	梁左端	0.032341	1
2	28	5.6	5	梁右端	0.037636	1
3	37	7.4	257	梁右端	0.031602	2
4	46	9.2	161	左柱上端	0.022973	2
5	48	9.6	304	梁左端	0.030088	2
6	66	13.2	77	右柱上端	0.032652	2
7	145	29	202	左柱上端	0.029305	1
8	261	52.2	147	右柱下端	0.027211	1

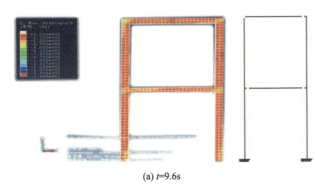

(a) $t=9.6s$

(b) $t=13.2s$

图8 框架结构的最小主应力云图和出铰情况（一）

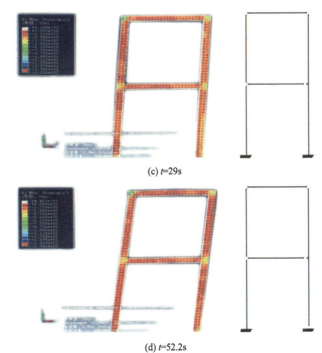

(c) $t=29s$

(d) $t=52.2s$

图8 框架结构的最小主应力云图和出铰情况（二）

4 结论

提出了机械铰的量化准则，采用有限元软件对节点模型进行了分析，并与节点的试验结果进行了对比和验证，最后建立了基于机械铰的结构倒塌判定准则，并采用推覆分析的方法，将该倒塌判定准则应用于一个二层框架结构的倒塌分析。但应该看到，本文中的框架模型还只是一榀两层单跨结构，可直观地由结构力学判定机构，但对于比较复杂的建筑结构，应思考一种更高效、更简便的方法。

参考文献

[1] 王亚勇,高孟潭,叶列平,等. 基于大震和特大震下倒塌率目标的建筑抗震设计方法研究方案 [J]. 土木建筑与环境工程, 2010, 32（Sup2）: 291-297.

[2] 潘毅,王初翀,卢立恒,等. 建筑结构防连续倒塌分析与设计方法研究进展 [J]. 工程抗震与加固改造, 2014, 36（1）: 52-56.

[3] 建筑抗震设计规范：GB 50011—2010[S]. 北京：中国建筑工业出版社, 2010.

[4] ASCE 7-10 Minimum design loads for buildings and other structures[S]. USA, American Society of Civil Engineers, 2005.

[5] BANON H, IRVINE H M, BIGGS J M. Seismic damage in reinforced concrete frames[J]. Journal of Structural Engineering, 1981, 107（9）: 1713-1729.

[6] PARK Y J, ANGA H S, WEN Y K. Seismic damage analysis of reinforced concrete buildings[J]. Journal of the Structural Engineering, 1985, 111（4）: 740-757.

[7] 陆新征, 叶列平, 潘鹏, 等. 钢筋混凝土框架结构拟静力倒塌试验研究及数值模拟竞赛Ⅰ: 框架试验[J]. 建筑结构, 2012, 42（11）: 19-26.

[8] LIU C M, LIU X L. Collapse analysis of reinforced concrete frames under earthquake[C]//Petroshimi Cultural Complex, 1st International Conference on Concrete Technology, Tabriz, 1992: 594-604.

[9] 刘春明. 钢筋混凝土框架结构倒塌分析[D]. 北京: 清华大学, 1991.

[10] 宣纲, 顾祥林, 吕西林. 强震作用下混凝土框架结构倒塌过程的数值分析[J]. 地震工程与工程振动, 2003, 23（6）: 24-30.

[11] 叶列平, 赵作周. 混凝土结构（第2版）[M]. 北京: 清华大学出版社, 2006.

[12] 鲍雷, 普利斯特利. 钢筋混凝土和砌体结构[M]. 北京: 中国建筑工业出版社, 1999.

[13] 公路桥梁抗震设计细则: JTG/TB 02—01—2008[S]. 北京: 人民交通出版社, 2008.

[14] 付国. 钢筋混凝土框架结构地震倒塌破坏研究[D]. 西安: 长安大学, 2014: 71.

[15] 杨旭. 装配整体式混凝土框架节点抗震性能试验研究[D]. 北京: 北京建筑大学, 2014.

[16] 过镇海. 钢筋混凝土原理[M]. 北京: 清华大学出版社, 1999.

[17] 混凝土结构设计规范: GB 50010—2010[S]. 北京: 中国建筑工业出版社, 2010.

[18] Prestandard and commentary for the Seismicrehabilitation of buildings: FEMA356[S]. United State of American, 2000: 6-22.

[19] 赵世春, 潘毅, 高永昭, 等.《四川省建筑抗震鉴定与加固技术规程》编制要点[C]// 第八届全国地震工程学术会议论文集（第2卷）. 重庆: 重庆大学出版社, 2010.

作者简介

王初翀（1989-），女，四川省建筑设计研究院有限公司BIM&CIM中心主任，工程师。

一种基于 WebAR 的 BIM 轻量化应用研究探讨

常 微 李 雄

摘要：本文先介绍了WebAR的发展现状与BIM轻量化的发展现状，提到了目前广泛应用的AR框架，提出了BIM轻量化的技术要点，构思出了一个将两者结合的BIM轻量化展示方式，并对这种展示方式进行了详细的技术架构设计，提出了按照视距，利用5G网络传输不同精度的模型在前端进行展示的技术方案，其后针对实际开发过程中的难点进行了梳理和探讨，列出了可以利用此种技术路径进行的项目实例。

关键词：WebAR；BIM轻量化；5G；大数据

Research on lightweight application of BIM based on WebAR

Chang Wei Li Xiong

Abstract：This article first introduces the development status of WebAR and the development status of BIM lightweight, mentions the currently widely used AR framework, puts forward the technical points of BIM lightweight, and conceives a BIM lightweight display method that combines the two. A detailed technical architecture design was carried out for this display method, and a technical solution was proposed to display at the front end according to the line-of-sight, using the 5G network to transmit models of different precisions. Then, the difficulties in the actual development process were sorted out and discussed. Listed examples of projects that can take advantage of this technology path.

Keywords：WebAR; BIM lightweight; 5G; big Data

0 引言

随着 BIM（Building Information Model，即建筑信息模型）技术在建筑行业的发展，越来越多的人熟知 BIM 在整个建筑生命周期的重要性。其中可视化一项作为最终展示效果，技术的发展和变化更是重中之重。但传统 BIM 技术架构复杂，显示负载重，对终端设备配置要求很高，一般人并没有足以完全支持BIM 可视化的设备，因此BIM 轻量化的需求应运而生。AR 是 Augmented Reality 的缩写，即增强现实，是采用以计算机为核心的现代科技手段将生成的文字、图像、视频、3D 模型、动画等虚拟信息以视觉、听觉、味觉、嗅觉、触觉等生理感觉融合叠加至真实场景中，从而对使用者感知到的真实世界进行增强的技术。BIM 可视化与 AR 技术及其契合，两者的蓬勃发展必将为建筑行业带来新鲜的空气。

1 基础技术概述

1.1 WebAR 概述

WebAR，顾名思义，就是以 Web 端为 AR 的实现承载方式的技术。WebAR 使用 WebRTC，WebGL 和现代浏览器传感器 API 的组合技术，通过 Web 浏览器提供对基于 Web 的增强现实的访问与实现。目前 WebAR 已经在彩妆行业、美发行业、广告行业、时尚行业、电商行业、零售行业等多领域进行场景尝试。目前国内已有几十家基础服务商和微信等技术平台进行基础支持。

基金项目：四川省科技计划重点研发项目（2022YFS0566）

1.1.1 发展现状

2009 年 FLARToolKit 项目标志着 AR 技术与 Web 技术正式结合。这个项目支持了很多明星 AR 项目的开发，比如通用电气的 Plug Into the Smart Grid AR 营销，引起了当时的纽约时报、华尔街日报等媒体等广泛关注。然而随着智能手机兴起，无论是一开始就不支持 FLASH 的 iPhone，还是 2011 年 Android4.0 取消了对 FLASH 的支持，都导致 FLASH 技术逐渐跟不上技术发展。以 FLASH 为技术基础的 FLARToolKit 等项目也逐渐淡出人们的视线。再加上那时手机 AR 项目比 WebAR 项目在性能上有显著的优势。WebAR 逐渐沉寂。

到了 2012 年，HTML5 标准发布，其中引入的 Canvas 标签，使得网页终于有了方便可靠的实时图形渲染接口。目前的 WebVR 与 WebAR 画面都是渲染在这一标签中的。这一变化带来了 WebGL 以及 WebRTC 技术。WebGL 技术允许网页在渲染图形时可以使用硬件加速来提高渲染效率，WebRTC 的出现让网页可以实时处理手机摄像头的数据，可以实现实时视频通话的功能。另外，HTML5 也允许网页获取更多的手机硬件信息，如 GPS 信息，加速度陀螺仪信息及音视频数据等。但此时的 WebAR 相比手机原生 AR，仍然有着性能上无法追及的差距。2018 年以 Apple 和 Google 为主的手机厂家，依次发布了 ARKit 和 webXR 的 API，补齐了性能上的短板。2020 年开展的 5G 网络铺设，让手机网络速度大幅提高，解决了模型文件体积的限制。这让 WebXR 有了更加稳固的技术基础。

1.1.2 常见框架库

（1）ARToolKit：由 2001 年成立的 ARToolWorks 发布，是第一个基于"增大化现实"技术的 SDK。适用于 WebAR 的版本为 JSARToolKit。目前是很多其他 AR 库的基础库。

（2）AR.js：AR.js 是一个轻量级的增强现实类 JavaScript 库，支持基于标记和位置的增强现实。主要封装了 WebRTC，JSARToolKit，以及基于 webGL 的若干个渲染库。

（3）Three.ar.js：Three.ar.js 用于构建运行在 WebARonARKit 和 WebARonARCore 中的 AR Web 体验。WebARonARKit 和 WebARonARCore 是针对 iOS 和 Android 的实验性应用程序，允许开发者使用 Web 技术创建增强现实（AR）体验。

1.2 BIM 轻量化技术

BIM 轻量化技术是指在工程建筑的 BIM 模型建立之后（利用专业的 BIM 建模软件，比如 Autodesk Revit，Bentley MicroStation，DS Catia 等），通过对 BIM 模型的压缩处理等技术手段，让 BIM 可以在各类 WEB 浏览器、移动 App 上被使用的技术。

1.2.1 发展现状

早期 BIM 轻量化是以 ActiveX 插件为主，这种技术因为存在巨大安全隐患，随着时代进步已逐渐被淘汰。目前新一代 BIM 轻量化引擎以 WebGL 技术为主。自 2012 年前后 BIM 进入中国以来，包括住房和城乡建设部、交通运输部、水利水电部、国铁集团、各级地方政府都已经将 BIM 技术作为在各类工程中强制或鼓励推广应用的先进技术与绿色技术之一，BIM 轻量化的紧迫性也随之凸显。目前国内已有多个常见进行这方面的研究，我院也有研究人员进行研发。

1.2.2 BIM 可视化引擎技术考察点

（1）兼容的文件格式数量

一般需要支持 Autodesk 的 rvt、rfa、nwd 格式，Bentley 的 Dgn、iModel 格式，Catia 的 CATPart 格式，还有 BuildingSmart 确定的 IFC 格式，通用的三维文件格式如 obj、dae、3ds、fbx 格式。

（2）对 BIM 数据格式的还原能力

从原先的格式可视化以后，所呈现的三维几何数据是否存在构件缺失、几何变形、颜色改变，非几何数据是否存在缺失、混乱等情况是判断引擎是否合格的一个关键指标。

（3）Web 端 BIM 模型的加载速度、渲染流畅度和稳定性

在网络环境、客户端硬件配置确定的情况下，轻量化处理后的 BIM 模型通过 BIM 轻量化引擎在 Web 端的加载速度、渲染流畅度、操作稳定性是引擎最核心的指标。没有一个用户能够忍受较长的 BIM 模型加载时间、卡顿的操作和性能的不稳定。

（4）对大体型 BIM 模型的支持能力

BIM 模型精度越来越高、大型公路工程的 BIM 模型文件往往超过 10GB 以上，如此大体量的模型就要求 BIM 轻量化引擎有对应的支持能力。

（5）引擎所提供的功能是否丰富

BIM 轻量化引擎的功能丰富度决定了能进行什么样的 BIM 应用。所以，一个 BIM 轻量化引擎处理最基本的模型加载、放大缩小、透明、着色、视点、标签、爆炸、测量、漫游等基本功能之外，是否还具有其他功能也是判断引擎是否优秀的重要指标。

2 基于 WebAR 的 BIM 轻量化技术

基于上文提到的技术，本文提出一种以 WebAR

为前端技术实现的一种 BIM 轻量化实现方式，可以更好的呈现 BIM 模型所要表达的数据意义，开发出更多的使用环境，让整个建筑开发上下游更多的人员了解建筑本身的信息，让建筑行业外的人员也能够以更加直观的方式了解建筑。

技术架构：

整体技术架构如图 1 所示，假设本文的网络传输环境均为 5G 网络。设计为不同客户端视距下传输不同精度的数据模型，需要大数据技术来处理海量的 BIM 模型。

（1）运行环境

为了响应速度和高可用性，我们可以暂定以云主机为运行环境。如果后续需要有高保密性需要也可更换成自主主机。

（2）数据库

为了有更好的兼容性，我们可以选定 MYSQL 为数据库。不同视距下不同精细度的 BIM 模型，会导致大量的数据需要 spark 等大数据技术来处理。

（3）数据层

此处虽然以 AR 展示为主，但仍需要地形 / 地图等作为初始业务数据，更好等显示建筑属性；多层次的业务数据与三维数据以 rdd 格式存放；而对于经常访问的静态数据或改动不大的数据，我们可以使用 CDN 等方式缓存访问，以加快访问速度，优化访问体验。

（4）业务算法层

模型存储，当一个 BIM 模型被上传以后，按照不同格式，分配到不同的展示处理模块；对模型本身进行分析，拆解成系统需要的几何数据部分和业务数据部分；在前端需要展示时获取视距部分，得到不同视距下显示的几何数据精度和业务数据精度；最后由业务数据模块返回对应的几何数据和业务数据。

（5）展示层

使用由 AR.js/three.js 等 AR Javascript 框架，来显

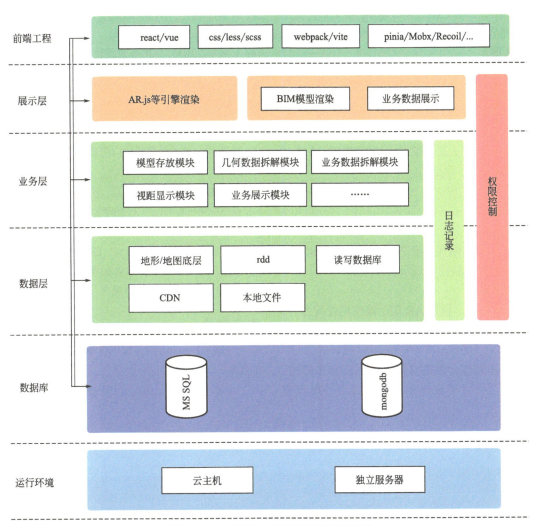

图 1　WebAR 结合 BIM 轻量化的系统架构

示对应的 BIM 模型和业务数据。

（6）前端工程

具体的前端工程展现方式。将业务逻辑放在前端，形成重逻辑客户端，方便用户更好地反馈操作。此时前端面临的业务压力巨大，需要合适的框架和状态管理机制来帮助简化逻辑。

3 重难点分析

3.1 数据解析兼容

面对繁多的 BIM 数据格式，为了能够有统一的浏览体验，需要对各种格式进行统一化处理。但不同厂家的数据格式差异巨大，数据字段各不相同，包含的数据量也不一定对等，这对数据处理形成来巨大的挑战。需要有一套适用广泛的处理逻辑来处理模型。

3.2 数据存放与分发

本文提出的方法核心是在不同的视距下传输给前端不同的模型与数据。这对数据吞吐量提出了严峻的考验，需要传统的大数据技术如 spark 等介入，并需要低延迟的网络分发系统来帮助处理数据。

3.3 WebAR 展示

虽然 WebAR 技术发展至今已经有了长足的进步，但仍是一个新型的方向，无论是技术积累还是厂家支持，都有着巨大的进步空间。所以如何用最流畅的方式让 BIM 模型与现实结合，并展示出使用者最需要的数据，是摆在开发人员面前的一个需要不断思考的问题。

4 应用方向

4.1 建筑改造

在原有建筑上实地观察改造后的效果，让建筑行业外的人士更加直观快捷的观察设计效果。

4.2 建筑后期维护

在建筑建成以后，使用 AR 展示墙壁内管线分布，风道位置等。便于维护检修人员后期对建筑修整。

4.3 宣传展示

增强宣传趣味性，提高宣传人群黏度和传播度，降低 AR 浏览门槛，使最终宣传效果高于传统宣发方式。

5 结论与展望

WebAR 最为极具潜力的前端展示方式，如果能与 BIM 轻量化相结合，必定能为建筑行业带来一股不一样的春风。但这条道路并不平坦，其需要大量的基础建设，如 5G 网络的实际使用,各大浏览器厂家（包括微信等国内社交平台）对标准的统一，BIM 格式的事实统一，WebAR 技术开发人员与开发项目的经验日益熟练等。但我们有理由相信，随着时间的推移，WebAR 必将引领起新的潮流，为祖国建设事业添砖加瓦。

参考文献

[1] 王廷魁,胡攀辉. 基于 BIM 与 AR 的施工指导应用与评价 [J]. 施工技术, 2015, 44（6）: 54-58.

[2] 李钰,吕建国. 基于 BIM 和 VR/AR 技术的地铁施工信息化安全管理体系 [J]. 工程管理学报, 2017, 31（4）: 111-115.

[3] 蔡畅,李晶. 当代建筑设计中数字技术应用与前景 [J]. 建设科技. 2018（1）: 73.

[4] 丁灵华. BIM、AR 等辅助技术在建筑工程机械自动化中的运用 [J]. 价值工程. 2018, 37（12）: 148-150.

[5] 张建设,石世英,吴层层. 信息论视角下工程项目的信息表达空间及损失 [J]. 土木工程与管理学报, 2018, 35（6）: 101-106.

[6] 贺灵童. BIM 在全球的应用现状 [J]. 工程质量, 2013, 31（3）: 12-19.

[7] 王廷魁,胡攀辉,王志美. 基于 BIM 与 AR 的全装修房系统应用研究 [J]. 工程管理学报, 2013, 27（4）: 40-45.

[8] 王廷魁,张睿奕. 基于 BIM 的建筑设备可视化管理研究 [J]. 工程管理学报, 2014, 28（3）: 32-36.

[9] 孙恒,吕哲琦. 基于 BIM 的项目全生命周期成本管理研究 [J]. 智能建筑与智慧城市, 2021（10）: 37-38.

作者简介

常微（1992-），男，四川省建筑设计研究院有限公司，工程师。

李雄（1997-），男，四川观筑数智科技有限公司，工程师。